Cuadernos de lógica, epistemología y lenguaje

Volumen 9

Henri Poincaré
Del Convencionalismo a la Gravitación

Cuadernos de Lógica, epistemología y lenguaje
Series Editors   Shahid Rahman and Juan Redmond

Henri Poincaré
Del Convencionalismo a la Gravitación

María de Paz

ISBN 978-1-84890-206-0

College Publications
Scientific Director: Dov Gabbay
Managing Director: Jane Spurr http://www.collegepublications.co.uk

Cover produced by Laraine Welch
Printed by Lightning Source, Milton Keynes, UK

A Isabel y Ana

No te dejes vencer por el desaliento
Ana Rioja

Í n d i c e

Agradecimientos

Este libro está basado fundamentalmente en mi tesis doctoral, titulada *Mecánica y Epistemología en Henri Poincaré*, con la que obtuve el título de Doctora en Filosofía por la Universidad Complutense de Madrid y de Doctora en Historia y Filosofía de la Ciencia, por la Universidad de Lisboa. Así, no voy a repetir aquí los agradecimientos que en su día realicé allí.

No puedo, sin embargo, dejar de reconocer la contribución hecha por los miembros del tribunal con sus comentarios, los profesores, Pedro Ré, Andrés Rivadulla, Antonio Augusto Passos Videira, Pietro Gori, Olga Pombo y, por supuesto, mis directoras, Isabel Serra y Ana Rioja, a quienes está dedicado este libro.

Agradezco también a Cristina Barés la sugerencia de enviar esta obra para su publicación en la colección *Cuadernos de lógica, epistemología y lenguaje*, de la editorial College Publications en la que ahora aparece. Los directores de la colección, Juan Redmond y Shahid Rahman, se mostraron inmediatamente muy favorables a su publicación y me ofrecieron su apoyo y ayuda en todo el proceso. Igualmente, el informe anónimo recibido me fue extremadamente útil para la aclaración de algunos aspectos.

La revisión del trabajo fue realizada mientras disfrutaba de una beca post-doctoral en el *Programa de Pós-graduação em Ensino e História da Matemática e da Física* (PEMat), del Instituto de Matemática de la Universidade Federal de Rio de Janeiro (UFRJ). Así, agradezco a todo el cuerpo docente, pero en especial al director del programa, Victor Giraldo y a mi supervisora, Tatiana Roque la disposición tan favorable que siempre mostraron hacia mi trabajo y todo el apoyo que me prestaron durante estos meses.

Uno de los foros de discusión de esta obra fue también el grupo de investigación en *Estudos Sociais e Conceituais de Ciência, Tecnologia e Sociedade*, de la Universidade Estadual de Rio de Janeiro (UERJ) coordinado por Antonio Augusto Passos Videira. Gracias a todos sus miembros por la acogida de mi trabajo y de mi persona, por su amistad y por haberme recibido como una más. Gracias también al *Centro Brasileiro de Pesquisas Físicas* (CBPF) por ser sede de las discusiones y de parte de la revisión de este libro.

Por último, no quiero dejar de mencionar el apoyo de todos aquellos que están físicamente lejos. Gracias a mi familia y amigos por hacer que un océano no sea nada.

Introducción

La fe del científico se asemeja a la fe inquieta del hereje, a la que siempre busca y nunca queda satisfecha.

Henri Poincaré, *Savants et écrivains*

El análisis de la génesis y evolución de las ideas y conceptos científicos es una de las tareas de la filosofía de la ciencia. Su utilidad radica en aportar una mejor comprensión no solo de la historia de la ciencia en general, sino también del estado de una disciplina particular en cada momento de su historia. Conocer el desarrollo de un concepto permite establecer una relación entre cualquier idea o intuición básica que se sitúa en el origen del mismo y su forma en tanto que concepto ya constituido y perteneciente a una teoría científica. La explicitación de dicha relación pone de manifiesto las concepciones particulares de las que depende el uso de dicho concepto. Consecuentemente, a partir del compromiso de un investigador con una determinada posición filosófica surge una visión conceptual que, o bien genera una comprensión más amplia de conceptos ya establecidos, o bien lleva a la creación de algunos nuevos. Es en este sentido que la filosofía de la ciencia puede ser vista como una herramienta objetiva de la investigación científica, al proporcionar una perspectiva crítica que abre nuevas posibilidades conceptuales[1]. Esto significa que, con frecuencia, la práctica científica, concebida como la construcción y validación empírica de hipótesis y teorías[2], da lugar a una posición epistemológica.

Las relaciones entre el discurso filosófico y el científico se producen de un modo muy peculiar en el período anterior a la constitución de la filosofía de la ciencia como una disciplina académica[3]. Precisamente, en el último tercio del siglo XIX, numerosos científicos realizaron una reflexión sobre las consecuencias de su propio trabajo. Esta especulación trataba de examinar las conexiones entre las ciencias y su ámbito de aplicación, a saber, el mundo natural, así como el papel de los investigadores en el desarrollo de sus disciplinas o en la emergencia de los conceptos. Por consiguiente, desde

---

[1] Cf. DiSalle (2002), p. 192.
[2] Cf. Videira (2004), p. 17.
[3] Habitualmente se considera la cátedra de Moritz Schlick de Filosofía de las Ciencias Inductivas fundada en 1922 en la Universidad de Viena, como la instauración académica de la filosofía de la ciencia (y a Schlick como primer filósofo de la ciencia profesional), cf. Friedman (2001), p. 12.

dentro de su propia disciplina realizaron un análisis de segundo orden que, en algunos casos se incorporó a su práctica científica quedando entrelazado con la misma. Al situarse en el territorio limítrofe entre la ciencia y la filosofía, se transformaron en lo que se conoce como científicos-filósofos, generando nuevas concepciones que trataban de desmarcarse de aquellas que habían dominado el panorama filosófico a lo largo del siglo XIX, específicamente el idealismo y el positivismo. Esas nuevas concepciones tendrán grandes repercusiones en el pensamiento del siglo XX y hasta la actualidad, principalmente a partir del modo en que interrogaron al saber científico desde una perspectiva crítica.

El objeto de la presente obra es precisamente el estudio de una de esas *filosofías científicas*, en concreto, la de Henri Poincaré, comúnmente conocida como 'convencionalismo'. Esta parece resultar siempre problemática, pues aunque la mayoría de los intérpretes están de acuerdo en afirmar que Poincaré fue el primero en mostrar una posición convencionalista de un modo articulado, hay grandes divergencias a la hora de determinar con precisión en qué consiste dicha posición. La controversia suscitada justifica la necesidad de un estudio que determine de forma pormenorizada la teoría del conocimiento de Poincaré para las cuestiones atinentes a la ciencia natural.

Las concepciones convencionalistas con respecto a la ciencia pueden entenderse, en general, de dos maneras según se considere que la noción misma de verdad es enteramente convencional o, por el contrario, que ciertas afirmaciones que comúnmente son tomadas por verdaderas en realidad son convenciones.

La primera de ellas es más cercana al contractualismo social, en el sentido de que la verdad sería una estipulación de un grupo de individuos, los científicos en el caso de la ciencia. De este modo, la validez de las teorías se decidiría en función de intereses colectivos, o incluso individuales. Con frecuencia se considera que este tipo de planteamientos adquiere un carácter nominalista (según expresión habitual a finales del siglo XIX) o instrumentalista del que está ausente todo compromiso de carácter ontológico.

Pero cabe también una posición mucho más matizada conforme a la cual hay elementos de la ciencia con valor cognitivo, si bien otros son resultado de convenciones. Dicha posición se relaciona con el denominado "retorno a Kant"[4] de la segunda mitad del siglo XIX, que preconiza una fundamentación crítica de las ciencias en la cual, frente al desprestigio de la metafísica idealista, por un lado, y a los excesos del positivismo comtiano, por

---

[4] Este 'slogan' de Otto Liebmann, expresado en su obra *Kant und die Epigonen*, data de 1865. Liebmann termina cada capítulo de la obra con la frase «Also muss auf Kant zurückgegangen werden».

otro, la epistemología se erige en la disciplina fundamental. No se trata, sin embargo, de un regreso literal al kantismo sino más bien de una reinterpretación del ámbito de lo sintético *a priori* en términos convencionalistas que, si bien supone una inequívoca renuncia a la adquisición de conocimientos definitivamente ciertos, al mismo tiempo permite asignar al científico un papel muy distinto del de mero recolector de datos empíricos al concederle la libertad de introducir elementos no extraídos directamente de la experiencia. Como resultado se obtiene una concepción de la ciencia mucho más ambiciosa que la de nominalistas o instrumentalistas en la que no es posible responder de manera simplistamente unívoca a la pregunta por el alcance cognitivo de la ciencia natural. A lo largo de la primera parte de este libro pretendemos poner de manifiesto que es este segundo tipo de convencionalismo no nominalista el que caracteriza la obra de Poincaré.

Es un lugar común considerar que el surgimiento de las geometrías no euclidianas está en el origen del cuestionamiento por parte de Poincaré del estatus de esta disciplina como conjunto de proposiciones sintéticas *a priori*. Así, tras rechazar igualmente que se trate de proposiciones empíricas, pasa a atribuirles el carácter de "convenciones"[5]. No constituye, sin embargo, el objetivo de las páginas que siguen analizar sus tesis convencionalistas aplicadas a la geometría, sino a la ciencia natural en general y a la mecánica en particular. De esta forma, aun cuando las exposiciones acerca de los puntos de vista de este autor suelen partir de la geometría, entendemos que este ámbito está suficientemente explorado, por lo que prescindiremos aquí de las cuestiones referentes a esta disciplina para atender únicamente a la epistemología convencionalista de Poincaré con respecto a la ciencia natural.

Hay una cuestión, no obstante, que ha de recorrer transversalmente este trabajo y que se refiere a la relación entre convencionalismo geométrico y convencionalismo mecánico o físico. Desde nuestro punto de vista existen dos interpretaciones al respecto[6]. Conforme a la primera de ellas, el mecánico es mera extensión del geométrico, mientras que la segunda entiende que, si bien se trata de una doctrina surgida de la reflexión acerca de la geometría, en ciencia natural se desarrolla de modo independiente, lo que le otorga connotaciones diferentes. Lo que está en juego es la posibilidad de admitir que, en algún sentido, hay proposiciones científicas susceptibles de ser con-

---

[5] Cf. Poincaré (1902a), p. 68.

[6] Aquí me refiero solo a dos vías interpretativas de cara a entender el convencionalismo en física, pero si tenemos en cuenta todo el conjunto de la obra de Poincaré, encontramos que existen también dos tradiciones hermenéuticas: la primera se centra en destacar su tendencia intuicionista y la polémica con el logicismo; y la segunda, que es la que aquí nos interesa, se ocupa de los aspectos convencionales de su obra. Cf. Toscano (2008), pp. 25-32 y Heinzmann (2010-preprint), p. 1.

sideradas verdaderas o falsas, alejando a Poincaré de las tesis nominalistas antes mencionadas, de las cuales, por otro lado, siempre procuró desmarcarse. En este sentido, nuestro autor es una suerte de funambulista que pretende un equilibrio entre el contenido epistémico de las teorías científicas y la toma de decisiones por parte del científico.

La primera de estas líneas interpretativas culmina en la década de los 60 del siglo XX con la obra de Adolf Grünbaum *Philosophical Problems of Space and Time*[7] y tiene mucha relación con la recepción que tuvo la obra de Poincaré en los años posteriores a su muerte, sobre todo por parte del positivismo lógico. Con toda probabilidad podemos decir que Grünbaum parte de la obra de Hans Reichenbach *Philosophie der Raum-Zeit-Lehre*[8], autor con el que reconoce su deuda intelectual en el prefacio a la primera edición de su obra de 1963. Así, este punto de vista se remonta a los años 20 del pasado siglo, siendo uno de sus primeros exponentes el filósofo Louis Rougier[9]. Por norma general, los autores que se enmarcan en esta corriente se centran básicamente en el papel de la convención en geometría, papel que trasladan a las teorías físicas limitándose a analizar únicamente la teoría de la relatividad, ya sea la general por la importancia de la geometría a causa de la bien conocida "geometrización de las fuerzas", ya sea la especial por el papel convencional que Poincaré atribuye al principio de relatividad en su explicación de la dinámica del electrón[10].

Hay, sin embargo, una segunda forma de interpretar el convencionalismo físico-mecánico de Poincaré según la cual, aun cuando reconoce su origen en el estudio e interpretación de las geometrías no euclídeas, defiende su independencia en virtud de una serie de características autónomas que se sitúan en el contexto del denominado 'programa de la física de los principios'. Esta interpretación arranca de la crítica de Jerzy Giedymin a la posición de Grünbaum[11], construida durante los años 70 y 80 del siglo pasado. Otros nombres propios más recientes son los de Laurent Rollet, quien entre 1993 y 1995 realizó un estudio exhaustivo de la superación de la posición de Grünbaum por parte de Giedymin[12], y Helmut Pulte, el cual, además de de-

---

[7] Publicada en 1963. Además, Grünbaum refleja sus ideas en artículos posteriores más concretos como Grünbaum (1963b), Grünbaum (1968) y especialmente Grünbaum (1978) donde discute el que él considera como el argumento más importante sobre el convencionalismo geométrico: el denominado "argumento de la paralaje" expuesto en el capítulo V de *La Science et l'Hypothèse*.

[8] Publicada en 1928.

[9] Cf. Rougier (1920). Rougier es, además, uno de los introductores en Francia de las ideas del Círculo de Viena. Cf. Rollet (2002), p. X.

[10] Cf. Poincaré (1905c) y (1906a).

[11] Cf. Giedymin (1977), principalmente pp. 279-296.

[12] Cf. Rollet (1993) y (1995).

fender la independencia filosófica del convencionalismo físico-mecánico, sostiene su independencia histórica al enraizarlo en el desarrollo de la mecánica del siglo XIX, principalmente en autores como Jacobi[13].

En esta misma línea, la presente obra aspira a mostrar las relaciones entre la particular epistemología de Poincaré y la mecánica en tanto que ciencia cuyo ámbito de estudio es el mundo natural, y ello a partir de un doble objetivo, que corresponde a cada una de las partes de la misma: primero, examinar cuál es su posición epistémica respecto de la ciencia natural y, segundo, explorar el vínculo que esta guarda con el concepto de fuerza gravitacional.

Así, la Parte I, titulada *La teoría de la ciencia natural de Henri Poincaré*, tiene carácter epistemológico y se centra en analizar su concepción de la ciencia a partir de las nociones de hipótesis, ley y principio, las cuales corresponden a los componentes fundamentales de las teorías, desde las suposiciones más básicas hasta las proposiciones más elaboradas. El telón de fondo sobre el que se realiza el mencionado análisis es la posibilidad de distinguir el convencionalismo físico-mecánico del geométrico, lo que permitirá revelar el papel de ciertos elementos en la referida ciencia natural que no tienen función alguna en la ciencia del espacio, especificando el sentido que la noción de convención tiene en la ciencia natural en general y en la mecánica en particular. Este análisis revelará que se trata de un concepto polisémico en la medida en que su uso obedece a diferentes tipos de decisión en el proceso de constitución de una teoría. Así, cabe distinguir convenciones que son simples herramientas útiles de aquellas que resultan fundamentales desde un punto metodológico, pero que tienen en común el hecho de ser elegidas por el investigador para facilitar una descripción sistemática. Mediante la explicitación del papel y los límites de la convención, será posible dirimir si el convencionalismo es incompatible con cualquier forma de realismo de modo que necesariamente conduce al relativismo y al instrumentalismo, o si, por el contrario, cabe atribuir algún tipo de conexión entre las aserciones de la ciencia natural y su ámbito de aplicación, de forma que pueda hablarse en algún sentido de conocimiento científico y de valores epistémicos en la formación de la ciencia.

En la Parte II, titulada *Convencionalismo, mecánica y gravitación*, se pretende aplicar y poner a prueba lo dicho en la Parte I a propósito de un tema mecánico concreto como es el de la fuerza de gravitación, lo cual ofrece tres campos de interés. En primer lugar, puesto que consideramos que las tesis epistemológicas de Poincaré se asientan sobre su propia práctica científica, el enfoque elegido permite poner de manifiesto hasta qué punto se da esa

---

[13] Cf. Pulte (2000).

conexión entre teoría y práctica al analizar la noción de fuerza de gravitación primero desde la perspectiva de la mecánica clásica y después a la luz de los desarrollos científicos del momento en el que Poincaré escribe.

En segundo lugar, ello permitirá presentar el estado de la importante cuestión acerca de la fuerza de la gravedad a finales del siglo XIX y primera década del XX, con anterioridad al surgimiento de la teoría de la relatividad general. Este tema, por lo común poco abordado, resulta de especial relevancia dado que se trata de una época en la que la creciente precisión instrumental no solo había supuesto el aumento de los pobladores del sistema solar, sino que además se habían ensanchado los límites del universo, haciendo más acuciante el problema de la aplicabilidad a grandes distancias de la ley de gravitación newtoniana.

En tercer y último lugar, la cuestión que estimamos de mayor importancia consiste en la relación entre la noción de convención en la obra de Poincaré y la noción de fuerza de gravitación. Las interpretaciones más habituales del convencionalismo de Poincaré se han centrado en la génesis del concepto de espacio y su subsiguiente aplicación al mundo físico, subordinando así cualquier apreciación sobre este ámbito a las preconcepciones impuestas por una determinada perspectiva geométrica. También se ha partido del concepto de tiempo, tal y como hizo Peter Galison en su obra de 2003[14], al presentar el papel de las 'convenciones de simultaneidad' para la consecución de un programa físico relativista en una 'triple conjunción' que aúna filosofía, física y tecnología. Por contraposición a las interpretaciones clásicas o a exégesis externalistas como la de Galison, lo que el presente trabajo se plantea es explorar un camino novedoso referido a las posibles relaciones entre las tesis epistemológicas convencionalistas y la mecánica como ciencia natural, tomando como hilo conductor no los conceptos de espacio y tiempo, sino el de fuerza y en especial, el de *gravitación*, como fuerza más controvertida de la mecánica.

A fin de cumplir los objetivos propuestos en la Parte I, referida al convencionalismo de Poincaré en ciencia natural, nos vamos a situar en el marco de la segunda interpretación anteriormente aludida, cuya pertinencia aspiramos a poner de manifiesto. Para ello hemos estructurado dicha Parte I en cinco capítulos. Los tres primeros corresponden al análisis de cada uno de los elementos mencionados que conforman las teorías científicas, siendo estos hipótesis, leyes y principios. El cuarto capítulo recoge las tesis fundamentales desarrolladas en los tres anteriores, de tal modo que explicita y analiza la línea interpretativa escogida; sin embargo, va más allá de los autores que hasta ahora pueden asociarse a ella, al contemplar que el lugar de las

---

[14] Cf. Galison (2003).

convenciones no es privativo de los principios de la mecánica y que, en consecuencia, se trata, como hemos referido más arriba, de un concepto polisémico. Dicha polisemia de la noción de convención especifica sus diferentes funciones en la estructura de la teoría, permitiendo la separación de lo dado frente a lo convenido. Es a partir del papel de lo dado en la conformación de la ciencia que cabe dirimir si la concepción de Poincaré puede o no ser vinculada a algún tipo de realismo.

Puesto que uno de los propósitos de este trabajo es la contextualización filosófica del pensamiento de Poincaré, en el quinto capítulo, un estudio de epistemología comparativa permite completarla. En él se confrontará el convencionalismo relativo a la ciencia natural con las concepciones en este ámbito de algunos contemporáneos suyos. El criterio de selección para determinar qué pensadores debían ser tomados en consideración corresponde a la relación que sus posiciones filosóficas guardan con la de nuestro autor. Así, pese a que la primera pauta ha sido la cronológica, esta resulta insuficiente, dado que son muchos los que en su época se ocupan de una reflexión sobre la ciencia, por lo que se ha completado con la elección deliberada de aquellos autores a los que Poincaré hace referencia directa en sus textos. El diálogo con ellos hace posible, por un lado, poner de manifiesto la interacción entre ciencia y filosofía a la que nos hemos referido al comienzo de esta introducción a través del examen de diversas posiciones; por el otro lado, nos habilita para delimitar lo específico de la epistemología poincareana en el contexto de las discusiones respecto del estatuto de la ciencia natural en el cual se desarrolla.

Como ya hemos anunciado, la segunda parte de esta obra constituye un ejercicio de aplicación del esquema epistemológico trazado en la primera al ámbito específico de la mecánica y más concretamente a la fuerza de gravitación. Es aquí donde podrá mostrarse la conformidad entre práctica científica y epistemología convencionalista, con la intención de testar en determinados conceptos científicos la irreductibilidad de la filosofía de la ciencia natural a la filosofía de la geometría. Con este fin en mente, hemos dividido la Parte II en tres capítulos. Así, en el capítulo seis se llevará a cabo un examen de los principios fundamentales de la mecánica para desvelar sus constituyentes desde la perspectiva convencionalista. Se esclarecerá, por tanto, el papel que juegan los diversos elementos analizados en la Parte I respecto de su formulación, lo cual dará ocasión de poner en práctica la tesis respecto de la polisemia de la convención.

Tras haber dirimido el estatuto del concepto de fuerza a partir de la investigación de los principios mecánicos, es preciso mostrar un camino que nos faculte para establecer en qué categoría epistemológica (hipótesis, ley, principio, convención, etc.) cabe encajar la gravitación. La relevancia de este punto se pondrá de manifiesto mediante la exposición del estado de la cuestión de la gravitación en la transición del siglo XIX al XX en el séptimo capítulo, donde se abordarán los problemas empíricos y teóricos que hacen peligrar la aplicabilidad de la ley de la inversa del cuadrado en el momento previo a la formulación de la teoría general de la relatividad.

La presentación de dichos problemas al hilo de los trabajos científicos de Poincaré que exhiben su preocupación por esta cuestión, proporciona el marco a partir del cual determinar específicamente su posición. En consecuencia, constituye el objeto del último capítulo desvelar los componentes que intervienen en la formulación de la ley de Newton a fin de poner de manifiesto su correspondencia con el esquema epistemológico trazado.

En definitiva, nuestra investigación se centra en el papel jugado por la convención en el ámbito de la ciencia natural, de manera que permita dirimir, en último término, si esta disciplina responde o no a estados de cosas en el mundo o, por el contrario, es simplemente una estrategia para la acción. Para llegar a esta comprensión ha sido preciso efectuar una cierta reconstrucción lógica de su pensamiento a partir de sus escritos, puesto que él nunca realizó una exposición sistemática del mismo. En efecto, como afirma Rollet:

> «[…] de Poincaré nos queda poco más que sus textos filosóficos, muchos [de los cuales], en efecto, son a menudo contradictorios. Para comprenderlos e intentar determinar su verdadera interpretación, el lector debe hacer ante todo un trabajo de lógico, es decir, evitar formular enunciados que entren en contradicción con respecto a los textos que trata de estudiar; sin embargo, es igualmente posible y necesario recurrir a un cierto principio de caridad que autoriza a extrapolar las ideas de un autor para conferirle una unidad y una coherencia»[15].

En función del carácter disperso que con frecuencia tiene la obra de Poincaré, toda reconstrucción de su pensamiento, de acuerdo con Giedymin[16], requiere hipótesis interpretativas que dirijan de algún modo la investigación. En este sentido, partimos del presupuesto según el cual el pensamiento de Poincaré tiene una coherencia interna, en función de la cual pueden resolverse las aparentes contradicciones. Esto significa que su actitud respecto de la ciencia es consecuente con las premisas de las que parte, a saber, la dualidad entre lo dado y lo convenido, de tal forma que cada ele-

---

[15] Rollet (1993), p. 124.
[16] Cf. Giedymin (1992), p. 438.

mento científico tiene un lugar determinado, aunque este no sea definitivo. Aspiramos, no obstante, a poner de manifiesto a lo largo del presente trabajo que lo que comienza siendo una hipótesis de valor meramente heurístico, puede convertirse en una tesis contrastada gracias al análisis del problemático concepto de gravitación, de tal modo que la teoría de la ciencia de Poincaré se reescribe continuamente al hilo del desarrollo de la ciencia de la cual se ocupa[17].

---

[17] Este libro se basa fundamentalmente en mi tesis doctoral, titulada *Mecánica y Epistemología en Henri Poincaré*, elaborada en cotutela entre la Universidad Complutense de Madrid y la Universidade de Lisboa, y defendida en esta última el 11 de diciembre de 2014.

PARTE I: LA TEORÍA DE LA CIENCIA NATURAL DE HENRI POINCARÉ

Las interpretaciones del mundo solo son útiles para orientar las necesidades subjetivas de un individuo o de un grupo, y resultan tan incompatibles con otras como los puntos de vista de sus seguidores en cada momento concreto. La ciencia, sin embargo, ha de ser una empresa intersubjetiva.

Herbert Schnädelbach, *Filosofía en Alemania, 1831-1933*

Capítulo 1: LAS HIPÓTESIS

§ 1 Convención e hipótesis en ciencia natural

Tal y como hemos señalado en la Introducción, nos situamos en una línea interpretativa que defiende la irreductibilidad de la posición epistemológica convencionalista en ciencia natural respecto del convencionalismo geométrico. Esto supone que el convencionalismo físico[1] tiene características fundamentales que no se encuentran presentes en el convencionalismo geométrico. La consecuencia más importante de una interpretación semejante es la diferencia de estatuto epistémico existente entre la geometría y la ciencia natural. El estatuto epistémico que Poincaré concede a una ciencia como la geometría es el de una ciencia deductiva, permanente (establecida definitivamente y no empíricamente revisable) y ni verdadera ni falsa, sino cómoda[2], en el sentido de que resulta útil para operar con ella cuando la aplicamos al mundo. De esta forma, en tanto que ciencia puramente matemática, no nos aporta información acerca del mundo por el hecho de que los objetos con los que trata son idealizaciones de cuerpos naturales que no corresponden a aquellos que nos encontramos en la naturaleza[3].

Como ya dijimos, la posición convencionalista respecto de la geometría es una reacción tanto a la afirmación de que los axiomas geométricos son juicios sintéticos a priori, como a la de que son aserciones empíricas. Por tanto, es una respuesta a la pregunta acerca de la naturaleza de los axiomas geométricos y también respecto al estatuto de la geometría como ciencia. Esto es, Poincaré defiende la idea de que la geometría es una ciencia exacta y no sometida a revisión, al contrario que las ciencias empíricas[4]. Consecuentemente, se trata de una disciplina correcta, en el sentido de que es matemáticamente consistente, es decir, exenta de contradicción.

Ahora bien, cuando tratamos con los cuerpos sólidos de nuestra experiencia somos llevados a elegir una geometría para determinar el tipo de

---

[1] Utilizo la expresión 'convencionalismo físico' para referirme a la posición de Poincaré tanto con respecto a la mecánica como con respecto a la física, es decir, a la ciencia natural en general, por oposición al convencionalismo geométrico. Es bien sabido que Poincaré no utilizó el término 'convencionalismo', pero al igual que Pulte y Giedymin, encontramos que esta etiqueta le es aplicable en función de su uso del término 'convención' como concepto central de su concepción filosófica. Cf. Pulte (2000), p. 62 y Giedymin (1977), p. 272.

[2] Cf. Poincaré (1902a), p. 76.

[3] Cf. Poincaré (1902a), p. 152.

[4] Cf. Poincaré (1902a), p. 75.

espacio en el que percibimos dichos cuerpos. Para Poincaré, es aquí donde se revela más profundamente el carácter convencional de la geometría. La elección de una geometría es una elección convencional, pero no arbitraria, puesto que, aunque somos libres para elegir entre una u otra geometría que modele nuestro espacio físico, somos guiados en dicha elección por consideraciones empíricas relevantes, tales como el tipo de desplazamientos a los que los cuerpos que nos rodean están sometidos. Por eso afirma que la geometría es una ciencia cómoda pero no verdadera, porque no describe las propiedades de los cuerpos de nuestro entorno, sino que está basada en idealizaciones de esos cuerpos y ese es el motivo por el que no puede ser verdadera, porque no hace afirmaciones acerca de propiedades empíricas, de tal modo que la experiencia se revela incapaz de confirmar o refutar una geometría.

Sin embargo, la experiencia sí juega un papel dentro de la geometría, de hecho, juega un papel doble. Por un lado, nos da la 'ocasión'[5] de crearla al proporcionarnos los elementos empíricos (los cuerpos sólidos), que luego abstraemos a fin de constituirla como una ciencia exacta. Esto es, a partir de la relación de nuestro cuerpo con los cuerpos circundantes extraemos las propiedades de los cuerpos geométricos mediante idealizaciones de los cuerpos reales. Y, por otro lado, como señalamos antes, nos guía en la elección de la geometría más cómoda para adaptarla al espacio ocupado por los cuerpos que nos rodean, de tal modo que no sea una elección arbitraria[6]. Pero ni el rol que la experiencia juega en la génesis de esta ciencia, ni en su aplicación hace que pueda considerarse una ciencia susceptible de verificación empírica y, por consiguiente, verdadera o falsa.

Así, el tipo de conocimiento que la geometría nos aporta no es un conocimiento empírico acerca de la naturaleza, sino que es el conocimiento de un grupo particular de sólidos ideales, cuyo concepto proviene de 'nuestro espíritu', al igual que el concepto general de grupo es una forma de nuestro entendimiento[7]. Consecuentemente, los conceptos que utiliza no proceden de la experiencia y tampoco se comprueban en ella, sino que solo se aplican en función de su comodidad, sin reflejar así ningún tipo de conocimiento del mundo natural.

O sea, si la geometría y la ciencia natural compartieran el mismo estatuto epistémico, esto es, si el convencionalismo de Poincaré fuera el mis-

---

[5] La idea de que la experiencia da la ocasión de su creación a la geometría es lo que hace que Heinzmann denomine 'ocasionalismo' a la filosofía de Poincaré. Cf. Heinzmann (2001a), p. 1.
[6] Cf. Poincaré (1902a), p. 94.
[7] Cf. Poincaré (1902a), p. 93. No vamos a discutir aquí las implicaciones de este tipo de conocimiento geométrico, pues lo relevante es destacar que no es un conocimiento empírico y mostrar las diferencias con respecto al convencionalismo de la ciencia natural.

mo con respecto a la geometría y la física, entonces esta última tampoco nos aportaría ningún tipo de información acerca del mundo natural, limitándose a tratar con idealizaciones de los objetos de experiencia. El cuestionamiento del tipo de conocimiento que la ciencia natural nos permite obtener sobre el mundo es el punto clave para independizar el convencionalismo físico del convencionalismo geométrico. Considerar a la ciencia natural del mismo modo que la geometría, esto es, simplemente cómoda o útil para manejarnos en el mundo, llevaría a Poincaré a una posición nominalista o instrumentalista, en razón de que se trataría de una ciencia que no aportaría conocimiento acerca de nuestro entorno, sino solo artilugios para funcionar en él.

Por línea general, las posiciones nominalistas consideran que la ciencia es un lenguaje cuyos términos están definidos de manera arbitraria y no tienen un correspondiente en ninguna realidad ajena al lenguaje. Es decir, las teorías pueden ser sistemas lógicamente consistentes pero carecen de referente en un mundo exterior. Además, estas concepciones entienden que todo lo que la ciencia puede aportarnos es un modo conveniente de actuar en el mundo. Las teorías son herramientas que resultan útiles para sistematizar observaciones presentes y predecir acontecimientos futuros, pero la ciencia carece de un contenido de conocimiento más allá de dicha utilidad. De este modo, la ciencia es un instrumento que nos ayuda a desenvolvernos en el mundo, mediante la creación de marcos adecuados para resolver problemas, pero esos marcos no dicen necesariamente nada acerca de cómo es el mundo. En consecuencia, en el seno de estas ideas la verdad no es un valor relevante para la ciencia, o sea, la ciencia natural no resulta ni verdadera ni falsa, sino útil o cómoda para la acción.

Sin embargo, pensamos que esta perspectiva no se identifica con la posición de Poincaré con respecto a la ciencia natural, dado que, como vamos a tratar de mostrar, hay un lugar para la verdad dentro de su concepción, ya que considera que el contenido de nuestras teorías científicas responde de algún modo a un cierto estado de cosas, de forma que entre unas y otro existe algún tipo de relación que tendremos ocasión de analizar en detalle más adelante. Así, el objetivo de la ciencia de la naturaleza ha de ser, según testimonio del propio Poincaré, la búsqueda de la verdad[8] y no solo de la acción, de tal manera que nos aproximemos a un conocimiento del mundo, aunque este no sea definitivo, a causa de que la ciencia es una actividad cambiante. De modo opuesto, ya que la geometría no es ni verdadera ni falsa, su objetivo no puede ser la búsqueda de la verdad, sino como mucho, de la funcionalidad.

---

[8] Cf. Poincaré (1905a), p. 19.

Es precisamente en la cuestión epistemológica, donde Giedymin establece la diferencia de estatus entre la concepción de la física y de la geometría de Poincaré:

«La diferencia principal entre la geometría y la física desde el punto de vista epistemológico es que mientras todas las asunciones de la geometría son convencionales, solo lo son algunas asunciones de la física, de otro modo la física no sería una ciencia empírica»[9].

De este modo, veremos qué tipo de afirmaciones de la física no son convencionales, de tal manera que el conocimiento que la ciencia natural nos proporciona acerca del mundo no es un constructo en vista de sus aplicaciones, sino que proporciona un valor de verdad. Por tanto, tendremos que analizar el papel jugado por la experiencia en la filosofía convencionalista y, cómo se conjuga ese papel con la parte de la ciencia que no es dada y que es considerada convencional, así como cuál es la relación existente entre el contenido empírico de la física y el valor de verdad del conocimiento que esta nos proporciona acerca del mundo.

Consecuentemente, defendemos la independencia filosófica del convencionalismo físico. Pero, como hemos afirmado en la introducción, algunos autores reclaman también su independencia histórica. Tal es el caso de Pulte, quien considera que la posición convencionalista en mecánica y física no es, en ningún caso iniciada por Poincaré, aunque él sea su máximo representante y tampoco sitúa su origen en el surgimiento de las geometrías no euclidianas, aunque esta sea la problemática que detona el uso de la palabra convención en el seno de su filosofía[10]. De hecho, para Pulte, el convencionalismo físico no tiene un único creador, sino que se presenta como una consecuencia de la práctica científica, que reacciona frente a las concepciones de la ciencia del empirismo tradicional, del racionalismo y del idealismo crítico de Kant. En este sentido, encaja en cierto modo con nuestra presentación del convencionalismo de Poincaré como una filosofía que reacciona al idealismo metafísico y al positivismo crítico y que emerge al tiempo que el neokantismo. Para Pulte, el convencionalismo es una posición filosófica surgida a partir de la física matemática del siglo XIX, en concreto, de la fundamentación crítica de la mecánica hecha por Carl Gustav Jacobi.

En sus lecciones sobre mecánica de 1847-1848, Jacobi criticó la mecánica analítica de Lagrange «por su incapacidad de describir el compor-

---

[9] Giedymin (1977), p. 293.
[10] Cf. Pulte (2000), p. 48.

tamiento real de los cuerpos físicos»[11] y, más fundamentalmente, por el estatuto de los primeros principios de la mecánica. Jacobi consideraba que en su intento de dar un origen axiomático a ciertos principios mecánicos, Lagrange proponía una visión dogmática, que no proporcionaba en absoluto una demostración matemática de esos principios, concluyendo así que estos no podían tener el mismo estatuto que los axiomas de la matemática pura. Además, Jacobi resolvió que los principios fundamentales de la mecánica, aunque necesitaban una cierta confirmación experimental, esta no les proporcionaba el nivel de verdades tomadas como definitivas; en consecuencia, decidió que podían considerarse como convenciones, en la medida en que su adopción implicaba una cierta decisión del científico teórico[12]. De esta forma, siempre hay lugar para alternativas en la búsqueda de los principios mecánicos, esto es, siempre hay lugar para la elección[13]. Asimismo, como estos principios carecen de una prueba matemática y tampoco contienen una prueba empírica que pueda proporcionarles certeza, asumimos que se corresponden con la naturaleza[14], lo que implica una toma de decisión por parte del científico que los utiliza. Así, Pulte establece la independencia del convencionalismo físico a partir de estas ideas de Jacobi, señalando que, al igual que Poincaré, Jacobi introduce una categoría epistemológica que no depende en exclusiva de la experiencia y que no se identifica con los principios a priori kantianos.

Por su parte, Giedymin argumenta que la filosofía de la física convencionalista tiene sus raíces en la concepción científica de la física de los principios anticipada por Lagrange y Fourier entre otros, pero sobre todo por Hamilton[15]. Según él, la física de los principios consiste en subsumir varios hechos experimentales o leyes empíricas bajo principios formulados en un abstracto lenguaje matemático que expresa una estructura común a varias teorías científicas y que revela el contenido epistémico que obtenemos de la naturaleza. Esto supone un método para extraer lo que hay de común entre teorías rivales con el fin de o bien sobreponerse a la discusión teórica, o bien permitir la elección libre de la explicación teórica de esos principios. De este modo, es la interpretación teórica de los principios lo que resulta convencional. Pero no solo, porque los propios principios son convencionales a partir de nuestra decisión de utilizarlos como condensadores de leyes empíricas y porque el tipo de lenguaje en el que son expresados, esto es, el

---

[11] Pulte (2000), p. 60.
[12] Cf. Jacobi (1996), p. 3.
[13] Cf. Pulte (2009), p. 86.
[14] Cf. Jacobi (1996), p. 3.
[15] Cf. Giedymin (1982), p. 44.

lenguaje matemático, prueba que nuestra mente tiene un papel activo en la producción de conocimiento.

Ahora bien, en nuestro análisis, iremos más allá de las ideas de Pulte y Giedymin, al señalar la presencia de convenciones en diferentes niveles de la práctica científica y no solo en los principios de la mecánica. Para comenzar a desarrollar esta línea interpretativa, empezaremos por el análisis de la noción de hipótesis y su papel dentro de la ciencia natural. Elegimos la hipótesis como primer concepto para clarificar la teoría del conocimiento de Poincaré en ciencia natural, porque esta noción supone el primer paso para constituir las teorías científicas. Nuestro objetivo más concreto es mostrar en qué medida la idea de convención se encuentra presente en los distintos tipos de hipótesis científicas establecidos por Poincaré, diferentes de las hipótesis geométricas, las cuales se identifican con los axiomas de la geometría y, como hemos dicho, son convencionales. Además, queremos señalar que la idea de convención no va a tener un sentido unívoco, sino que este concepto se revelará como polisémico, por lo que nos esforzaremos en mostrar los diferentes significados de este término, así como las consecuencias filosóficas de dicha polisemia.

El esclarecimiento de la idea de convención aplicada a la ciencia natural implica delimitar con precisión el papel de la experiencia en el convencionalismo de Poincaré, esto es, cuál es el rol de lo dado frente a lo convenido, del contenido empírico frente a las decisiones voluntarias tomadas por el científico, para la comodidad de una descripción sistemática. En razón de ello, hay que destacar que Poincaré establece una cierta diferencia entre la mecánica y las llamadas ciencias físicas (principalmente óptica y electrodinámica)[16], que mostraremos en la concepción de las hipótesis referidas a ambas. Sin embargo, la separación en los aspectos convencionales de estas ciencias no va a ser radical, puesto que como Poincaré tiene una concepción continuista de la ciencia, los principios convencionales de la mecánica habrán de ser preservados como una primera aproximación en el ámbito de las ciencias físicas[17] y, además, como afirma Pulte:

> «Cualquier *explicación* teórica de la física que se esfuerce por conseguir la unidad, *debe* ser convencional, porque, de acuerdo con Poincaré, tiene que estar basada en conceptos mecánicos y, por tanto, necesita convenciones mecánicas»[18].

---

[16] Cf. Poincaré (1902a), p. 26.
[17] Cf. Poincaré (1905a), p. 147.
[18] Cf. Pulte (2000), p. 50.

Esto significa que, de modo general, las nuevas teorías de la física serán una continuación de las viejas teorías de la física matemática o de la mecánica, al menos en su aparato conceptual. Y ahí es uno de los lugares en los que las convenciones mecánicas jugarán un papel relevante en física. Sin embargo, en función del objetivo de la presente obra, nuestros análisis se dirigirán siempre de modo prioritario a la mecánica.

A fin de caracterizar el lugar de las hipótesis en la ciencia, así como el grado de conocimiento que obtenemos a partir de ellas, vamos a tener en cuenta las clasificaciones de hipótesis establecidas por Poincaré, cuya función es mostrar el lugar que ocupan los diferentes tipos de hipótesis en la constitución de las ciencias. Veamos las clasificaciones y, a continuación, pasaremos al análisis de los diferentes tipos de hipótesis propuestas en ellas.

La primera clasificación es establecida en la introducción de *La Science et l'Hypothèse* y distingue entre hipótesis verificables, útiles e hipótesis en apariencia o convenciones:

> «Veremos también que hay muchas clases de hipótesis, que unas son verificables y que una vez confirmadas por la experiencia, devienen verdades fecundas; que otras, sin poder inducirnos a error, pueden sernos útiles para fijar nuestro pensamiento; que otras, en fin, no son hipótesis más que en apariencia y se reducen a definiciones o convenciones disfrazadas.
>
> Estas últimas se encuentran sobre todo en las matemáticas y en las ciencias afines. Es justamente de ahí de donde estas ciencias sacan su rigor»[19].

La segunda clasificación aparece en el capítulo IX de esa misma obra y diferencia entre hipótesis naturales, indiferentes y verdaderas generalizaciones:

> «Es preciso tener cuidado para distinguir entre los diferentes tipos de hipótesis. Primero están aquellas que son totalmente naturales y a las cuales no podemos sustraernos. Es difícil no suponer que la influencia de cuerpos muy alejados es totalmente despreciable, que los pequeños movimientos obedecen a una ley lineal, que el efecto es una función continua de su causa. Diré lo mismo para las condiciones impuestas por la simetría. Todas estas hipótesis forman por así decir el fondo común de todas las teorías de la física matemática. Estas son las últimas que debemos abandonar.

---

[19] Poincaré (1902a), p. 24.

Hay una segunda categoría de hipótesis que calificaré de indiferentes. En la mayoría de las cuestiones, el analista supone, al iniciar su cálculo, o bien que la materia es continua o bien inversamente, que está formada por átomos. Aunque hubiera elegido lo contrario, sus resultados no habrían variado [...]. Si entonces la experiencia confirma sus conclusiones, ¿pensará él que ha demostrado, por ejemplo, la existencia real de los átomos? [...]

Estas hipótesis indiferentes nunca son peligrosas, mientras que no desconozcamos su carácter. Pueden ser útiles, son como artificios de cálculo, ya sea para sostener nuestro entendimiento mediante imágenes concretas, para fijar las ideas, como se dice. No hay así motivo para proscribirlas.

Las hipótesis de la tercera categoría son las verdaderas generalizaciones. Ellas son las que la experiencia debe confirmar o refutar. Verificadas o condenadas, podrán ser fecundas. Pero, por las razones que ya he expuesto, no lo serán más que si no las multiplicamos»[20].

Las hipótesis en apariencia que aparecen en la primera tipología y que Poincaré identifica con las definiciones o convenciones disfrazadas se encuentran presentes en la matemática y en ciencia natural (física y mecánica como ciencias afines a la matemática o como ciencias fuertemente matematizadas). En la matemática solo aparecen en el ámbito de la geometría y se identifican con los axiomas de esta ciencia, dado que las convenciones no están presentes en la aritmética al ser una ciencia basada en principios a priori, al más puro estilo kantiano[21]. En la mecánica, estas convenciones como definiciones disfrazadas se van a identificar con algunos de los principios fundamentales de esta ciencia, cuyo análisis dejaremos para más adelante. Y en función de la continuidad entre mecánica y física, estos principios tendrán aproximadamente el mismo papel en estas dos disciplinas.

Así, dejamos para después el análisis de las hipótesis calificadas explícitamente como convenciones por Poincaré y examinaremos los otros tipos de hipótesis, que son las hipótesis útiles, las hipótesis 'naturales' y las generalizaciones. A partir del estudio de estos tipos de hipótesis trataremos de dirimir si la noción de convención es también aplicable a ellos y si lo es, en qué sentido y cómo se diferencia de otros posibles significados de convención, a fin de determinar cómo se integran dentro de la epistemología de Poincaré.

---

[20] Poincaré (1902a), pp. 166-167.
[21] Cf. Folina (1992), p. 33.

§ 2 Las hipótesis útiles

Hemos decidido comenzar por este tipo de hipótesis porque son consideradas como herramientas de cálculo y no hay en su definición nada que haga pensar que contienen elementos empíricos. Así, en la medida en que pretendemos determinar cuál es la parte empírica dentro del convencionalismo físico, frente a la parte de creación en las teorías, o a la parte no empírica, empezamos por aquellas hipótesis que sabemos, de entrada, que no son empíricas y veremos cómo surgen y qué elementos intervienen en su formación. De esta forma, partiendo de la parte menos empírica dentro de las teorías, hacia la parte más experimental, podremos establecer un camino preciso que esclarezca con rigor la posición de Poincaré respecto de la ciencia natural.

Estas hipótesis 'útiles' se encuentran presentes en las dos clasificaciones que hemos mostrado en el epígrafe anterior[22]. En la primera, son aquellas definidas como «útiles para fijar nuestro pensamiento»[23] y en la segunda, entre otras cosas, se dice que son hipótesis 'indiferentes' que «pueden ser útiles, son como artificios de cálculo, ya sea para sostener nuestro entendimiento mediante imágenes concretas, para fijar las ideas como se dice»[24]. Consecuentemente, podemos entenderlas como instrumentos ventajosos para asentar nuestras concepciones científicas. Ahora bien, por sí sola, su utilidad no indica que sean hipótesis desvinculadas de la experiencia.

La prueba de que estas hipótesis no son formuladas a partir de hechos experimentales la encontramos primero, en la idea de que son "artificios de cálculo", es decir, son herramientas que simplifican nuestras operaciones y, en consecuencia, son creadas por nosotros con este fin y no están tomadas de la experiencia. En segundo lugar, la independencia experimental de estas hipótesis la encontramos en el hecho de que Poincaré afirma que son introducidas al inicio de nuestros cálculos, con el fin de facilitarlos, y después, cuando obtenemos una conclusión de esos cálculos que es confirmada por la experiencia, eso no significa que la hipótesis simplificadora que habíamos incluido al principio esté confirmada experimentalmente; lo único confirmado son las consecuencias de nuestros cálculos, no los ingenios creados para resolverlos. Por tanto, no son susceptibles de verificaciones empíricas. Igualmente, las introducimos a modo de imágenes que nos ayuden a comprender mejor las teorías, como por ejemplo, el uso de los mode-

---

[22] La mayoría de los intérpretes concuerdan en la identificación entre hipótesis útiles e indiferentes. Cf. Ly (2008), p. 27; Heinzmann (2009), p. 166; Walter (2009), p. 202.
[23] Poincaré (1902a), p. 24.
[24] Poincaré (1902a), p. 167.

los mecánicos en las teorías electromagnéticas. El hecho de que posteriormente la experiencia confirme el resultado de los cálculos, no supone que confirme el modelo mecánico ni la imagen inicial[25]. Por eso, aunque supongamos al inicio de un cálculo que la materia es continua o que está formada por átomos, cuando se demuestren los cálculos de la teoría, eso no expresará necesariamente una confirmación empírica de la hipótesis atómica.

Consecuentemente, la utilidad de estas hipótesis es meramente práctica: nos ayudan a ahorrar medios intelectuales porque proporcionan imágenes cómodas de las teorías de modo que asientan los conceptos científicos gracias a la simplicidad que proporcionan. Así, son útiles en el sentido de que tienen para nosotros un rol explanatorio, pero no pueden ser consideradas ni verdaderas ni falsas, en primer lugar, porque no tienen ningún elemento empírico ni existe una forma de comprobarlas experimentalmente. Por consiguiente, este tipo de hipótesis no va a producir ningún tipo de modificación en las consecuencias empíricas de una teoría. Pero, en segundo lugar, tampoco alteran la forma matemática de las teorías, esto es, la estructura elemental que representa las relaciones fundamentales establecidas en el seno de la teoría. Es por estas dos razones, por dejar inalterada la forma matemática y por no tener consecuencias empíricas que Poincaré califica a estas hipótesis de "indiferentes", porque la adopción de una hipótesis opuesta a la que hemos tomado al inicio de los cálculos no modifica la parte epistemológica de la teoría, sino que, como afirma Zahar, son hipótesis que tienen una función puramente psicológica a causa de que contribuyen a la clarificación de nuestras ideas[26].

En función de que estas hipótesis no son calificables de verdaderas o falsas, podemos afirmar que se incluyen en la categoría de convención. Es decir, estas hipótesis constituyen uno de los sentidos de convención que pretendemos explicitar. Esta idea se encuentra presente en varios comentadores. Así, Giedymin las interpreta como "convenciones libremente inventadas por la mente"[27], en el sentido de que se trata de metáforas que tienen una función pragmática para comprender nuestras teorías, que están desprovistas de contenido empírico y cuya modificación no produce cambios en el contenido cognitivo de una teoría[28]. Igualmente, Uebel afirma que son hipótesis que no responden a los hechos empíricos y las califica de 'pseudoconvenciones' porque se diferencian de las 'verdaderas convenciones' por-

---

[25] Tal y como afirma Stump (1989), p. 338: «es posible cambiar el modelo mecánico asociado con una teoría mientras que las leyes cuantitativas permanecen idénticas».
[26] Cf. Zahar (2001), p. 7.
[27] Giedymin (1982), p. VIII.
[28] Cf. Giedymin (1982), p. 84.

que no son constitutivas de las teorías científicas, sino que son "cognitivamente despreciables"[29]. Por último, Heinzmann afirma que son "convencionales en el sentido usual de la palabra, esto es 'arbitrarias', pero impuestas por un acuerdo racional"[30]. Según él y de acuerdo con Poincaré, responden a la ontología de las teorías, la cual va más allá de toda posible determinación dentro del ámbito científico.

Nuestra idea de interpretar estas hipótesis útiles o indiferentes como convenciones se entiende a partir de que no hay en ellas ningún elemento empírico, es decir, son creadas por el científico en su totalidad. Su uso depende de la decisión del científico de adoptarlas a causa de su simplicidad, pero no en función de su relación con el mundo. Por tanto, no son verdades empíricas, pero tampoco son verdades a priori porque ni resultan autoevidentes, ni tienen validez universal. De hecho, no son verdades en ningún sentido. Además, y de acuerdo con los comentadores a los que nos hemos referido y siguiendo a Poincaré, defendemos que su uso no modifica aspectos fundamentales del contenido cognoscitivo de las teorías porque habríamos llegado a las mismas conclusiones adoptando la hipótesis contraria[31].

De este modo, son un tipo de convención específica, que nada tiene que ver con las convenciones geométricas, pues estas, como ya vimos, están establecidas de manera definitiva y, sobre todo, la modificación de un axioma o postulado geométrico determinado llevaría a la modificación de nuestra geometría, mientras que la modificación de una hipótesis indiferente no llevaría a resultados matemáticos o empíricos que fueran distintos. Por ejemplo, en geometría, si modificamos el denominado "axioma de las paralelas", el cual, en tanto que axioma geométrico es una convención para Poincaré, somos llevados a geometrías diferentes de la Euclídea, esto es, a teorías diferentes. En cambio, considerando el ejemplo de las teorías ópticas, introducimos dos vectores, de los cuales uno es interpretado como vector-velocidad y el otro como un vórtice (vector de rotación). Pero nada nos indica que no podríamos haberlos caracterizado al contrario. Por consiguiente, estamos tratando con una hipótesis indiferente que nos ayuda a dar a los vectores una apariencia concreta para comprender mejor la teoría, de tal modo, que si fueran interpretados de otra manera, las consecuencias de la teoría serían idénticas.

Por tanto, el campo de acción de estas hipótesis está restringido en exclusiva a la ciencia natural. No aparecen en geometría, lo que establece una diferencia más entre el convencionalismo geométrico y el convenciona-

---

[29] Cf. Uebel (1998-1999), p. 80.
[30] Heinzmann (2009), p. 174.
[31] Cf. Poincaré (1902a), p. 176.

lismo físico, siendo estas hipótesis indiferentes una de las características fundamentales presentes en este último y que no aparecen en el primero. De este modo, podemos decir que en la teoría de la ciencia natural de Poincaré aparecen unas convenciones, cuya función es puramente heurística y simplificadora que no están presentes en sus consideraciones epistemológicas con respecto a la geometría. Aparecen en las teorías tanto de la física (el ejemplo de los vectores pertenece a la óptica), como de la mecánica porque nos ayudan a interpretarlas de una manera más comprensible.

Así, estas convenciones surgen a partir de la necesidad de simplificar nuestras teorías. Se sostienen gracias a la comodidad práctica de la explicación teórica que obtenemos al decidir utilizarlas y el criterio para escoger entre convenciones alternativas es precisamente su valor heurístico, la sencillez metodológica que proporcionan a nuestros cálculos. Por tanto, podemos decir que, aunque son convenciones libremente creadas por el científico, eso no significa de modo alguno que sean convenciones adoptadas de modo arbitrario, dado que la simplicidad es un criterio de selección[32]. De este modo, que las hipótesis indiferentes sean convenciones supone entender el uso la palabra 'convención' en la epistemología de Poincaré de una manera plural o polisémica. En un sentido más profundo, la idea de que las hipótesis útiles o indiferentes, en tanto que herramientas metodológicas, sean convenciones implica que, en el convencionalismo físico, las herramientas heurísticas utilizadas para elaborar nuestras teorías dependen enteramente del científico en dos sentidos: primero, que es el científico quien las crea libremente, a partir de su capacidad de invención; y, segundo, que es el científico quien decide utilizarlas, en este alcance no tan libremente, pues su decisión está guiada por consideraciones de simplicidad, a fin de obtener ciertos resultados lo más rápidamente posible. Vemos así confirmada la idea a la que nos referimos en la Introducción de que una de las características del convencionalismo de Poincaré es acentuar el papel creador del científico en la construcción de teorías científicas. Si bien, también es importante explicitar que nos estamos refiriendo en exclusiva a estas convenciones heurísticas desprovistas de referente experimental, lo que no significa que todo aquello que el científico utiliza para construir una teoría sea libre creación de su mente.

En contra de la caracterización de las hipótesis útiles como convenciones, Ly afirma que las convenciones de Poincaré, entendidas como principios físicos, en la medida en que son generalizaciones de leyes, expresan

---

[32] Este es el sentido en el que Heinzmann afirma que aunque son convenciones en el sentido usual de la palabra, son impuestas racionalmente. Cf. Heinzmann (2009), p. 174.

relaciones verdaderas, cosa que no hacen las hipótesis indiferentes[33]. No nos oponemos a esta idea referente a los principios físicos entendidos como convenciones que, como hemos dicho, discutiremos más adelante. A lo que nos oponemos es al sentido restringido que Ly da a la palabra convención. La idea de que las convenciones de la ciencia natural solo puedan ser identificadas con principios físicos supone reducir el uso de la palabra convención para proposiciones que se sitúan en el nivel más alto de la práctica científica. En este sentido, el papel creador del científico quedaría reducido exclusivamente a decisiones tomadas tras largos procesos de verificación empírica. En cambio, al incluir las herramientas metodológicas, esto es, las hipótesis indiferentes, en la categoría de convención, mostramos que las decisiones del científico se encuentran presentes en todo el proceso de constitución de la teoría y no solo en el nivel más alto de esta. Las decisiones del científico aparecen ya en el uso de determinadas herramientas metodológicas o de imágenes para facilitar la comprensión de la teoría.

Igualmente, la idea de que las hipótesis útiles sean hipótesis indiferentes e interpretables como convenciones supone además que son un tipo de convención que carece de contenido de conocimiento, en este sentido, las vamos a considerar como epistemológicamente no relevantes, lo cual concuerda tanto con la idea de Giedymin de que "no contribuyen para el contenido cognitivo de una teoría"[34], como con la expresión de Uebel de que son "cognitivamente despreciables"[35]. No es que pensemos que la metodología y el uso de hipótesis heurísticas no es relevante para la obtención de conocimiento, sino que queremos oponer este tipo de convenciones epistemológicamente irrelevantes a otras que son epistemológicamente relevantes en el sentido de que existen otras convenciones que sí serán portadoras de un contenido de conocimiento. De esta forma podemos comprender que Poincaré califica a estas hipótesis de 'indiferentes' porque su supresión no modifica puntos esenciales en la estructura de la teoría o en su posible valor cognoscitivo. De hecho, esto se justifica con la siguiente caracterización proporcionada por nuestro autor:

«Las hipótesis de este tipo no tienen más que un sentido metafórico. El sabio no debe prohibírselas igual que el poeta no se prohíbe las metáforas, pero debe saber lo que valen. Pueden ser útiles para

[33] Cf. Ly (2008), p. 27-28.
[34] Cf. Giedymin (1982), p. 84.
[35] Cf. Uebel (1998-1999), p. 80.

dar una satisfacción al espíritu y no serán dañinas en tanto que no sean más que hipótesis indiferentes»[36].

Así, cuando afirmamos que hay convenciones epistemológicamente relevantes, nos referimos a convenciones que suponen alguna diferencia en una teoría física, esto es, convenciones que no tienen meramente el valor de metáforas explanatorias. Se trata de convenciones que, al modificarlas obtenemos una teoría diferente, y esto no es lo que ocurre con las hipótesis que estamos caracterizando, son indiferentes respecto del contenido epistemológico. De hecho, en la mayoría de los casos estas hipótesis hacen afirmaciones acerca de la ontología de una teoría y no acerca del contenido de conocimiento que esta aporta, por tanto, para Poincaré no conciernen a la física, sino a la metafísica y, en consecuencia, las consideraciones acerca de si responden o no a algún tipo de realidad última van a estar fuera de la ciencia:

«Lo que ella [la ciencia] puede alcanzar, no son las cosas mismas, como piensa los dogmáticos naifs, son solamente las relaciones entre las cosas»[37].

Esta afirmación supone declarar que el contenido de nuestro conocimiento no expresa realidades últimas, sino solo relaciones, una posición que ha sido denominada como "realismo estructural" y que caracterizaremos tras analizar las proposiciones científicas que contienen este tipo de relaciones[38]. Lo que nos importa ahora, con respecto a las hipótesis indiferentes, es que las afirmaciones contenidas en ellas solo tienen un valor metodológico y, en consecuencia, toda referencia a las cosas en sí mismas, es decir, a la ontología y cualidades últimas de la realidad nos resultan inaccesibles desde el punto de vista científico y así, la metafísica para la ciencia, desde la posición de Poincaré, será una cuestión de convención. Esto significa que, al interpretar las hipótesis indiferentes como convenciones, Poincaré admite que la ciencia no se pronuncia sobre la verdad de realidades que puedan estar más allá del ámbito de percepción empírico, postulando en su lugar una convención (hipótesis indiferente) que facilite la comprensión de la ontología de una determinada teoría. Esta tesis es retomada por Heinzmann, quien afirma que las designaciones ontológicas están 'sobredeterminadas' desde la perspectiva científica, dado que la ciencia solo puede expre-

---

[36] Poincaré (1902a), p. 176.
[37] Poincaré (1902a), p. 25.
[38] La idea de que las estructuras expresan contenido epistémico es la clave por la que Giedymin muestra a Hamilton como un predecesor de Poincaré. Cf. Giedymin (1980), p. 246 y ss.

sar relaciones[39], por lo que la ontología depende de estipulaciones convencionales. Así, en la medida en que las cuestiones metafísicas están completamente fuera de la experiencia, su verdad o falsedad queda fuera del dominio científico y su papel en la ciencia depende del uso que el investigador hace de dichas cuestiones en la forma de hipótesis indiferentes.

Una vez explicitado este tipo de hipótesis como convenciones desprovistas de contenido epistemológico y experimental, vamos a pasar a otro tipo de hipótesis que, si bien tienen algún contenido experimental, sin embargo su estatus no corresponde propiamente al de verdades empíricas. De esta forma, vamos avanzando en la clarificación de la posición de Poincaré desde las cuestiones menos empíricas y más convencionales, como las hipótesis indiferentes, a las más experimentales.

§ 3 Las hipótesis naturales

Estas hipótesis aparecen en la segunda de las clasificaciones que hemos referido en el primer epígrafe. Las determinaciones que reciben son las siguientes: (1) la imposibilidad de sustraernos a ellas, (2) forman el fondo común de todas las teorías de la física matemática y (3) son las últimas que debemos abandonar[40]. De este modo, podemos decir que reciben la denominación de 'naturales' ya que al no podernos sustraer a ellas, resulta común y habitual que las hagamos, y además, porque no son meros artificios, como eran las hipótesis indiferentes o útiles. Así, se diferencian de las hipótesis caracterizadas en el epígrafe anterior porque en este caso no se trata de meras herramientas de cálculo, introducidas para simplificar las teorías, que podemos o no utilizar; sino de suposiciones que efectuamos con el fin de constituirlas y no solo de dar cuenta de ellas o de los cálculos efectuados en ellas.

A partir de la aserción de que estas hipótesis forman el fondo común de la física matemática podemos concluir que queda delimitado su campo de acción. Es decir, son hipótesis propias de la física matemática y no de otro tipo de ciencia, lo que implica que suponen otro elemento propio del convencionalismo físico, junto con las hipótesis indiferentes. Además, estas hipótesis no solo son propias de esta ciencia, sino que suponen un integrante fundamental de ella porque, como vamos a ver, son el elemento de base para la construcción de leyes empíricas.

---

[39] Cf. Heinzmann (2009), p. 174. El término utilizado por Heinzmann para lo que hemos traducido por 'sobredeterminación' es 'overdetermination'.
[40] Cf. Poincaré (1902a), p. 166.

La idea de que las hipótesis naturales son componentes esenciales para la formación de las leyes de la física matemática puede deducirse a partir de los ejemplos utilizados por Poincaré. Tomemos dos de ellos: "el efecto es una función continua de su causa" y "la influencia de cuerpos muy alejados es completamente despreciable"[41]. En principio, estos son ejemplos que están inspirados sobre la base de hechos o medidas experimentales, lo cual hace que las hipótesis naturales sean algún tipo de 'hipótesis empíricas', algo que las diferencia completamente de las hipótesis indiferentes. Al ser ejemplos inspirados en consideraciones empíricas, podríamos pensar que se trata de hipótesis empíricamente verificables. Sin embargo, esto no es lo que afirma Poincaré ni lo que pensamos respecto de estas hipótesis. Es evidente que tienen un cierto contenido empírico, pero el objetivo no es verificar este contenido, sino servirnos de estas hipótesis como condiciones que facilitan la construcción de generalizaciones empíricas y no ser ellas en sí mismas tales generalizaciones. En este sentido, como defiende Walter, son reglas prácticas no falsables desde el punto de vista de la construcción teórica[42], o sea, no son refutables por el uso que nosotros hacemos de ellas, por nuestra decisión de utilizarlas como válidas para la construcción de una teoría. La idea de no ser falsables desde la perspectiva de la formación de las teorías supone que hay elementos que empleamos en el proceso de constitución de las teorías que proceden de la experiencia pero que por alguna razón no son verificables o refutables por ella. Lo que defendemos es que la razón por la que estos elementos no son falsables es porque el científico decide que así sean, esto es, es *por decisión* por lo que no son sometidos a verificación experimental.

Veamos esto a partir del primero de los ejemplos. Este es descrito en *La Valeur de la Science* como una de las formas del principio de inducción[43]. Este principio es necesario para realizar generalizaciones empíricas porque solo a partir de su uso podemos extraer conclusiones generales mediante un número finito de observaciones. La inducción no es otra cosa que un método de razonamiento o inferencia clásico, y es aquí considerado por Poincaré como una hipótesis natural. Ahora bien, decimos que está inspirado en la experiencia porque es a partir de la observación de causas aproximadamente idénticas ligadas a efectos que son también aproximadamente idénticos que nosotros extraemos un principio metodológico general para aplicar a un gran número de observaciones, es decir, extraemos un principio que nos sirve como método de generalización empírica, que está inspirado

---

[41] Cf. Poincaré (1902a), p. 166.
[42] Cf. Walter (2010), p. 133.
[43] Poincaré (1905a), pp. 176: «el consecuente es una función continua del antecedente».

en la observación de una cierta constancia y regularidad de la naturaleza. Pero es un principio que no vamos a tratar de verificar. No lo verificamos porque someterlo a comprobación experimental en cada momento que nos servimos de él supondría poner en cuestión una y otra vez nuestro método de inferencia. Es decir, no se trata de que el principio sea inaccesible a la experiencia; de hecho, no lo es, porque son numerosos los casos en los que el uso de la inducción se revela empíricamente como falso y, de hecho, Poincaré es consciente de que el resultado que se obtiene a partir de su uso es, como mucho, aproximado[44]. De lo que se trata es de que nosotros o, mejor, el científico, lo utiliza *como si* fuera válido, *como si* no necesitara verificarlo. Y este 'como si' del uso del científico es lo que depende de su decisión. O sea, el científico decide utilizar este principio sin someterlo a verificación. Por eso afirmamos que las hipótesis naturales no son falsables en razón del uso que hacemos de ellas. En este sentido, tienen una función regulativa para la práctica científica porque son normas que guían nuestro proceder. Pero no solo, también tienen una cierta función constitutiva, porque nos ayudan a organizar nuestro conocimiento empírico, a descomponer los fenómenos y a ponerlos en forma de ecuaciones. Así, el principio de inducción permite establecer que cada instante se encuentra ligado al instante inmediatamente precedente, lo cual es equivalente a afirmar que «el estado actual del mundo depende solo del pasado más próximo»[45] y de esta manera poder describir la evolución temporal de un sistema físico a partir de una ecuación diferencial, que es un elemento fundamental de la física matemática. Por eso estas hipótesis forman el fondo común de las teorías de la física matemática y por eso son las últimas que debemos abandonar. Sin asunciones teóricas de este tipo no podríamos escribir ecuaciones diferenciales y, consecuentemente, no tendríamos física matemática.

Ahora bien, una vez caracterizadas las hipótesis naturales y retratada la función que cumplen en el seno de las teorías, queremos avanzar la idea de que pueden también, en un sentido específico, ser consideradas como convenciones. Esta idea está sugerida por el hecho de que no son afirmaciones empíricamente verificables y tampoco tienen el estatuto de verdades a priori autoevidentes. Están inspiradas en la experiencia, esto es, son construidas a partir de hechos experimentales, pero el científico decide no verificarlas y considerarlas como válidas para así poder construir sus teorías. De hecho, cuando son sometidas a verificación experimental resultan falsas, como es el caso del principio de inducción física, que no puede considerarse como un método de inferencia infalible en cuanto no comprobemos todos

---

[44] Cf. Poincaré (1905a), p. 177.
[45] Poincaré (1902a), p. 168.

los casos a los que ha sido sometido y que además se ha revelado como falso en numerosas ocasiones a lo largo de la historia de la ciencia. En este sentido, podemos identificar las hipótesis naturales en cuanto convenciones con el tipo de convención que Giedymin denomina como «elementos que, aunque son literalmente falsos, son útiles para la obtención de ciertos objetivos cognitivos»[46]. Esto significa que este tipo de hipótesis, aunque comprobada la literalidad de sus aserciones, se revelan como falsas, en la medida en que resultan útiles para realizar, por ejemplo, generalizaciones o construir leyes científicas, decidimos utilizarlas y en consecuencia, no verificarlas y, por tanto, decidimos atribuirles un estatuto que no es ni verdadero ni falso, sino convencional. De esa forma, encajan con la idea de Jacobi de que existe una 'asunción' para conceder el estatuto de convencionales a ciertos principios. Para este último, el científico tiene que asumir que los principios de la mecánica se corresponden de algún modo con la naturaleza para ser aplicables, porque aunque estén tomados de datos experimentales, la verificación empírica no es suficiente garantía de universalidad[47]. En este caso, con respecto a las hipótesis naturales de Poincaré, la semejanza con las convenciones de Jacobi está precisamente en esa asunción o decisión que hace el científico de que son aplicables a la naturaleza, de tal modo que su validez no es demostrable por razonamiento alguno, sino solo su plausibilidad, pese a lo cual las usamos sin poner en cuestión dicha validez.

Así, este tipo de convenciones se forma a partir de la experiencia pero no resultan refutables por ella, a causa del carácter de reglas prácticas que ostentan. Su convencionalidad se basa en el uso que el científico hace de ellas y en la decisión de este de no someterlas a verificación, por tanto, son convenciones que se sostienen gracias a la resolución del científico de servirse de ellas basándose en su utilidad para construir leyes y teorías. Esta utilidad tiene el sentido de permitir la agrupación de elementos semejantes que ayudan a la explicación y la predicción de fenómenos naturales. Por consiguiente, se trata de hipótesis adoptadas por decisión voluntaria con el fin de obtener una descripción sistemática de ciertos fenómenos.

En la mayoría de estas hipótesis, al contrario de lo que sucedía con las hipótesis indiferentes, no seleccionamos entre dos convenciones alternativas con base en la comodidad de la descripción que podamos obtener a partir de ellas. Con esto, queremos apuntar la idea de que una convención no siempre implica una elección entre dos teorías alternativas empíricamente equivalentes, como pueda ser el uso de un modelo mecánico frente a otro. O sea, no se trata siempre de escoger entre dos representaciones en sentido

---

[46] Giedymin (1991), p. 5.
[47] Jacobi (1996), p. 3.

físico que proporcionan una explicación mecánica de procesos que no se han observado, como ocurre con los modelos mecánicos de los procesos electromagnéticos[48]. Así, a veces, como en el caso de las hipótesis naturales, una convención implica un proceso de decisión no entre alternativas equivalentes, sino entre el uso o no de un principio que resulta útil para la formación de leyes, como el caso del principio de inducción. Se trata de una resolución tomada con fines prácticos que supone el no cuestionamiento del estatuto de verdad o falsedad de dicha hipótesis. De esta forma, podemos decir que las hipótesis naturales son convenciones que funcionan como precondiciones que van guiando al científico en la selección de hechos para constituir leyes científicas, por lo que afirmamos que son regulativas de la práctica científica. Se distinguen, así, de las hipótesis indiferentes porque la decisión de utilizar una hipótesis natural no es igual que la elección de una hipótesis indiferente. En las hipótesis indiferentes la selección de la hipótesis contraria nos habría dado los mismos resultados cognoscitivos con respecto a la estructura matemática y el contenido empírico de la teoría. En cambio, sin el uso de estas hipótesis no podemos expresar los fenómenos en forma de ecuaciones diferenciales, lo que supone un cambio en el contenido epistemológico de una teoría. Por eso, frente a las hipótesis meramente útiles que considerábamos como convenciones epistemológicamente irrelevantes, afirmamos el estatuto de convenciones epistemológicamente relevantes para las hipótesis naturales. Su utilización determina el tipo de conocimiento que vamos a obtener; en razón de lo cual defendemos que son constitutivas de las leyes y teorías científicas y así entendemos la afirmación de Poincaré de que forman el fondo común de las teorías de la física matemática.

Ahora bien, ¿cómo se conjuga la idea de que son hipótesis constitutivas de la física matemática con que son convenciones? ¿Acaso ser constitutivas no significa necesarias? Al decir que son constitutivas de las leyes de experiencia, compartimos la idea de Friedman de que son 'presuposiciones' o, como nosotros las hemos llamado, precondiciones para la formación de dichas leyes[49]. Al inicio de este epígrafe, hemos dicho que Poincaré afirma que no podemos sustraernos a ellas y esto se debe a que la ciencia, tal y como la conocemos, necesita de estas hipótesis naturales. Este es el tipo de necesidad que queremos conceder a estas convenciones. Son necesarias para nuestra ciencia, lo cual no quiere decir que sean necesarias en sí mismas ni

[48] Para la explicación y el uso de modelos mecánicos en Poincaré, cf. Stump (1989), p. 338.
[49] Cf. Friedman (2001), p. 71. Aunque concordamos en algunos aspectos con las ideas de Friedman, recusamos denominar a este tipo de precondiciones como "a priori no necesario" por fidelidad al concepto kantiano de a priori, que además de constitutivo de la experiencia, significa, precisamente, universal y necesario.

necesarias para todo tipo de conocimiento. Esto significa que las convenciones, en tanto que decisiones tomadas para construir nuestra ciencia, son constitutivas de ella. Lo cual, además, implica que sin estas decisiones la ciencia no tendría el mismo aspecto, esto es, ni los mismos resultados, ni la misma metodología, en definitiva, la misma constitución.

Con la especificación de las hipótesis naturales en tanto que convenciones propias de la ciencia natural, declaramos otro de los sentidos de convención que encaja en la idea de que este término tiene un significado polisémico en la epistemología de Poincaré. Pero no solo, sino que mostramos que la convención se encuentra presente desde los niveles iniciales de la práctica científica, desde las hipótesis más básicas utilizadas para la agrupación de hechos experimentales y la formación de leyes. Más adelante veremos además que este tipo de convención se diferencia del tipo formado por los principios de la mecánica en que, en la medida en que son precondiciones, tienen que existir *antes* de la constitución de la teoría; de hecho, incluso antes de la constitución de una ley (sin el principio de inducción no podemos generalizar y, por tanto, no podemos formar leyes). Las convenciones entendidas como principios de la mecánica solo pueden constituirse *después* de la formación de las leyes científicas. Por tanto, desde el punto de vista de la construcción de las teorías, las hipótesis naturales como convenciones tienen una prioridad lógica frente a los principios de la mecánica[50]. Consecuentemente, podemos afirmar que las hipótesis naturales son convenciones que constituyen el punto de partida de las generalizaciones empíricas, mientras que los principios de la mecánica serán convenciones constituidas a partir de dichas generalizaciones como punto de partida.

Queda mostrado así que partiendo de ciertos datos experimentales realizamos una hipótesis que tiene el estatuto de una convención por el modo en que el científico se sirve de ella y además, que esta convención es un elemento importante en la formación de nuestro conocimiento. Se trata de un componente que está a mitad de camino entre lo dado y lo convenido, porque tiene una inspiración empírica, pero pertenece también al proceso de decisión del científico. Y es además un integrante clave para la formación del siguiente tipo de hipótesis que tenemos que analizar, que son las generalizaciones o hipótesis verificables, formadas a partir de hechos experimentales. Así, es momento ahora de entrar en los elementos más empíricos de la epistemología de Poincaré.

---

[50] Sobre el orden lógico de estas ideas con respecto a los principios de la mecánica, cf. Ly (2008), p. 24.

§ 4 Las hipótesis verificables y los hechos

Hasta aquí hemos expuesto algunos componentes de la epistemología de Poincaré que hacen más referencia a la cuestión de la decisión y los elementos creados por el científico. Ahora analizaremos un factor muy relevante dentro del marco filosófico que estamos componiendo y que presenta una gran diferencia con respecto a los anteriores: el hecho de que se trata de un constituyente plenamente empírico. Como enseguida veremos, el tipo de hipótesis que vamos a examinar representa el elemento clave por el que no se puede entender que el convencionalismo de Poincaré, al menos en lo que respecta a la ciencia natural, pueda en modo alguno ser interpretado como un nominalismo o instrumentalismo.

Las hipótesis verificables aparecen en las dos tipologías presentadas por Poincaré. En la primera las encontramos en primer lugar, y en la segunda en el tercero. Este tipo es mucho menos controvertido que los anteriores, por el hecho de que son más fáciles de comprender en la medida en que responden al uso común de esta palabra. Así, estas son una suposición que se establece provisionalmente como base para una investigación, la cual posteriormente confirmará o negará la validez de dicha hipótesis. En consecuencia, no se trata de precondiciones que posibilitan la construcción de las teorías, ni de herramientas de cálculo que simplifican las explicaciones teóricas. Podríamos decir que nos encontramos aquí ante las 'genuinas hipótesis', en razón de que Poincaré afirma que «toda generalización es una hipótesis» y, además, que estas deben someterse, siempre que sea posible, a una verificación[51]. Así, frente a las indiferentes que no son ni pueden ser verdaderas ni falsas porque son herramientas explicativas y hacen afirmaciones metafísicas que se sitúan más allá del ámbito de la ciencia, y frente a las naturales que no son verdaderas ni falsas por decisión del científico, nos encontramos ante un tipo de ellas que sí son verdaderas o falsas independientemente de las decisiones adoptadas por el hombre de ciencia y, por consiguiente, susceptibles de comprobación experimental. Pero no solo, además de ser verificables, estas hipótesis son fecundas. Veamos lo que esto signi-fica.

La fecundidad es un rasgo que indica que estas hipótesis son capaces de generar otras nuevas y de este modo ayudarnos a conformar una teoría. Ahora bien, ¿cómo puede una hipótesis generar otra? A partir de la extensión de su dominio de aplicación. Las hipótesis verificables o 'verdaderas generalizaciones', como son denominadas en la segunda clasificación, se construyen partiendo de la agrupación de varios hechos que se repiten en

---

[51] Poincaré (1902a), p. 165.

circunstancias más o menos semejantes, es decir, son reunidos mediante el uso del principio de inducción, que como recordamos, es una hipótesis natural. Así, ampliar el campo en que una hipótesis es aplicada supone incrementar el número de hechos que se agrupan bajo su influencia, o lo que es lo mismo, aumentar la cantidad de fenómenos que es capaz de explicar. Como el propio Poincaré dice, «una hipótesis toma cuerpo y gana en verosimilitud cuando explica nuevos hechos»[52]. De tal forma que la hipótesis cumple además una función unificadora, en el sentido de que concentra varios acontecimientos bajo una misma explicación. De este modo, puede producir otras ideas que dan lugar a nuevas hipótesis para explicar un número mayor de fenómenos y es así como resultan fecundas.

En la medida en que la hipótesis natural interviene en la formación de generalizaciones y, como no se trata simplemente de una inferencia lógica, sino de una convención empleada por decisión del investigador, ¿cuál es la garantía de objetividad en el paso de lo particular a lo general? En realidad, no difiere demasiado de la proporcionada por una simple inferencia. La elección del uso del principio de inducción no nos viene impuesta por la estructura de nuestro pensamiento, conformada por las reglas de la lógica, sino que a causa de su correcto funcionamiento en un número de casos, continuamos utilizándola, a pesar de que pueda llevarnos a error. No es algo establecido por la disposición de nuestra mente, sino que somos libres de utilizarlo, guiados por su funcionalidad a partir de nuestra experiencia.

Poincaré afirma que «toda generalización supone en cierta medida la creencia en la unidad y simplicidad de la naturaleza»[53]. Estos dos términos deben entenderse como principios heurísticos que guían nuestra decisión en el camino hacia la generalización. Nuestro autor concede una cierta prioridad a la idea de la unidad de la naturaleza, frente a la simplicidad, en la medida en que afirma que la primera nos ayuda a comprender el mundo natural:

> «Por tanto, no tenemos que preguntarnos si la naturaleza es una, sino cómo es una»[54].

O sea, se presupone que la naturaleza es una a fin de poder considerar que es inteligible, y dicha presuposición, en opinión de Poincaré, no es prescindible. Se trata de un principio-guía del modo de hacer ciencia que, dicho con todas las cautelas, en cierto sentido puede afirmarse que tiene

---

[52] Poincaré (1913a), p. 82.
[53] Poincaré (1902a), p. 161.
[54] Poincaré (1902a), p. 161.

carácter trascendental puesto que se establece como propiedad de la natura-leza, lo que no es sino condición de posibilidad de nuestro conocimiento acerca de ella. Por otro lado, el principio de unidad de la naturaleza presu-pone la interrelación de todos los fenómenos naturales[55], la integración orgánica de sus diversas partes, puesto que no conocemos meros eventos aislados. De nuevo se formula una afirmación acerca de la naturaleza a partir de nuestro modo de conocerla.

No ocurre lo mismo con el otro principio heurístico necesario para la generalización, el de simplicidad:

> «Para el segundo punto, ya no es tan fácil. No es seguro que la natu-raleza sea simple. ¿Podemos, sin peligro, hacer como si lo fuera?»[56].

En este caso, estamos ante un inequívoco 'como si'; su rango onto-epistémico es menor, lo cual no deja de producir cierta sorpresa, puesto que no resulta evidente de suyo esta asimetría entre unidad y simplicidad. Poin-caré concibe esta última, según se verá al caracterizar los hechos simples, en cuanto menor número de circunstancias que actúan en un proceso natural. Ello le permite vincularla con la idea de regularidad, en la medida en que los mencionados hechos tienen más posibilidades de repetirse, o sea, de ser habituales, puesto que se trata de acontecimientos que necesitan de coyuntu-ras menos complicadas. En definitiva, los fenómenos más simples serán también los más frecuentes. El planteamiento desemboca en la idea de uni-formidad de la naturaleza, estrechamente enlazado con el problema de la inducción, que el científico francés no aborda de modo explícito. Todo apunta a que la uniformidad no pasa de ser una creencia, una cierta confian-za en que el futuro será semejante al pasado. Y si bien sabemos que no te-nemos razón empírica para confiar en ese tipo de conjunción constante, para Poincaré esta suposición está suficientemente justificada por la rutina de nuestras repeticiones, lo cual proporciona la garantía requerida para apli-carla y, más aún, para no pensar que se debe al azar[57]. En el fondo nos hallamos ante la *decisión convencional*, por razones prácticas, de proceder *como si* la naturaleza fuera uniforme[58].

Una vez más encontramos esa falta de independencia entre los ele-mentos decisionales y los dados que no puede por menos de rebajar en cier-to modo las pretensiones de verdad en la ciencia natural, sin por ello hacer

---

[55] Cf. Zahar (2001), p. 8.
[56] Poincaré (1902a), p. 161.
[57] Cf. Poincaré (1902a), p. 164.
[58] Cf. Poincaré (1913a), p. 24.

indiscernible la filosofía de la ciencia de Poincaré del nominalismo de su contemporáneo Le Roy. En efecto, una generalización de hechos que es fértil o fecunda resulta también predictiva, o sea, sirve para anunciar aconte-cimientos futuros sobre una base empírica, o lo que es lo mismo para antici-par nuevos hechos. De este modo, no solo resulta explicativa y descriptiva, sino que también se constituye en reveladora de eventos que vendrán, lo cual permite al científico tener una base para la acción gracias a esta capaci-dad de predicción.

Ahora bien, la acción no es lo único que obtenemos de las generali-zaciones. Si así fuera, la ciencia no sería otra cosa que una regla de acción y la epistemología de Poincaré no se distinguiría del nominalismo de Le Roy[59]. Por el contrario, nuestro autor defiende que por medio de estas hipótesis conseguimos tener un cierto conocimiento del funcionamiento de lo que sucede en la naturaleza. Es por esto que son comprobables experimental-mente, porque como afirma Ly, son proposiciones «cuya verdad puede ser cuestionada, en el sentido en que esta no depende de un decreto»[60]. Así, que sean 'comprobables experimentalmente' significa que hechos posteriores habrán de corroborar la certeza de las predicciones realizadas por la hipóte-sis en cuestión. Por tanto, la verificabilidad va ligada a la fecundidad a través de la predicción. Si la predicción se revela correcta, significará que la hipóte-sis es pertinente y adecuada y que hemos alcanzado algún conocimiento acerca de cuáles son los mecanismos de la naturaleza y de cómo funcionan. Eso nos permitirá avanzar en el desarrollo de nuestras teorías científicas, aproximándonos así a un saber cada vez más verdadero acerca del mundo, pues como el propio Poincaré afirma, «la previsión exitosa es un medio de conocimiento»[61]. Con estas afirmaciones vemos que la posición de Poincaré se aproxima a concepciones realistas en sentido clásico, al suponer que la confirmación de una predicción es un cierto criterio de verdad y al identifi-car la idea de que una hipótesis sea pertinente con el hecho de que sea ver-dadera. No obstante, no podemos dejar de recordar que el tipo de verdad del que estas hipótesis son portadoras no es el de definitivamente estableci-das, sino que, basadas en la inducción, podrán modificar su estatuto por no estar confirmadas absolutamente en todos los casos a los que se aplican. En consecuencia, el tipo de conocimiento que nos proporcionan estas generali-zaciones es provisorio, pero fiable:

---

[59] Cf. Poincaré (1905a), p. 154.
[60] Ly (2008), p. 18.
[61] Poincaré (1905a), p. 155.

«Cuando queremos comprobar una hipótesis, ¿qué hacemos? No podemos verificar todas las consecuencias, puesto que serán infinitas en número; nos contentamos con verificar algunas y si lo conseguimos, declaramos que la hipótesis está confirmada, dado que tanto éxito no puede ser debido al azar»[62].

Asimismo, es preciso señalar que no solo las hipótesis confirmadas resultarán útiles para el alcance del conocimiento científico, pues aquellas que son refutadas realizan también una labor fundamental dentro de la ciencia:

« ¿La hipótesis así abandonada es estéril? Lejos de eso, se puede decir que ha dado mejores servicios que una hipótesis verdadera; no solo ha sido la ocasión de una experiencia decisiva, sino que sin haber hecho la hipótesis, habríamos hecho esta experiencia al azar, no habríamos sacado nada de ella; no habríamos visto allí nada extraordinario; solo habríamos catalogado un hecho más sin deducir de él la más mínima consecuencia»[63].

En efecto, podemos decir que Poincaré destaca también la importancia del error en la ciencia, o sea, el papel necesario que juega la posibilidad de equivocarnos al realizar una conjetura. Lo que esto realmente significa es que en ciencia un resultado negativo es también un resultado, en el sentido de que se trata de una consecuencia que nos proporciona un conocimiento acerca de cómo no son las cosas. Es decir, una hipótesis refutada resulta útil porque nos da la oportunidad de descartar una suposición de la que de otro modo no habríamos podido deshacernos, nos facilita el discernimiento de qué caminos no debemos seguir en la construcción de nuestras teorías, reduciendo consiguientemente el número posible de vías correctas por las que continuar. Así, encontramos otro vínculo entre la fecundidad y la comprobación experimental: no solo resultan fecundas aquellas hipótesis que han sido confirmadas y que nos sirven para ampliar su dominio de verificación y generar nuevas ideas, sino también aquellas que han sido refutadas y nos ayudan a eliminar supuestos teóricos erróneos. De este modo, el darse o no darse de los hechos en el mundo es lo que confirmará o refutará nuestras hipótesis permitiendo así descifrar el grado de conocimiento que obtenemos con nuestras conjeturas científicamente fundadas.

---

[62] Poincaré (1908a), p. 79.
[63] Poincaré (1902a), p. 165.

Por tanto, la idea de verificación experimental significa examinar por medio del análisis de fenómenos naturales la correspondencia entre nuestras suposiciones y dichos fenómenos. De esta manera, en la medida en que es posible obtener un conocimiento verdadero de nuestras hipótesis a partir del acceso empírico al mundo natural, Poincaré se desmarca de posiciones que pretenden que las hipótesis no son otra cosa que explicaciones para dar cuenta de acontecimientos, cuya función sería la utilidad desde el punto de vista de la acción; o sea, se separa de una concepción instrumentalista de las teorías mediante la afirmación del conocimiento efectivo de fenómenos de experiencia por parte del científico, que son incorporados a nuestras teorías. Así, es la idea de verdad en estas hipótesis lo que permite diferenciar con nitidez el convencionalismo físico de un mero nominalismo.

Ahora bien, hemos dicho que se trata de una verdad aproximada limitada por la inducción porque resulta imposible verificar todos los casos a los que se aplica la hipótesis en cuestión, lo que significa que no tenemos acceso a una correspondencia exacta entre nuestras hipótesis y la realidad, con lo que queda matizada la aproximación de Poincaré a un realismo científico típico:

> «La inducción, aplicada a las ciencias físicas, es siempre incierta, porque reposa en la creencia en un orden general del Universo, orden que está fuera de nosotros»[64].

Ese orden fuera de nosotros pertenece a un ámbito al que no tenemos acceso, pues recordemos que Poincaré afirma que la ciencia no puede alcanzar las cosas en sí mismas[65], lo que supone que no se adhiere a una teoría clásica de la verdad como correspondencia. Estas ideas se justifican a partir de la siguiente afirmación:

> « […] una realidad completamente independiente del espíritu que la concibe, la ve o la siente, es una imposibilidad. Un mundo tan exterior como ese, incluso si existiera nos sería para siempre inaccesible»[66].

Así, encontramos destacada la incognoscibilidad de una realidad externa, al mismo tiempo que es introducida la dependencia de lo real respecto del sujeto cognoscente. De este modo, la concepción de la realidad de Poin-

---

[64] Poincaré (1902a), p. 42.
[65] Poincaré (1902a), p. 25.
[66] Poincaré (1905a), p. 23.

caré no puede coincidir con las teorías clásicas de la correspondencia, en las que se postula un acceso absoluto a un mundo independiente del sujeto; pues nuestra ciencia es conformada por nosotros en tanto que agentes dentro de un mundo al que solo tenemos una aproximación parcial.

Con todo, si el correspondentismo en sentido clásico está excluido de las hipótesis verificables, ¿en qué consiste la verdad de estas hipótesis, además de ser generalizaciones cuya validez está limitada por el carácter aproximativo que les proporciona el principio de inducción? A partir de la idea de que no tenemos acceso a las cosas en sí mismas, sino solo a las relaciones entre ellas, podemos afirmar que lo que las hipótesis verificables expresan son precisamente esas relaciones entre las cosas o entre los hechos. Con esta idea matizamos la posición realista de Poincaré, que lo aleja del nominalismo y lo aproxima a la concepción del realismo estructural que ya habíamos apuntado. Así, las generalizaciones contienen en sí las 'verdaderas relaciones' que tienen que expresarse en forma matemática de manera que recojan la pluralidad de hechos similares. Tal y como afirma Heinzmann:

> «La generalización en la ciencia física tiene que tomar la forma matemática de una ecuación diferencial a fin de captar la complejidad que implica la superposición de fenómenos elementales autosemejantes»[67].

Consecuentemente, las hipótesis de este tipo, cuando la generalización de hechos que expresan se repite en un número suficiente de casos, son puestas en forma matemática de tal manera que enuncien en un lenguaje más especializado las regularidades de la naturaleza que Poincaré denomina 'leyes'. De este modo, dejaremos para el capítulo siguiente la discusión respecto a qué son propiamente estas relaciones, cuando consideremos el concepto de ley. Además, queremos añadir, en concordancia con Stump, que aquí estamos discutiendo solo una parte de las teorías, esto es, aquella que concierne a un tipo específico de hipótesis[68]. Por consiguiente, nuestro objetivo es recordar que las teorías se componen no solo de hipótesis verificables, sino también de varios tipos de asunciones, por lo que el aparato teórico de la ciencia no puede ser reducido a la pura observación, dejando al margen la mediatización que introducen los elementos convencionales.

Ciertamente, las hipótesis verificables solo se presentan en las teorías físico-mecánicas o físico-matemáticas, pues, como vimos, en tanto que la geometría no es de ningún modo una ciencia empírica, no puede compor-

---

[67] Heinzmann (2009), pp. 183-184.
[68] Cf. Stump (1989), p. 341.

tar suposiciones experimentalmente comprobables. No hay modo de verificar una afirmación empírica en geometría porque las aserciones respecto de objetos geométricos no responden a nada que encontremos presente en la naturaleza; o no responden al objeto del que se ocupa la geometría, esto es, el espacio. Las experiencias que inspiran las tesis que componen nuestra ciencia del espacio, son experiencias relativas a los cuerpos o a la luz, por tanto, se trata de experiencias de fisiología o de óptica, pero no de geometría, porque no existe tal cosa como un 'experimento geométrico'[69]. Por el contrario, las hipótesis verificables realizadas con base en fenómenos empíricos se corresponden o bien con las experiencias efectivas que se dan en la naturaleza, o con experiencias análogas a ellas, lo que supone una diferencia radical entre el tipo de conocimiento que nos proporciona la geometría, frente al obtenido en las ciencias físicas. En la geometría nuestro saber es construido a partir de numerosos elementos, nos inspiramos en los cuerpos que nos rodean, siendo así una ciencia originada de alguna manera empíricamente. Pero en la medida en que establecemos axiomas para fundamentar una teoría deductiva y matemáticamente correcta, nos alejamos de los pormenores que afectan a los cuerpos físicos, como los cambios causados por variaciones de temperatura o por la acción de fuerzas; y así, la parte de construcción en la geometría es mucho mayor que la que aparece en las ciencias físico-matemáticas. El carácter de estas siempre será provisorio en función de que incluyen hipótesis que son verificables y que pueden cambiar si el estado de cosas al que responden, muda. En cambio, la geometría, al no ser susceptible de corroboraciones experimentales, tiene un carácter definitivamente establecido e inmutable, porque la construimos de tal manera que los objetos a los que hace referencia no muden. Por consiguiente, las ciencias naturales mantienen en su contenido de conocimiento elementos completamente dados. De este modo, en las hipótesis verificables encontramos otro rasgo definitorio del convencionalismo físico que no se halla en el geométrico y que responde tanto al estatuto de estas ciencias (definitivo para la geometría o provisional para las ciencias físicas), como al tipo de conocimiento que obtenemos de ellas (teórico o experimental, respectivamente).

Ahora bien, ¿cuál es el proceso por el que se forman estas hipótesis? Hemos dicho que son generalizaciones de hechos originados en la experiencia que expresan relaciones. El papel de la generalización es fundamental porque es necesaria para la previsión[70] que, como hemos dicho, es uno de los rasgos que hacen fecundas a las hipótesis verificables. Por tanto, estas hipótesis se construyen a partir de elementos que encontramos en la expe-

---

[69] Cf. Poincaré (1902a), p. 152.
[70] Cf. Poincaré (1902a), p. 158.

riencia y que Poincaré denomina "hechos". De este modo será preciso entender qué son los hechos para nuestro autor y cuál es el proceso por el que realizamos una generalización de ellos que se constituye en una hipótesis. Pero antes de analizar la noción de hecho, examinaremos un ejemplo de hipótesis de este tipo, facilitado por Poincaré, a fin de ilustrar su funcionamiento:

> «Podemos deducir la masa de Júpiter ya sea a partir de los movimientos de sus satélites, de las perturbaciones de los grandes planetas, o de las perturbaciones de los planetas pequeños. Si tomamos la media de las determinaciones obtenidas por estos tres métodos, encontramos tres números muy cercanos pero diferentes. Podríamos interpretar este resultado suponiendo que el coeficiente de la gravitación no es el mismo en los tres casos; las observaciones estarían ciertamente mucho mejor representadas. ¿Por qué rechazamos esta interpretación? No es porque sea absurda, es porque es inútilmente complicada»[71].

En este ejemplo contamos con varios hechos de observación que son las determinaciones de la masa de un planeta a partir de medidas astronómicas y cálculos matemáticos. Tendríamos hasta tres hechos diferentes de observación proporcionados por diferentes mediciones, pero decidimos asimilarlos todos en uno realizando una generalización de los resultados y admitiendo un margen de error en la medida. Así, la generalización ha realizado una labor de unificación. La hipótesis que aquí realizamos es la suposición de que la masa de Júpiter es la misma en todos los casos y resulta fructífera porque nos permite aplicarla en tanto que coeficiente de gravitación para realizar otros cálculos con respecto a trayectorias, masas y movimientos de otros planetas que serán, a su vez, hipótesis fecundas para la mecánica celeste como ciencia más general. Esta hipótesis será comprobable por medio de su aplicabilidad a posteriores fenómenos naturales o a mediciones ulteriores, al observar que el margen de error admitido continúa siendo válido. Consiguientemente, incorporaremos a nuestro conocimiento la hipótesis acerca de la masa de Júpiter, lo que nos permitirá avanzar en la constitución de una teoría más general acerca del comportamiento de los sistemas planetarios, o lo que es lo mismo, nos faculta para el establecimiento de la mecánica celeste como una ciencia relativa al funcionamiento de nuestro entorno.

---

[71] Poincaré (1902a), p. 162.

Este es solo un ejemplo del modo de proceder de la ciencia, a partir del cual podemos observar la importancia de las hipótesis como generalizaciones en la construcción de teorías, pero para saber cómo llegamos a la generalización de los hechos, veamos primero qué es lo que estos son.

§ 4. 1 Los hechos

Cuando Poincaré caracteriza los hechos, lo hace casi siempre a partir de una dualidad. Esta es expresada de diferentes maneras, así en *La Science et l'Hypothèse* habla de un fenómeno o hecho elemental frente a un fenómeno complejo[72]; en *La Science et la Méthode* se refiere a un fenómeno o hecho simple frente a un fenómeno complejo[73]; y, por último, tenemos la pareja más famosa, que es la expresada en forma de hecho bruto y hecho científico en *La Valeur de la Science*[74]. Esta última distinción no es original del propio Poincaré, sino que la toma de Le Roy[75] y la utiliza para mostrar su rechazo a la posición de este último. Al oponerse a su concepción, Poincaré perfila la suya propia, tratando de definir qué es aquello a lo que denominamos 'hecho', ya sea bruto o científico. Es por esto que por el momento solo vamos a atender a esta última dualidad para caracterizar los hechos, ya que la consideramos como la más básica y la más fundamental. Además, veremos después que, según nuestra interpretación, las otras dos dualidades pertenecen a una etapa posterior en la elaboración del conocimiento científico.

Inicialmente podría parecer que esta pareja manifiesta una separación entre un horizonte de lo dado (el hecho bruto) y un horizonte de aquello que es construido (el hecho científico). Sin embargo, lo que la duplicidad entre los dos tipos de hechos propiamente representa es una diferencia de niveles de lenguaje en el que se encuentran expresados. Por tanto, la diferencia entre un hecho bruto y un hecho científico es tan solo una diferencia 'lingüística':

> «El hecho científico no será nunca más que el hecho bruto traducido a otro lenguaje»[76].

---

[72] Cf. Poincaré (1902a), pp. 167-168.
[73] Cf. Poincaré (1908a), pp. 19-20, aunque aquí refiere también al 'fenómeno elemental', además de al hecho simple.
[74] Poincaré (1905a), p. 155 y ss.
[75] Cf. Le Roy (1899), p. 516 y ss.
[76] Poincaré (1905a), p. 160.

Ahora bien, ¿qué es exactamente el hecho bruto del que estamos hablando? No es otra cosa que un dato empírico, algo que es completamente dado por la experiencia, representa el fenómeno captado por nuestro aparato perceptual empírico, aquello a lo que tenemos acceso efectivo. Por tanto, pertenece a un ámbito de la realidad ajeno a la creación humana: los hechos brutos están fuera de nosotros y constituyen la 'materia prima' de la ciencia[77]. Se trata de un elemento externo en el que las decisiones del científico no juegan ningún papel. Consiguientemente, el origen de la ciencia, para Poincaré, se sitúa en la experiencia y viene dado externamente. Así, por oposición a la filosofía nominalista de Le Roy, quien afirma que los hechos son «creaciones libres del observador que los determina al aislarlos»[78], Poincaré defenderá que estos no son inventados por nosotros, sino que vienen impuestos desde fuera, tal y como puede constatarse en el siguiente ejemplo:

> «Observo la desviación de un galvanómetro con ayuda de un espejo móvil que proyecta una imagen luminosa o un haz de luz sobre una escala dividida. El hecho bruto es: veo el haz de luz desplazarse sobre la escala [...]»[79].

Por tanto, un hecho bruto no es más que la constatación de un dato empírico, bien a través de la mediación de un aparato, como en el ejemplo del galvanómetro, bien de manera directa sin la mediación de aparato alguno, tal como la sensación de oscuridad en un eclipse[80]. En este sentido, Schmid está en lo cierto al afirmar que no hay diferencia entre una observación directa y una experiencia mediada por un instrumento como el galvanómetro:

> «El uso de instrumentos (o de condiciones dadas a la experimentación por una teoría científica) no da lugar, por supuesto, a una observación pura, pero debe permitir una pura observación, la experiencia estando siempre definida por su relación con los sentidos; una vez efectuada la medida por el intermediario de un instrumento y de condiciones teóricas (en el sentido científico), podemos guardar el resultado haciendo abstracción del instrumento y de la teoría: el hecho permanecerá siempre un dato de los sentidos»[81].

---

[77] Cf. Galison (2003), p. 223.
[78] Le Roy (1899), p. 516.
[79] Poincaré (1905a), p. 156.
[80] Este ejemplo del eclipse Poincaré lo toma, según dice, del propio Le Roy. Cf. Poincaré (1905a), pp. 156-157.
[81] Schmid (2001), p. 30.

Consecuentemente, la ciencia se constituye a partir de registros tomados de la experiencia que se nos muestran por medio de los órganos de los sentidos y esos datos son los hechos brutos, materia prima del conocimiento científico. Podemos, así, afirmar la existencia de un empirismo de base en la teoría del conocimiento de Poincaré a partir del modo en que accedemos a los hechos brutos.

Esos materiales primeros son hechos particulares, individuales, diferentes de cualquier otro suceso posible y, en este sentido, irrepetibles[82]. Así, el haz de luz que veo desplazarse en la escala del galvanómetro es un haz único que no volveré a ver sobre la escala, podré ver haces análogos que marquen aproximadamente lo mismo sobre ella, pero no precisamente ese mismo haz de luz. Igualmente, la sensación de oscuridad que percibo cuando acontece un fenómeno tal como el eclipse es diferente de la sensación de oscuridad que tendré en otro eclipse, aunque pueda ser semejante. No hay dos eclipses gemelos, que tengan con exactitud y precisión el mismo grado de oscuridad al igual que no hay dos haces de luz idénticos que se proyecten sobre la escala de un galvanómetro.

La cuestión es que la ciencia no se construye a partir de hechos individuales. Así, por ejemplo, no tomamos un haz de luz único para fundar una teoría sobre el paso de la electricidad en un galvanómetro. Además, las hipótesis verificables son generalizaciones de sucesos empíricos, mientras que los hechos brutos son particulares. ¿Cómo pasar entonces de lo particular a lo general? La respuesta se encuentra en la otra cara de la dualidad de los hechos: en el hecho científico.

Como señalamos antes, esta es una terminología introducida por Le Roy que Poincaré considera legítima para perfilar su teoría del conocimiento científico. No obstante, para el primero, el hecho científico consiste completamente en una creación del hombre de ciencia[83]; mientras que para nuestro autor, se trata de una imposición a partir del hecho bruto[84], lo cual, por otra parte, es plenamente coherente con su empirismo anteriormente aludido.

Según Poincaré, en el paso del hecho bruto al hecho científico tiene lugar un proceso de depuración de errores:

«Cuando hago un experimento debo someter el resultado a ciertas correcciones, puesto que sé que he debido cometer algunos errores.

---

[82] Con esta afirmación nos oponemos a la interpretación de Miller, que consideramos errónea, según la cual un hecho bruto es aquel que acontece muchas veces y que está relacionado con otros hechos. Cf. Miller (1984), p. 28.
[83] Cf. Le Roy (1900b), p. 333.
[84] Cf. Poincaré (1905a), p. 156.

Estos errores son de dos tipos, unos son accidentales y los corregiré tomando la media; otros son sistemáticos y no podré corregirlos más que por un estudio profundo de sus causas.

El primer resultado obtenido es entonces el hecho bruto, mientras que el hecho científico es el resultado final después de terminadas las correcciones»[85].

El resultado de dicho proceso se expresa en un nivel de lenguaje distinto del puro lenguaje común; se trata del lenguaje de la ciencia, cuya función principal de acuerdo con Schmid[86], es eliminar los errores de observación. Es en ese sentido en el que Poincaré habla de una diferencia 'lingüística' entre hechos brutos y hechos científicos, que marcaría una importante característica de cada uno de ellos: mientras los hechos brutos son anteriores e independientes del lenguaje, los hechos científicos son posteriores al mismo. Lo cual no significa que sean construidos por el investigador:

«Todo lo que crea el científico en un hecho es el lenguaje en el que lo enuncia»[87].

Lo que subyace en los enunciados científicos son los hechos brutos que hacen que los enunciados sean verificables. Ahora bien, al crear el lenguaje científico, por medio de la depuración del ordinario, el investigador instaura el modo de expresión del hecho científico. Es así como este hecho es dependiente del lenguaje: como afirma Schmid, no existen hechos científicos si no se encuentran enunciados en un lenguaje específico[88]. En efecto, para ser tales, precisan ser clasificados, categorizados y especificados y esto solo puede hacerse por medio del lenguaje de la ciencia. Por el contrario, el hecho bruto se da sin necesidad de ser enunciado. Es por esto que Poincaré puede afirmar que:

«El hecho científico no es más que el hecho bruto traducido a un lenguaje cómodo»[89].

¿Cuál es, ahora, el lenguaje en el que se expresan los hechos brutos? Es el lenguaje común en el que decimos: "veo un haz de luz sobre el galvanómetro", aquel en el que expresamos nuestras observaciones tomadas de

---

85 Poincaré (1905a), pp. 156-157.
86 Cf. Schmid (2001), p. 48.
87 Poincaré (1905a), p. 162.
88 Cf. Schmid (2001), p. 48.
89 Poincaré (1905a), p. 161.

la experiencia. En el paso de nuestra observación al lenguaje común, se produce una cierta transformación del hecho bruto, en el sentido de que se pierde su individualidad[90]. Esto ocurre porque cada enunciado del lenguaje común puede convenir a una multiplicidad de hechos, porque utilizamos los mismos términos para calificar registros experimentales análogos:

> «Tan pronto como interviene el lenguaje, no dispongo ya más que de un número de términos para expresar los matices en número infinito que mis impresiones podrían revestir. Cuando digo: está oscuro, esto expresa perfectamente bien las impresiones que experimento al asistir a un eclipse; pero en la misma oscuridad, podríamos imaginar un sinfín de matices, y si, en lugar del que de hecho ha sucedido, se hubiera producido otro con un matiz ligeramente diferente, yo habría enunciado también este *otro* hecho diciendo: está oscuro»[91].

En efecto, al categorizar las impresiones sensibles haciendo intervenir el lenguaje, se produce un proceso de generalización puesto que se prescinde de aquellos rasgos específicos que caracterizan al fenómeno individual para retener lo que es común a otros semejantes. Ahora bien, podría afirmarse que este proceso transcurre en dos niveles: el primero cuando el hecho bruto se expresa en el lenguaje común; el segundo cuando se enuncia en el lenguaje propio de la ciencia, mucho más preciso en el significado de los términos y también más restringido en cuanto al número de hablantes, puesto que es compartido solo por la comunidad científica[92].

No obstante, la manera en que el hombre de ciencia procede no supone siempre, primero, el paso del hecho bruto al lenguaje común y, en un segundo paso, la traducción del enunciado en lenguaje común a lenguaje científico, sino que el dato empírico a menudo es expresado directamente en lenguaje científico. Es en este sentido en el que Poincaré afirma que el hecho científico es la traducción del hecho bruto a un lenguaje más cómodo. El científico no dice, por norma general, 'veo un haz de luz sobre la escala de un galvanómetro, sino que afirma directamente: 'la corriente está pasando por el galvanómetro'. Este último es un enunciado científico que traduce una observación en un lenguaje que va más allá de las puras impresiones sensoriales, convirtiendo estas en un registro relevante para la ciencia. Bajo su apariencia sustancialista, en realidad lo que el lenguaje científico ex-

---

[90] Schmid (2001), p. 47, también señala esta idea.
[91] Poincaré (1905a), p. 157.
[92] Cf. Poincaré (1905a), p. 159.

presa son las *relaciones* entre los hechos brutos que es justamente lo que estos tienen en común más allá de sus peculiaridades individuales. Remite así a «un sistema de relaciones»[93] no arbitrario y, por tanto, no reductible a una mera construcción nominal orientada a la acción.

Para ilustrar esta característica, Poincaré se refiere al ejemplo de un eclipse[94], el cual tiene lugar a una determinada hora. Esto significa que el reloj del científico marca una hora precisa (α) en el momento del eclipse; también, que dicho reloj marca otra hora (β) en el momento del último paso del meridiano de una estrella determinada que tomamos como origen de las ascensiones rectas, es decir, de nuestro sistema de coordenadas astronómicas; y además que este mismo reloj marca la hora (γ) en el momento del penúltimo paso de esta misma estrella. Estos son tres hechos diferentes, cada uno de ellos compuesto al menos de dos hechos brutos, siendo uno la hora marcada por el reloj del científico y otro el paso del astro por el meridiano. Sin embargo, para determinar la hora a la que ha tenido lugar el eclipse, lo que el científico toma en cuenta no son las tres medidas diferentes de su reloj realizadas en momentos diferentes, sino la relación α-β/β-γ que se establece al combinar las tres lecturas y que da como resultado el hecho científico de que el eclipse ha tenido lugar a una hora determinada, marcada por el reloj del científico que realiza la medición, es decir, el hecho científico expresado en la afirmación 'el eclipse ha tenido lugar a esta hora'.

En definitiva, el hecho científico remite a una pluralidad de hechos brutos:

«Todo hecho científico está formado de muchos hechos brutos»[95].

Pero la mera acumulación no organizada de hechos no permite hablar de ciencia:

«Hacemos la ciencia con hechos como una casa con piedras, pero una acumulación de hechos no es una ciencia, igual que una acumulación de piedras no es una casa»[96].

Es en el marco del lenguaje científico, que en cierto modo realiza una suerte de 'abreviatura'[97] de los datos de la experiencia, como ese conjun-

---

[93] Poincaré (1905a), p. 181.
[94] Cf. Poincaré (1905a), p. 162-163.
[95] Poincaré (1905a), p. 162.
[96] Poincaré (1902a), p. 158.
[97] Cf. Brenner (2003), pp. 85-86.

to informe adquiere la 'forma' de la ciencia al agruparlos de una manera más 'cómoda' para su mejor comprensión. Pero esta 'comodidad' no es incompatible con una característica de todo enunciado acerca de hechos: son siempre verificables. Como afirma Poincaré, «cuando me preguntan: ¿está oscuro? Yo siempre sé si debo responder sí o no»[98]. Ello supone que, más allá de las convenciones propias de todo lenguaje, se admite una conexión semántica entre el lenguaje y los hechos que no existe en aquellas proposiciones que no expresan sino puras convenciones, como en el caso, por ejemplo, de las hipótesis naturales.

> «El enunciado de un hecho es siempre verificable y para la verificación tenemos que recurrir o bien al testimonio de nuestros sentidos, o bien al recuerdo de ese testimonio»[99].

Y es que, en último término y en contra de Le Roy, los hechos científicos no son *hechos* por el científico a voluntad[100]. Para este autor, los hechos brutos o 'datos puros', en su terminología, se sitúan fuera de la ciencia, son una experiencia previa a nuestros esquemas conceptuales. La experiencia solo nos proporciona fragmentos dispersos del mundo, en cuanto materia caótica e informe que nada tiene que ver con la formación de la ciencia[101]. Por eso el hecho científico es creación para Le Roy y, por eso, Poincaré señala la relevancia de la traducción, para oponerse a él y mantener ese componente objetivo empírico, que garantiza la continuidad entre el hecho bruto y el hecho científico a través del lenguaje.

> «No hay frontera precisa entre el hecho bruto y el hecho científico; solo podemos decir que tal enunciado de un hecho es *más bruto* o, al contrario, *más científico* que tal otro»[102].

Como señala Heinzmann[103], el lenguaje solo puede establecer una diferencia de grado entre hechos que no son radicalmente diferentes. Ahora bien, el papel ordenador o clasificador del lenguaje no es arbitrario, sino que hay criterios de selección de los que nos ocuparemos en el próximo epígrafe.

---

[98] Poincaré (1905a), p. 158.
[99] Poincaré (1905a), p. 158.
[100] Cf. Le Roy (1900b), p. 333.
[101] Cf. Le Roy (1899), p. 516.
[102] Poincaré (1905a), p. 163.
[103] Cf. Heinzmann (2009), p. 181.

§ 4. 2 Los criterios de selección de los hechos

Hasta aquí hemos dejado claro que los hechos que componen la base de la ciencia tienen su origen en la experiencia y son proporcionados por los datos de nuestros sentidos. Después, algunos de ellos son expresados en el lenguaje de la ciencia, y su generalización, por medio de este lenguaje llevará a la construcción de las hipótesis verificables y de las leyes científicas. Ahora bien, ¿cuáles son los hechos que escogemos para formar parte de la ciencia y cómo los escogemos?

« ¿Qué es, por tanto, una buena experiencia? Es aquella que nos hace conocer algo más que un hecho aislado, es la que nos permite prever, es decir, la que nos permite generalizar. Dado que sin generalización la previsión es imposible. Las circunstancias en las que hemos operado, no se reproducirán jamás todas a la vez. Por tanto, el hecho observado no recomenzará jamás; la única cosa que podemos afirmar es que en circunstancias análogas, un hecho análogo se producirá. Para prever es preciso, al menos, invocar la analogía, es decir generalizar. […] la experiencia no nos da más que un número de puntos aislados que es preciso reunir por un trazo continuo; eso es una verdadera generalización. Pero hacemos más, la curva que se traza pasará entre los puntos observados y cerca de estos puntos; no pasará por los puntos exactamente. Así no nos limitamos a generalizar la experiencia, la corregimos»[104].

Este texto pone de manifiesto el carácter de 'experiencias irrepetibles' que tienen los hechos brutos, dado que las circunstancias bajo las que un fenómeno acontece no se reproducirán con exactitud jamás. Pero sí se producen acontecimientos análogos y estos van a ser los escogidos por el científico para constituir la ciencia. Esto significa que aquellos que nos parezcan aislados, que no se asemejen a otros que ya hemos registrado o que ya conocemos, serán, en un primer momento, descartados del contexto de la ciencia. Por tanto, podemos deducir de esto que un primer criterio para seleccionar los hechos se encuentra en la analogía, en la relación de semejanza que el científico es capaz de establecer entre diferentes acontecimientos. Esta analogía se identifica con la generalización, porque al disponer la relación de semejanza entre registros experimentales distintos descartamos las particularidades propias de cada uno, nos deshacemos de aquellas circuns-

---

[104] Poincaré (1902a), pp. 158-159.

tancias que son menos repetibles y que suponen obstáculos a este proceso de generalización.

La analogía se encuentra vinculada con la construcción del lenguaje científico en el que expresar los hechos, porque, como hemos dicho, cada enunciado científico puede convenir a una multiplicidad de sucesos, dado que las aserciones de la ciencia no retienen las particularidades de los fenómenos individuales, como tampoco lo hace la analogía o generalización.

Ahora bien, para establecer analogías entre diferentes hechos es preciso que estos se repitan (o se repitan hechos análogos). Según afirma Poincaré, aquellos que tienen más posibilidad de acontecer de nuevo son los 'hechos simples'[105]. Sin embargo, es preciso no confundir estos hechos simples con los 'hechos brutos' que ya hemos caracterizado. Estos últimos eran simplemente datos empíricos registrados por nuestros sentidos que están dentro de la ciencia cuando son traducidos al lenguaje científico. Por el contrario, cuando Poincaré alude aquí a los hechos simples por oposición a los hechos o fenómenos complejos, ambos son científicos, lo que no significa que el hecho bruto sea ajeno a la ciencia, como lo era para Le Roy.

Los simples serán aquellos en los que interviene un número menor de circunstancias, o al menos así nos lo parece. Se trata de aquellos que o bien son simples en sí, o bien no somos capaces de percibir su complejidad[106]. En cualquier caso, sean simples en sí o en apariencia, tendrán más posibilidades de repetirse, dado que si son realmente simples, es más factible la reproducción de hechos semejantes que no requieren de muchas circunstancias para su ocurrencia. Si son aparentemente simples, Poincaré afirma que esto es porque sus elementos están tan intrínsecamente ligados que nos resultan imposibles de distinguir, en cuyo caso también tendrán más posibilidades de suceder de nuevo al tratarse de un conjunto homogéneo entrelazado por el azar[107]. Además, nos aparecen como simples por la frecuencia con la que acontecen, lo cual provoca que nos hayamos acostumbrado a ellos. Por tanto, además de la semejanza como criterio de elección, que nos permite el uso de la analogía, contamos también con la regularidad como otra pauta para elegir y establecer hechos simples. Estos hechos varían en función de las diferentes ciencias. Los astrónomos, por ejemplo, los han encontrado al tratar los cuerpos como puntos, porque así pueden abstraer las cualidades particulares de los cuerpos físicos o, lo que es lo mismo, no

---

[105] Cf. Poincaré (1908a), p. 19. Aquí es donde se introduce la dualidad entre hechos simples y fenómenos complejos que señalábamos anteriormente, con respecto a *La Science et la Méthode*.
[106] Cf. Poincaré (1908a), p. 19.
[107] Poincaré (1908a), p. 19: «El azar sabe mezclar, no sabe desenredar».

tomarlas en cuenta[108]. Lo cual significa que el científico escoge el hecho simple, decide de algún modo cómo ha de ser este, qué características ha de tener, de qué cualidades ha de hacerse abstracción para constituirlos como tal, consecuentemente, no le es dado tal cual por la experiencia, como ocurría con el hecho bruto. El investigador define los acontecimientos más elementales para su propia ciencia y los establece basándose en la repetición de regularidades.

Sin embargo, la ciencia no procede solo por la búsqueda de regularidades, sino que una vez que los fenómenos encajan en el patrón establecido, aquellos que se tornan más interesantes son los que no encajan, esto es, aquellos que suponen la excepción[109]. De estos será de los que más aprendamos porque nos mostrarán cómo interpretar los cambios que se producen en la naturaleza. Por consiguiente, existe un segundo momento, en el cual tratamos de poner a prueba las regularidades que hemos establecido, donde ya no se descartan aquellos casos que puedan parecer más aislados y se utilizan para comprobar generalizaciones.

Así, el científico escoge los hechos simples por oposición a aquellos que son complejos, es decir, que reúnen muchas circunstancias, o sobre los que actúa un gran número de condiciones. De este modo, cuando el científico no los encuentra, trata de descomponer el hecho complejo, para lo cual utiliza diferentes métodos:

> «Reconocemos a primera vista que los esfuerzos de los científicos siempre han tendido a resolver el fenómeno complejo dado directamente por la experiencia en un número muy grande de fenómenos elementales:
>
> Y esto de tres maneras diferentes: [1] primero en el tiempo. En lugar de abarcar en su conjunto el desarrollo progresivo de un fenómeno, se trata simplemente de ligar cada instante al instante inmediatamente anterior; admitimos que el estado actual del mundo no depende más que de su pasado más próximo, sin estar directamente influido por así decir por el recuerdo de un pasado lejano. Gracias a este postulado, en lugar de estudiar directamente toda la sucesión de los fenómenos, podemos limitarnos a escribir "su ecuación diferencial" […].
>
> [2] Después tratamos de descomponer el fenómeno en el espacio. Lo que la experiencia nos da, es un conjunto confuso de hechos que se producen sobre un escenario de una cierta extensión; es preciso

---

[108] Cf. Poincaré (1908a), p. 20.
[109] Cf. Poincaré (1908a), p. 21.

intentar discernir el fenómeno elemental que será, por el contrario, localizado en la región más pequeña del espacio. [...]

[3] El mejor modo de llegar al fenómeno elemental será evidentemente la experiencia. Será preciso, mediante artificios experimentales, disociar el manojo complejo que la naturaleza ofrece a nuestras investigaciones y estudiar con cuidado los elementos tan purificados como sea posible; por ejemplo, descompondremos la luz blanca natural en luces monocromáticas con ayuda del prisma y en luces polarizadas con ayuda del polarizador»[110].

Este largo pasaje nos muestra varias cosas. Primero, que el fenómeno elemental o simple no se corresponde con el hecho bruto porque es algo escogido por el científico, el cual crea una serie de procedimientos para encontrarlo. De hecho, al comienzo del texto, Poincaré afirma que el fenómeno complejo es dado directamente por la experiencia. Este sería identificable con el hecho bruto que se da a nuestros sentidos y que es previo a la descomposición, siempre que sea también previo a su enunciación en un lenguaje científico. Pero sería también identificable con un hecho científico (complejo) en el momento en que se exprese en el lenguaje de la ciencia. De esta forma, la distinción entre fenómeno o hecho elemental (o simple) y fenómeno o hecho complejo es ya interna al hecho científico y exige la previa creación del lenguaje científico para su existencia. Por tanto, el fenómeno elemental y complejo pertenecen a un estadio posterior del conocimiento que el hecho bruto. Solo establecemos los fenómenos como elementales, una vez que los identificamos como básicos para nuestra ciencia, y en ese momento ya están dentro de la ciencia porque los hacemos entrar en una clasificación. Sin embargo, esto no supone la exclusión del hecho bruto en tanto que hecho de experiencia del ámbito científico, en la medida en que es requerido como base para la constitución de los estadios posteriores.

Establecer un hecho elemental como hecho científico es básico para Poincaré, porque esto permite matematizar el fenómeno poniéndolo en la forma de una ecuación[111]. El científico trata de descomponer los fenómenos y elige los más simples para la construcción de la teoría, porque serán los más fácilmente matematizables. Por tanto, podemos decir que la simplicidad

---

[110] Poincaré (1902a), pp. 167-170. Como vemos aquí se encuentra la oposición entre fenómeno complejo y fenómeno elemental que aparece en *La Science et l'Hypothèse* y a la que aludíamos más arriba.

[111] Cf. Poincaré (1902a), p. 171. Retomaremos este punto en el capítulo siguiente, al referirnos a las leyes.

es también un criterio relevante para la selección de los eventos más representativos para la ciencia.

Hemos visto que la simplicidad supone, con respecto a un hecho, la intervención del menor número de circunstancias posibles, ya sea que nos aparece naturalmente como simple (lo sea o no), o ya sea que el científico hace abstracción de esas circunstancias para descomponer un fenómeno complejo en uno simple. En consecuencia, es una especie de triple juego entre lo que es verdaderamente simple, lo que nos aparece como tal y lo que nosotros hacemos para que algo llegue a serlo.

Con respecto a los dos primeros puntos, esto es, a aquello que es verdaderamente simple y aquello que así nos lo parece, desde el punto de vista de Poincaré no resulta posible establecer una separación. Esto es así, porque como anteriormente señalamos, nuestro autor no acepta el conocimiento de la cosa en sí. No podemos pronunciarnos sobre un mundo al que no tenemos acceso, por tanto, sea que las cosas son simples en sí mismas, sea que así nos aparecen aunque estén compuestas de una complejidad subyacente, debemos actuar como si fueran simples. Por tanto, trataremos la simplicidad aparente como simplicidad misma, reduciendo así a dos términos el 'triple juego' de la simplicidad al que acabamos de referirnos.

Ahora bien, ¿qué ocurre cuando las cosas nos aparecen, de hecho, como complejas y nosotros las tratamos como simples? O sea, ¿qué sucede cuando entra en juego la dualidad entre lo que nos aparece y lo que decidimos?:

> «Sin duda, si nuestros medios de investigación devinieran cada vez más penetrantes, descubriríamos lo simple bajo lo complejo, después lo complejo bajo lo simple, después de nuevo lo simple bajo lo complejo y así una y otra vez, sin que podamos prever cuál será el último término.
>
> Es preciso pararse en algún lado, y para que la ciencia sea posible, es preciso pararse cuando hayamos encontrado la simplicidad. Ese es el único terreno sobre el que podemos levantar el edificio de nuestras generalizaciones»[112].

Por tanto, corresponde al científico decidir dónde pararse, dónde considerar que la simplicidad encontrada será suficiente, pero no de modo arbitrario. Mediante el recurso a la experiencia el científico trata de comprobar que la generalización que ha realizado funciona en un gran número de casos, es decir, se sirve de la inducción como método y de la regularidad

---

[112] Poincaré (1902a), p. 164.

como criterio, entendida esta como repetición de hechos semejantes, en apoyo a la simplicidad. Al verificar los hechos simples rechaza la idea de que esta sea debida al azar y se vuelve irrelevante si es real o si depende de nuestra elección, porque sea como sea, ni es arbitraria ni azarosa y, por tanto, es legítimo introducirla como pauta decisional en ciencia.

Además, la introducción de la simplicidad permite establecer una jerarquía entre los hechos, entre aquellos que producen un 'gran rendimiento'[113] y aquellos que no. Los primeros resultan rentables porque nos llevan a descubrir generalizaciones que se establecen primero como hipótesis y una vez verificadas, como leyes científicas. Los segundos son los hechos complejos, que como se repiten con menos frecuencia o tienen menos posibilidades de ocurrir de nuevo, no tienen esta capacidad para hacernos descubrir leyes.

La repetición de los hechos para la constitución de generalizaciones supone el uso de la inducción como método para seleccionar los hechos. El papel de la inducción, como veíamos al referirnos a ella como una hipótesis natural, es fundamental. Poincaré señala que es «el método de las ciencias físicas»[114] porque estas, dentro de la separación que establece entre aritmética, geometría, mecánica y física, son las más eminentemente empíricas, son las que mantienen un vínculo más próximo con la experiencia de entre todas las ciencias. Por eso la inducción es constitutiva y regulativa de las ciencias naturales, porque es precondición de su posibilidad, en tanto que hipótesis natural, puesto que sin ella estas ciencias no tendrían lugar; y también es el método que sirve de guía a su desarrollo. De tal modo que la física utiliza la inducción como procedimiento basado en la experiencia y en el hábito de la repetición: en la experiencia porque solo establecemos un razonamiento inductivo al partir de un hecho conocido de la experiencia del que extraemos una consecuencia también empírica; y en el hábito porque es la repetición frecuente de circunstancias aproximadamente idénticas a aquellas en las que se ha producido el hecho que conocemos, lo que nos hace esperar que el hecho se produzca de nuevo.

Sin embargo, Poincaré es consciente de que la repetición de circunstancias absolutamente idénticas no acontece jamás en la naturaleza, por lo que solo podemos fiarnos parcialmente del principio de inducción y tener en cuenta la importancia del papel que juega la probabilidad en la generalización de los hechos:

---

[113] Cf. Poincaré (1908a), p. 245.
[114] Cf. Poincaré (1902a), p. 26.

«Así, en muchas circunstancias el físico se encuentra en la misma posición que el jugador que calcula sus probabilidades. Todas las veces que razona por inducción, hace más o menos conscientemente uso del cálculo de probabilidades»[115].

Consiguientemente, el uso de la inducción como procedimiento de agrupación de hechos a partir de las pautas de semejanza, regularidad y simplicidad nos permite la generalización y la previsión de otros nuevos, sin olvidar, eso sí, que solo partimos de algunas observaciones iniciales comprobadas y que los hechos previstos son solo probables. Por tanto, a pesar de la introducción de la probabilidad en ciencia y con ello, de un cierto grado de incertidumbre, para Poincaré la inducción es relevante porque permite "aumentar el rendimiento de la máquina científica"[116].

La productividad de la ciencia aumenta gracias a los hechos simples que, como hemos dicho, son aquellos de gran rendimiento, o sea, son fructíferos. Esto es así porque pueden subsumirse bajo una ley general que permita la predicción de muchos otros, de hechos nuevos que aún no han acontecido. El incremento del rendimiento da lugar a la economía de pensamiento, término acuñado por Mach[117], que Poincaré compara con la economía de esfuerzo producida por una máquina[118]. De esta forma, el significado de la expresión 'economía del pensamiento', para Poincaré, como era para Mach, es el del ahorro de medios intelectuales. Por tanto, la economía del pensamiento está muy relacionada con la idea de simplicidad y con la generalización porque mediante la primera seleccionamos aquellos hechos en los que interviene menor número de circunstancias porque tienen más posibilidades de repetirse, y, en consecuencia, de poder generalizarse o, lo que es lo mismo, de subsumir bajo una ley general un gran número de ellos y de esta manera dar cuenta de un mayor número de fenómenos.

Así, al igual que para Mach, la economía del pensamiento es para Poincaré un criterio que nosotros imponemos desde fuera para organizar los elementos dados por la experiencia y escoger los hechos[119]. Sin embargo, la aproximación entre el pensamiento de uno y otro autor en esta cuestión tiene sus límites, en la medida en que el criterio de economía por sí solo no es suficiente para Poincaré. Pues, para este, no se trata únicamente de organizar los elementos de la experiencia de modo útil, a fin de obtener un gran pro-

---

[115] Poincaré (1902a), p. 191.
[116] Cf. Poincaré (1902a), p. 160.
[117] Cf. Paty (1986), p. 181.
[118] Cf. Poincaré (1908a), p. 23.
[119] Mach (1883), p. 405: «La ciencia misma puede considerarse un problema de mínimo, que consiste en la representación más completa de los hechos con el menor esfuerzo mental».

vecho expresado en forma de previsión de hechos futuros, que es lo que, según Mandelbaum, caracteriza la posición del físico austríaco[120]. La predicción es, por supuesto, uno de los objetivos de la ciencia, pero Poincaré pone límite a la economía entendida como utilidad:

> «Basta abrir los ojos para ver que las conquistas de la industria que han enriquecido a tantos hombres prácticos jamás habrían visto la luz si solo hubieran existido los hombres prácticos y si estos no hubiesen sido precedidos por locos desinteresados que han muerto pobres, que no pensaban jamás en lo útil y que, sin embargo, tenían otra guía que no era su capricho»[121].

La intención del verdadero científico no es solo la de condensar los resultados mediante la economía. El valor de esta es importante porque vuelve los hechos accesibles e introduce el orden en la ciencia, pero no determina de modo absoluto la elección de aquellos que son relevantes. Ninguno de los criterios determina la selección, pues es, en último término la libre actividad del investigador quien la realiza y, sin embargo, no por ser libre es producto del mero capricho[122]. El hombre de ciencia permanece libre al escoger, porque él decide qué criterios y qué métodos empleará. No obstante, su decisión no es azarosa porque, aunque incluye una parte de apreciación personal, se sirve de los criterios antes mencionados, pero no solo. Poincaré concede una importancia especial a aquello que él llama 'la ciencia por la ciencia'[123] y esto se traduce en el deseo del estudio de la naturaleza. Este anhelo es desinteresado desde el punto de vista práctico, lo que nos conduce al último criterio que interviene en la elección de los hechos, un criterio ajeno a todos los anteriores: se trata de la belleza y la armonía, de un criterio estético.

Hemos hablado del uso de la semejanza, de la regularidad, de la simplicidad y de la economía del pensamiento como pautas de selección. ¿Cómo encaja ahora un criterio estético en este conjunto tan bien tramado? La semejanza se basa en la repetición, que requiere de la regularidad. Los hechos regulares son los hechos simples, aquellos que se repiten porque interviene en ellos un número pequeño de circunstancias. La regularidad crea el hábito que permite utilizar la inducción para generalizar provocando la confianza en la reiteración de hechos en condiciones similares. La eco-

---

[120] Cf. Mandelbaum (1971), p. 310.
[121] Poincaré (1908a), p. 18.
[122] Cf. Poincaré (1905a), p. 162.
[123] Cf. Poincaré (1908a), p. 18.

nomía representa el ahorro intelectual al subsumir lo semejante bajo generalizaciones basadas en la inducción. El científico escoge libremente todos estos criterios y los conjunta, ¿qué ocurre, pues, con la armonía y la belleza?

La belleza se define como aquello que concede a la naturaleza el valor de ser conocida[124]. No se trata de una belleza empírica, sino de una fundamentada en la armonía captable por la inteligencia, es un elemento metafísico y cuasi-místico introducido por nuestro autor. Este elemento consiste en la existencia de un orden armonioso subyacente a las partes o apariencias veladas que captamos a partir de la experiencia. Es un componente que introduce una cierta contradicción en el discurso de Poincaré.

Esta contradicción se debe a que Poincaré, en repetidas ocasiones afirma la imposibilidad de concebir algo como una 'cosa en sí'. Conocemos los hechos a partir de aquello que nos proporcionan los sentidos y, sin embargo, postula la existencia de una armonía y belleza estructuradora de las apariencias que no captamos por los sentidos, lo que supone la existencia de algo que subyace a aquello a lo que podemos acceder empíricamente. Esta belleza es necesaria para proporcionar una coherencia a lo que percibimos mediante los sentidos, por eso es estructuradora. Ahora bien, somos capaces de conocerla, de captarla sin mediación empírica y lo hacemos mediante la inteligencia, mediante una 'inteligencia pura'. Se trata, por tanto, de una cualidad a la que tenemos acceso a partir de nuestras disposiciones intelectuales, por una suerte de instinto que nos ayuda a escoger aquellos hechos que formarán un conjunto armonioso.

No queda muy claro, según los textos de Poincaré, cuál es el origen de esta belleza armoniosa. Es decir, ignoramos si es algo que está de hecho en la naturaleza, en un mundo más allá del que nosotros percibimos o simplemente en nuestras propias capacidades intelectuales, en nuestra constitución como sujetos cognoscentes. Los argumentos de Poincaré son ambiguos al respecto, pues por un lado, defiende que la armonía subyace a las apariencias que captamos por los sentidos, que es algo que solo podemos percibir mediante la inteligencia, como si fuera algo que está, de hecho, situado en algún lugar más allá de lo sensible. En cambio, por otro lado, sostiene que es una suerte de instinto que guía al sabio en la elección de los hechos y afirma, además, que podemos imaginar el mundo tan armonioso como queramos, «que el mundo real lo dejará muy atrás»[125]. Según esta última afirmación y en función de la negación del acceso a la cosa en sí, lo más consistente, esto es, la mejor manera de salir de la contradicción que hemos señalado más arriba y favorecer la coherencia en la interpretación de Poincaré que estamos mos-

---

[124] Cf. Poincaré (1908a), p. 22.
[125] Poincaré (1908a), p. 23.

trando, es suponer que esta belleza o armonía es algo que aporta el científico. Es algo que depende de su inteligencia y que no es sensible. Es un elemento intelectual y a priori que sirve de guía para estudiar la naturaleza, que
funciona, consecuentemente, como una regla o norma para el conocimiento.
No es, por consiguiente, algo que se encuentre en un mundo real al que no
tenemos acceso ni empírica ni intelectualmente, es algo puesto en el mundo
por nosotros que limita nuestra libre actividad al mismo tiempo que la conduce.

Una vez que hemos caracterizado este criterio estético de selección,
tenemos que ver cómo se conjunta con los que hemos definido anteriormente. El vínculo con los otros criterios lo obtenemos a partir de la simplicidad y de la utilidad. En primer lugar, a partir de la simplicidad porque para
Poincaré existe una suerte de identificación entre lo que es simple y lo que
es grandioso, y entre esto último y lo bello. De este modo, considera que
estudiaremos algo grandioso (bello), tal como el curso de los astros, como
un hecho simple, estableciendo así una cierta identidad entre belleza y simplicidad. En segundo lugar, se produce un paralelismo entre la utilidad y la
belleza, pero de manera más explícita que la equivalencia entre bello y simple. Poincaré afirma que «la preocupación por lo bello nos conduce a las
mismas elecciones que la preocupación por lo útil»[126]. Pero esto no es porque la utilidad se identifique con la belleza, tal como ocurría con la simplicidad, sino porque el decurso de la historia ha conducido al éxito de aquellos
pueblos que aspiraban a un ideal de belleza intelectual, llevando así a la cultura griega, reconocida por Poincaré como la máxima aspirante a este ideal,
a un lugar de preeminencia intelectual.

Nuestro autor establece de este modo ingenuo un vínculo entre la
economía del pensamiento machiana y la belleza como criterio de selección
de los hechos, defendiendo que esta economía es una fuente de belleza al
tiempo que una ventaja práctica. Es por esto que se plantea, si tal paralelismo (que no identificación) se debe a que aquello que se nos presenta como
bello (intelectualmente) es lo que mejor se adapta a nuestra inteligencia y
como tal es lo que somos más capaces de manejar, pudiendo esto deberse a
una cuestión de 'evolución y selección natural'. Así, sitúa como ejemplo de
selección natural el ideal supuestamente griego de búsqueda de la belleza
intelectual que ha llevado a la cultura europea a una posición dominante, al
tratarse de una cultura más evolucionada, frente a otros pueblos que califica
de 'bárbaros'.

La ingenuidad de Poincaré al describir este ideal es tan criticable
como su eurocentrismo; sin embargo, es comprensible a la luz del momento

---

[126] Poincaré (1908a), p. 23.

histórico en el que vive. Se trata de una época en la que los países europeos creen dominar culturas 'bárbaras' como los pueblos de África bajo el yugo de un colonialismo que está a punto de provocar la primera gran guerra de la historia, teniendo a Europa, el continente civilizado en el que predomina el ideal de belleza intelectual, como escenario fundamental, y a los países europeos, tan supuestamente evolucionados, como sus principales contendientes. No obstante, no es nuestra labor criticar la falta de miras históricas de Poincaré en 1908, ni la ausencia de una visión más profunda de los acontecimientos político-sociales, sino enmarcar el ideal de belleza intelectual en el esquema epistemológico de selección de los hechos relevantes para la ciencia. Y esto es posible, como hemos dicho, mediante el vínculo de la belleza con la simplicidad y la utilidad.

Así, por medio de la identificación entre lo bello y lo simple podemos retomar la generalización que se obtenía a partir del conocimiento del hecho elemental, permitiéndonos descubrir regularidades que es posible formular en forma matemática, para expresar las leyes científicas. De esta manera, lo que manifiesta la generalización es lo que hay de común entre varios hechos, esto es, las relaciones existentes entre estos. Y el lenguaje en el que esto se expresa son las ecuaciones diferenciales de las matemáticas. Precisamente, esta será la cuestión que nos ocupe el próximo capítulo, el problema de las leyes físicas y las relaciones contenidas en ellas.

En consecuencia, con la explicitación de los diferentes criterios de selección de los hechos quedan identificados todos los elementos que se sitúan en la base de las hipótesis verificables, como el último tipo de hipótesis que era preciso especificar para entender los primeros elementos de la teoría de la ciencia natural de Poincaré. La caracterización que hemos realizado nos ha permitido especificar qué hechos selecciona el científico para formar parte de la ciencia y cómo los escoge; pero sin olvidar que esos hechos no son construidos, sino dados por la experiencia a partir del hecho bruto, captado por los sentidos, que el científico expresa en un lenguaje más cómodo y con él constituye generalizaciones, mediante el uso de hipótesis naturales como el principio de inducción. Ahora bien, no podemos olvidar que las generalizaciones o hipótesis verificables son construidas tanto a partir de hechos brutos como a partir de hechos científicos, porque no hay una frontera clara que separe estos dos tipos de hechos, ya que ambos están dentro de la ciencia y como tales, ambos sirven para formar este tipo de hipótesis. Así, las hipótesis verificadas en numerosos casos se constituirán como leyes siendo la expresión de relaciones en un lenguaje determinado.

Las teorías científicas se componen de diferentes tipos de hipótesis, desde las más metafísicas, como las indiferentes a las más empíricas, como las verificables, pasando por las reglas de constitución semi-empíricas que son las hipótesis naturales. Pero además del contenido experimental fenoménico que obtenemos en los hechos, formamos leyes expresadas en estructuras matemáticas. Todos estos componentes son propios de las ciencias físico-mecánicas y ajenos a la geometría, como hemos ido viendo, lo que avala la tesis acerca de la independencia del convencionalismo físico con respecto al geométrico que venimos defendiendo.

Capítulo 2: LAS LEYES

§ 1 Constitución y naturaleza de las leyes

En el capítulo precedente hemos tratado de establecer algunas diferencias entre el convencionalismo aplicado a la ciencia natural (mecánica y física) y el geométrico, principalmente, a partir de la intervención de una serie de hipótesis en la primera, que no se encuentran presentes cuando tratamos la ciencia del espacio. Ahora entramos en el terreno de la ley, que es el paso siguiente a la hipótesis en la constitución de las teorías científicas. La ley es un concepto propio tanto de la mecánica como de la física, y su proceso de formación es aproximadamente el mismo en ambas disciplinas, por lo que consideraremos este concepto de modo general, referido tanto a una como a otra. Así, distinguiremos cuál es la parte de intervención de la experiencia y qué otros componentes se encuentran en su proceso de constitución. Y todo ello con el objetivo de mostrar qué información proporcionan las leyes acerca de la naturaleza o de nuestro conocimiento de ella. Es decir, qué expresan y sobre qué legislan, así como cuál es el grado de necesidad de aquello que afirman.

Comenzando por los elementos que intervienen en su formación, sabemos que las leyes se constituyen a partir de hipótesis, por lo que es importante ver qué relación se establece entre estos dos conceptos a fin de esclarecer su papel dentro del conjunto de la teoría de la ciencia natural de Poincaré. Como vamos a ver, la ley supone, en cierta medida, una confirmación (o refutación) de lo propuesto en una hipótesis; por eso afirmamos que se trata de un paso más allá y también que las primeras son fundamentales para las segundas: sin la suposición puesta de manifiesto por la hipótesis, no podríamos constituir la ley. Ahora bien, hasta el momento hemos caracterizado tres tipos de ellas, por lo que tenemos que dirimir cuáles participan en el establecimiento de las leyes. Para ello, es preciso entender cómo se definen estas últimas. Son proposiciones sacadas de la experiencia pero enunciadas matemáticamente. En la medida en que son empíricas se encuentran sometidas a revisión en espera de ser remplazadas por una ley que resulte más precisa[1]:

---

[1] Cf. Poincaré (1902a), p. 116.

«Si tomamos una ley particular cualquiera, podemos estar seguros de antemano que no puede ser más que aproximativa. Es, en efecto, deducida de verificaciones experimentales y estas verificaciones no serían y no podrían ser más que aproximadas. Debemos esperar siempre que medidas más precisan nos obliguen a añadir términos a nuestras fórmulas»[2].

En función de este pasaje podemos entender que las leyes se constituyen por medio de observaciones empíricas, tal como ocurría con las hipótesis verificables. O sea, se forman mediante la agrupación de hechos de observación. Hemos visto que los hechos son caracterizados como datos empíricos captados por nuestra percepción sensible, y que entran en la ciencia a partir de su expresión en el nivel del lenguaje específico que les corresponde. Mediante la constatación de los hechos brutos como hechos científicos, contamos ya con la materia necesaria para construir hipótesis verificables que no son otra cosa que generalizaciones inductivas de aquellos. Ahora bien, las leyes también son proposiciones experimentales pero, ¿son además hipótesis verificables entendidas como generalizaciones de hechos? En principio así es, las leyes se identifican con ese tipo de hipótesis. No obstante, solo serán leyes aquellas hipótesis que hayan sido altamente confirmadas; no serán tanto hipótesis 'verificables' cuanto hipótesis 'verificadas', o sea, aquellas que han sido sometidas a numerosas pruebas empíricas y que las han pasado con éxito. De esta manera, al decir que una ley se constituye a partir de una generalización de hechos verificada en numerosos casos, afirmamos que la ley es una proposición general que no atiende a particulares, o lo que es lo mismo, que contiene solamente conceptos generales.

Con todo, aquellas hipótesis con un alto grado de confirmación pasan a considerarse como leyes en función de la expectativa de su repetición, o sea, a causa de su valor predictivo, el cual es obtenido por el uso del principio de inducción. Por tanto, además de formarse a partir de hipótesis verificables, en las leyes intervienen al mismo tiempo, las hipótesis naturales. Consiguientemente, se constituyen a partir de componentes empíricos, pero también mediante elementos decisionales, quedando así entrelazados estos dos dispositivos en el seno de la epistemología poincare-ana. El entrelazamiento de elementos convencionales con empíricos es común en el análisis de la ciencia que realiza Poincaré; de hecho, la ausencia de disociación entre estos componentes lleva precisamente a la consideración de que, por línea general, no se establece una separación entre esos términos cuando se enseña la mecánica:

[2] Poincaré (1905a), p. 121.

« […] los tratados de mecánica no distinguen claramente lo que es experiencia, lo que es razonamiento matemático, lo que es convención, lo que es hipótesis»[3].

No obstante, eso no hace que resulten indistinguibles y que no pueda identificarse cuáles son los componentes empíricos más próximos a la naturaleza, ni nos imposibilita para dirimir si un concepto es o no empírico. Así, en la medida en que las leyes pueden anticipar hechos, no son convencionales, a pesar de que hay un tipo de convención que ayuda a formarlas. De este modo, el estatuto de las leyes es el de proposiciones empíricamente verificables y podemos decir que el paso de los hechos científicos a las leyes es el mismo que era el de los hechos científicos a las hipótesis verificables: el uso de hipótesis naturales para su agrupación, tales como el principio de inducción, o las consideraciones de simetría, junto con el uso de un lenguaje específico para la ciencia que permite la elaboración de las generalizaciones que se constituyen en leyes. Esto implica que hay una parte de creación en la ley, correspondiente a la introducción de convenciones en su formación:

«Si de los hechos pasamos a las leyes, es claro que la parte de libre actividad del científico devendrá mucho mayor»[4].

El sentido de esta afirmación es que al constituir la ciencia, cuando pasamos de la mera recogida de datos al establecimiento de normas que rigen el comportamiento de los fenómenos, introducimos elementos ajenos a estos, que corresponden a decisiones tomadas por el científico. Sin embargo, estos no se incorporan de manera aleatoria o arbitraria, sino que su alcance está siempre limitado por la experimentación, o sea, por la coincidencia de nuestra predicción con el acontecer de la naturaleza, aunque dicho ajuste esté restringido por la eficacia del principio de inducción. Es decir, se mantiene la idea, que ya hemos defendido, con respecto al importante papel que el científico juega desde los primeros pasos de la constitución de la ciencia, sin por ello transformarla completamente en un conocimiento convencional. Consecuentemente, las leyes tienen el carácter probable y aproximativo que hemos mencionado, no pudiendo, así, tener una condición de verdades absolutas y definitivas.

Cuando ponemos los fenómenos en forma de leyes, esto es, cuando tomamos lo que hay de común y explicitamos las relaciones que se dan entre

---

[3] Poincaré (1902a), p. 111.
[4] Poincaré (1905a), p. 163.

ellos, omitimos las particularidades, lo que hace que el enunciado de una ley nunca responda de modo absoluto a las circunstancias en que se producen los hechos, dado que estos son irrepetibles. Así, al generalizar, introducimos la probabilidad y, por consiguiente, también la contingencia en el seno de la ley. La explicitación de todas las condiciones llevaría al cumplimiento del fenómeno predicho sin necesidad de la probabilidad, pero nunca tenemos la certeza de no haber dejado de lado alguna condición, en la medida en que resulta imposible realizar el registro de todas las observaciones[5]. Además, una ley que exigiera esta forma no resultaría aplicable, pues no servirían en ella ni la inducción, ni la analogía como métodos para el establecimiento de leyes, sino solo tendría en cuenta la descripción precisa de las condiciones que hacen que se produzca determinado fenómeno. En tal caso, no sería una ley fecunda con carácter predictivo, sino la mera enumeración de las circunstancias en las que acontece el fenómeno.

Con la entrada de la probabilidad y de la contingencia, podemos afirmar que para Poincaré las leyes de la naturaleza no tienen un carácter necesario y, en consecuencia, el investigador deberá seguir buscando la certeza, aunque esta sea inalcanzable y no podrá detenerse en ningún límite bajo la suposición de que tras él, ya no pueden descubrirse leyes, sino tan solo sucesos caprichosos. De este modo, la labor del investigador es procurar la regularidad en los procesos naturales, a pesar de que no pueda encontrarla de modo definitivo y necesario. Por tanto, contra Le Roy, Poincaré no admite que sea algo que nosotros imponemos a la naturaleza, pues como dijimos, la regularidad supone que sucesos que acontecen en circunstancias simples se repetirán, y esto no depende en exclusiva de la percepción del investigador. En cambio, para el primero, la contingencia se encuentra en el proceso de obtención de la ley, en la medida en que somos nosotros quienes diseñamos dicho proceso, y en consecuencia, localizamos la regularidad allí donde queremos[6]. Para Poincaré, la contingencia se halla en la no repetibilidad de las condiciones iniciales, a pesar de lo cual, gracias a la analogía y la rutina de la repetición de fenómenos semejantes, podemos formar leyes. O sea, hay contingencia basada en la no identidad de las condiciones, pero al mismo tiempo hay regularidad basada en la semejanza de las mismas.

Esto significa que las leyes se pronuncian con respecto a fenómenos del mundo, es decir, proporcionan un conocimiento del mundo y no son solo una afirmación de nuestro modo de conocerlo, en la medida en que aquello que legislan son hechos externos que no dependen de nuestras dis-

---

[5] Poincaré (1902a), p. 210: «No podremos deducir una ley de un número finito de observaciones sin creer en la probabilidad».
[6] Cf. Le Roy (1899), p. 523.

posiciones intelectuales. Ahora bien, con respecto a la cuestión de la necesidad o contingencia de la ley, es preciso declarar que en la medida en que solo podemos afirmar su cumplimiento con una cierta probabilidad, no puede tratarse de aseveraciones de carácter absolutamente imperioso. Las leyes tienen una doble naturaleza, descriptiva y predictiva. Son descripciones del modo en que funciona el mundo en cuanto que proporcionan información acerca de cómo es. Pero, como también anticipan acontecimientos que se producirán en un futuro, tienen un aspecto prescriptivo respecto del desarrollo de este. Es en este carácter anticipador de la ley donde se manifiesta fundamentalmente la contingencia, dado que no podemos asegurar la identidad de las circunstancias de la realización de un fenómeno, sino tan solo su semejanza, su analogía[7]. Sin embargo, la ausencia de necesidad no se entiende de un modo general, en el sentido de que Poincaré no intenta pronunciarse sobre una categoría cognoscitiva; no se trata de ver si todas las leyes son válidas o necesarias en todo tiempo y todo lugar, sino de un examen más propio del científico que del filósofo.

En definitiva, el objetivo es examinar si *cada ley*, tomada de modo particular, puede o no ser calificada de contingente[8]. La razón de esta particularización de las consideraciones respecto de la ley, se debe, como hemos dicho, a que Poincaré realiza una consideración de científico que examina la ciencia, y no de filósofo que postula categorías sobre el mundo. Por eso, él considera la contingencia en un sentido práctico, de tal manera que al examinar de modo individual cada ley, el científico debe continuar su investigación sobre la evidencia de regularidades que den cuenta de los acontecimientos, sin poder suponer que habrá un término en el que los fenómenos resulten arbitrarios y no puedan estar sometidos a ninguna legalidad.

Ahora bien, esta idea de la contingencia introducida a partir de la probabilidad y de la inferencia de la ley mediante un número finito de observaciones[9], no se contradice con la siguiente afirmación:

«No, las leyes científicas no son creaciones artificiales; no tenemos ninguna razón para verlas como contingentes, aunque nos sea imposible demostrar que no lo son»[10].

---

[7] Cf. Gray (2006), p. 299: «Las leyes agrupan hechos que de otra manera parecerían aislados, en virtud de alguna analogía».
[8] Cf. Poincaré (1905a), p. 173.
[9] Cf. Poincaré (1902a), p. 210.
[10] Poincaré (1905a), p. 23.

El sentido que se da aquí a la palabra contingencia es diferente del que hemos explicitado hasta ahora. Esta aseveración es hecha como una protesta contra las pretensiones nominalistas de que el científico crea tanto el hecho como la ley. Para el nominalista, los hechos son consecuencias de los modos en que representamos el mundo, para Poincaré no. Ya vimos que en la base de su epistemología se sitúan los hechos en cuanto que datos empíricos, lo que supone que estos no son creados. Con respecto a las leyes, estas tampoco son invenciones del científico en la medida en que son gene-ralizaciones inductivas de hechos y no convenciones. Por tanto, cuando Poincaré niega en este pasaje la contingencia de la ley, se está refiriendo simplemente a la idea de que no son producto de la imaginación del investi-gador, sino que, de algún modo, vienen impuestas por la experiencia, por la repetición de acontecimientos similares que nos hace confiar en que estos se producirán de nuevo bajo circunstancias semejantes. Se trata, en definitiva de dos modos diferentes de entender la contingencia. El primero, relativo a la probabilidad con que se puede esperar el cumplimiento de la ley y el so-metimiento de fenómenos futuros a la legalidad postulada por ella. El se-gundo, como opuesto a una invención arbitraria resultado del capricho del investigador, el cual buscaría las regularidades allí donde le conviene encon-trarlas y no estarían impuestas por la naturaleza. Así, las leyes, en la primera acepción de esta palabra, serían, pues, contingentes. En cuanto que en la segunda, no podrían serlo de ninguna manera, porque la afirmación de que así lo fueran, haría que Poincaré cayese en una concepción nominalista de la ciencia de la que en todo momento trata de desligarse.

Esta diferencia de perspectiva con respecto a la contingencia de las leyes de la naturaleza se encadena con su idea acerca de la evolución de las mismas. Poincaré afirma que una ley establece un vínculo entre el pasado y el presente en una relación causal y, por tanto, podemos deducir también, a la inversa, el presente del pasado[11]. Consecuentemente, solo podemos saber si las leyes del pasado son las mismas que las del presente, en la medida en que confiemos en la permanencia de las leyes a partir de las cuales deduci-mos ese pasado. O sea, no hay forma de saberlo con absoluta certeza. Además, en función de la contingencia inherente a las leyes, a causa de la irrepetibilidad de las condiciones iniciales, estamos obligados a admitir el cambio de aquellas que conocemos y que afirmamos como leyes de la natu-raleza. Por otro lado, contamos también con un conocimiento empírico de la variación de las leyes a partir de los consecuentes. Si, colocados los mis-mos antecedentes en diferentes momentos del tiempo, los consecuentes fueran exactamente los mismos, los diferentes periodos en los que hemos

---

[11] Cf. Poincaré (1905a), p. 174.

dividido el tiempo (época carbonífera, época cuaternaria, etc.) devendrían indiscernibles para nosotros y entre sí. Ahora bien, existe un problema en esta argumentación:

> «Lo que queda es que tal antecedente, acompañado de tal circunstancia accesoria, produce tal consecuente; y que el mismo antecedente, acompañado de tal otra circunstancia accesoria, produce tal otro consecuente.
>
> La ley, tal como la ciencia mal informada la habría enunciado y que habría afirmado que este antecedente produce siempre este consecuente sin tener en cuenta las circunstancias accesorias; esta ley, digo, que no es más que aproximada y probable, debe ser remplazada por otra ley más aproximada y más probable que hace intervenir circunstancias accesorias. Volvemos a caer siempre sobre este mismo proceso que ya hemos analizado, y si la humanidad llegase a descubrir alguna cosa de este tipo, no diría que son las leyes quienes han evolucionado, sino las circunstancias que se han modificado»[12].

Parece ser, en consecuencia, que no podemos concluir ni la evolución de las leyes de la naturaleza ni su contrario. La solución de este dilema, para Poincaré, pasa por la disolución del mismo. Es decir, él piensa que no tiene sentido considerar si las leyes están o no exentas de variación. Suponerlas como inmutables pone en cuestión tanto la legitimidad como la posibilidad misma de la ciencia[13], pero asumir que cambian tampoco es una opción científica que nos resulte convincente. La cuestión se resuelve al tomar en cuenta los marcos que imponemos a la naturaleza, de los que nos ocuparemos a continuación. No podemos concluir la evolución de las leyes fuera de esos marcos porque la interpretación de los datos empíricos que son la base de las mismas se hace en el interior de ellos. En consecuencia, la cuestión sobre la inmutabilidad de las leyes de la naturaleza solo tiene sentido a partir de los límites que Poincaré coloca a nuestro conocimiento. Él afirma que no conocemos nada que no esté temporal y espacialmente determinado; por eso no podemos concluir la evolución de las leyes más allá de nuestras concepciones. Si hay leyes de la naturaleza en un mundo ajeno a ellas, es algo que ignoramos. De esto modo, Poincaré delimita el alcance del conocimiento científico al mundo al que tenemos acceso, que no se trata de uno creado, sino determinado por los marcos que le imponemos.

---

[12] Poincaré (1905a), pp. 175-176.
[13] Cf. Poincaré (1913a), p. 5.

Estos no son claramente enumerados por Poincaré, aunque en general, señala tres: la magnitud matemática (grandeur), el espacio y el tiempo[14]. Nuestro objetivo ahora no es realizar un análisis pormenorizado de los mismos, lo cual quedará para la segunda parte de este trabajo, sino especificar su papel en la constitución de las leyes y su estatuto dentro de la concepción poincareana de la ciencia. Su comprensión, de este modo, resulta clave para el buen entendimiento de la noción de ley, en la medida en que las leyes se van a encuadrar en ellos. Se trata, pues, de parámetros de referencia convencionales en los que se puedan describir y predecir acontecimientos. Esto significa no que espacio y tiempo sean concepciones impuestas *a priori* por nuestra constitución en tanto que sujetos y que supongan las formas a través de las que se posibilita nuestro conocimiento de la naturaleza, sino que son marcos de interpretación de los fenómenos que nosotros elegimos y nosotros imponemos al estudio de la naturaleza. Es el científico desde su concepción filosófica quien los elige y los impone porque le resultan cómodos[15].

En efecto, el valor de estos marcos solo puede ser relativo a causa de que no son dados a priori, sino elegidos, pero ello no significa, en modo alguno, que sean debidos al azar, pues han sido creados *a medida*[16], a fin de poder incluir en ellos los fenómenos. Así, tienen un estatuto convencional, pero no arbitrario, puesto que su construcción está inspirada por la experiencia, tal y como ocurría con respecto a la creación de la geometría (y como ocurre en el caso del espacio), que si bien, no es una ciencia experimental, se sirve de la experiencia para su construcción y también de ella para su aplicación. Por eso la creación de la geometría es *previa*, como afirma Friedman[17], a la creación de la mecánica. Porque la formación de la mecánica newtoniana exige de la creación anticipada de la geometría euclídea para que las leyes de esta dispongan de un marco (el espacio euclídeo) en el que poder formularse y aplicarse. Así, los marcos que imponemos a la naturaleza posibilitan, aunque no determinan de modo absoluto, la composición de las leyes y el conocimiento de los fenómenos. Son, pues, constitutivos tanto de aquellas como de este, condicionan y hacen viable nuestro acceso al mundo:

« ¿Para qué preguntarse si en el mundo de las cosas en sí las leyes pueden variar en el tiempo, si en un mundo semejante la palabra tiempo está posiblemente vacía de sentido? De lo que sea este

---

[14] En Poincaré (1902a), pp. 25-26 son especificados como tales marcos la magnitud y el espacio. Y en Poincaré (1905a), pp. 21-22 son considerados el espacio y el tiempo.

[15] Cf. Poincaré (1905a), p. 22.

[16] Cf. Poincaré (1902a), p. 26.

[17] Cf. Friedman (1999), p. 76.

mundo no podemos decir nada, ni pensar nada, sino solamente de lo que parece o podría parecer a inteligencias que no difieran demasiado de la nuestra»[18].

De este modo, a través de la imposición de estas concepciones y mediante los datos de los sentidos constituimos las leyes fundamentales que describen y predicen el comportamiento de los fenómenos, de tal manera que expresen las relaciones estructurales que constituyen el contenido de conocimiento al que tenemos acceso. Así, a partir de la elección de un determinado marco, podemos, por medio de ecuaciones diferenciales enunciar las relaciones «*entre las magnitudes observadas, es decir medidas en el seno de la experiencia sensible*»[19].

Ahora bien, su estatuto es diferente del contenido de conocimiento de las leyes de la naturaleza. Estos ayudan a la comprensión y, de algún modo, posibilitan dicho contenido, al darle su forma y ordenarlo. De este modo, integran la parte de aquello que es puesto por el científico en la constitución de las leyes de la naturaleza. Tenemos ahora, que retornar a la cuestión de lo dado, a las relaciones expresadas por la ley que son, precisamente, ese contenido de conocimiento, del cual nos ocuparemos en el próximo epígrafe.

§ 2 El estatuto epistémico de la ley

Al iniciar la cuestión de las leyes hemos dicho que son proposiciones tomadas de la experiencia pero expresadas matemáticamente. Ya nos hemos referido al lugar de la experiencia en su contenido, correspondiente a la observación y al ajuste de la predicción, la cual introduce la probabilidad y lleva a la contingencia. ¿Cuál es ahora el papel de la matemática? Es la lengua que posibilita la formalización de la relación captada mediante la observación:

> «Todas las leyes son, por tanto, sacadas de la experiencia, pero para enunciarlas, es preciso una lengua especial; el lenguaje ordinario es demasiado pobre, es además demasiado vago, para expresar relaciones tan delicadas, tan ricas y tan precisas.

---

[18] Poincaré (1913a), pp. 29-30.
[19] Ly (2008), p. 523.

He aquí una primera razón por la cual el físico no puede pasarse sin las matemáticas; ellas le proporcionan la única lengua que puede hablar»[20].

La matemática es, así, la lengua que permite desprendernos del carácter sustancialista del lenguaje ordinario para expresar de manera rigurosa el conocimiento efectivo que obtenemos a partir de los datos de los sentidos. Es por medio de ella que podemos deshacernos de las particularidades de eventos individuales para limitarnos a expresar relaciones entre hechos, que es lo que hacen las leyes:

«Una ley, para nosotros, es una relación constante entre el fenómeno de hoy y el de mañana; en una palabra, es una ecuación diferencial»[21].

En este pasaje hay tres conceptos clave que resultan fundamentales para la comprensión de la ley. El primero es el de 'fenómeno', que quedaba definido en el capítulo anterior. Un fenómeno es un hecho, un dato de experiencia. El segundo es la idea de relación constante, que vamos a exponer enseguida, a fin de caracterizar el contenido de las leyes. El tercero es la ecuación diferencial, lo que supone la matematización de la relación entre fenómenos expresada en la ley, y que ayuda a suprimir las particularidades de cada hecho para quedarse con lo común, que son las relaciones existentes entre objetos o entre fenómenos, pues solo de lo general podemos hacer ciencia y las matemáticas solo pueden aplicarse a la naturaleza cuando expresan generalizaciones. De este modo, la matemática proporciona el modo de expresión del contenido de la ley, es decir, el lenguaje en el que se enuncian las relaciones que esta constituye. Es momento ahora de explicar en qué consisten estas relaciones que responden al contenido expresado en las leyes.

Poincaré no proporciona una definición explícita del término 'relación'. Sin embargo, sí expresa que las relaciones se establecen entre sensaciones[22], entre fenómenos o hechos[23] y, también, entre objetos reales[24]. Así, las leyes expresan su contenido en forma de relaciones que tienen una doble naturaleza: empírica y matemática. Las relaciones son de naturaleza empírica

---

[20] Poincaré (1905a), p. 105.
[21] Poincaré (1905a), p. 125.
[22] Cf. Poincaré (1905a), p. 179.
[23] Cf. Poincaré (1905a), p. 170.
[24] Cf. Poincaré (1902a), p. 174.

porque se originan en los hechos captados por nuestra percepción; por eso refiere a relaciones entre sensaciones. Como señalamos en el capítulo anterior, los hechos de los que se compone la ciencia son hechos empíricos, hechos brutos que percibimos por medio de nuestros sentidos y que transformamos en hechos científicos. Aun cuando el contenido de nuestras sensaciones obviamente es privado e intransferible[25], hay algo en ellas, sin embargo, que resulta común, algo que hace pensar que nuestras sensaciones son aproximadamente las mismas o muy semejantes a las de otros seres como nosotros, algo que nos permite incluso nombrar de maneras similares sensaciones análogas, como por ejemplo identificar un color como rojo, aunque los matices de la sensación que un objeto rojo produce sean absolutamente privados. Este algo es precisamente la relación establecida entre las sensaciones, la cual es transmisible por medio del discurso entre seres pensantes y es lo que concede a la ciencia una base objetiva sobre la que operar. Para Poincaré, las relaciones entre sensaciones tienen por sí un valor objetivo[26], esto es, el vínculo que establecen no depende de la subjetividad particular de cada individuo. De este modo, la relación expresa aquello que podemos afirmar como común percibido por seres semejantes a nosotros, aquello que nos permite establecer una base sobre la que realizar comparaciones. Así, el contenido de las relaciones responde a algo que captamos a través de nuestros sentidos pero que no depende solo de ellos, sino de algo externo, como el fenómeno o el hecho de experiencia, sin ser este hecho la relación en sí. Sin embargo, no se trata de una relación entre hechos individuales, sino de un sustrato común a varios hechos que nos permite expresar una ley, que no es otra cosa que una generalidad. O sea, al decir que las leyes expresan relaciones entre objetos reales, Poincaré afirma que tienen un contenido de conocimiento de un mundo que no es dependiente del sujeto. Por tanto, el tipo de conocimiento proporcionado por las relaciones es tan solo un conocimiento estructural del mundo que es puesto en forma matemática a fin de hacerlo inteligible. Esta es la razón de que las relaciones tengan una doble naturaleza, empírica y matemática, puesto que permiten expresar la estructura de los fenómenos, hechos u objetos por medio de un lenguaje compartido por seres pensantes. Así, las relaciones establecen el vínculo entre el lenguaje y el mundo, permitiendo compartir su contenido mediante un discurso que es, junto con la prueba empírica de su existencia, el garante de la objetividad.

Con respecto a las relaciones, tenemos que preguntarnos si tienen o no un carácter invariante. A menudo, cuando Poincaré se refiere a ellas,

---

[25] Cf. Poincaré (1905a), p. 179.
[26] Cf. Poincaré (1905a), p. 180.

afirma que son el verdadero contenido de conocimiento[27]. Primero, porque son aquello a lo que tenemos acceso y también, porque son lo que hay de común entre los fenómenos o hechos y por tanto, aquello que puede ser compartido por medio de su expresión en un lenguaje. No obstante, esto no nos da respuesta a la cuestión de si Poincaré considera o no que el contenido de conocimiento es el mismo, si las relaciones son inmutables y, consecuentemente, si aquello que las expresa, esto es las leyes son también inalterables. En este punto, él afirma lo siguiente:

«Las leyes invariantes son las relaciones entre los hechos brutos, mientras que las relaciones entre los "hechos científicos" permanecen siempre dependientes de ciertas convenciones»[28].

Esto nos muestra que efectivamente hay algo que permanece invariante, y eso son las relaciones entre los hechos brutos, que son proporcionadas por la experiencia. Ahora bien, si, como dijimos en el capítulo anterior, el hecho científico es una imposición a partir del hecho bruto, es decir, su contenido viene, hasta cierto punto, determinado por la experiencia, ¿cómo es posible que se modifiquen las relaciones entre los primeros y no así entre los segundos? ¿Acaso no supone esto una variación importante en el contenido de nuestro conocimiento? No, lo que supone es un cambio en la expresión del mismo. Los hechos brutos son dados, son externos a nosotros, pero no así los hechos científicos. Como dijimos, estos últimos son dependientes del lenguaje y, por tanto, de sus convenciones. Pero no solo, cuando hablamos del paso del hecho bruto al hecho científico, explicamos que a menudo se realiza una abstracción de ciertas condiciones, así como una simplificación de las circunstancias en que se produce, y una agrupación de varios hechos brutos bajo el mismo y único hecho científico. Todos estos procesos (de abreviatura y agrupación) son realizados por medio de convenciones (como hipótesis naturales) a fin de poder expresar lo que hay de común a varios hechos brutos para constituir el hecho científico y deshacernos de las particularidades que son propias de los primeros. Por tanto, los hechos científicos permanecen dependientes de todas estas convenciones. Así, en la medida en que las convenciones son parte de la creación del científico, esto es, no vienen dadas externamente ni impuestas por la naturaleza (aunque a menudo estén sugeridas por ella), estas podrán variar en función del fenómeno que queremos explicar, de la generalización que pretendemos realizar o de la ley que tratamos de constituir. Y, en la medida en que

---

[27] Cf. Poincaré (1902a), p. 174.
[28] Cf. Poincaré (1905a), p. 170.

estas cambien, también lo hará la expresión de las leyes[29], pues aunque mantengan un contenido ajeno a la creación del científico, no dejan de ser dependientes también de estas convenciones, y con base en la comodidad de la descripción esperada, o en la mejoría de nuestras predicciones, las leyes, en tanto que expresan las relaciones entre hechos científicos, pueden variar.

Todo esto encaja con la idea de que la ciencia, puesto que es un producto humano, es un conocimiento mutable, lo que no significa que no tenga valores de verdad u objetividad o que refiera a un mundo que es exclusivamente creado por la mente del hombre. El conocimiento expresado por medio del discurso son las relaciones entre los hechos. A menudo este conocimiento se reviste de diferentes formas y nombres, pues con frecuencia Poincaré dice que las relaciones 'se disfrazan'[30] dentro de las teorías y esos nombres responden a la expresión de relaciones en lenguaje científico, indican, consecuentemente, hechos científicos. En cambio, lo que está por detrás de los diferentes disfraces que puedan vestir, esto es, las relaciones entre los hechos brutos que expresan la verdadera estructura, es aquello que se mantiene común de unas teorías a otras. Así, en el ejemplo de las teorías de la dispersión[31], tenemos primero teorías imprecisas, después una mejorada por Helmholtz, quien la modifica numerosas veces, hasta realizar otra que se encuentra fundamentada en las ideas de Maxwell; y aún hay después otras teorías. Pero lo que todas ellas ponen de manifiesto, no son solo los hechos que predicen, sino la relación expresada por la absorción y la dispersión. Ese es el verdadero conocimiento que puede explicarse con diferentes constructos teóricos; pero lo que en el fondo decimos acerca de la naturaleza, es común a todas las teorías que descubren una relación verdadera, es decir, los nombres varían, pero la estructura se conserva.

Por consiguiente, el conocimiento de la relación es expresado en lenguaje matemático, en forma de ecuaciones diferenciales, que establecen la conexión que una función tiene con sus derivadas[32]. Esto nos permite expresar aquello que es invariante, cuya existencia es lo que garantiza la continuidad y traducibilidad entre teorías, entre lenguajes diferentes, al igual que podemos traducir enunciados del francés al alemán y del alemán al francés manteniendo el sentido, que es lo que representa el invariante[33].

Así, por medio de las ecuaciones podemos enunciar, por ejemplo, la evolución de los cuerpos en movimiento (objeto de la mecánica), en térmi-

---

[29] Cf. Ly (2008), p. 450.
[30] Cf. Poincaré (1905a), p. 182
[31] Cf. Poincaré (1902a), p. 175.
[32] Cf. During (2001), p. 127.
[33] Cf. Poincaré (1902a), p. 170.

nos de la tasa de variación de las medidas de varias magnitudes físicas como distancia (espacio), tiempo, velocidad o aceleración. Por tanto, las relaciones expresan un vínculo entre los datos que captamos por nuestros sentidos y que medimos e interpretamos a partir de las magnitudes matemáticas[34], de tal manera que expresemos cantidades y no cualidades, a fin de proporcionar la 'forma' o estructura de las teorías, constituida mediante la matematización de los fenómenos. Consecuentemente, la matemática permite conceptualizar la naturaleza a fin de tornarla inteligible y predecible, por eso, Poincaré afirma que «el espíritu matemático desdeña la materia para no ligarse más que a la forma pura»[35].

Esta capacidad de matematizar resulta clave en nuestro proceso de conocimiento y en la formación de nuestra ciencia, porque es la que nos faculta para construir los marcos que imponemos a la naturaleza, a fin de hacer entrar en ellos los fenómenos naturales[36]. Por tanto, es la que nos permite tener, de alguna manera, una concepción del mundo en la que enmarcar aquello que captamos por medio de los sentidos. En razón de esto, Poincaré afirma que es imposible experimentar sin ideas preconcebidas[37], pero además, el hecho de tener estas preconcepciones, estos marcos creados a medida, hace fructífera a la experiencia, puesto que sin un cuadro interpretativo, esta resultaría estéril. La necesidad de encuadrar los datos empíricos proporciona a Poincaré un sentido positivo de la objetividad. Esta se entiende a menudo como aquello que está libre de prejuicios o resulta imparcial, lo cual no deja de ser un sentido negativo. Nuestro autor pone de manifiesto la imposibilidad de esta concepción, pues nuestras propias disposiciones intelectuales la impiden. Sin embargo, esto no le incapacita para hablar de objetividad, simplemente le previene de que las preconcepciones deben ser tomadas en cuenta, a fin de dirigirlas en la dirección correcta, y esto es hacer la experiencia fructífera poniendo de manifiesto las relaciones que expresan la verdad, lo cual responde a la pregunta por el valor objetivo de la ciencia.

La cuestión con respecto al estatuto y el alcance de las leyes constituye un verdadero problema en el núcleo de la filosofía de Poincaré, porque es el terreno donde se juega la cuestión de la verdad y su significado. Él supone que las leyes son de la naturaleza en algún sentido, dado que afirma que no son creaciones artificiales del investigador[38]. O sea, captamos, por

---

[34] Cf. Ly (2008), p. 522.
[35] Poincaré (1905a), p. 106.
[36] Cf. Poincaré (1905a), p. 22.
[37] Cf. Poincaré (1902a), p. 159
[38] Cf. Poincaré (1905a), p. 23.

medio de nuestros sentidos fenómenos de experiencia, que transformamos en leyes a partir de su regularidad, la cual no es atribuible al azar, pues, tal y como afirmábamos en el capítulo precedente, se justifica por la rutina de nuestras repeticiones. Sin embargo, como no tenemos acceso a una realidad en sí, ¿a qué realidad o naturaleza pertenecen esas leyes que captamos?

> «Lo que llamamos la realidad objetiva es, en último análisis, aquello que es común a muchos seres pensantes, y podría ser común a todos; esta parte común, lo veremos, no puede ser más que la armonía expresada por las leyes matemáticas»[39].

Poincaré define en este pasaje su noción de realidad, es decir, el mundo al que habrán de referirse las teorías científicas y en particular, las leyes. Según él, se trata de una realidad intersubjetiva, que, como tal no es exclusivamente cognoscible para el sujeto individual, sino para todos aquellos que comparten una racionalidad común. Por tanto, lo que concibe como realidad no es algo completamente ajeno al sujeto, pero tampoco es dependiente del sujeto individual, sino que es compartido por varios sujetos cognoscentes y es esa comunidad lo que le concede objetividad, en la medida en que Poincaré equipara lo real con lo objetivo[40]. Así, esto supone una nueva concepción del conocimiento y su objetividad, en el sentido de que es una propuesta diferente de aquella que responde, en palabras de Giedymin, a la 'objetividad racionalista ortodoxa y a la empirista'[41]. Lo que Poincaré propone es una visión a medio camino entre ambas, una tercera vía en que la realidad a la que refiere la ciencia no está solo determinada por el mundo exterior de la experiencia o por la estructura racional de nuestra mente. El garante de la objetividad se sitúa en la comunidad humana y en la posibilidad de comunicación de los razonamientos con otros seres pensantes[42]. Así, la ciencia tiene el carácter de una actividad humana en la que no solo intervienen los sentidos y la racionalidad clasificadora, sino que tiene lugar también un proceso de toma de decisiones que a veces vienen determinadas por la especie y que no son arbitrarias.

Existe, por tanto, una realidad intersubjetiva que es lo único que podemos conocer. En consecuencia, las leyes de la naturaleza, serán las leyes de la naturaleza de esa misma realidad, de aquello a lo que tenemos acceso. Por tanto, su alcance ontológico está limitado, no van más allá de la inter-

---

[39] Poincaré (1905a), p. 23.
[40] Cf. Poincaré (1905a), p. 181.
[41] Cf. Giedymin (1977), p. 295.
[42] Cf. Poincaré (1905a), pp. 178-179.

subjetividad, que es el dominio al que se restringe la ciencia, pues el resto, en tanto que cuestiones ajenas a nuestra experiencia, pertenece a la metafísica. Así, cuando Poincaré habla de lo real y de la naturaleza, esto será siempre intersubjetivo y nuestro conocimiento queda cercado dentro de ese ámbito. Y es en ese contexto en el que habrán de verificarse los conocimientos a los que denominamos 'leyes de la naturaleza'. El propio Poincaré reconoce que su concepción de la verdad no se corresponde con lo que es comúnmente entendido como tal[43], lo cual no hace vano el objetivo de la ciencia, sino que lo restringe a los dominios de lo accesible para nuestra especie.

Ahora bien, el hecho de que la realidad sea intersubjetiva no hace de Poincaré un relativista, pues esta no es creada mediante acuerdo por los seres racionales, sino que está dada y simplemente es común a ellos. Por tanto, aunque la ciencia consista en un discurso, este tiene un referente externo, ajeno a él y que no está condicionado por las decisiones del científico, pues de otro modo, no podría haber un valor de verdad en las leyes de la naturaleza[44]. Consecuentemente, a pesar de que la objetividad consista en la inteligibilidad, a través de un discurso, este ha de tener un referente empírico. Tal y como dice nuestro autor:

«Tenemos que cumplir dos condiciones, y si la primera separa la realidad del sueño, la segunda la distingue de la novela»[45].

Además, las capacidades intelectuales del ser humano, mediante las que conoce, están constreñidas dentro de los límites de la evolución natural. Esto significa que el hombre, como ser inmerso en un mundo natural, ha evolucionado influido por su contexto y, de este modo, el conocimiento será siempre un producto de la interacción entre las capacidades intelectuales o naturales del hombre, que no son a priori en un sentido kantiano, sino en un sentido genético y evolutivo[46], y aquello que es capaz de percibir por medio de ellas. Es por esto que Poincaré afirma, por ejemplo, que «por selección natural nuestro espíritu se ha *adaptado* a las condiciones del mundo exterior, que ha adoptado la geometría *más ventajosa* para la especie; o en otros términos, la más cómoda»[47]. Así, en el caso de instituir un marco en el que sea posible la medición de las magnitudes físicas que entran en la constitución

---

[43] Cf. Poincaré (1905a), p. 21.
[44] Como afirma Schmid: «una teoría científica no tiene verdaderamente sentido más que con respecto a los hechos –extraños al discurso». Schmid (2001), p. 50.
[45] Poincaré (1905a), p. 181.
[46] La existencia de un a priori genético en Poincaré es señalada en During (2001), p. 63. También Miller refiere a un «a priori evolutivo». Cf. Miller (1986), p. 30-31.
[47] Poincaré (1902a), p. 108.

de las leyes de la mecánica, el científico construye el marco del espacio euclídeo, producto de la adaptación de la especie al medio, para después conformar en él las leyes de la mecánica newtoniana. Y así, los resultados obtenidos son, según sus propias palabras, «conquistas de la raza»[48]. De este modo, el conocimiento que obtenemos a partir de las leyes de la naturaleza manifiesta esa acción recíproca entre los datos experimentales y las propias disposiciones del científico.

Esta idea de Poincaré es, de alguna manera, una anticipación de las perspectivas de la epistemología evolucionista, desarrolladas a partir del último cuarto del siglo XX. Según esta concepción, el conocimiento es un producto de la evolución biológica[49] y, consecuentemente, investiga las capacidades cognitivas del ser humano a partir de los cambios biológicos producidos en los organismos. Esta posición permite a Poincaré proporcionar una base común para las capacidades cognoscitivas humanas, así como para la idea de intersubjetividad, que corresponde a su noción de realidad. Gracias al evolucionismo, puede afirmar que hay unas estructuras que son comunes a la especie y son el garante y la base de la objetividad. Así, los seres humanos han evolucionado en un contexto común, lo que les permite compartir los medios de que disponen para conocer y, al mismo tiempo, comunicar aquello que saben por medio de un discurso, en este caso, el discurso científico en el que se enuncian las leyes de la naturaleza.

Por consiguiente, estas leyes serán la expresión de relaciones que se dan en la naturaleza, o en la parte de ella a la que tenemos acceso que es un mundo intersubjetivo. Formulan, de este modo, relaciones regulares y constantes comunes a sujetos en las mismas circunstancias. No obstante, el carácter de la ley es solo probable[50], lo cual impide que les podamos conceder el estatuto de verdades definitivas, y las reduce a aproximaciones más o menos precisas. Esto se debe fundamentalmente a dos causas: la primera, es el límite del uso de la inducción, del que ya hemos hablado en el capítulo anterior, que restringe el alcance del conocimiento obtenido por este método. La segunda obedece al carácter convencional de los marcos que imponemos a la naturaleza, que al ser atribuidos por nosotros, pueden cambiar si las condiciones experimentales a las que los aplicamos, mudan. Es decir, es posible que existan fenómenos que nos lleven a pensar, por ejemplo, que el marco euclidiano que utilizamos para la descripción de las leyes del movimiento ya no resulte adecuado, en cuyo caso, tendremos que utilizar una geometría diferente y, consecuentemente, las leyes del movimiento en un

---

[48] Poincaré (1908a), p. 91.
[49] Cf. Campbell (1974), pp. 413-459.
[50] Cf. Poincaré (1905a), p. 121.

espacio no euclidiano serán también diferentes. Por consiguiente, las leyes no son definitivas, no solo por la naturaleza dinámica del mundo de la experiencia, sino también en razón de los elementos convencionales que intervienen en su constitución, ya sea en forma de hipótesis naturales, como el principio de inducción, ya sea en forma de marcos impuestos a la naturaleza para su ordenación y comprensión.

Así, podemos decir que el concepto de verdad que maneja Poincaré se encuentra a medio camino entre una teoría verificacionista de la verdad y una teoría coherentista. Y es precisamente aquí, donde se juega la distinción entre su posición y la de un realista en sentido clásico. En el capítulo anterior, hemos defendido que Poincaré no es un correspondentista, basándonos en su negación del conocimiento de lo que sean las cosas en sí[51]. Ahora bien, según hemos dicho, las leyes son verificaciones fructíferas de generalizaciones empíricas. Zahar destaca que, en ocasiones, Poincaré se debate entre afirmar que las generalizaciones pueden solamente ser refutadas o que, por el contrario, pueden también ser confirmadas[52]. Con respecto a lo que venimos defendiendo, desde nuestro punto de vista, lo que mejor caracterizaría la posición de nuestro autor es, precisamente la primera idea, lo cual no transforma a Poincaré en un falibilista. Pues aunque las generalizaciones empíricas no puedan ser establecidas definitivamente, tal y como hemos afirmado en el parágrafo anterior, hay algo subyacente a ellas que sí queda establecido: y esto son las relaciones que corresponden a la estructura de los fenómenos. En consecuencia, diríamos que Poincaré es tan solo un verificacionista parcial, primero, porque no todas las hipótesis son verificables (pues hay otros tipos de ellas), y segundo, porque aún aquellas que son verificables, al tratarse de generalizaciones inductivas, no se establecen de modo definitivo. Por tanto, no estamos de acuerdo con Zahar cuando afirma que «respecto de las leyes empíricas, Poincaré no adopta una definición verificacionista del significado, sino que instintivamente se adhiere a la teoría correspondentista de la verdad»[53].

La idea de que Poincaré podría aproximarse a una teoría coherentista de la verdad, la tomamos de Stump[54]. Por supuesto, Poincaré nunca define la verdad como coherencia, pero sí afirma la necesidad de cohesión en el sistema, por ejemplo, cuando defiende que una teoría científica debe aspirar a la unidad[55]. Una teoría científica será más verdadera cuanto mayor sea el

---

[51] La mayoría de los intérpretes de Poincaré concuerdan en que no es un correspondentista. Por ejemplo, cf. Stump (1989), p. 341.

[52] Cf. Zahar (2001), p. 11.

[53] Zahar (2001), p. 11.

[54] Cf. Stump (1989), p. 342.

[55] Cf. Poincaré (1902a), p. 186.

número de fenómenos que aglutina bajo relaciones verdaderas[56]. Esta unidad se conecta con aquella de la que hablábamos en el capítulo anterior. Allí la definíamos como un principio-guía que predica algo de la naturaleza (su propia unidad a fin de hacerla inteligible) y también algo de nuestro modo de hacer ciencia. Aquí, responde a un ideal al que aspira la ciencia y, en este sentido, es también una guía para su procedimiento. Ya no se predica algo de la naturaleza, sino de cómo debe ser la ciencia. Pero mediante la unidad se revela también algún elemento de la naturaleza: la interconexión de los fenómenos. Consecuentemente, nuestro ideal de unidad, interpretado como un requerimiento de coherencia, nos permite reconocer las teorías más verdaderas, siendo aquellas que expresen mayor número de vínculos entre datos experimentales. De este modo, la verdad supone un equilibrio entre lo que obtenemos por medio de nuestros sentidos y lo que contrastamos dentro de la comunidad de seres pensantes.

Así, las relaciones corresponden a esa parte que es dada en las leyes, estando estas formadas por dos elementos fundamentales, de diferente naturaleza: uno dado que constituye su contenido de conocimiento y que expresa algo acerca de la naturaleza; y, otro, no dado. Este último es el elemento discrecional en el que se interpretan las leyes y que supone la forma de las leyes y su modo de ordenación, es el marco en el que las interpretamos y que dispone que la ciencia no es una sucesión de relaciones, sino un conjunto organizado mediante los componentes decisionales[57]. La interacción entre estos dos elementos esclarece el estatuto cognoscitivo de la ley, la cual da cuenta de regularidades dadas, pues no se trata de una herramienta de cálculo creada para nuestra conveniencia. Lo que, en definitiva, prueba esta concepción es que «el contenido cognitivo de una teoría científica no está agotado en términos de todas las consecuencias observacionales de la teoría, sino que está co-determinado por la estructura formal de la teoría»[58].

Como hemos visto, en la formación de las leyes intervienen convenciones como las hipótesis naturales y el uso de marcos impuestos a la naturaleza. Pero esto no significa que ellas se reduzcan a meras construcciones del espíritu, sino que las convenciones, ayudan a poner orden en el seno de la teoría, en tanto que las leyes mantienen un componente objetivo estructural y un componente objetivo empírico que debe intentar verificarse siempre que sea posible. Las leyes científicas no son convenciones, sino que se mantienen en un nivel intermedio de la teoría y son, por así decir, donde

---

[56] Cf. Poincaré (1905a), pp. 184-185.
[57] Gray (2006), p. 312, afirma que «las leyes y los teoremas organizan los dominios de la ciencia y estos son plenamente creaciones humanas».
[58] Giedymin (1980), pp. 245-246.

se conserva el contacto con la realidad. Será en la aplicación más general de ellas donde se tornen convencionales, o sea, en los principios

Capítulo 3: LOS PRINCIPIOS

§ 1 La distinción conceptual entre ley y principio

A partir del esclarecimiento de la noción de ley en la concepción poincareana de la ciencia natural, quedaba definido el territorio de la verdad, por medio de la combinación entre los fenómenos de la experiencia y la estructura formal de la teoría. Ahora tenemos que especificar el concepto de principio, el cual es muy representativo de la filosofía de Poincaré. Prácticamente todos sus intérpretes se han ocupado de él, en función de la equiparación de los principios de la mecánica y la física con la categoría epistémica de convención[1]. La bibliografía sobre esta cuestión hace alusión a la caracterización de estos mediante una «doble determinación negativa», señalada por Ly, dado que ni son susceptibles de prueba empírica ni tienen un origen *a priori*[2].

De este modo, tradicionalmente, en la filosofía de Poincaré la convención tiene dos lugares fundamentales: el de los axiomas de la geometría, que señalamos en el primer capítulo, y el de los principios de la mecánica y la física que vamos a exponer aquí. En ese primer capítulo vimos, además, la separación entre estas dos disciplinas (geometría y física-mecánica) a partir de las hipótesis y las convenciones, pues algunas de estas solo son propias de la ciencia natural. Expusimos, así, las hipótesis indiferentes y las hipótesis naturales interpretándolas como dos tipos diferentes de convenciones. Las primeras son instrumentos que simplifican los cálculos y nos proporcionan imágenes (tales como los modelos mecánicos) para facilitarnos la comprensión de la teoría, pero no tienen el estatuto de definiciones disfrazadas que ostentan los axiomas de la geometría y no sirven para formar un sistema deductivo que transforme una disciplina en una ciencia exacta como sí hacen aquellos. Con respecto a las segundas, son suposiciones que nos ayudan a constituir las leyes en la medida en que sirven para agrupar hechos y tienen una inspiración empírica. Pero, al igual que las convenciones geométricas, no son comprobables experimentalmente. Estas últimas no lo son porque no refieren a cuerpos físicos, sino a idealizaciones de estos; en cuanto a las hipótesis naturales, no pueden verificarse porque así lo decide el

---

[1] Ben-Menahem (2006), p. 42 sugiere considerar la convención como una 'nueva categoría epistémica'.
[2] Cf. Ly (2008), pp. 19-20. During (2001), p. 81 y Heinzmann (2009), p. 184 señalan igualmente esta cuestión.

científico, basándose en su funcionalidad. Por consiguiente, estos diferentes sentidos a propósito de las hipótesis en ciencia natural resultan irreductibles a la noción de convención propia de los axiomas de la geometría.

En el segundo capítulo, avanzamos esta posición a propósito de la idea de ley propia de la ciencia natural, gracias a la cual, a diferencia de la geometría, resulta pertinente –según hemos tratado de poner de manifiesto– la cuestión epistemológica de la verdad en contra de interpretaciones nominalistas de Poincaré. Ahora, al exponer los principios, mostraremos un tipo diferente de convención de los examinados hasta aquí, con lo que retomamos nuestra tesis acerca de la polisemia de este concepto en la filosofía de la ciencia de este autor.

La definición de principio es la siguiente: se trata de proposiciones de origen experimental pero que no resultan verificables por la experiencia. Como afirma en *La Science et l'Hypothèse*:

> «La experiencia ha podido servir de base a los principios de la mecánica y sin embargo jamás podrá contradecirlos»[3].

Notamos que las hipótesis naturales tenían un estatuto parecido, en cuanto a que, pese a ser también enunciados inspirados en datos empíricos tampoco resultaban verificables ni refutables experimentalmente, debido a su carácter convencional basado en la libre decisión del científico. Sin embargo, no hay una identificación posible entre hipótesis naturales y principios ya que las primeras constituyen justamente el punto de partida de las leyes experimentales, mientras que los segundos surgen de la condensación de estas últimas. La cuestión que ahora nos ocupa es precisamente cómo explicar el proceso de conversión de las leyes en principios. No se trata de un asunto sencillo. Por una parte, parece una receta principalmente inductiva, al consistir en la recogida masiva de datos de la experiencia y su generalización a fin de aplicarlos a un amplio dominio de validez:

> «Estos principios tienen un valor muy alto; los hemos obtenido al buscar lo que había de común en el enunciado de numerosas leyes físicas, representan por tanto la quintaesencia de innumerables observaciones»[4].

Es decir, los principios tienen una generalidad máxima, de la que Poincaré deduce que no están sometidos a verificación experimental, a pesar

---

[3] Cf. Poincaré (1902a), p. 124.
[4] Poincaré (1902a), p. 177.

de que se hayan formado a partir de leyes empíricas. Sin embargo, este proceso de conversión no consiste en el uso exclusivo del mecanismo de inducción. Interviene, además, una toma de decisión por parte del científico de cambiar ese estatus de ley para transformarla en principio y sustraerlo así a una demostración empírica. O sea, el científico *decide* transformar la ley experimental en principio, mediante un proceso discrecional:

> «Los principios son convenciones y definiciones disfrazadas. Sin embargo están sacados de leyes experimentales. Esta leyes han sido erigidas en principios a los cuales nuestro espíritu atribuye un valor absoluto»[5].

Esta afirmación es esclarecedora del papel jugado por el científico en la construcción de la teoría; de él depende la consideración de qué proposiciones deben ser aplicables a todo el dominio de la naturaleza y ser así erigidas en principios, y cuáles deben seguir siendo revisables y mantener el carácter de leyes, pues no es por el hecho de ser altamente confirmadas que todas ellas modificarán su estatuto, dado que si así fuera, la ciencia tendría un carácter exclusivamente nominal. En efecto, suprimiríamos su parte empírica y ninguna proposición estaría, en ese caso, sometida a control experimental, en cuyo caso, «no quedaría nada de la ciencia»[6]. Poincaré describe de la siguiente manera el procedimiento por el cual se realiza este paso de leyes a principios:

> « ¿Cómo puede una ley devenir principio? [La ley] Explica la relación entre dos términos reales A y B. Pero no es ni rigurosa, ni verdadera, solo es aproximada. Introducimos arbitrariamente un término medio C más o menos ficticio y C es *por definición* lo que tiene con A *exactamente* la relación expresada por la ley.
> Entonces nuestra ley se ha descompuesto en un principio absoluto y riguroso que expresa la relación de A a C y una ley experimental aproximada y revisable que expresa la relación de C a B. Es claro que por muy lejos que llevemos esta descomposición, siempre quedarán leyes»[7].

Así, vemos que se reafirma en la idea de que las leyes son tan solo aproximadas, tal y como decíamos en el capítulo anterior. Estas expresan

---

[5] Poincaré (1902a), p. 153.
[6] Poincaré (1905a), p. 166.
[7] Poincaré (1902a), p. 153-154.

una relación entre magnitudes, y, dado su carácter de generalizaciones, no pueden ser exactas. Por eso, con el fin de hacer que la relación sea precisa, se intercala un componente que permita definir con absoluto detalle lo afirmado por ella. De esta forma, el principio da cuenta puntualmente de lo expuesto en la ley, al transformarla en una suerte de definición, pero se mantiene siempre lo que había constituido la base de la relación, o sea, los elementos empíricos y su formalización en lenguaje científico. La introducción de un elemento ficticio por definición, es decir, por convención, en la elaboración del principio es fundamental para el cambio de estatus de la ley experimental y su conversión en este último. Veamos esto con un ejemplo proporcionado por nuestro autor[8]. Tomemos la proposición: "los astros siguen la ley de Newton", la cual podría considerarse como un principio de la mecánica celeste. Esta es susceptible de descomponerse en dos: la primera, "la gravitación sigue la ley de Newton"; y, la segunda, "la gravitación es la única fuerza que actúa sobre los astros". Esta última proposición es una ley de la experiencia, y como tal, puede ser verificada o refutada, dado que se trata de un enunciado factual. Dicha ley expresa una relación entre los astros y la fuerza de atracción entre ellos, es decir, entre masas y fuerza como magnitudes. Sin embargo, la primera proposición no es más que una definición de la fuerza de gravitación, no susceptible de control experimental y corresponde a nuestro término intermedio abstracto más o menos ficticio. Así, este enunciado es el que expresa de modo exacto la relación en la medida en que es una definición, pero el principio en sí (los astros siguen la ley de Newton), aún contiene la generalización empírica que expresaba la ley. Y es ahí donde se encuentra la diferencia fundamental entre una convención geométrica y un principio convencional de la ciencia natural: los principios expresan hechos empíricos, aunque sea de una forma idealizada, en tanto que la geometría no. Es decir, en la primera hay retención de la estructura expresada en la ley y de los datos experimentales proporcionados por esta.

El elemento convencional introducido en la formación de los principios está constituido a partir de nuestro decreto de ampliación de su campo de validez. Es claro, como afirma Heinzmann[9], que este procedimiento de paso de ley a principio es descrito por Poincaré para un caso estándar, pues en otros, el método es diferente. Por ejemplo, cuando considera la segunda ley de Newton como un principio de la mecánica, es simplemente una definición, pues es *por definición* que la fuerza es el producto de la masa por la aceleración[10]. Hay otros que son idealizaciones extremas de condicio-

---

[8] Cf. Poincaré (1905a), p. 165-166.
[9] Cf. Heinzmann (2009), p. 184.
[10] Cf. Poincaré (1902a), pp. 123-124.

nes experimentales, como la ley de inercia. Para este principio, actuamos como si realmente pudiese haber una partícula (o un cuerpo) completamente libre en movimiento, de tal manera que se verifique que «un cuerpo que no está sometido a ninguna fuerza solo puede tener un movimiento rectilíneo y uniforme»[11]. Sabemos que es imposible experimentar con cuerpos que no estén sometidos a la acción de ninguna fuerza, pues en la Tierra todos están siempre bajo la influencia de la fuerza de gravitación; así no hay 'cuerpos libres', pero actuamos *como si* los hubiera. O sea, por convención, decidimos hacer una abstracción de las otras fuerzas a fin de poder constituir la ley de inercia. Además, al actuar 'como si', nos comprometemos a salvaguardar este principio de refutaciones experimentales, pues en aquellos casos en que un cuerpo no siga un movimiento rectilíneo y uniforme, afirmaremos que no se trata de un cuerpo libre, sino de uno sometido a la acción de alguna fuerza externa.

Mediante este modo de proceder concebimos una forma relativamente invariante de la ley, en la que interviene un decisivo elemento convencional, gracias al cual, por un lado, aquella adquiere una generalidad máxima y, por otro, queda protegida frente a posteriores comprobaciones experimentales. Es entonces cuando, según la terminología de Poincaré, la ley se convierte en un principio capaz de coordinar las leyes empíricas que integran la teoría, así como de proporcionar el marco conceptual en el que habrán de ser interpretados hechos posteriores. En ese sentido los principios cumplen una doble función tanto *constitutiva* como *regulativa* de la práctica científica. Sin llegar a adquirir la categoría de principios a priori, constituyen, tal como afirma During, condiciones *intrínsecas* de la teoría[12], que funcionan con relación a la experiencia en un doble sentido: surgen a partir de leyes experimentales y, tras ser elevados a la categoría de definiciones debido al elemento convencional libremente introducido por decisión del científico, vuelven a aplicarse a la experiencia de modo máximamente general. Adquieren así un estatuto que en cierto modo los protege frente a la comprobación experimental: son aplicables a la experiencia, pero no verificables por ella. Tampoco son susceptibles de refutación directa, lo cual no impide que, pese a su aparente fijeza, puedan ser condenados por razones empíricas cuando se muestran incapaces de predecir resultados nuevos. El criterio de validez, por tanto, es su fecundidad, no su verdad. De este modo, su alto valor se explica mediante su predictibilidad. Esto significa, como afirma Zahar[13], que Poincaré se opone a cualquier intento de situar las teorías científicas y la

---

[11] Poincaré (1902a), p. 112.
[12] Cf. During (2001), pp. 81-82.
[13] Cf. Zahar (2001), pp. 13 y ss.

propia ciencia más allá de la refutación experimental, pues para poder transformar la ley en principio, tiene que presentar dos características fundamentales que son la comodidad y la simplicidad. Y estas proceden también, en
cierta medida, de la experiencia. Ellas constituyen las particularidades que
van a evitar el nominalismo en el nivel de los principios, así como su completa arbitrariedad:

> «Si estos postulados poseen una generalidad y una certeza que fal-
> tan a las verdades experimentales de las que son sacados, es porque
> se reducen en último análisis a una simple convención que tenemos
> todo el derecho de hacer, puesto que sabemos de antemano que
> ninguna experiencia los va a contradecir.
>
> Esta convención no es, sin embargo, absolutamente arbitraria; no
> sale de nuestro capricho; la adoptamos porque ciertas experiencias
> nos han mostrado que sería cómoda.
>
> Así se explica cómo la experiencia ha podido edificar los princi-
> pios de la mecánica y por qué, sin embargo, no podrá derribarlos»[14].

Y es precisamente esta distinción entre ley empírica, susceptible de
ser verdadera o falsa (en el sentido analizado en el capítulo anterior), y principio, fecundo o no, cómodo o no epistémicamente hablando (en función
de su capacidad predictiva), lo que aleja a Poincaré de una posición inductivista[15]. Sin ser por completo inmunes a las presiones de la experiencia, los
principios, por no ser empíricos (pese a su origen en leyes que sí lo son),
están mucho menos expuestos a dichas presiones que las leyes, lo cual les
permite una máxima generalidad. De esta forma, es la mencionada característica de la comodidad la que recuerda el vínculo que los principios mantienen con la experiencia, cuya medida es proporcionada por dos aspectos
empíricos: la capacidad explicativa con respecto a hechos observados y la
capacidad predictiva con respecto a aquellos aún no observados, pero que
podrán comprobarse. Esto es lo que During denomina «dimensión empírica
de la comodidad»[16], pero junto a ella encontramos otra, que podríamos denominar 'dimensión teórica'[17], cuyo sentido es semejante al de la unidad,
pues su función es revelar una multiplicidad de conexiones entre diferentes
dominios teóricos, al aplicar a ellos los principios. De este modo, la como-

---

[14] Poincaré (1902a), p. 151.
[15] Tal como lo hace Miller. Cf. Miller (1986), pp. 27-28.
[16] Cf. During (2001), p. 83.
[17] Zahar (2001), p. 16 hace referencia a un «nivel teórico de la comodidad», explicitado en
términos semejantes a los nuestros.

didad es el contrapeso en la balanza de las convenciones, situándose en el lado opuesto a la arbitrariedad presente a causa de la introducción de las decisiones del científico. Por ello encontramos una noción equilibrada de convención que no resulta nominalista. En definitiva, los principios son universales a causa de su generalidad, aunque no, por supuesto, necesarios.

Sin embargo, a pesar de su aparente fijeza, para Poincaré, esto no concede a la ciencia un estatuto definitivo, pues afirma que cuando los principios no puedan predecir resultados nuevos, la experiencia los habrá condenado, a pesar de que no los haya refutado de manera directa[18]. Esto significa que la ciencia puede cambiar a la luz de nuevos experimentos. Con el descubrimiento de experiencias ignoradas hasta el momento es posible que necesitemos replantearnos todo el sistema convencional del que la ciencia está transida y por esto, pueden quedar inhabilitados los principios, aunque no hayan sido susceptibles de una contradicción experimental directa. Simplemente, al no ser predictivos, será más cómodo abandonarlos (tomando cómodo en su dimensión empírica). Esta es la razón por la que Poincaré incluye las convenciones como hipótesis en la primera de las clasificaciones señaladas en el primer capítulo: porque a pesar de su inmunidad experimental y del nivel de fijeza que tienen dentro de una teoría, podemos desecharlas. Pero es precisamente por su carácter convencional por lo que son hipótesis *solo en apariencia*[19]: los principios no son verdaderos ni falsos, son convencionales. Esta interpretación pone en cuestión las ideas de Friedman y DiSalle con respecto a la aparente *fijeza* de las convenciones.

Para ellos, las convenciones son algo así como un sustituto del a priori kantiano, más correctamente, de lo 'sintético a priori'[20], en la medida en que funcionan como criterios de organización de la experiencia, formando así la base de un conocimiento sistemático. Coincidimos con esto último, puesto que, en efecto, en tanto que condensadores de leyes, los principios cumplen también una función reorganizadora, pero lo que no pueden ser considerados es fijos e inalterables, dado que el propio Poincaré reconoce la posibilidad de dejar de utilizarlos. O sea, de acuerdo con Folina, entendemos que el convencionalismo no implica «un compromiso con estipulaciones *fijadas* a priori»[21]. Además, si Poincaré pensaba que las convenciones eran algún tipo de a priori inmutable, ¿por qué habría de concederles el estatuto de hipótesis en apariencia y al mismo tiempo insistir en la flexibilidad de la ciencia? ¿Tiene algún sentido que lo a priori sea hipotético? Al mismo

---

[18] Cf. Poincaré (1905a), p. 146.
[19] Cf. Poincaré (1902a), p. 24.
[20] Cf. Friedman (1999), p. 83 y DiSalle (2006), p. 94.
[21] Folina (2014), p.25.

tiempo, sabemos que en la filosofía de este autor existe, de hecho, un compromiso con proposiciones a priori en el sentido propiamente kantiano, tanto en aritmética con el principio de inducción completa, como en geometría con la noción de grupo. Cuando él se refiere a la noción de grupo como un concepto a priori del entendimiento[22] no le atribuye carácter hipotético alguno, precisamente porque sin él no podríamos constituir ninguna geometría y, consecuentemente, careceríamos de toda concepción espacial. Lo convencional responde a una nueva categoría epistémica que no encaja ni con lo a priori, ni con lo empírico, aunque en algunos casos pueda tener trazos de ambos. Los principios, en la medida en que forman parte de todo un sistema conceptual (hipótesis, leyes y marcos son parte del mismo), con componentes convencionales y, siendo ellos mismos adoptados de manera discrecional, solo pueden ser válidos dentro de ese sistema[23]; por eso, al condenarlos, no se refutan, sino que simplemente se abandona el sistema en el que no se cuestionaba su validez.

De este modo, la diferencia entre un principio y una ley se juega en la reticencia del científico a abandonar los principios a pesar de los apremios de la experiencia, pues con respecto a las leyes el investigador no dispone de esa capacidad de decisión en función de que se trata de afirmaciones empíricas. Sin embargo, esta separación no es obvia, pues el propio Poincaré, parece contradecirse[24]:

«Es gracias a estos artificios que por un nominalismo inconsciente, los científicos [savants] han elevado más allá de las leyes lo que ellos llaman principios. Cuando una ley ha recibido una confirmación suficiente de la experiencia, podemos adoptar dos actitudes, o bien dejar esta ley en la pelea [mêlée]; permanecerá así sometida a una incesante revisión que sin ninguna duda acabará por demostrar que es solo aproximativa. O bien podemos erigirla en *principio*, adoptando convenciones tales que la proposición sea indudablemente verdadera. [...]

El principio de ahora en adelante cristalizado por así decir, ya no está sometido al control de la experiencia. Ya no es verdadero o falso, es cómodo»[25].

---

22 Poincaré (2002), p. 6.
23 Esto encaja con la idea de "verdadero en un sistema" que también apunta Folina. Cf. Folina (2014), p. 31.
24 Esta contradicción me fue sugerida por David Stump.
25 Poincaré (1905a), p. 165-166.

La contradicción en este pasaje se centra en que, primero, afirma que asumimos ciertas convenciones de tal modo que lo enunciado en el principio sea verdadero y, al final, defiende que no es verdadero ni falso sino cómodo. Es decir, según esto, parece que las convenciones pueden ser estipuladas como verdaderas, aunque realmente no lo sean. Y este es exactamente el modo en que pensamos que debe entenderse esta afirmación. Es decir, tenemos que interpretar el significado de la verdad en esta cita en dos sentidos diferentes. El primero, más fácil de identificar, lo asociamos al que se encuentra en último lugar. Es el de verdad empírica, de la misma manera en que las leyes para Poincaré son generalizaciones de hechos, por lo que están siempre sometidas a revisión, a verificación experimental. Consecuentemente, este concepto no es aplicable a los principios, por lo que solo pueden resultar cómodos y no verdaderos o falsos. El segundo sentido es más complicado, y es el referido en primer lugar, en el que la verdad debe pensarse como algo decidido o estipulado, lo cual encaja con la idea de "erigir" las leyes en principios. Refiere a su utilización: una vez elevados al nivel de principios, nos servimos de ellos *como si* fueran absoluta e indubitablemente verdaderos. Y lo son precisamente por el *uso* que hacemos de ellos, mientras que hay otras proposiciones que pueden ser verdaderas o falsas con base en consideraciones empíricas, lo cual no es el caso para estos, porque son llevados a un nivel superior al de la comprobación experimental. Así, el primer sentido de la verdad es empírico, permanece en el nivel de las leyes y es aplicable a ellas. Por el contrario, el segundo, que es verdad útil (o decidida) se halla en los principios. Este es un significado pragmático, idéntico a aquel en que James afirma que «la verdad de una idea no es una propiedad estancada inherente a ella»[26]. Es decir, los principios, como en James las ideas, devienen verdaderos en un proceso a partir de su funcionalidad práctica. Obviamente, esto no es más que un sentido muy parcial en el contexto de la filosofía poincareana y no es ni mucho menos el más usual, por lo que no se le puede calificar de pensador pragmatista, a pesar de la afirmación de James de que «no no lo es solo por la anchura de un cabello»[27], pues tal y como afirma Couturat en carta a Bertrand Russell:

> «W. James dijo que él [Poincaré] estaba separado del pragmatismo solo por un pelo: ¡ese pelo es enorme!»[28].

---

[26] James (1907), p. 92.
[27] James (1909), p. 65.
[28] Carta de Couturat a Russell de 12 de diciembre de 1905, citada en Schmid (2001), p. 230.

Además, Poincaré destaca que «aquello que los principios ganan en generalidad y certeza lo pierden en objetividad»[29], lo cual encaja bien con sus afirmaciones respecto de esta propiedad, dado que viene proporcionada por la conexión con el mundo fenoménico, con los hechos, y en tanto que aquellos se desconectan de este aspecto, al no ser susceptibles de comprobación empírica, se alejan de la objetividad.

El estatus que Poincaré concede a los principios lo acerca a posiciones nominalistas a causa de que son irrefutables[30]. Sin embargo, él mismo reconoce que si esto fuera así, estarían desprovistos de toda significación[31]. Por ello, justifica que son verdaderos siempre que se apliquen a sistemas completamente aislados. Para estos casos ideales no se cuestiona su verdad. Así, aunque en la naturaleza no existan ese tipo de sistemas, sí encontramos algunos que son *aproximadamente* aislados, con base en lo cual, los principios pueden recuperar su significación. De este modo, el valor de verdad que tenían las leyes no se puede extrapolar completamente, sino solo *aproximadamente* y por eso se transforma en un valor diferente, que es la comodidad.

El elemento discrecional introducido por el científico solo influye ampliando el nivel de aplicabilidad de los principios, no modificando la relación que era expresada por la ley. Es por eso que, aunque aquellos no sean refutables ni verificables, las ecuaciones diferenciales que formulan son verdaderas, igual que lo eran al ser expresadas por las leyes. Con esto queremos articular que no existe contradicción alguna en afirmar que no son ni verdaderos ni falsos y que, al mismo tiempo, transmiten relaciones que sí son verdaderas. En la medida en que las ecuaciones diferenciales son preservadas, los principios estructuran la teoría, forman la parte abstracta que se conjunta con el contenido empírico de la misma. Por eso son condiciones intrínsecas de la teoría. Esta conjunción, entre una parte abstracta aplicable de manera convencional y la parte empírica, es lo que distingue a los principios de la física y la mecánica como convenciones, del carácter convencional de los axiomas geométricos. Así, son las únicas convenciones que, careciendo de valor de verdad, como todas las otras (hipótesis indiferentes, axiomas de la geometría, hipótesis naturales), conservan algo de verdad, de la que procede de las leyes.

Ahora bien, en el primer capítulo anunciamos que Poincaré alega ciertas diferencias entre la mecánica y las ciencias propiamente físicas; desde nuestro punto de vista, esta diferencia se juega de modo más patente en los principios, y será de lo que nos ocupemos a continuación.

---

[29] Poincaré (1902a), p. 153.
[30] Cf. Darrigol (1995), p. 11.
[31] Cf. Poincaré (1902a), pp. 123-124.

§ 2 Los principios de la mecánica y los principios de la física

Cuando Poincaré habla de física, se refiere, principalmente a la electricidad, el electromagnetismo (incluyendo la óptica electromagnética) y la electrodinámica. Estas disciplinas sufren grandes cambios en el momento en que él escribe y el descubrimiento de nuevos fenómenos dentro de estas áreas supone que algunas de las leyes que tradicionalmente rigen la mecánica son incompatibles con la explicación física de los nuevos hechos experimentales. Esto le lleva a afirmar que el método propio de las ciencias físicas es la inducción[32] y que el papel que juega en ellas la probabilidad es mucho mayor que en disciplinas más rigurosamente establecidas como la mecánica y, por supuesto, como la geometría, donde esta no tiene lugar.

Así, con respecto a la física, Poincaré insiste en el carácter de verosimilitud que tienen sus leyes, mientras que en mecánica, las trata como verdades establecidas con mucho más rigor, a pesar de que el carácter de la ley no sea siempre más que probable, debido a su fundamento inductivo. Indudablemente estas afirmaciones crean demasiada confusión, pues si tanto las leyes de la física como las de la mecánica no son en el fondo más que probables, ¿a qué se debe su diferente estatuto? La respuesta reside en el diferente papel que experiencia y convención juegan en una y otra. Estrictamente hablando, en física no hay convenciones que le sean propias, ya que las que se introducen en este ámbito son tomadas de la mecánica.

En concreto, esta última pretende dar cuenta de los fenómenos en términos de movimientos de cuerpos o moléculas que siguen ciertas leyes, como en la termodinámica o en la teoría cinética de gases. O bien, en el caso de las teorías mecánicas ondulatorias, tales como la propagación del sonido, la explicación se da en términos de una perturbación de las propiedades mecánicas de un medio material (posición, velocidad y energía de sus átomos o moléculas), en el cual se transmite. Estas teorías requieren siempre de una fuente de emisión y un medio de propagación (generalmente, un fluido). De este modo, la mecánica procede a partir de hipótesis claramente explicitadas, para después utilizar el razonamiento matemático mediante el que deducir rigurosas consecuencias que posteriormente contrastará con la experiencia[33]. En cambio, con la aparición de la teoría de Maxwell, en la que los fenómenos ópticos son expuestos como un caso particular de los electromagnéticos, el procedimiento de la ciencia parece diferente: partiendo de una serie de hechos observados se plantea cuál es el tipo de explicación mecánica posible. De este modo, este autor da cuenta de dichos fenómenos

---

[32] Cf. Poincaré (1902a), p. 26.
[33] Cf. Poincaré (1902a), p. 217.

mediante una teoría en la que el campo es el concepto fundamental[34], el cual supone la existencia de un medio de propagación para las ondas electromagnéticas[35].

Su objetivo, tal como afirma en el prefacio de *A Treatise on Electricity and Magnetism*, era exponer una nueva teoría en la que se diera un tratamiento matemático de los fenómenos eléctricos y magnéticos observados experimentalmente[36]. Para ello, trató inicialmente de exponer las magnitudes físicas de un modo neutral sin tener que dar respuesta a la naturaleza de la electricidad y el magnetismo[37]. Con estos presupuestos de partida explica el campo electromagnético, afirmando su preferencia por esta perspectiva tomada de Faraday, dentro de la cual define las nociones de corriente y carga eléctrica y expresa todas las acciones eléctricas y magnéticas en términos de tensiones o presiones (stresses) de dicho campo[38]. Posteriormente, proporciona las ecuaciones de campo que expresan la interacción de las fuerzas electromagnéticas con la materia y la energía. El éter es postulado como una entidad geométrica que, de algún modo, 'soporta' el campo electromagnético. Sin embargo, era consciente de que su teoría no era completa a causa de no describir de modo preciso el tratamiento de la posible relación entre éter y materia ordinaria[39].

Desde el punto de vista de Poincaré, el mayor mérito de Maxwell es precisamente mostrar que existe la posibilidad de explicar mecánicamente los fenómenos electromagnéticos[40]. Así, considera que en todos los fenómenos hay una serie de parámetros observables y susceptibles de medirse experimentalmente (parámetros q), cuyas leyes de variación son cognoscibles también a partir de la experiencia. Estas pueden expresarse mediante ecuaciones diferenciales que exponen la relación entre los parámetros q y el tiempo. Ahora bien, para presentar mecánicamente un fenómeno, será preciso, tal como hemos mostrado un poco más arriba, explicarlo en términos o de movimientos de moléculas o de vibraciones de fluidos. Consideremos los fluidos, pues esta es la explicación escogida por Maxwell (el éter es un fluido). Estos están formados por un gran número de moléculas, con masas y coordenadas de posición. A continuación, Poincaré supone la validez del

---

[34] Cf. Gray (2013), p. 319.
[35] Cf. Maxwell (1873), §866.
[36] Cf. Maxwell (1873), p. XIII
[37] Cf. Darrigol (2000), p. 167.
[38] El concepto de campo es introducido en el artículo de 1855 "On Faraday's lines of force", mediante una analogía con un fluido incompresible imaginario. Sobre esta analogía cf. Príncipe (2012) y Darrigol (2000), pp. 156-159.
[39] Cf. Darrigol (2000), p. 170.
[40] Cf. Darrigol (2000), p. 355.

principio de conservación de la energía, tal que T (energía cinética)+U (energía potencial)=const. De aquí deriva que existe una función de la energía potencial para las coordenadas de las moléculas, la cual juega el papel de la función de las fuerzas. Con esto, puede escribir las ecuaciones del movimiento de las moléculas del fluido y definir la función de la energía cinética. Al reemplazar las coordenadas por sus expresiones en función de los parámetros q, las ecuaciones toman una forma tal que la energía potencial deviene una función de q, y la cinética, una función de las derivadas de q (o sea, q'). De este modo, las leyes del movimiento se expresan mediante las ecuaciones de Lagrange:

> «Si la teoría es buena, estas ecuaciones deberán ser idénticas a las leyes experimentales directamente observadas»[41].

Las ecuaciones del movimiento de Lagrange son conformes a los principios de la mecánica. Por consiguiente, cuando se encuentran las funciones para la energía cinética y potencial, no solo es posible una explicación mecánica, sino una infinidad de ellas[42]. Dado que lo fundamental es la concordancia entre las ecuaciones y los fenómenos observables, podemos construir una infinidad de modelos mecánicos empírica y matemáticamente equivalentes, que responden a las denominadas hipótesis indiferentes, explicitadas en el primer capítulo. Así, lo que resulta es una interpretación en términos de mecánica de los nuevos fenómenos electromagnéticos, con una pluralidad de modelos de explicación.

De este modo, el proceder de la física y la mecánica es en origen el mismo, pero su transcurso es diferente. Ambas intentan dar cuenta de fenómenos empíricos y, tal y como lo era la geometría, están inspiradas en la experiencia. La diferencia con esta última ya dijimos que era el hecho de que tanto la física como la mecánica tratan con cuerpos análogos a los que existen en la naturaleza, lo que no ocurre con aquellos de los que se ocupa la geometría. Sin embargo, a partir de la observación, ambas construyen sus hipótesis, que después transforman en leyes y tratan de comprobar en la experiencia. La mecánica se asienta sobre una concepción (la de las fuerzas centrales) que da cuenta de los fenómenos en términos de masas y fuerzas de atracción entre ellas. De las leyes del movimiento de estos fenómenos aparecen como consecuencias algunos principios bajo la forma específica de teoremas, es decir, de verdades lógicamente demostrables a partir de ciertas hipótesis especificadas. En física estos principios mecánicos sirven de guía

---

[41] Poincaré (1901b), p. VII.
[42] Cf. Poincaré (1902a), p. 224.

en el intento de dar una explicación de los fenómenos naturales. Este es el programa de la física de los principios, del cual Poincaré considera que la teoría electromagnética de Maxwell es el ejemplo más notable[43]. Aquí es, por tanto, donde tiene lugar la mayor distinción entre estas dos disciplinas. Nuestro autor explica la diferencia de concepción entre la antigua y la nueva física matemática (mecánica clásica, por un lado, y electromagnetismo por otro), a partir de la historia de esta disciplina. La física de las fuerzas centrales surge a imagen y semejanza de la mecánica celeste, en la cual los cuerpos son tratados como puntos-masa que se atraen entre ellos siguiendo la ley de Newton:

«La física matemática, lo sabemos, nació de la mecánica celeste que la engendró a finales del siglo XVIII, en el momento en que ella misma alcanzaba su máximo desarrollo»[44].

De este modo, Poincaré expone que así es concebida la teoría de la capilaridad de Laplace y otras tantas, siempre en función de una ley de atracción inversamente proporcional a la distancia que separa los cuerpos o puntos masa. Esta es una concepción que, según él, trata de desentrañar los mecanismos últimos de funcionamiento del universo, por medio del conocimiento de las fuerzas que los provocan. Sin embargo, a partir de un cierto momento, esta idea ya no resulta lo suficientemente cómoda para dar cuenta de los fenómenos a causa de su complejidad. Es en este punto, que según él, surge una nueva comprensión, la así llamada 'física de los principios'. De acuerdo con ella, renunciamos al estudio minucioso de todas y cada una de las partes del 'engranaje universal' y «nos contentamos con tomar por guía ciertos principios generales»[45]. Estos, como ya vimos, son el resultado de experiencias generalizadas y elevados a un grado máximo de validez por el científico en función de su comodidad. Por consiguiente y en consonancia con esta interpretación histórica de la física, en la mecánica los principios no aparecen en un momento inicial. Son consecuencias de un sistema para el que no son propiamente verdades experimentales, sino que, aunque formados a partir de experimentos, tienen un carácter derivado y son elevados al estatuto de convenciones de tal manera que la mecánica pueda compartir, en cierto modo, el estatuto de ciencia precisa que tiene la geometría (por convencional), sin por ello quedar completamente transformada en una ciencia deductiva y no experimental.

---

[43] Cf. Poincaré (1905a), p. 127.
[44] Poincaré (1905a), p. 124.
[45] Poincaré (1905a), p. 126.

La física, por el contrario, coloca estos principios no ya como consecuencias, sino como verdades experimentales que cimientan el nuevo edificio, por haber sido contrastados en numerosas ocasiones con los datos experimentales. Sin embargo, aunque Poincaré no lo especifica, parece que aún mantienen el carácter de convenciones que tenían en la mecánica. Primero, porque todos los que él enumera como principios de la física, con excepción del principio de Carnot de degradación de la energía, son derivados de la física de fuerzas centrales y son, consecuentemente, principios mecánicos. Segundo, porque cuando examina las diferentes teorías electromagnéticas, las juzga en función de su compatibilidad con estos principios generales y valora más alto aquellas que son compatibles con ellos, siempre y cuando sean también acordes con los experimentos. Por ejemplo, en la posibilidad de explicación mecánica proporcionada por Maxwell que hemos descrito más arriba, se *supone* la validez del principio de conservación de la energía. Esto muestra que los principios continúan teniendo un grado máximo de validez, propio de las convenciones y, tal como describimos en el epígrafe anterior, son regulativos de una teoría en el sentido en que guían el proceder del científico. Por tanto, la transición de la física de las fuerzas centrales a la física de los principios lo que implica, en definitiva, es un cambio conceptual y metodológico. Conceptual porque los principios han modificado su estatuto, de consecuencias generales a bases experimentales, en un primer momento, sobre las que asentar las nuevas teorías (aunque en un segundo momento vuelvan a considerarse como convenciones). Y metodológico porque el científico ya no intenta examinar los mecanismos últimos del universo y dar cuenta de todas las fuerzas que actúan sobre puntos masa, sino compatibilizar las experiencias con principios generales que guían su proceder. La teoría de Maxwell es un prototipo destacado de esta nueva física matemática porque este autor no se preocupa de los constituyentes últimos de la materia o del éter:

« ¿Qué es el éter, cómo están dispuestas sus moléculas, se atraen o se repelen? Nada sabemos de ellas; pero sabemos que este medio transmite a la vez las perturbaciones ópticas y las perturbaciones eléctricas; sabemos que esta transmisión debe hacerse conforme a los principios generales de la mecánica y esto nos basta para establecer las ecuaciones del campo electromagnético»[46].

En efecto, esta teoría es esencialmente macrofísica, en el sentido de que sus conceptos fundamentales (campo, carga, corriente) tienen un signi-

---

[46] Poincaré (1905a), p. 127.

ficado macroscópico y él desconocía hasta qué punto eran aplicables a una escala inferior[47]. Esta es, con toda probabilidad, la causa de que varios modelos de éter electromagnético fueran compatibles con sus ecuaciones, y de que este autor, como afirma Poincaré, se abstuviera de elegir uno determinado[48]. La nueva física matemática es, consecuentemente, compatible con una pluralidad de teorías, pues lo fundamental, ya no es la completud de la imagen física del mundo, sino la compatibilidad con los principios generales[49].

Por tanto, según nuestra interpretación, es en la nueva física donde mejor se pone de manifiesto el doble carácter de los principios, experimental y convencional. Por un lado, son verdades experimentales altamente confirmadas, pero por otro no dejan de tener esa validez máxima que el científico concede a las convenciones de la mecánica, pues es este carácter el que hace que le sirvan de guía en la constitución de nuevas teorías. Así, en esta concepción, han de encajar el resto de las leyes inductivas (de electricidad, óptica y electrodinámica) que tratan de dar cuenta de los datos empíricos, cambiando de esta forma el procedimiento de constitución de la ciencia hacia uno más inductivo con un mayor vínculo empírico. De lo que se trata, en definitiva, es de conciliar las leyes propias de la física con los principios más generales de la mecánica y no de deducir estos como consecuencias de aquéllas.

Por consiguiente, es tanto en el papel de los principios como en el de las leyes que se diferencian estas dos disciplinas. Con respecto a las leyes, las de la mecánica son parte de un proceso, aunque su carácter particular sea inductivo, a causa de su inspiración experimental; y tienen valor, en primer lugar, como paso intermedio del proceso íntegro de constitución de esta ciencia para la posterior obtención de principios generales como condensadores de ellas, que serán aquello a lo que conferimos el nivel de convenciones. Las leyes de la física tienen un estatuto inductivo más independiente, con su carácter de verdades solo probables mientras no puedan ser agrupadas bajo principios generales. El objetivo de constitución de la nueva física es conseguir que estas leyes inductivas no violen los principios rigurosamente establecidos de la mecánica. De esta manera, el propio Poincaré expone el papel de los principios con respecto a cada ciencia:

«Si pasamos a la mecánica, vemos aún grandes principios cuyo origen es análogo [a aquellos que encontramos en geometría], y co-

---

[47] Cf. Darrigol (2000), p. 174.
[48] Cf. Poincaré (1901b), p. IX.
[49] Esta idea es compartida por Darrigol (1995), p. 1.

mo su "radio de acción", por así decir, es menor, ya no tenemos razón para separarlos de la mecánica propiamente dicha y para ver a esta ciencia como deductiva.

Finalmente, en física, el papel de los principios es aún menor. Y en efecto se introducen cuando hay ventaja en ello. Ahora bien, solo son ventajosos precisamente porque son poco numerosos, porque cada uno de ellos remplaza aproximadamente a un gran número de leyes. Por tanto, no se tiene interés en multiplicarlos. Además, es preciso llegar a conclusiones y para ello hay que acabar por abandonar la abstracción y tomar contacto con la realidad»[50].

A través de este pasaje nos queda claro que, pese a ser tanto la mecánica como la física ciencias experimentales en las que los principios (convenciones) juegan un papel, la proporción de estos elementos es diferente en función de cada una de ellas. De hecho, como los principios son máximas generalizaciones (abstracciones), la física requiere limitar su número, a fin de que esta ciencia tenga una mayor conexión con la experiencia.

Ahora bien, la concepción de la mecánica como una ciencia completamente experimental no es una idea homogénea en la época, dado que en la tradición lagrangiana era presentada como una ciencia deductiva al más puro estilo de la geometría euclídea, resultando, en consecuencia, tan infalible como cualquier otro conocimiento matemático[51]. Por consiguiente, de acuerdo con Pulte, la matemática no es un mero instrumento o herramienta de representación para la ciencia natural, sino que esta es básicamente matemática porque la naturaleza tiene un 'carácter esencialmente matemático' y la mecánica, en tanto que disciplina encargada de su estudio, es, por tanto, una disciplina matemática[52]. Esto no significa que sus conceptos fueran totalmente ajenos a la realidad física, dado que, hasta cierto punto, se espera que las consecuencias matemáticas de esta ciencia tengan una correspondencia empírica. Pero con Lagrange se pone de manifiesto la relevancia del poder deductivo de los principios mecánicos, en detrimento de su fundamento empírico. Es decir, en la segunda mitad del siglo XVIII, se pasa de una filosofía matemática de la naturaleza (como en Newton) que precisa de una justificación filosófica, hacia una teoría matemática auto-suficiente, en la que la discusión queda desplazada del terreno de la naturaleza de las entidades que forman parte de la teoría (fuerza, espacio, tiempo), hacia la contro-

---

[50] Poincaré (1905a), pp. 167-168.
[51] Cf. Pulte (1997), p. 48.
[52] Cf. Pulte (2012), p. 185. En este artículo describe, según su perspectiva, la transformación de la mecánica en una ciencia puramente racional, la cual se produce de Newton a Lagrange.

versia sobre técnicas matemáticas (cálculo de variaciones, teoría del potencial, etc.)[53]. En este sentido, la mecánica es la física matemática, significando esto que cualquier «teoría física es, esencialmente, un texto matemático»[54]. Esta es, según Atten, la situación de esta disciplina en Francia a finales del XIX, dado que los franceses se consideraban los grandes herederos de la tradición de la física matemática, separando esta de la física experimental. Es este estatuto privilegiado de la mecánica, el que hace que resulte un modelo para toda la ciencia física, en función de lo cual se trata siempre de dar una explicación en términos mecánicos de cualquier fenómeno físico. Para Poincaré:

> «Una explicación mecánica de un conjunto de fenómenos era equivalente a traer las leyes observables de estos fenómenos bajo los principios de la mecánica»[55].

No obstante, esto no significa que haya una única explicación mecánica posible, concretamente la de la mecánica newtoniana, sino que reconoce, otras dos posibles entre las que debemos escoger en función de su comodidad y simplicidad[56]: la de Hertz y la del energetismo. Estos marcos explicativos se componen ordinariamente de uno o varios principios o leyes fundamentales, que en general tienen el estatuto de convenciones, en el sentido establecido en la primera parte de este capítulo, y algunos conceptos básicos, que pueden entenderse como marcos conceptuales, según lo establecido con respecto a los marcos de interpretación de las leyes científicas en el capítulo anterior. Así, en el sistema de Hertz el principio fundamental es una versión generalizada de la ley de inercia y los conceptos son masa, espacio y tiempo. En el energetista los principios son el de conservación de la energía y el de mínima acción y los conceptos masa, espacio, tiempo y energía. Y, por último, en el newtoniano es bien conocido que los principios serán las tres leyes del movimiento de Newton (ley de inercia, ley de la fuerza y principio de acción y reacción) y los conceptos son fuerza, masa, espacio y tiempo. De este modo, cuando un conjunto de fenómenos físicos sea compatible con alguno de estos marcos explanatorios, es decir, que no contradiga experimentalmente ninguno de los principios incluidos en ellos, en-

---

[53] Cf. Pulte (2012), pp. 192-193.
[54] Atten (1996), p. 36. Según Atten, debido a la separación existente en la época entre física matemática y física experimental, los matemáticos serán los encargados de impartir la primera de estas disciplinas.
[55] Psillos (1996), p. 188.
[56] Poincaré (1897), pp. 231-250.

tonces ese conjunto es susceptible de una explicación mecánica o de una multiplicidad de ellas[57]. Consecuentemente, como afirma Schmid:

> «El juego de palabras mecánica-mecanicismo revela el rol filosófico de la disciplina con respecto a la física; la mecánica es un cuerpo de doctrina bien establecido, el mecanicismo la filosofía que acompaña tradicionalmente a la física»[58].

Sin embargo, la mecánica, en Poincaré, como hemos podido comprobar, ya no tiene ese estatuto lagrangiano de ciencia matematizada como la geometría, dado que en aquella disciplina, desde su punto de vista, no puede separarse su parte experimental de su parte convencional, porque esto la mutilaría haciendo imposible tanto su aplicación como la comprensión de su génesis[59]. De esta manera, él se separa de esa tradición en la que, por medio de la transferencia del enfoque newtoniano de la mecánica celeste a la física, se esperaba llevar a la física de los 'cuerpos terrestres' a un estado de perfección similar al que esa disciplina había adquirido con el descubrimiento de la gravitación universal[60]. Así, la mecánica racional del siglo XVIII, tal como lo era la mecánica celeste, era básicamente entendida como una ciencia matemática, que sigue un ideal 'euclidiano', caracterizado principalmente por tres aspectos[61]:

- Sus primeros principios son indubitablemente verdaderos, o sea, son infalibles con respecto a cualquier anomalía empírica.
- El 'euclidianismo'[62] es epistemológicamente neutral, i. e. incluye tanto los fundamentos empíricos como racionalistas de la ciencia en cuestión.
- El euclidianismo es anti-pluralista. Hay una (y solo una) verdadera ciencia matemática de la naturaleza y está definida por sus principios matemáticos o axiomas.

No obstante, Poincaré no es el único crítico de esta comprensión de la mecánica. Hubo otros científicos, como Hertz, que pusieron en cuestión

---

[57] Cf. Poincaré (1902a), p. 179.
[58] Schmid (2001), p. 90.
[59] Cf. Poincaré (1902a), p. 153.
[60] Cf. Laplace (1796), p. 68. Esta concepción es explicada también por Lunteren (1988), p. 162.
[61] Cf. Pulte (2012), pp. 184-186.
[62] Pulte toma este término de Lakatos (1978).

la concepción newtoniana, por la oscuridad de algunos conceptos (en su caso el de fuerza), proponiendo, como hemos señalado un sistema alternativo. Incluso un autor como Mach llegó a afirmar lo siguiente:

> «La visión que hace a la mecánica la base de las restantes ramas de la física y que explica todos los fenómenos físicos mediante ideas mecánicas, es a nuestro juicio un prejuicio»[63].

Sin embargo, las críticas a la concepción tradicional de la mecánica y el cuestionamiento de su legitimidad, no solo se debieron a la aparición de nuevos fenómenos experimentales que entraban en conflicto con los sólidamente establecidos principios mecánicos. Existió también una crítica teórica a la concepción axiomático-deductiva de esta ciencia que afectaba a sus fundamentos y que es anterior al último cuarto del siglo XIX (período en el que se focalizan las objeciones a esta disciplina que hasta ahora hemos señalado). Esta línea tiene su origen en la obra de Jacobi y su interpretación de los principios de la mecánica anterior a la de Poincaré, y con la que esta última guarda ciertas semejanzas basadas, por un lado, en el bagaje educativo como matemáticos puros que ambos tuvieron; y, por otro, en la aplicación de la noción de convención a los principios de la mecánica en sentidos muy similares. Pese a su aparente desconexión, mostraremos que estas dos características se encuentran en conjunción, siendo la primera relevante para la segunda.

La formación de Jacobi le proporcionó la capacidad para comprender sistemas de matemática pura, como la teoría de números, y la perspectiva para entender que estos no se encontraban en posesión de patrones epistemológicos idénticos a los de la mecánica, pese a que su similitud formal así lo insinúe[64]. En la medida en que los principios de esta disciplina deben referir a cuerpos naturales, esta ciencia trasciende los límites de la matemática pura, lo cual supone que Jacobi separa el objeto de la matemática del de la ciencia natural, rompiendo así con una tradición fuertemente establecida, cuando menos desde Newton[65]. El rechazo de Jacobi de esta concepción se hace sobre la base de dos aspectos diferentes. El primero es la idea de que la concepción lagrangiana no consigue dar cuenta del comportamiento de cuerpos físicos reales, ignorando por completo la naturaleza[66]. Como afirma Pulte, este autor se aproxima así a los matemáticos franceses que «en la tra-

---

[63] Mach (1883), p. 596.
[64] Cf. Pulte (1998), p. 179.
[65] Cf. Gingras (2001), p. 384.
[66] Cf. Jacobi (1996), pp. 193-194.

dición de Laplace reclamaban una *"mécanique physique"* en lugar de una *"mécanique analytique"*»[67]. Lo que en definitiva supone este primer aspecto es que la mecánica *debería* ser una ciencia empírica, que trabajase con cuerpos naturales y tratase sobre los efectos reales de las fuerzas, y no simplemente con las ecuaciones definidas. Esta posición es muy importante por cuanto destaca el objeto de estudio de la ciencia de la mecánica en tanto que ciencia natural. Pero más relevante es el segundo aspecto antes mencionado, que afecta, a partir de sus principios, a los fundamentos de esta ciencia.

Según Jacobi, los principios de la mecánica no son axiomas autoevidentes ni pueden estar basados en puras demostraciones matemáticas, ya que el conocimiento empírico no es deductivo, por lo que no puede estar asentado sobre axiomas indemostrables. Y es precisamente por el hecho de no haber demostración matemática de estos principios, por lo que Jacobi afirma que son convenciones tan solo plausibles[68], siendo su correspondencia con la naturaleza algo 'asumido' (entsprechen)[69]. Pero además, como la matemática es una herramienta poderosa y flexible[70], proporciona un elenco de principios posibles, lo cual supone la introducción de una concepción pluralista, resultado de la posibilidad de programas científicos diferentes que permiten una elección. En consecuencia, Jacobi deslinda con claridad matemática pura y mecánica.

La posición de Poincaré con respecto a los principios de mecánica es extremadamente semejante. Primero, desde el punto de vista de su formación de matemático puro, establece una separación entre las ciencias desde su fundamento. La aritmética es una ciencia basada en principios enteramente a priori. La geometría cuenta con algunas bases a priori (el concepto de grupo), pero su estatuto no es idéntico al de la aritmética y tampoco es una ciencia empírica. La mecánica es una ciencia empírica, con una parte convencional, pero ambas son inseparables:

> «Que no se diga que trazo así fronteras artificiales entre las ciencias; que si separo por una barrera la geometría propiamente dicha del estudio de los cuerpos sólidos, podría igualmente bien elevar una entre la mecánica experimental y la mecánica convencional de los principios generales. ¿Quién no ve en efecto que al separar estas dos ciencias las mutilo y que aquello que quedará de la mecánica con-

---

[67] Pulte (1998), p. 178. Algunos de estos matemáticos franceses son Poinsot y Poisson. Por ejemplo, cf. Poisson (1829), p. 361.

[68] Cf. Jacobi (1996), p. 5.

[69] Cf. Jacobi (1996), p. 3.

[70] Dado que por ejemplo, es capaz de tratar tanto con cuerpos rígidos, sólidos elásticos, fluidos de varios tipos y sistemas de partículas. Cf. Klein (1973), p. 60.

vencional cuando esté aislada no será mucho y no podrá en modo alguno compararse con ese soberbio cuerpo de doctrina al que llamamos geometría?»[71].

Por tanto, Poincaré, al igual que había hecho Jacobi cincuenta años antes, dibuja una línea que separe el objeto de la matemática del de la ciencia natural. Del mismo modo que su antecesor, nuestro autor rechaza el euclidianismo de los principios de la mecánica sobre la idea de que no son axiomas matemáticos indubitables y su sistema no es el de una ciencia deductiva. Frente a este ideal, si los principios no se encuentran afectados por anomalías empíricas, no será por su estatuto de verdades matemáticas a priori, sino por la decisión del científico de concederles un carácter infalible y máximamente válido. Por tanto, la correspondencia de estos principios con la naturaleza es decidida por el investigador, como era 'asumida' para Jacobi. Su carácter convencional procede precisamente de esta idea de ser una categoría epistémica no a priori, pero tampoco empírica que implica necesariamente una elección. Consecuentemente, Poincaré, contrariamente a Lagrange[72], está preocupado por la fundamentación conceptual de la mecánica y por su estatuto epistemológico, por lo que proporciona elementos que sirvan de base a esta ciencia y resuelvan algunos de sus problemas fundamentales.

Así, la tradición de la física matemática se divide, con Poincaré, en dos vertientes principales. La primera implica un desarrollo lógico-formal más puramente matemático y lleva al desenvolvimiento de la teoría de sistemas dinámicos. La segunda, que es la que aquí nos ocupa, se encarga de la explicación de los fenómenos físicos observados y para ella la matemática es un medio, una herramienta de expresión[73]. Esta es la que posteriormente será entendida como física teórica. O sea, con la física de los principios se rompe con la idea de la mecánica como una ciencia matematizada para volver a traerla al terreno de la experiencia. Por eso, cuando Poincaré compara la ciencia con una biblioteca, a fin de establecer la relación entre la física matemática y la física experimental, es a la segunda concepción de la física matemática a la que se refiere, dado que esta última establece el catálogo de la biblioteca, siendo la experimental la que proporciona los elementos, en este caso, los fenómenos que habrán de integrarse en un conjunto ordenado. Esta segunda comprensión es la que liga la física a una ciencia natural, poseedora de un conjunto de principios entre los que se elige con la misión de dar cuenta del mayor número posible de fenómenos.

---

[71] Poincaré (1902a), pp. 152-153.
[72] Cf. Pulte (2012), p. 194.
[73] Cf. Paty (1998-1999), p. 3.

La posibilidad de escoger entre diferentes principios se encontraba ya presente en Jacobi, como hemos visto, y es parte del rechazo tanto de este autor como de Poincaré a la concepción lagrangiana euclidianista. Esto es precisamente lo que Giedymin denomina "la concepción pluralista de las teorías"[74], según la cual, cuando un conjunto de principios es satisfecho, «existe una infinidad de explicaciones de un cierto tipo (definidas en términos de principios relevantes)»[75]. Así, el conocimiento de estos principios formaba un conjunto bien tramado denominado "la física de los principios"[76], tratándose de una concepción derivada de la de las fuerzas centrales, originada en la tradición de la mecánica analítica, pero separada de ella por diferencias fundamentales. Esta nueva física da cuenta también de los fenómenos electromagnéticos, por lo que es superior a la concepción anterior, aunque no está exenta de dificultades[77]. La idea es explicar los datos empíricos a partir de unos cuantos principios matemáticos, pudiendo escoger entre varios de estos. De este modo, la física de los principios proporciona la posibilidad de dar interpretaciones o explicaciones mecánicas diferentes, estando, por consiguiente, muy conectada con una filosofía convencionalista. Consecuentemente, representa una ruptura con el tercer aspecto de la tradición euclidianista que, como dijimos, era el anti-pluralismo.

Además, el estudio de los principios está muy relacionado con el cuestionamiento de las filosofías existentes en el momento. Pues no solo Poincaré, sino también otros autores se plantean por qué las concepciones tradicionales (empiristas o racionalistas) no resultan suficientes para explicar la razón de que estos principios nos parezcan máximamente aplicables. Es decir, los problemas de uso de determinados conceptos científicos llevaron a la constitución de filosofías alternativas a las imperantes en el momento para resolver dilemas conceptuales que afectan no solo al ámbito filosófico, sino también al científico.

Consecuentemente, los principios de la mecánica se forman mediante la conjunción de leyes experimentales y se sostienen a partir de su aplicabilidad y su valor predictivo, que son las razones que llevan al científico a escogerlos y a mantener su estatuto de proposiciones válidas a causa de su comodidad. Además, estos mismos son escogidos por el científico para la explicación de fenómenos propiamente físicos en función de estas carac-

---

[74] Cf. Giedymin (1992), pp. 423-424.
[75] Giedymin (1980), p. 251.
[76] Cf. Poincaré (1905a), p. 126.
[77] Tal como la admisión del éter o la contracción de Lorentz. Cf. Poincaré (1905a), pp. 132-140.

terísticas y porque proporcionan una concepción unitaria de la ciencia, pasando así de ser solamente principios mecánicos a ser también físicos.

Su investigación sobre esta cuestión llevó a Poincaré a defender, a pesar de las pruebas experimentales que la ponían en peligro, la física de los principios como el mejor modo de exposición de la ciencia física de su tiempo. Sin embargo, no negó que los principios pudieran transformarse y substituirse por otros, aunque las relaciones que expresan se mantengan de una teoría a otra. De este modo, era consciente de la importancia que juegan las teorías pasadas en la formación de las futuras, dado que la idea de que los principios sean modificados, pero transmitan relaciones, destaca la continuidad entre teorías más allá de los cambios radicales entre estas.

Uno de los puntos principales que se desprende de la física de los principios es la posibilidad de proporcionar múltiples explicaciones teóricas a partir del estatus convencional de los principios. Así, Giedymin deriva tres ideas fundamentales del convencionalismo sobre esta teoría: el principio escéptico de la epistemología convencionalista, el principio convencionalista de la tolerancia teórica y la idea de que las estructuras matemáticas tienen una función cognoscitiva[78]. El primero evita un compromiso dogmático con cualquier interpretación teórica determinada, suspendiendo el juicio y dando lugar a cierto pluralismo, que no relativismo en cuanto a las teorías científicas. La tolerancia teórica implica también el pluralismo que hemos señalado y postula la libertad del científico de trabajar en diferentes interpretaciones teóricas. La función cognoscitiva de las estructuras matemáticas permite la fuga del escepticismo absoluto, puesto que supone que tenemos conocimiento efectivo del mundo natural y también el rechazo de la concepción rupturista de las teorías a favor de una concepción continuista basada en el conocimiento de estructuras que se transmiten y se mantienen entre teorías.

Además, lo que nos muestra Poincaré es una filosofía de la ciencia natural en la que los elementos empíricos están ligados a los elementos que implican decisión por parte del científico y que denominamos 'convencionales'. Es posible que el hecho de incluir los elementos empíricos como una parte decisiva en una posición convencionalista no encaje del todo con la etiqueta 'convencionalismo'[79] que, como es bien sabido, jamás fue utilizado por nuestro autor. Sin embargo, al igual que Giedymin[80], consideramos que es legítimo seguir utilizando esa expresión para referirse a su filosofía de la

---

[78] Cf. Giedymin (1982), p. 190.

[79] De acuerdo con Jalón: «Su convencionalismo no sería como el atribuido trivialmente a los sofistas: no se trata de que el lenguaje sea resultado de meros acuerdos y de que su valor se mida por una astuta aceptabilidad. Nada equivalente se halla en sus argumentos». Jalón (2008), p. 50

[80] Cf. Giedymin (1992), p. 428.

ciencia natural en razón de la importancia que el término 'convención' tiene en el seno de su pensamiento, así como de la relevancia que poseen los elementos discrecionales. De esta manera, además de los elementos empíricos queremos destacar el papel significativo de las estructuras formuladas en forma de ecuaciones diferenciales que son primero expresadas por las leyes y después transmitidas por los principios, siendo estas el invariante matemático transmisible de unas teorías a otras y que responde a la expresión de ciertas características empíricas. A causa de estas especificaciones que determinan un modo único de hacer filosofía en Poincaré, queremos completar su convencionalismo con el apellido 'sutil' que hemos visto desarrollado en la concepción de las hipótesis, los principios y las leyes y que, en el próximo capítulo, perfilaremos de un modo más crítico y general.

Capítulo 4: CONVENCIÓN Y CIENCIA NATURAL. UNA VISIÓN GENERAL

Tal como se expuso en la Introducción, el objetivo fundamental de esta primera parte de consistía en la exposición pormenorizada del tipo de concepción convencionalista de la ciencia natural defendido por Henri Poincaré, lo cual ha sido llevado a cabo en los tres primeros capítulos mediante el análisis de las nociones de hipótesis, leyes y principios. Ahora bien, se trataba de desarrollar dicho análisis en el marco de una interpretación que ha recorrido transversalmente cuanto ha sido expuesto hasta aquí, y que básicamente ha consistido en la defensa de un tipo de convencionalismo específicamente mecánico no reductible al geométrico. Conviene añadir que, si el convencionalismo mecánico no es una mera extensión del geométrico, ello tiene importantes consecuencias desde el punto de vista epistemológico, puesto que está en juego la posibilidad de la mecánica en particular y de la ciencia natural en general de ofrecer algún tipo de conocimiento acerca de su objeto y, por tanto, de seguir hablando en algún sentido de verdad y falsedad.

Según se indicó asimismo en la mencionada Introducción, esta línea interpretativa elegida se ha inspirado, más que fundamentado, en una visión de la obra de Poincaré ofrecida por algunos autores opuestos al tipo de recepción de dicha obra prácticamente dominante desde la muerte de su autor, encabezada principalmente por Reichenbach y que culmina en los años sesenta del siglo XX en los *Philosophical Problems of Space and Time* de Grünbaum. Nos referimos sobre todo a Jerzy Giedymin[1] y Helmut Pulte[2], a cu-

---

[1] Las principales obras de Giedymin sobre esta cuestión son: "Radical Conventionalism, its background and evolution; Poincaré, Le Roy, Ajdukiewicz" (1976a), "Instrumentalism and its Critique: A Reappraisal" (1976b), "On the origin and significance of Poincaré's conventionalism" (1977), "Hamilton's Method in Geometrical optics and Ramsey's View of Theories" (1980), todos ellos reeditados en *Science and convention: Essays on Henri Poincaré's Philosophy of Science and the Conventionalist Tradition* (1982) y los artículos publicados posteriormente "Geometrical and physical conventionalism of Henri Poincaré in epistemological formulation" (1991) y "Conventionalism, the pluralist conception of theories and the nature of interpretation" (1992).

[2] Los artículos fundamentales de Pulte que tratan este tema son "Beyond the Edge of Certainty: Reflections on the Rise of Physical Conventionalism" (2000) y "From Axioms to Conventions and Hypotheses: The Foundations of Mechanics and the Roots of Carl Neumann's 'Principles of the Galilean-Newtonian Theory'" (2009). Aunque también se ocupa de él en "C. G. J. Jacobis Vermächtnis einer 'konventionalen' analytischen Mechanik: Vorgeschichte, Nachschriften und Inhalt seiner letzten Mechanik-Vorlesung" (1994), "After 150 Years: News from Jacobi about Lagrange's Analytical Mechanics" (1997) y "Jacobi's

yos planteamientos con respecto al convencionalismo de nuestro autor es momento de referirse con algo más de detalle en el próximo epígrafe a fin de caracterizar mejor la tesis que defendemos.

Por otro lado, todo lo planteado en capítulos anteriores ha puesto de manifiesto que la noción de convención no es un término unívoco, trasvasado sin más desde la geometría a la mecánica, sino que se trata de un término polisémico incluso en el contexto de esta disciplina (o si se quiere, de la ciencia natural). En el segundo epígrafe ofrecemos una reflexión sobre los diferentes usos de la convención en mecánica, así como las consecuencias epistemológicas que dicha polisemia tiene para esta ciencia.

Finalmente, en el último epígrafe de este capítulo, una vez establecida la independencia del convencionalismo mecánico respecto del geométrico y su alcance epistemológico, nos proponemos delimitar la teoría de la ciencia de Poincaré por referencia al denominado "realismo estructural", término acuñado décadas después de su muerte y, por tanto, anacrónico con respecto a él, pero que estimamos clarificador para el lector actual.

§ 1 El convencionalismo en la mecánica según las interpretaciones de Giedymin y Pulte

Digamos para comenzar que, en opinión de Giedymin, interpretaciones reductivas como las de Reichenbach y Grünbaum parten de un análisis fragmentario de los textos filosóficos de Poincaré que tratan sobre su concepción del espacio y la geometría, con especial referencia a aquellos que incluyen la palabra 'convención'[3]. No obstante, una lectura más exhaustiva del científico francés muestra la estrecha dependencia de su concepción filosófica de un tipo de práctica científica, o modo concreto de hacer ciencia, que no solo está presente en los trabajos de Poincaré, sino también en dos autores particularmente relevantes en su época: William Rowan Hamilton (1805-1865) y James Clerk Maxwell (1831-1879), cuestión a la que Giedymin concede una importancia fundamental.

En el caso de Hamilton, el problema general era «investigar las consecuencias matemáticas de la ley (óptica) de mínima acción como posible principio general sobre el cual basar la óptica matemática»[4]. Su objetivo principal era hacer del álgebra la ciencia de la variación y la progresión basa-

---

criticism of Lagrange: the changing role of mathematics in the foundations of classical mechanics" (1998).

[3] Cf. Giedymin (1992), pp. 426-427.

[4] Giedymin (1980), p. 238.

da en la intuición pura del tiempo, o sea, un programa completamente kantiano. Esto se conjuntaba con la también kantiana concepción respecto de la incognoscibilidad de las cosas en sí mismas y la naturaleza formal o estructural del conocimiento científico. Esta última idea fue percibida por Hamilton (y por otros kantianos y neo-kantianos del siglo XIX) como sugiriendo que las ecuaciones matemáticas de una teoría (su forma o estructura) revelan una realidad profunda, una estructura relacional del mundo, más allá de las consecuencias observacionales de dichas teorías. La forma matemática impone restricciones a la interpretación de los términos teóricos, pero no la determina completamente, de tal modo que «dos teorías rivales son distinguibles una de la otra solo por la similitud de su estructura formal, a menos que también mantengan diferentes predicciones observacionales»[5]. Así, desde la perspectiva de Giedymin, Hamilton habría elaborado la óptica geométrica en el espíritu, no en la letra, de la filosofía convencionalista, lo cual habría tenido un impacto en nuestro autor, dado que estaba familiarizado, al menos parcialmente, con este trabajo[6]. En efecto, no es difícil encontrar un cierto paralelismo entre esta tesis de Hamilton y la concepción de Poincaré de las leyes naturales formuladas en lenguaje matemático, en cuanto expresión de las relaciones entre hechos empíricos y denotando, en consecuencia, un conocimiento estructural del mundo.

Con respecto a la óptica geométrica, el principio de Hamilton es derivable de dos interpretaciones físicas distintas que dan lugar a dos formas diferentes pero equivalentes del mismo: la teoría corpuscular de la luz en la forma del principio de Maupertuis de mínima acción y la teoría ondulatoria de la luz en la forma del principio del tiempo mínimo de Fermat[7]. Esto significa que dos estructuras equivalentes son compatibles con dos ontologías diferentes, lo que permitió a Hamilton, en principio no comprometerse con ninguna, aunque posteriormente defendiera la teoría ondulatoria[8]. Esto conduce a Giedymin a afirmar que la elección entre ellas es una cuestión convencional y dependiente de la decisión del investigador, además de que se pone de manifiesto el contenido empírico y formal común de dos teorías rivales sobre la naturaleza de la luz, y también el papel cognoscitivo de la parte teórica, puesto que su estructura aporta información acerca de las relaciones que se dan en la naturaleza y que se explicitan en forma de ecuaciones.

---

[5] Cf. Giedymin (1980), p. 246.
[6] Cf. Giedymin (1980), p. 247.
[7] Cf. Giedymin (1992), p. 432.
[8] Cf. Hamilton (1834), pp. 212-216.

Ahora bien, sabemos que estas afirmaciones ontológicas pertenecen al tipo calificado por Poincaré de 'hipótesis indiferentes' identificadas en el primer capítulo de este trabajo como una de las clases de convención[9]. El propio Hamilton las denomina 'hipótesis físicas'[10]. Esto significa que para ambos las afirmaciones ontológicas tienen el carácter de hipótesis convencionales formuladas para facilitar nuestra descripción o simplificar la teoría. Esta visión se justifica en la medida en que el kantismo de Hamilton le impide postular realidades más allá de lo que percibimos y, dado que en su época no disponía de una prueba empírica concluyente que determinase la naturaleza corpuscular u ondulatoria de la luz, todo lo que puede hacer es postularla convencionalmente. Para Poincaré, en tanto que estas hipótesis son metafísicas y se sitúan más allá de lo que compete a la ciencia física, también las considera convencionales. Sin embargo, el punto más importante en que la concepción de Hamilton coincide con la de Poincaré no es este último relativo a la convencionalidad de las hipótesis que refieren a la ontología de una teoría, sino que ha de ser buscado en la posibilidad de agrupar, bajo un principio general, las leyes empíricas conocidas de la óptica y proporcionarles una formalización matemática rigurosa, de tal modo que esta estructura sea capaz de expresar el contenido físico de dichas leyes. Como explicamos en el capítulo precedente, esta es precisamente la reflexión subyacente a la física de los principios, o sea, la utilización como guía de un principio general (o varios) para condensar diversas leyes físicas y obtener así una explicación más simplificada de un mayor número de fenómenos. Giedymin señala que esta concepción tiene su origen en la física matemática de Euler, Laplace, Lagrange, Fourier y, por supuesto, de Hamilton, en cuya tradición se enmarca el trabajo de Poincaré[11] y cuya labor principal habría consistido, precisamente, en destacar el papel que los principios juegan en mecánica y física.

En resumen, la obra de Hamilton habría podido inspirar a Poincaré aspectos tan importantes de su filosofía como son su concepción sobre la relación entre la formalización matemática en ecuaciones y la posibilidad de un conocimiento estructural del mundo, su posición respecto de las hipótesis físicas (u ontologías) alternativas compatibles con un mismo principio físico, así como la función condensadora de los principios. Todos ellos se vinculan con la práctica científica en este caso de Hamilton y su formulación matemática de las teorías de la luz, así como con las hipótesis subyacentes a las mismas.

[9] También son identificadas de este modo por el propio Giedymin en Giedymin (1991), p. 5.
[10] Cf. Hamilton (1833), pp. 311-313.
[11] Giedymin (1982), p. 174.

En cuanto a Maxwell, el otro autor cuya influencia en el sabio francés es señalada por Giedymin, el tema camina en la misma dirección[12]. En concreto interesa aquí la posibilidad de proporcionar una explicación mecánica de los fenómenos electromagnéticos a partir del tratamiento matemático de los mismos, tal como había hecho Hamilton en su óptica geométrica, así como la interpretación de la teoría en términos de múltiples modelos mecánicos. En efecto al postular el éter como soporte geométrico del campo, no se describe su composición, es decir, no se especifica qué tipo de medio es el que transmite las interacciones electromagnéticas, dejando abierta la posibilidad a una pluralidad de ellos que encajen en esta descripción (con tal de que los principios y las ecuaciones que estructuran la teoría no sean violados), lo cual se corresponde con las denominadas hipótesis indiferentes de Poincaré.

En este sentido Giedymin considera que el programa de la física de los principios no es una elaboración exclusiva y original de Poincaré, sino que se enmarca dentro de una tradición en la que nuestro autor recoge varias perspectivas y las procesa con el fin de constituir su propia posición. Ello forma parte de lo que Giedymin denomina 'la concepción pluralista de las teorías', según la cual las teorías físicas (entre ellas la física de los principios) son interpretadas como poli-teorías:

«Una poli-teoría es una familia de teorías observacionalmente equivalentes (en el sentido ordinario) que comparten el mismo conjunto de ecuaciones diferenciales y que difieren con respecto a ontologías experimentalmente indistinguibles del mundo extra-fenoménico»[13].

Para la concepción pluralista, los componentes principales de las teorías científicas son las generalizaciones empíricas o leyes que son observables (elaboradas a partir de hechos experimentales e hipótesis naturales), las ecuaciones o el formalismo que expresan esas leyes en forma matemática y las hipótesis indiferentes que responden a la ontología. Los dos primeros componentes son invariantes en el paso de una a otra teoría, en tanto que el tercero es el que cambia y está sometido a una elección convencional. Mediante la agrupación de leyes experimentales se forman los principios, los cuales son compatibles con varios formalismos y con varias ontologías, como muestra el ejemplo de la óptica geométrica de Hamilton y el de los mo-

---

[12] La relevancia de Maxwell para el desarrollo de la obra científico-filosófica de Poincaré es también destacada por Darrigol y Príncipe en Darrigol (1995), pp. 1-4 y Príncipe (2012), pp. 200 y ss..
[13] Cf. Giedymin (1992), p. 429.

delos electromagnéticos de la teoría de Maxwell, que resultan fundamentales para la constitución de las poli-teorías. De este modo la tarea principal de la física de los principios, según Giedymin, consiste en:

> «Sistematizar en términos de principios matemáticos el contenido experimental común de teorías "rivales" y dejar la elección de teorías en abierto»[14].

Esta última 'elección de teorías' refiere a la decisión de adoptar una u otra ontología, es decir, de escoger entre hipótesis indiferentes. O sea, se corresponde con el principio escéptico de la epistemología convencionalista mencionado en el capítulo anterior, cuyo significado es la «falta de aserción (suspensión del juicio) con respecto a las ontologías del mundo transfenoménico»[15]. Exactamente esto es lo que acontece con los modelos electromagnéticos de Maxwell, que proporcionan un éter como soporte del campo electromagnético pero no postulan la estructura de la materia de dicho éter.

Además, entre los representantes de la concepción pluralista de las teorías, es también señalado por Giedymin un contemporáneo de Poincaré, el cual habría desarrollado su posición de modo independiente. Se trata de Heinrich Hertz en su estudio del electromagnetismo.

En sus experimentos de 1888, considerados usualmente como la prueba empírica de la teoría de Maxwell, Hertz, sin embargo, utilizó una aproximación teórica diferente. Se trataba de la teoría electromagnética de Helmholtz desarrollada hacia 1870[16], que explicaba los fenómenos electromagnéticos en términos de acción a distancia y no ligados a la idea de campo. No obstante, Hertz era consciente de la relevancia que las ecuaciones de Maxwell tenían para la formulación matemática de la teoría, por lo que, a pesar de no tomar en cuenta el marco conceptual del físico escocés, sí consideró la estructura matemática de su teoría. Por eso expone:

> «A la cuestión '¿qué es la teoría de Maxwell?' no conozco ninguna respuesta más corta o más evidente que la siguiente – la teoría de Maxwell es el sistema de ecuaciones de Maxwell. Cada teoría que lleva al mismo sistema de ecuaciones y, por tanto, comprende los

---

[14] Giedymin (1982), p. 182.
[15] Cf. Giedymin (1992), p. 430.
[16] Cf. Helmholtz (1870), pp. 57-129.

mismos posibles fenómenos; yo la consideraría como siendo una forma o caso especial de la teoría de Maxwell»[17].

En su opinión, el contenido de una teoría está dado por la estructura formal de la misma y por los fenómenos (observaciones) de los que da cuenta, existiendo la posibilidad de considerar una familia de teorías (como diría Giedymin), compatibles con ambos componentes, de las que unas serían casos especiales de las otras (en este ejemplo concreto, casos especiales de la teoría de Maxwell que sería el miembro fundador de la 'familia')[18]. Consecuentemente, Hertz sería otro representante de esta concepción en la que las teorías son consideradas como poli-teorías.

De este modo, consideramos que Giedymin muestra de hecho que los orígenes del convencionalismo físico se encuentran más allá del convencionalismo geométrico, permitiéndonos afirmar que la posición de Poincaré con respecto a la ciencia natural tiene, cuando menos, una cierta independencia de sus especulaciones acerca de la geometría. Sus estudios sobre el electromagnetismo, sus ideas neo-kantianas y su interés por mantener las nociones de objetivad e incremento en el conocimiento científico son elementos clave que separan la posición física de la geométrica. Giedymin defendió que su concepción filosófica respecto a la naturaleza, la estructura y las funciones de la teoría física se formó a partir del estudio y exposición de la óptica y el electromagnetismo (especialmente de la teoría de Maxwell)[19]. Al analizar los problemas científicos con los que lidiaron autores como Hamilton y Maxwell, se desvincula el origen del convencionalismo físico-mecánico del geométrico, provocado por el surgimiento de las geometrías no euclídeas y la consiguiente controversia, tal y como defendían Grünbaum y la interpretación tradicional de la filosofía poincareana. Por tanto, no fue una 'mera extensión' de la doctrina aplicada al espacio, sino el resultado del estudio de problemas específicos de la ciencia natural, lo que le llevó a formular sus ideas sobre la teoría física. De hecho, con el objetivo de destacar la amplitud del ámbito del convencionalismo físico respecto del geométrico, Giedymin afirmó que este último puede ser interpretado como un caso especial de aquel[20], siendo imposible así derivar las cuestiones específicas de interpretación de la teoría física a partir de la geometría. Además, gracias a la interpretación de su pensamiento que hace Laurent Rollet[21], así como de la

[17] Hertz (1892), p. 21.
[18] Cf. Giedymin (1991), p. 14.
[19] Cf. Giedymin (1991), p. 1.
[20] Cf. Giedymin (1991), p. 16.
[21] Las ideas de Rollet están expuestas en su Mémoire de Maîtrise *Le conventionnalisme géométrique de Henri Poincaré: empirisme ou apriorisme? Une étude comparée des thèses de Adolf Grünbaum et*

correspondencia entre ambos, podemos aportar otras consideraciones en apoyo de la tesis que disocia los dos convencionalismos.

Rollet realiza un estudio comparativo de las tesis de Grünbaum y Giedymin a fin de determinar cuál de las dos interpretaciones da cuenta del mejor modo posible de la posición poincareana. Aunque encuentra elementos para justificar las dos aproximaciones, destaca que las ideas de Giedymin tienen algo de lo cual carecen las de Grünbaum: toman en consideración la filosofía de la física y la mecánica de Poincaré. De esta forma, Rollet retoma la tesis que ya hemos expuesto acerca del pluralismo teórico, según la cual existen múltiples interpretaciones teóricas de los mismos datos observacionales[22]. Esta posición evita una lectura instrumentalista de la filosofía poincareana porque defiende la existencia de un contenido de conocimiento observacional, junto con la afirmación de que la estructura de las teorías científicas aporta también información acerca del mundo. No obstante, esto no significa que el único elemento convencional en la concepción de Poincaré sea la ontología, postulada para simplificar el marco teórico de explicación. Tanto Giedymin como Rollet destacan el papel de los principios mecánicos como convenciones, los cuales tienen origen en las leyes experimentales pero no son verificables y funcionan como guía en la constitución de la teoría. Son elegidos de manera libre pero no arbitraria en virtud del criterio de comodidad tanto empírica como teórica, primero, porque explican y predicen hechos y teorías nuevas y, segundo, porque agrupan varias leyes proporcionando una mayor unidad y simplicidad. Efectivamente, en la correspondencia mantenida con Rollet durante 1992, Giedymin destaca que, con respecto al concepto de espacio y la geometría métrica, Poincaré adopta una actitud nominalista y, en cambio, su filosofía de la ciencia natural es compatible con una forma de empirismo, dado que es necesario verificar las hipótesis (generalizaciones empíricas)[23]. Así, según este autor, la física se aproxima a la geometría únicamente en la convencionalidad de los principios y de la ontología (hipótesis indiferentes)[24], si bien, como veremos en el próximo epígrafe, estas convenciones no son precisamente idénticas.

Ahora bien, en la tradición científica tomada en cuenta por Giedymin, a pesar de la pertenencia a la concepción pluralista de las teorías, ninguno de esos autores, con excepción de Poincaré, se refiere a los principios

---

Jerzy Giedymin (1993) y en su artículo "The Giedymin-Grünbaum controversy concerning the philosophical interpretation of geometrical conventionalism" (1995). En estos textos incluye copias de la correspondencia mantenida con Giedymin a la que nos referimos a continuación. Agradecemos a Rollet el envío de estos documentos.

[22] Cf. Rollet (1993), pp. 97-98.

[23] Cf. Rollet (1993), p. 66.

[24] Cf. Carta de Giedymin de 18 de Marzo de 1992, en Rollet (1995), pp. 255-256.

de la física como 'convenciones'. Sin embargo, a partir de la interpretación de Pulte, descubrimos que en el siglo XIX hay un precedente que da exactamente ese tratamiento a los principios físicos: se trata del matemático Jacobi, al cual ya nos referimos en el capítulo anterior.

El objetivo principal de Pulte es liberar la interpretación del convencionalismo de dos dogmas, por los que está dominada[25]. El primero consiste en sostener que Poincaré es el fundador de esta doctrina sobre la ciencia, así como su máximo representante. El segundo, que el convencionalismo es un mero subproducto del descubrimiento de las geometrías no euclidianas. Rechaza el primero de ellos basándose en que, si bien Poincaré puede ser considerado el representante más importante del convencionalismo, esta corriente filosófica surge como una reacción tanto al empirismo y al racionalismo, como al idealismo crítico de Kant, por lo que no tiene un único fundador, sino que las ideas que dominan esta posición surgen en la mente y escritos de varios autores a lo largo del siglo XIX. El segundo es impugnado con base en el hecho de que Jacobi denominó "convenciones" a los principios de la mecánica cincuenta años antes de que lo hiciera Poincaré, por lo que existen razones para reclamar la independencia histórica del surgimiento del convencionalismo físico respecto de los desarrollos geométricos del XIX.

Uno de los puntos clave de la interpretación de Pulte es el rol variable de la matemática en la tradición de la mecánica analítica, considerando a Lagrange como máximo exponente de la misma en la época previa a Hamilton y Jacobi. Ya comentamos en el capítulo anterior que Lagrange presenta la mecánica como una ciencia deductiva de carácter eminentemente matemático debido a la concepción euclidianista en la que se inscribe su obra, así como la crítica de Jacobi a dicha posición. Por otra parte, Pulte destaca el hecho de que la filosofía convencionalista de la mecánica también se alza contra esa visión lagrangiana no solo por no considerar la mecánica como una ciencia puramente matemática, sino también porque ya no es epistemológicamente imparcial. El 'euclidianismo'[26] suponía una vía de pensamiento neutral a causa de que puede concordar con una posición tanto racionalista como empirista de los principios de la mecánica. En cambio, el convencionalismo no puede ser imparcial en este sentido porque surge co-

---

[25] Cf. Pulte (2000), p. 48.

[26] Utilizamos este término exactamente en el mismo sentido que lo hace Pulte y que está tomado de Lakatos (1978), vol. 2, pp. 28-29 y expresa la visión de que «una teoría ideal es un sistema deductivo con una indubitable inyección de verdad (truth-injection) en la cima (un conjunto finito de axiomas) –de tal modo que la verdad, al fluir hacia abajo desde arriba a través de canales seguros que preservan la verdad de las inferencias válidas, inunda todo el sistema».

mo reacción a ambas tradiciones y, aunque toma argumentos de las dos, rechaza igualmente que los principios sean tanto proposiciones a priori como experimentales, por lo que son convenciones, creando así una tercera categoría cognoscitiva que constituye lo que Pulte denomina 'epistemología de la tercera vía' (third way-epistemology)[27].

De esta forma, este autor proporciona, al igual que Giedymin, una visión del convencionalismo enraizada en la historia de la ciencia y basada en la práctica científica, y reclama una mayor independencia del convencionalismo físico, principalmente por dos razones. Primero, porque a pesar de que el marco geométrico en el que se describe una teoría física pueda estar fijado convencionalmente, esto no significa que exista una única interpretación física posible, como muestra el caso de las diferentes teorías ópticas de Hamilton compatibles ambas con una geometría euclídea o, más claramente, el de las diferentes versiones de la mecánica (newtoniana, hertziana y energetista), también euclidianas desde el punto de vista geométrico. Esto significa que, dado que pueden existir diferentes representaciones conceptuales y formales de la naturaleza, son precisas otras convenciones propiamente físicas (o mecánicas). Y segundo, porque existen conceptos relevantes en mecánica que no juegan ningún papel en la constitución de la geometría ni en la elección convencional de la misma. A este respecto, Pulte señala los casos concretos del tiempo, la fuerza y la energía[28]. De este modo, destaca la importancia del programa de la física de los principios, la cual es descrita en los mismos términos que hace Giedymin, y señala como representantes de esta posición a los principales autores de la tradición de la mecánica analítica: Euler, Lagrange, Poisson, Hamilton y Jacobi[29].

A fin de comparar la visión de Jacobi con la de Poincaré, Pulte enumera cinco características que representan la convencionalidad de los principios de la física. Se trata de (1) la epistemología de la tercera vía, (2) la dimensión pragmática, (3) la relevancia empírica, (4) la inmunidad y (5) la relevancia semántica[30]. El primero ya lo hemos descrito al afirmar la oposición al empirismo y al racionalismo; el segundo significa que la decisión de utilizar los principios no es arbitraria, sino guiada por consideraciones de simplicidad y comodidad; en virtud del tercero se establece que dichos principios mantienen un vínculo con la experiencia, si bien, conforme al cuarto, no son refutables por ella; finalmente el quinto supone que, en la medida en que son definiciones disfrazadas, fijan los conceptos de una teoría, como

---

[27] Cf. Pulte (2000), p. 51.
[28] Cf. Pulte (2000), p. 49. Aunque no desarrolla ninguno.
[29] Cf. Pulte (2000), p. 54.
[30] Cf. Pulte (2000), pp. 51-52 y pp. 63-64.

por ejemplo la ley de aceleración puede suponer una definición de la noción de fuerza.

El único criterio en el que, según Pulte, no coinciden estos dos autores es en el de la inmunidad, en razón de que para Jacobi estos principios se mantienen siempre probables[31]. Según vimos en el capítulo precedente, Poincaré afirma que, una vez elevados al estatuto de convenciones, los principios no pueden ser refutados experimentalmente[32]. No obstante, recordemos que esto no significa que se encuentren fijados para siempre, dado que:

> «Si un principio deja de ser fecundo, la experiencia, sin contradecirlo directamente, lo habrá, sin embargo, condenado»[33].

Consecuentemente, es cierto que los principios son inmunes a las refutaciones empíricas, pero no por ello están establecidos definitivamente.

Con la comparación final que Pulte realiza entre los dos científicos, queda establecida la refutación de los dos dogmas de la interpretación del convencionalismo que señalamos más arriba y con ello, podemos considerar justificada la independencia histórica y filosófica del convencionalismo físico respecto del geométrico, así como la relevancia de la práctica científica para la constitución de esta posición representativa de la filosofía de la ciencia. Una de las implicaciones fundamentales de esta interpretación es la necesaria vinculación entre el análisis de conceptos científicos y una filosofía particular derivada del mismo.

El mayor punto de discordancia que mantenemos respecto de la visión de Pulte es su afirmación de que los elementos convencionales están localizados en las 'proposiciones de más alto nivel' de una teoría física[34]. En efecto, esto es cierto para los principios de la mecánica, en tanto que los elevamos al nivel de convenciones solo después de numerosas corroboraciones experimentales y una vez que está probada su comodidad tanto teórica como práctica. Sin embargo, en nuestra descripción de los elementos que componen la teoría de la ciencia natural de Poincaré (hipótesis, hechos, leyes y principios), hemos expuesto que hay otro tipo de convenciones, sin tratarse en exclusiva de los principios, que intervienen en diferentes momentos de la constitución de una teoría, por lo que la decisión del científico se encuentra presente en todo ese proceso. Esto avala nuestra tesis acerca de la polisemia de este concepto en el marco de la ciencia natural, lo cual no ha sido

---

[31] Cf. Jacobi (1996), pp. 32-33.
[32] Cf. Poincaré (1902a), p. 124.
[33] Poincaré (1905a), p. 146.
[34] Cf. Pulte (2000), p. 49.

señalado ni por Giedymin ni por Pulte. El último porque solo retrata la convencionalidad de los principios puesto que su objetivo es la comparación con Jacobi, el primero en tratarlos como convenciones. Como hemos mostrado, Giedymin por su parte sí había discriminado entre varias de ellas, y especialmente había subrayado el papel de las hipótesis indiferentes en la postulación convencional de la ontología de una teoría. No obstante, consideramos que es preciso destacar de modo explícito las implicaciones de la polisemia de la convención para una interpretación completa de la filosofía de la ciencia de Poincaré. Consecuentemente, este será el tema del próximo epígrafe.

§ 2 La polisemia de la convención en la ciencia natural

A partir de las ideas expuestas hasta el momento, pretendemos realizar el retrato epistemológico de Poincaré respecto del convencionalismo mecánico, con el fin de mostrar el lugar específico y no trivial que tienen las convenciones en su filosofía. Esto nos va a permitir no solo delinear su concepción, sino también esclarecer las implicaciones epistémicas para las teorías científicas que esta tiene.

En nuestra presentación de la teoría de la ciencia natural de Poincaré hemos situado la noción de convención en el centro de nuestro análisis, comenzando, en primer lugar, por aquellos conceptos estrictamente discrecionales, como son las hipótesis indiferentes, para ir incorporando después los elementos empíricos, hasta llegar a los principios, caracterizados por su doble naturaleza (experimental y convencional). Así, nuestro primer objetivo ha sido la disociación de los dos convencionalismos (geométrico y mecánico-físico) con el fin de delimitar el campo de acción al que nos referimos. La diferencia de posiciones en estas áreas viene dada por su objeto, su estructura y los elementos que la componen. Con respecto a lo primero, se trata de la distinción clásica entre una disciplina experimental y otra que no lo es. En tanto que la geometría no es una ciencia de la naturaleza, podemos constituirla deductivamente y, por consiguiente, será una ciencia exacta. No hay ningún experimento que pruebe que corresponde al espacio un sistema geométrico mejor que otro. A pesar de que la formación de los axiomas tenga un origen experimental, como veremos cuando nos refiramos a la constitución del espacio como marco de referencia, estos no son aplicables a ningún caso empírico, por lo que los cuerpos con los que trata esta disciplina son ideales e inexistentes en la experiencia. En cambio, el objeto de la mecánica son los cuerpos que podemos captar por medio de los sentidos o análogos a estos. Consecuentemente, aquí nos resulta imposible la deducción y esta será una disciplina cambiante y carente del rigor de la anterior.

De este modo, podemos ya explicitar la distinción entre las estructuras de ambas. La primera consiste en un sistema axiomático, o más bien, en varios, dado que no hay una única geometría, sino diferentes sistemas geométricos, todos ellos portadores del mismo rigor científico. Una vez establecidas las convenciones y definiciones (axiomas) de esta ciencia, solo resta derivar de ellas las consecuencias para tener el cuerpo completo de la doctrina. Ahora bien, también pueden existir diversos sistemas mecánicos, como ya hemos visto. Pero la estructura de esta ciencia es diferente, sus componentes pueden variar a la luz de los experimentos. Esto significa que no podemos establecer *a priori* las convenciones que la componen, sino que previamente tendremos que formular leyes inductivas de las que extraer aquellas, para después aplicarlas a nuevas experiencias. En la medida en que la naturaleza es cambiante y la mecánica pretenda dar respuesta de lo que en ella acontece, no puede tener una estructura axiomático-deductiva.

Por último, la mecánica consta de una serie de elementos no presentes en la geometría: hipótesis indiferentes, hipótesis naturales, generalizaciones, hechos, leyes y principios. Entre estos, ni las generalizaciones, ni los hechos, ni las leyes son convenciones en ningún sentido posible, pues todos ellos proceden de la experiencia. Por el contrario, en el cuerpo de doctrina que forma la geometría no encontramos ningún elemento de este tipo, siendo todos sus componentes convencionales, al igual que la propia ciencia.

Establecida la separación de disciplinas, vemos que la noción de convención las atraviesa. ¿Qué permite, siguiendo al propio Poincaré, denominar de la misma forma a elementos tan diferentes? O sea, ¿por qué considerar "convencionales" componentes tan dispares como los axiomas geométricos y los principios de la mecánica o las hipótesis naturales? Porque la acepción que adoptamos de este concepto es la de «principio elegido por decisión voluntaria para la comodidad de una descripción sistemática»[35], junto con la idea de que una convención no puede considerarse ni verdadera ni falsa.

En las ciencias naturales la única manera de decidir la verdad de una proposición es la experiencia. Esto atañe tanto a las afirmaciones respecto de hechos en un sentido simple, como a las leyes. No obstante, existen otras que no son decidibles en este sentido, pero que, sin embargo, resultan fundamentales para la composición de las teorías. Así, o bien se adopta una hipótesis indiferente como un modelo mecánico con el fin de obtener una mejor comprensión de los fenómenos de los que una teoría pretende dar

---

[35] *Le nouveau Petit Robert* (1993), p. 466.

cuenta, o bien se decide no someter a verificación la hipótesis natural de que los cuerpos muy distantes tienen una influencia despreciable para poder elaborar las leyes del movimiento de los planetas. Igualmente, o bien se considera válido el principio de conservación de la energía para poder constituir la teoría electromagnética, o bien se establece el axioma de las paralelas (entre otros) para deducir la geometría euclídea. En todos estos procedimientos entra en juego la decisión del investigador, el cual, voluntaria pero no arbitrariamente, *elige* los elementos que harán más comprensible su teoría. Lo que estos tienen en común es la resolución del científico de adoptarlos. Y, sin embargo, todos ellos son diferentes.

Las hipótesis indiferentes están vacías de contenido cognoscitivo porque de modo general refieren a un ámbito más allá de la experiencia y son simplemente herramientas útiles. Las hipótesis naturales son regulativas y constitutivas de la práctica científica porque las necesitamos para generalizar y constituir las leyes. El establecimiento de principios permite la elaboración de teorías que dan cuenta de nuevas experiencias, proporcionando un cuadro que responde mejor a las necesidades del científico. La primera consecuencia que se desprende de esta concepción es que la intervención de las determinaciones del científico es crucial para la constitución de la ciencia, en este caso de la mecánica, por lo que no todo depende de la experiencia.

Pero, al igual que hay elementos discrecionales, también los hay empíricos. Esto nos permite explicitar cuál sería el orden de constitución de la ciencia, que comienza siempre con los datos experimentales. Por esto afirmamos que existía un fundamento empírico en la base de la filosofía de la ciencia de Poincaré. De esta forma, a partir de la regularidad de observaciones, es posible constituir generalizaciones, para lo cual se precisa un lenguaje científico que traduzca los hechos brutos en científicos y una formalización que permita la constitución de leyes, además de métodos de agrupación, que son las hipótesis naturales. Estas leyes son interpretadas dentro de determinados marcos, que han sido generados para *aplicarlos* a la naturaleza. Posteriormente, cuando dichas leyes han probado su fecundidad, elevamos algunas de ellas al estatuto de principios con el fin de reducir su número y simplificar una teoría. Este sería su proceso de constitución en un estadio básico de la ciencia. Sin embargo, es más difícil justificar la aparición de nuevas teorías cuando ya estamos inmersos en una concepción científica, o sea, cuando disponemos de un cuerpo teórico y experimental constituido. En este caso, es preciso atender a dos cuestiones. Primero, cómo se incorporan nuevos hechos experimentales a una teoría y qué papel juegan los elementos mencionados en dicha inclusión. Segundo, cómo se constituye una nueva cuando ya no somos capaces de enmarcar nuevos fenómenos en la antigua.

Con respecto a lo primero, podemos pensar, por ejemplo, en los numerosos descubrimientos astronómicos realizados entre 1750 y 1843, justo antes del cálculo de Le Verrier del avance del perihelio de Mercurio[36]. En esos años, el número de objetos que pasaron a poblar el sistema solar era mucho más numeroso que cuando Newton estableció la ley de la gravitación. Y, sin embargo, para cada hecho científico nuevo (recordemos que una observación astronómica es, en general, un hecho científico dado que implica la coordinación de varios hechos brutos mediante convenciones), existía una explicación que encajaba dentro del sistema. Así, el descubrimiento de Urano, el de numerosos cometas y las anomalías seculares expuestas por Laplace eran susceptibles de una justificación dentro del esquema newtoniano.

Para la explicación de las nuevas observaciones entra en juego el sistema conceptual que ya tenemos. Ello supone que se posee un lenguaje adecuado en el que expresar las observaciones e hipótesis naturales para su agrupación de tal modo que sea posible formar generalizaciones de hechos y utilizar principios tales como el de la inversa del cuadrado para realizar los cálculos, de tal modo que, si se prueba la compatibilidad con el sistema, se pueda ampliar la teoría existente. En caso contrario, se habrá de comprobar qué elementos no funcionan a fin de modificarla o, si el problema presentado afecta en último término a los principios, nos encontraremos entonces ante la segunda cuestión antes mencionada: la necesidad de conformar una nueva. De este modo, los elementos de la teoría juegan un papel en el proceso de traducción de un hecho bruto a uno científico a fin de poder o no incorporarlos a ella.

En lo relativo a la constitución de nuevas teorías, debemos considerar la física de los principios con respecto a los numerosos desafíos experimentales de la época[37]. Con excepción del principio de mínima acción, todos los principios se encuentran en una situación cuestionable, la mayoría a causa de la teoría electrodinámica propuesta por Lorentz, por lo que Poincaré se pregunta:

«En presencia de esta debacle general de los principios, ¿qué actitud va a tomar la física matemática?»[38].

Nuestro sistema conceptual se encuentra en peligro, no podemos formular continuamente hipótesis *ad hoc* para justificar las nuevas experien-

---

[36] Cf. Roseveare (1982), p. 16.
[37] Cf. Poincaré (1905a), pp. 129-140.
[38] Poincaré (1905a), p. 141.

cias, estamos ante una crisis de fundamentos. Y sin embargo, no se trata de la primera vez que esto sucede, puesto que, con anterioridad a la física de los principios, la concepción de las fuerzas centrales también había sido cuestionada por la nueva comprensión científica. Con todo, los trazos de la antigua teoría aún pueden verse en dicha física de los principios[39], lo cual pone de manifiesto que la ciencia toma conocimiento de estados de cosas, como las relaciones, que, de alguna manera, responden a lo que acontece y se preservan en el cambio de una teoría a otra.

> «Quizá también debemos construir toda una mecánica nueva que solo podemos entrever, en la cual, al aumentar la inercia con la velocidad, la velocidad de la luz devendría un límite infranqueable. La mecánica vulgar, más simple, quedaría como una primera aproximación puesto que sería verdadera para velocidades no demasiado grandes, de modo que rencontraremos la antigua dinámica bajo la nueva»[40].

Estas ideas le permiten justificar dos cosas. Primero, la continuidad entre teorías, ya señalada en la interpretación de Giedymin. Y, segundo, un aspecto más fundamental, como es el hecho de que, por medio de ellas, obtenemos conocimiento efectivo del mundo natural a pesar de su variación. Este consiste no solo en las consecuencias observacionales de una teoría (o de varias, si consideramos poli-teorías como la física de los principios), esto es, en la explicación y la predicción de datos, sino también en términos de las relaciones expresadas por ella, que al preservarse tras el cambio de otros elementos, nos permiten reconocer que esta transmite algo acerca de la propia *estructura* del mundo. En otros términos, cuando una teoría es "buena" y las relaciones expresadas mediante el lenguaje de la física o las ecuaciones diferenciales concuerdan con las leyes tomadas de la experiencia, encontraremos en otras posteriores precisamente esas mismas relaciones, aunque su modo de expresión pueda sufrir variaciones. De esta forma, no se trata de la obtención de conocimiento a partir del éxito empírico de una teoría, ni tampoco de declarar la verdad de toda ella. Hacer esto, es decir, refrendar su verdad de modo completo es imposible desde la perspectiva epistemológica que consideramos. Dado que las teorías son conjuntos de numerosos elementos, algunos de los cuales no son ni verdaderos ni falsos, no tiene sentido plantear la cuestión acerca de la verdad de todo un sistema teórico, sino únicamente de algunos de sus componentes. Esto se justifica, además, por la

---

[39] Cf. Poincaré (1905a), p. 146.
[40] Poincaré (1905a), p. 147.

posibilidad de que algunos de ellos puedan cambiar y, sin embargo, el cuerpo teórico continúe siendo el mismo, puesto que:

> *«Las buenas teorías son flexibles*. Aquellas que tienen una forma rígida y que no pueden despojarse de ella sin derrumbarse, tienen en verdad muy poca vitalidad. Pero si una teoría nos revela ciertas relaciones verdaderas, puede vestirse de mil formas diversas, resistirá todos los asaltos y lo que forma su esencia no cambiará»[41].

En definitiva, la preocupación de Poincaré no solo concierne al estatuto de las teorías científicas, sino a algo más profundo, a saber, la ciencia en cuanto conocimiento acerca del mundo. Esta inquietud se origina en el cuestionamiento de esta tesis por parte de las concepciones nominalistas. De este modo, aunque en *La Science et l'Hypothèse*, ya había intentado desmarcarse de esas ideas, en *La Valeur de la Science* la defensa del conocimiento científico devino en objeto explícito mediante su ataque a la posición de Le Roy.

Según se ha mencionado a lo largo de los primeros capítulos y se expondrá con más detalle en el próximo, el nominalismo, con respecto a la ciencia natural, se funda en la afirmación de que todas las leyes son convenciones[42] y en la no distinción entre una teoría y un hecho de la ciencia, dado que ambos son creaciones del investigador[43]. Además, esta idea implicaba que la ciencia no es otra cosa que una mera regla para la acción, negando de este modo la posibilidad de que pudiera producir algún tipo de conocimiento. Frente a ello, Poincaré no solo insistió en la defensa de un polo empírico asociado con los procesos del mundo natural (hechos brutos), sino que lo fundamental reside en su peculiar manera de entender el polo convencional. En efecto, los diferentes tipos de convenciones en el seno de la teoría suponen la decisión del investigador, pero esta no es en ningún caso arbitraria. Al igual que en la selección de los hechos, se utilizan criterios de elección que no responden al capricho o la necesidad exclusiva del científico. Así, por ejemplo, en el caso de las hipótesis naturales, estas no resultaban de una deliberación entre convenciones alternativas, sino de la funcionalidad que su uso proporciona para la formulación de teorías. También los principios eran seleccionados con base en la experiencia y en función de su capacidad de unificar leyes, de tal manera que a partir de un pequeño número de ellos podamos explicar un gran número de fenómenos, predecirlos y, al mismo tiempo, desvelar la estructura de la naturaleza mediante la expresión de rela-

---

[41] Poincaré (1900a), p. 252.
[42] Cf. During (2001), p. 128.
[43] Esto es a lo que Giedymin denomina 'panteoreticismo'. Cf. Giedymin (1977), pp. 273.

ciones. Además, la potencia del convencionalismo está asimismo en su capacidad de organizar los componentes de la ciencia, a saber, «poner orden en el seno de la teoría, entre los principios inmunizados contra la experiencia y las hipótesis y las leyes que permanecen "en la pelea"»[44].

Con respecto a la posición nominalista que afirma que la ciencia no es más que una regla de acción, Poincaré responde que las normas que esta proporciona no son arbitrarias o de mero juego, sino que tienen un fin determinado que es la predicción de otros fenómenos. Esta finalidad obliga al científico a verificar esas reglas de acción y si no son operativas, a modificarlas. De esta forma, al contrario que en los juegos:

«La ciencia es una regla de acción que acierta, al menos generalmente y, añado, mientras que la regla contraria no habría tenido éxito»[45].

Es decir, las reglas científicas no pueden ser arbitrarias, porque de lo contrario, no funcionarían. Y sin embargo, ni la acción ni el éxito predictivo constituyen el máximo valor de la ciencia. Es en la fórmula «da ciencia por la ciencia»[46] donde queda expresada la auténtica posición de nuestro autor. Lo más valioso es el conocimiento en sí, la acción es solo un medio para este y nunca su fin. Es por esto que su convencionalismo es sutil, dado que no niega el valor epistémico de la ciencia transformando las teorías en meras postulaciones discrecionales o recetas prácticas basadas en la arbitrariedad o, como mucho, en la utilidad.

Con todo, Poincaré reconoce los límites del conocimiento, en primer lugar, porque la ciencia es un producto de confección humana, que exige la toma de decisiones por parte del científico, lo que pone de manifiesto que no puede ser un mero reflejo especular de la naturaleza. Obviamente, no hay ciencia sin experiencia, y dadas las variaciones a las que esta se encuentra sometida, aquella estará también sujeta a cambio, en la medida en que es su base. Así, se opone a que la ciencia pueda ser un sistema en cuanto cuerpo de conocimientos establecido de manera definitiva en el que las proposiciones se enlacen unas con otras, pero sin que ello signifique que sea un mero conjunto desorganizado, pues «la sistematización del saber es ciertamente inevitable, pero juega un papel subordinado cuando la ciencia se concibe como proceso»[47]. En este sentido, resulta importante el análisis histórico del proceso de conocimiento, pues dado que nuestros conceptos y teo-

---

[44] During (2001), p. 139.
[45] Poincaré (1905a), p. 154.
[46] Poincaré (1905a), p. 186.
[47] Schnädelbach (1983), p. 113.

rías se forman en el transcurso de la actividad práctica de la humanidad y reflejan determinados aspectos del mundo, no pueden ser considerados como estructuras lógicas puras. Además, aquí entra también en consideración la epistemología evolucionista que señalamos al referirnos a los marcos impuestos a la naturaleza. Escogemos teorías (como en el ejemplo de la geometría) más ventajosas desde el punto de vista de la selección natural, lo que significa que la ciencia está determinada por el medio en el cual la desenvolvemos. Podemos expresar el vínculo entre el análisis histórico y el darwinismo afirmando que la historia nos ha ayudado a desarrollar teorías que resultan eficaces para la especie.

En segundo lugar, la convención como una categoría epistemológica diferente de lo a priori y de lo empírico tiene el papel tanto de rebajar las pretensiones de verdad de la ciencia empírica, como de poner de manifiesto que la mayor parte de sus elementos no pueden ser considerados verdaderos a partir de nuestras capacidades intelectuales.

Por último, el alcance del conocimiento está limitado por su concepción de la realidad. Ya dijimos que Poincaré equipara lo real con lo objetivo. Al redefinir la objetividad como intersubjetividad, nuestro autor demarca el único campo posible del conocimiento. Ahora bien, el garante de la objetividad del mismo tendrá que ser la posibilidad de comunicarlo:

«Nada es objetivo que más que lo que es idéntico para todos; ahora bien, no se puede hablar de una identidad semejante, más que si es posible una comparación y puede ser traducida en una "moneda de cambio" pudiendo transmitirse de un espíritu a otro»[48].

Dicha 'moneda de cambio' no es otra cosa que el discurso, el lenguaje científico. En definitiva, el convencionalismo físico-mecánico de Poincaré supone una fuerte oposición al relativismo, en la medida en que podemos tener conocimiento y podemos comunicarlo mediante un lenguaje adecuado para ese propósito. Pues en efecto, «la ciencia debe ser una empresa intersubjetiva»[49]. Ahora bien, es preciso considerar la relación de las teorías científicas y el conocimiento que proporcionan con la posición convencionalista que hemos definido. Nos ocuparemos de ello en el siguiente epígrafe.

---

[48] Poincaré (1905a), pp. 180-181.
[49] Schnädelbach (1983), p. 120.

§ 3 Convencionalismo y realismo estructural

Hemos mostrado que, para Poincaré, el conocimiento científico es relacional, de modo que aquello que nuestras teorías nos enseñan sobre el mundo son únicamente estructuras, y no "la naturaleza de las cosas". Esto se debe a la limitación que impone a nuestro campo cognoscitivo:

«A la primera cuestión [¿la ciencia nos hace conocer la verdadera naturaleza de las cosas?] nadie dudará en responder que no, pero creo que se puede ir más lejos: no solamente la ciencia no puede hacernos conocer la naturaleza de las cosas, sino que nada es capaz de hacérnosla conocer y si algún dios la conociera, no podría emplear palabras para expresarlo. No solo nosotros no podemos adivinar la respuesta, sino si nos la diera, no podríamos comprender nada de ella»[50].

Con esta declaración, nuestro autor se aproxima a una cierta posición escéptica, en cuanto que niega toda posibilidad de conocer y comunicar lo que las cosas son. Así, por ejemplo, no podemos establecer definitivamente a partir de ninguna teoría lo que sea el calor o la electricidad como entidades últimas[51]. Sin embargo, rechaza igualmente el escepticismo simple que se propone dudar de todo, lo cual es tan ridículo como pretender estar cierto de todo. Con ello se sitúa en una perspectiva intermedia entre dicho escepticismo simple y el realismo ingenuo[52], centrándose en el conocimiento de relaciones y, por tanto de estructuras. Es en este sentido en el que podemos colocar el realismo científico de Poincaré bajo la etiqueta de *realismo estructural*.

El realismo científico defiende que nuestras teorías implican un cierto conocimiento de determinados aspectos del mundo, es decir, la ciencia produce descripciones verdaderas o aproximadamente verdaderas de estados de cosas en el mundo. De acuerdo con Chakravartty, existen tres dimensiones que deben ser tomadas en cuenta cuando se habla de realismo científico: la metafísica, la semántica y la epistemológica[53]. En su vertiente metafísica, el realismo considera que la ciencia refiere a un mundo completamente independiente de la mente. Las tesis de Poincaré no podrían encajar en esta dimensión metafísica, en la medida en que la realidad se define como

---

[50] Poincaré (1905a), p. 181.
[51] Cf. Poincaré (1905a), p. 182.
[52] Cf. Poincaré (1902a), p. 24.
[53] Cf. Chakravartty (2007).

intersubjetividad y puesto que afirma, en repetidas ocasiones, que no tenemos acceso a un mundo al margen del sujeto que conoce.

Desde la perspectiva semántica, el realismo se compromete con una interpretación literal de las afirmaciones que una teoría científica hace sobre el mundo, es decir, les concede un valor de verdad. En el marco semántico, Poincaré podría ser interpretado como realista y como antirrealista, puesto que existe un lenguaje adecuado para la ciencia (el lenguaje técnico y sobre todo el matemático), pero sus afirmaciones, no siempre son interpretables en términos literales. Por ejemplo, si retomamos el caso de las hipótesis indiferentes discutidas en el primer capítulo, los modelos mecánicos de las teorías electromagnéticas no responden a la realidad de ningún estado de cosas del mundo y, por consiguiente, carecen de valor de verdad. Es decir, no son verdaderos ni falsos, sino simplemente cómodos y útiles para la ciencia, de modo que, en este sentido Poincaré podría ser considerado como un antirrealista o instrumentalista. Por el contrario, si consideramos la información proporcionada por las leyes de la naturaleza expresadas en ecuaciones diferenciales, estas responden a los experimentos, o sea, a estados de cosas del mundo y sus enunciados deben interpretarse literalmente, a saber, como verdaderos o falsos. Consecuentemente, hay algún tipo de afirmaciones que son interpretables como verdaderas respecto del mundo y, al menos parcialmente, podemos calificar a Poincaré de realista semántico.

Por último, entramos en la cuestión que más nos interesa: la dimensión epistémica, según la cual, las teorías científicas aportan algún tipo de conocimiento sobre el mundo. La posición de Poincaré sí responde a esta dimensión, aunque de modo limitado, puesto que las estructuras matemáticas tienen una función descriptivo-cognitiva[54], de modo que restringe el compromiso epistémico del realismo a un ámbito exclusivamente estructural. Ahora bien, existen muchos tipos de realismo estructural, especialmente en su debate contemporáneo y, aunque entrar en esta cuestión queda fuera del alcance de este libro, sí vamos a tratar de mostrar brevemente cuál sería la posición de Poincaré a este respecto.

El término 'realismo estructural' fue acuñado por Grover Maxwell en 1962, y descrito por él en una serie de artículos durante los años sesenta y setenta del pasado siglo[55]. Conforme a este punto de vista, podemos tener un conocimiento del mundo en términos de relaciones, el cual es confirmado por la experiencia[56]. Así se caracteriza la concepción calificada como 'realismo estructural epistémico' que, como otros autores, pensamos que se

---

[54] Cf. Giedymin (1982), p. 195.
[55] Cf. Maxwell (1962), Maxwell (1968), Maxwell (1970a) y Maxwell (1970b).
[56] Cf. Maxwell (1968), p. 155.

identifica con el enfoque de Poincaré[57]. Según Votsis, existe un argumento histórico proporcionado por el propio científico francés en apoyo de su tesis referente a la preservación de estructuras bajo el cambio teórico[58]. Uno de los ejemplos proporcionados por nuestro autor para ilustrar esta tesis es el hecho de que las ecuaciones diferenciales de Fresnel continúan siendo verdaderas en la teoría de Maxwell, con la salvedad de que aquello que se interpretaba como un movimiento de la luz se toma ahora como una corriente eléctrica[59]. Pero para él, esto solo son los nombres de los que se reviste la teoría, y lo esencial, o sea, las relaciones establecidas por las ecuaciones, se mantiene invariante de una teoría a otra. Esta posición, así como los ejemplos que la ilustran, tratan de mostrar lo que modernamente se ha llamado 'el argumento de los no-milagros'[60], considerado como el más poderoso en favor del realismo científico[61]. Consiste en explicar el éxito empírico de las teorías científicas en cuanto aproximaciones a la verdad, o lo que es lo mismo, descripciones aproximadas de estados de cosas efectivos. De otro modo, el éxito de la ciencia sería 'milagroso'. Es decir, si nuestras teorías científicas no fueran al menos aproximadamente verdaderas, sería milagroso que fueran tan exitosas empíricamente.

Esto conecta con una de las objeciones más fuertes en contra del realismo científico: 'la meta-inducción pesimista'[62], según la cual en el proceso de substitución de unas teorías por otras se pone de manifiesto que aquellas que en un momento se tomaron por verdaderas, por muy exitosas que fueran sus predicciones, posteriormente se han revelado como falsas. Y, por consiguiente, no es irrazonable pensar que nuestras teorías maduras actuales también llegarán a ser abandonadas en el futuro. Poincaré toma también en cuenta este argumento, dado que en su época existía una polémica con respecto al así denominado «fracaso de la ciencia»[63], iniciada por Ferdinand de la Brunetière[64] y referida a la incapacidad de la ciencia para dar respuesta a cuestiones fundamentales que, en cambio, sí serían explicadas por la religión. Se trataba, sin duda, de un debate ideológico, en el que, con razonamientos como el de la sucesión de teorías científicas, se discutía a favor de la

---

[57] Parece ser que Giedymin (1982) es el primero en caracterizar de este modo a Poincaré. Otros intérpretes que coinciden en que Poincaré es un realista estructural son, por ejemplo Zahar (2001), Worrall (1982) y Votsis (2004).
[58] Cf. Votsis (2004), p. 36.
[59] Cf. Poincaré (1905a), p. 183.
[60] Cf. Putnam (1975).
[61] Cf. Rivadulla (2010b), p. 358.
[62] Cf. Laudan (1981).
[63] Poincaré (1902a), p. 172.
[64] Cf. Brunetière (1895).

revelación y la necesidad de la fe. Dejando al margen estos asuntos de carácter ideológico y religioso, Poincaré atiende únicamente al mencionado problema de la sucesión de teorías:

«A primera vista nos parece que las teorías no duran más que un día y que las ruinas se acumulan sobre ruinas. Un día nacen, al día siguiente están de moda, al otro son clásicas, el tercer día están pasadas y el cuarto son olvidadas. Pero si lo miramos más de cerca, se ve que lo que así sucumbe son las teorías propiamente dichas, aquellas que pretenden enseñarnos lo que son las cosas. Pero hay algo que a menudo sobrevive. Si una de ellas nos hace conocer una relación verdadera, esta relación está definitivamente adquirida y se la encontrará bajo un disfraz nuevo en las teorías que vendrán sucesivamente a reinar en su lugar»[65].

Lo que subsiste son, consecuentemente, las relaciones expresadas en forma matemática, y esto da cuenta tanto del conocimiento objetivo como del progreso continuo en ciencia, a pesar de que, aparentemente, encontremos cambios radicales entre teorías. Por su aproximación al argumento de la meta-inducción pesimista, Poincaré ha sido interpretado en varias ocasiones como un instrumentalista[66], debido a una ilegítima y precipitada identificación entre convencionalismo e instrumentalismo que venimos denunciando a lo largo de estas páginas.

El realismo estructural epistémico ha sido recientemente dividido en dos versiones: el realismo estructural epistémico directo y el realismo estructural epistémico indirecto[67]. Comenzando por este último, se afirma que todo nuestro conocimiento del mundo (observable e inobservable) es estructural, debido a que todo lo que podemos inferir de nuestro conocimiento experimental son estructuras. Justificando su tesis a partir del denominado "argumento de la transmisión"[68], según el cual, aun cuando el contenido de nuestras percepciones (datos de experiencia) es privado, las relaciones entre estos datos son transmisibles por el discurso. A este tipo de realismo estructural epistémico se le denomina indirecto porque afirma que

---

[65] Poincaré (1905a), p. 182.
[66] Uno de los autores que más ha contribuido a este equívoco es Popper, al considerar muy semejantes las posiciones de Poincaré y Duhem. Cf. Popper (1959), p. 78 y Popper (1963), p. 357 y ss.
[67] Cf. Frigg y Votsis (2011). Recientemente se ha afirmado una tercera posición en este debate, pero como se muestra bloqueada y no hace referencia a ningún argumento de Poincaré, no vamos a discutirla aquí. Con respecto a esto cf. Ainsworth (2012).
[68] Cf. Frigg y Votsis (2011), pp. 238-239.

el conocimiento del mundo (las relaciones) es derivado de los datos de nuestras percepciones, lo único a lo que tenemos acceso *directo*. O sea, el conocimiento de estructuras es una inferencia de nuestros datos empíricos (siendo, justamente, indirecto). El argumento de la transmisión se inspira en la siguiente afirmación de Poincaré:

> «Nada que no sea transmisible es objetivo y, en consecuencia, solo las relaciones entre sensaciones pueden tener un valor objetivo»[69].

Así, esta posición parte de aquello que es cognoscible de modo inmediato (los datos de los sentidos), de los cuales inferimos relaciones comunicables por medio del discurso y, por tanto, objetivas. Es decir, conforme al realismo estructural epistémico indirecto se realiza un camino ascendente que comienza con nuestra experiencia para después extraer características estructurales del mundo susceptibles de ser transmitidas verbalmente, cuyas similitudes con el punto de vista del científico francés son, en nuestra opinión, innegables.

Por su parte, el realismo estructural epistémico directo supone que tenemos conocimiento completo (no solo estructural) de aquellos aspectos del mundo que son *observables*, en tanto que los *inobservables* solo son cognoscibles estructuralmente. Se basa principalmente en el 'argumento de la historia de la ciencia'[70], según el cual, tomando como punto de partida las teorías ya existentes, se interpreta como conocimiento del mundo aquello que es preservado en varias de ellas. Este es el argumento referido anteriormente acerca de la preservación de estructuras bajo cambio teórico. Ahora bien, dado que hay una distinción entre el tipo de conocimiento que obtenemos de aquello que es observable y aquello que no lo es, es preciso definir este término. Según Frigg y Votsis, y de acuerdo con posiciones comunes en la filosofía de la ciencia contemporánea, lo observable responde a «propiedades u objetos que son accesibles a la observación por medio de los sentidos sin ayuda (with the unaided senses)»[71]. Obviamente esto plantea muchos problemas acerca de dónde se sitúa la frontera, pero estos autores defienden que 'intuitivamente' se puede entender como inobservable todo lo captado mediante un microscopio, y algunas entidades como el spin, los neutrinos, etc.

No obstante, el argumento de la historia de la ciencia no justifica por qué tendríamos conocimiento directo de los observables y estructural

---

[69] Poincaré (1905a), p. 180.
[70] Cf. Frigg y Votsis (2011), pp. 241-245.
[71] Frigg y Votsis (2011), p. 232.

del resto. La razón parece ser que, desde una perspectiva realista, no tenemos motivos para negar que cosas como sillas, mesas y otros objetos percibidos directamente por los sentidos existan, mientras que la existencia de aquellas entidades que solo son perceptibles a través de aparatos o inferidas de las teorías es más dudosa. Es por eso que el argumento de la historia de la ciencia afecta solo a los inobservables, es decir, conocemos su estructura a través de la preservación de la misma bajo el cambio teórico. En el ejemplo del paso de la teoría de Fresnel a la de Maxwell, sabemos que entre las corrientes de Maxwell se dan las mismas relaciones que se daban entre los movimientos de la luz en el éter de Fresnel[72], pero no conocemos lo que estas entidades sean en último término, sino que tan solo podemos referirnos a su estructura o a las relaciones que mantienen entre sí. Desde nuestro punto de vista, la única razón por la que el argumento de la historia de la ciencia es usado por Frigg y Votsis en favor del realismo estructural epistémico directo y no del indirecto es porque consideran que el directo establece un camino descendente que parte de teorías ya constituidas y desemboca en sus elementos estructurales (previa eliminación de los que no lo son), los cuales tienen valor cognitivo.

Este razonamiento, expresado en términos de Poincaré, afirma la subsistencia de ecuaciones bajo cambio teórico (1) y la expresión de ciertos aspectos del mundo a partir de ellas (2):

(1) «Las ecuaciones diferenciales son siempre verdaderas; podemos siempre integrarlas por los mismos procedimientos y los resultados de esta integración conservan siempre todo su valor»[73].

(2) «Estas ecuaciones expresan relaciones y si las ecuaciones permanecen verdaderas, es que estas relaciones conservan su realidad»[74].

En este sentido compartiría las tesis del realismo estructural directo en lo que concierne al argumento de la historia de la ciencia (más bien este se inspira en sus propios puntos de vista), si bien debe tenerse en cuenta que en su filosofía no se establece una distinción entre lo observable y lo inobservable, por lo que no cabe diferenciar entre conocimiento completo de lo que es observable y estructural del resto. En efecto, si recordamos lo afirmado sobre los hechos científicos en el primer capítulo, allí vimos que Poincaré no establecía diferencia alguna entre una observación directa y una me-

[72] Cf. Poincaré (1905a), p. 183.
[73] Poincaré (1902a), p. 173.
[74] Poincaré (1902a), p. 174.

diada por un aparato, puesto que desde el momento en que se realiza la afirmación de que se observa un dato (la corriente está pasando por el gal-vanómetro), ya se trata de un hecho científico y, en consecuencia, de una pura observación[75]. Por otro lado, con respecto a aquellas entidades que la filosofía de la ciencia contemporánea considera inobservables, como por ejemplo, los átomos[76], sabemos que algunas de ellas son interpretables en términos de hipótesis indiferentes, o sea, como un tipo de convención. No obstante, esto no significa que este sea el modo en el que deben ser entendidos todos los inobservables, dado que la posición del investigador puede cambiar a la luz de nuevos datos experimentales. Así, entidades que eran consideradas simplemente cómodas, pueden mudar su estatuto gracias a datos antes desconocidos, de modo que dicho estatuto, desde el punto de vista de Poincaré, debe ser analizado caso por caso[77].

En definitiva, lo único fundamental, por tanto, es el conocimiento de estructuras, de relaciones expresables mediante el correspondiente len-guaje científico, siendo aplicable en su caso el argumento histórico relativo a la preservación de dichas estructuras con el cambio teórico. Y puesto que, en su opinión, lo que la historia de la ciencia justifica es una visión epistémi-ca estructural, juzgamos que, más allá de la distinción entre directo e indirec-to, la única etiqueta que le es aplicable es la de 'realismo estructural episté-mico'.

Ly critica, sin embargo, que sea atribuible algún tipo de realismo a Poincaré, basándose en que cuando se le aplica esta etiqueta, normalmente es tomada como sinónimo de objetividad. En este sentido rechaza cualquier interpretación de su filosofía en términos de realismo estructural y afirma que «si Poincaré sostenía que existe una realidad independiente constituida por las relaciones tenidas entre las cosas, entonces esta realidad sería infini-tamente exacta»[78], lo que supondría que, en la medida en que la naturaleza es cambiante, no se ajustaría a dicha realidad. Ahora bien, la cuestión es si nuestro autor ha defendido esa "realidad independiente constituida por rela-ciones", como entiende Ly, frente a la interpretación habitual de los que califican a Poincaré como realista estructural, o si únicamente se trata de nuestro conocimiento de estructuras o relaciones, de estados de cosas del mundo en definitiva, que no agotan en modo alguno el universo de cuanto hay o puede haber. Es decir, la crítica de este autor implica una compren-sión del mencionado realismo estructural en términos ontológicos que no

---

[75] Cf. Schmid (2001), p. 30, igualmente, cf. Capítulo 1, epígrafe 1.4.1 de este libro.
[76] Cf. Poincaré (1902a), p. 166.
[77] Cf. Stump (1989), p. 339.
[78] Ly (2008), pp. 606-607.

resulta procedente en este caso, dado que lo que sean los *relata* de las relaciones o estructuras expresadas por las leyes permanece siempre oculto. Ignoramos si hay o no una realidad independiente del sujeto. En ese sentido, Poincaré no afirma que el mundo está compuesto de relaciones, sino que eso es todo lo que conocemos de él.

En el extremo opuesto se situaría Zahar, para quien «las relaciones que ocurren en una teoría unificada y empíricamente exitosa, reflejan el orden ontológico de las cosas»[79]. No obstante, por las razones que acabamos de exponer, no podemos sino disentir del alcance ontológico que este autor estaría concediendo al realismo estructural de Poincaré. Su posición se restringe a la epistemología y no debe encuadrarse en la concepción actualmente denominada 'realismo estructural ontológico u óntico'[80].

Brading y Crull avalan el realismo estructural epistémico de Poincaré con el denominado 'argumento de la objetividad'[81]. Este se basa en la identificación poincareana entre objetividad e intersubjetividad, que establece que lo objetivo es tal por ser comunicable. Pero lo que es expresable mediante las ecuaciones de las leyes científicas son estructuras o relaciones; consecuentemente, el conocimiento objetivo *es* conocimiento de relaciones.

Frente a argumentos de este tipo no puede por menos que tomarse en consideración la objeción presentada por During:

> « ¿Cómo evitar en efecto que la eficacia empírica de las teorías no testifique igualmente a favor de su contenido físico, sino al suponer *a priori* que las ecuaciones (al menos aquellas que se conservan) son las únicas susceptibles de reflejar los trazos de la realidad? La tesis del realismo estructural (cuyo corolario es un realismo de relaciones) reposa enteramente sobre un acto de fe»[82].

Así, conforme a lo defendido en este texto, el éxito empírico justificaría el contenido físico de las teorías y, en consecuencia, también su valor de verdad solo si se establece *a priori* o como petición de principio la validez objetiva de las ecuaciones. Ahora bien, hay que señalar que dicha validez objetiva no es establecida por Poincaré *a priori* sino *a posteriori*. En efecto, es la historia de la ciencia la que pone de manifiesto la preservación de la forma general de las ecuaciones en el cambio de teorías, esto es la conservación de

---

[79] Zahar (2001), p. 37.
[80] Sobre el realismo estructural ontológico, cf. Ladyman (1998).
[81] Cf. Brading y Crull (2010-preprint), pp. 7-8. De hecho, estos autores presentan dos argumentos nuevos, pero la exposición del segundo implica la discusión del principio de inducción completa y está fuera del alcance de nuestros propósitos.
[82] During (2001), p. 95.

la estructura, lo cual a su vez sirve de guía fiable para establecer el mencionado valor de verdad de las teorías exitosas. El éxito, en definitiva, es solo un corolario de la verdad revelada en la estructura relacional de la teoría y no el motivo de preservación de una ecuación (o relación). Hay que reconocer, no obstante, que la supervivencia de elementos como un indicador de verdad está sujeta a las objeciones de las posiciones antirrealistas en función de que apela a la historia para saber qué elementos se conservan y, por tanto, está vinculada al 'argumento de los no milagros'.

En general el realismo estructural, sobre todo en sus perspectivas más actuales, ha recibido varias críticas referidas principalmente a esta preservación de estructura bajo cambio teórico. En concreto deseamos destacar la objeción de Andrés Rivadulla relativa a la exigencia de que esa preservación de estructuras tenga lugar a partir de casos límite, lo cual no es aplicable a toda situación de cambio teórico.

Los casos límite suponen que una nueva teoría es más comprehensiva que la antigua porque las nuevas ecuaciones se reducen a las antiguas en ciertos casos «como cualquier cantidad tiende al límite»[83]. La cuestión planteada por Rivadulla es si la existencia de casos al límite apoya el realismo estructural y si respalda la tesis de la continuidad bajo cambio teórico[84]. A este respecto pone varios ejemplos en los que solo hay retención de la estructura en su forma matemática y no en el significado físico de los términos, lo cual supone que la preservación de estructura es parcial. Con respecto a este último caso, considera que identificar una ecuación dada solo con una parte de una ley ya disponible es una situación extraña[85]. Es decir, frente al requerimiento de Worrall, en el sentido de que el realismo debe dar cuenta de la razón por la que teorías sucesivas son cuasi-acumulativas[86], Rivadulla considera que la idea de cuasi-acumulación no tiene sentido en el nivel teórico y tampoco en el empírico, pues en este último significaría que la nueva teoría solo da cuenta de una parte de las predicciones de la antigua. En definitiva, al tomar matemáticamente límites para obtener ecuaciones de la teoría precedente, se privilegia la matemática sobre la física.

Esta crítica tiene sentido dado que Poincaré utiliza los casos al límite cuando refiere a la preservación de relaciones en la transición de la física de las fuerzas centrales a la física de los principios o de esta a la nueva mecánica, a pesar de que no lo considere como un requisito para la transmisión. No obstante, es posible afirmar que la retención de estructuras se apli-

---

[83] Worrall (1989), p. 120.
[84] Cf. Rivadulla (2010a), p. 15.
[85] Cf. Rivadulla (2010a), p. 20.
[86] Cf. Worrall (2007), p. 147.

ca solo en el nivel matemático por medio del uso de principios de correspondencia[87]. La cuestión es que si el significado físico de los términos de la antigua teoría no se conserva en la nueva estructura, ¿hay, de hecho, algún conocimiento que sí se preserve? En la transición de la teoría de Fresnel a Maxwell, el significado de los movimientos atribuidos a la luz en el éter no se mantiene, dado que son sustituidos por las corrientes, a pesar de lo cual Poincaré considera que las ecuaciones, al expresar relaciones entre estas entidades hipotéticas, son portadoras de algún conocimiento sobre el mundo. Igualmente, en la teoría general de la relatividad, la fuerza de gravitación presente en la teoría newtoniana no subsiste, siendo reemplazada por tensores geométricos de curvatura en el espacio-tiempo. Con respecto a los movimientos de Fresnel y las corrientes de Maxwell, ya hemos mencionado que estos son solo los nombres con los que se reviste la teoría por razones de comodidad. ¿No podría ocurrir algo semejante en el caso de la gravitación con las nociones de 'fuerza' y de 'tensor geométrico de curvatura'? Si este fuera el caso, aún tendría sentido apelar al conocimiento proporcionado por las estructuras expresadas en ecuaciones y tendría sentido también hablar de retención de estructura en la parte teórica y en la parte empírica si esta aún da cuenta de los resultados experimentales.

Otra objeción presentada tanto por Rivadulla como por Psillos[88] sostiene que el realismo estructural en su vertiente epistémica acaba por caer en el realismo científico típico, fundamentalmente a causa de su uso del 'argumento de los no milagros' para justificar el éxito empírico. Concretamente en opinión del primero de ellos, para superar este escollo los realistas estructurales deberían probar que las verdades de la ciencia se predican de estructuras y no de entidades o teorías[89].

En respuesta a este argumento se ha esgrimido con frecuencia que esto es justamente lo que Poincaré habría puesto de manifiesto mediante el ejemplo histórico de Fresnel y Maxwell. Siguiendo a este último, no podemos afirmar, como hacía Fresnel, que la luz es una vibración en el éter. No obstante, las ecuaciones de Fresnel mantienen su validez. Para nuestro autor, esto prueba que no se puede predicar la verdad de una entidad como el éter, ni tampoco de toda la teoría de la luz. La única verdad sería la expresada por sus ecuaciones, esto es por la estructura formal de la teoría, y dicha estructura formal permite conocer únicamente relaciones y no objetos, lo cual permitiría conjugar el 'argumento de los no milagros' con la 'metainducción pesimista' a fin de conectar el éxito empírico con la sucesión de

---

[87] Cf. Worrall (2007), p. 150.
[88] Cf. Psillos (1995).
[89] Cf. Rivadulla (2010b), p. 372.

teorías. Esta es la distinción fundamental entre el realismo estructural poincareano y el realismo científico típico.

Resumiendo, sin pretensión alguna de exhaustividad, hemos presentado hasta aquí algunos de los argumentos a favor o en contra de la inclusión o no de la filosofía de Poincaré en el marco de lo que en el siglo XX se ha denominado "realismo estructural". Puesto que el debate contemporáneo acerca de esta forma de realismo está fuera del alcance de la presente obra, para los objetivos aquí expuestos basta con haber intentado mostrar que, al menos, es posible y razonable una interpretación tal de la obra del científico francés, lo que, por otro lado constituye «la diferencia más importante entre el convencionalismo de Poincaré y el mero *instrumentalismo*»[90].

---

[90] Cf. Pulte (2000), p. 53.

Capítulo 5: POINCARÉ Y SUS CONTEMPORÁNEOS. UN ESTUDIO DE EPISTEMOLOGÍA COMPARATIVA

> *Si la filosofía de la ciencia no tiene un comienzo absoluto, pensamos que las discusiones del paso del siglo XIX al XX representan una etapa crucial en la constitución de la disciplina tal como la conocemos.*
>
> Anastasios Brenner, *Les origines françaises de la philosophie des Sciences*

En los cuatro capítulos precedentes hemos analizado los elementos de la filosofía de la ciencia natural de Poincaré, así como sus implicaciones epistemológicas contrarias al relativismo y al instrumentalismo. De acuerdo con lo anunciado en la Introducción, corresponde a este quinto capítulo confrontar a Poincaré con algunos de sus contemporáneos, realizando un estudio comparado. En este sentido compartimos la opinión de Giedymin, para el cual dicho estudio constituye una necesidad a la hora de esclarecer el pensamiento de nuestro autor:

> «Para entender los escritos de Poincaré, uno debe desentrañar primero los misterios de la filosofía de Le Roy, Duhem y muchos otros de sus contemporáneos; pero uno no puede comprender a estos últimos sin comprender a Poincaré»[1].

Desde luego, cualquier pretensión de este tipo ha de ser parcial y hasta cierto punto arbitraria, pues ni es posible abordar todos los autores, ni cabe considerar que la lista de los elegidos es la única posible. En concreto nuestra elección ha recaído sobre John Stuart Mill, Ernst Mach, Heinrich Hertz, Hermann von Helmholtz, Pierre Duhem y Édouard Le Roy. Como se observa, nos hemos limitado al contexto europeo, especialmente franco-alemán, con la excepción del británico John Stuart Mill, por lo que, a pesar de su relevancia en el momento histórico que tratamos, no tomamos en consideración el pragmatismo americano. La elección de dicho contexto se debe a dos razones. Primero, Poincaré menciona en sus textos exclusivamente autores europeos; de hecho, todos los que analizamos son citados

---

[1] Giedymin (1982), p. 4.

por él en alguna ocasión. Segundo, varios de ellos comparten con Poincaré la consideración de científicos-filósofos (Mach, Hertz, Helmholtz, Duhem), en cuanto que no solo fueron en efecto hombres de ciencia, sino que también reflexionaron sobre su quehacer científico, explicitando las implicaciones epistémicas del mismo, por un lado, y popularizando su actividad en conferencias, libros y artículos por otro[2]. En este sentido todos ellos protagonizan el fenómeno de acercamiento entre la comunidad científica y filosófica que tuvo lugar de un modo muy intenso en la segunda mitad del siglo XIX, sin el cual estimamos que resulta difícil comprender el convencionalismo referido a la ciencia natural. Además, la emergencia de estas filosofías científicas es consecuencia de la hegemonía, durante el siglo XIX, de dos corrientes filosóficas previas, el idealismo metafísico[3] y el positivismo comtiano. Los mencionados autores tienen en común haber recibido su influencia, al tiempo que trataron de desmarcarse de ellas en mayor o menor grado. Como consecuencia, sus planteamientos son en parte el resultado del deseo de contraste con estas concepciones anteriores, dando lugar al neokantismo, al positivismo crítico y, por supuesto, al convencionalismo. Por ejemplo, en Alemania, el neo-kantismo es producto de una reacción contra el romanticismo y la *Naturphilosophie*, y se ve influenciado por el rechazo positivista a especulaciones metafísicas excesivas[4]. Por otro lado, en Francia, la crítica que ciertos filósofos hicieron a las concepciones excesivamente rígidas del positivismo comtiano, puso de manifiesto la necesidad de destacar el papel activo del espíritu en la constitución de la ciencia. No obstante, deben tenerse presentes las palabras de Čapek cuando afirma que «da línea divisoria entre los positivistas y los neokantianos es a veces muy vaga y del fenomenismo al idealismo hay tan solo un paso»[5].

---

[2] En este aspecto son características las siguientes obras: *Erkenntnis und Irrtum*, de Mach, que es una compilación de varios artículos y conferencias; los artículos "Ueber das Verhaltniss der Naturwissenschaften zur Gesammtheit der Wissenschaften", "Die Tatsachen in der Wahrnehmung", o "Über das Ziel und die Fortschritte der Naturwissenschaft", de Helmholtz; o *La Théorie physique - son objet*, sa structure, de Duhem, que está también elaborado a partir de varios artículos.

[3] Con este término nos referimos no al idealismo trascendental de Kant, sino al idealismo post-kantiano en sus diferentes formas y desarrollado a lo largo del siglo XIX. Mandelbaum lo caracteriza de este modo: «el idealismo metafísico defiende que en el ámbito de la experiencia humana solo puede encontrarse una pista para la comprensión de la naturaleza última de la realidad, y esta pista es revelada a través de aquellos rasgos que distinguen al hombre como un ser espiritual». Esta definición implica una separación entre 'realidad' y 'apariencia', junto con la idea de que alcanzamos mayor contacto con esa realidad al penetrar profundamente en nuestra propia naturaleza (nuestro 'yo'). Cf. Mandelbaum (1971), p. 4.

[4] Cf. Friedman y Nordmann (2006), pp. 4-5.

[5] Čapek (1961), p. 309.

Dos nombres propios quedan fuera de esta caracterización de científicos-filósofos: Mill y Le Roy[6]. En este último caso se trata muy probablemente del autor más citado por Poincaré, con cuya posición filosófica 'nominalista' desea profundamente que no se le identifique. Por tanto, su inclusión en la lista parecía obligada. En cuanto a Mill, a pesar de que el desarrollo de sus ideas es anterior al nacimiento de Poincaré, estimamos que su obra es un ejemplo paradigmático del análisis al que la metodología de las ciencias naturales se sometió en la época.

Digamos, por último, que no hemos pretendido establecer diálogo con las corrientes filosóficas que estos autores puedan representar, sino con ellos mismos en la medida en que fueron interlocutores para Poincaré, ya sea para acercarse o para desmarcarse de ellos. Ello generó un intercambio de ideas que contribuyó a perfilar su propia posición, lo que nos permite desvelar cómo en los matices podemos percibir un enfoque que se revela original y muy específico en lo referente a la reflexión sobre la ciencia de la época.

§ 1 John Stuart Mill

El objetivo principal de *A System of Logic* es hallar un fundamento cierto para las ciencias morales y sociales. Con este fin, Mill considera legítimo extrapolar los métodos de las ciencias naturales, puesto que «muchas de las leyes del mundo físico han sido enumeradas como verdades irrevocablemente adquiridas y universalmente afirmadas»[7]. Así, para cumplir este propósito debe analizar primero el método a partir del cual las ciencias naturales obtienen sus verdades y, consiguientemente, cómo se constituyen las leyes de la naturaleza.

La posición de Mill resulta de especial relevancia, tal como afirma Mandelbaum, primero, porque su pensamiento se sitúa en la frontera de transición entre el positivismo sistemático de Comte y Spencer y el positivismo crítico de Mach[8] y, segundo, debido a la extrema confianza que deposita en la inducción como método científico. En efecto, comparte con los dos primeros autores mencionados la consideración de que los conceptos y

---

[6] A pesar de no ser un 'científico-filósofo', Le Roy se formó como matemático en la *École Normale Supérieure* y fue profesor de matemática en varios institutos. No obstante, su puesto más importante lo obtendría al suceder a Bergson en su cátedra de filosofía griega y latina en el *Collège de France*.

[7] Mill (1843), p. CXI.

[8] Cf. Mandelbaum (1971), p. 13.

métodos de las ciencias naturales están suficientemente justificados experimentalmente como para servir de base en su exposición de las reglas que
guían el descubrimiento de la verdad. Sin embargo, es precisamente la idea
de 'justificación' la que le separa de ellos, pues, como afirma Passmore,
«Comte se conformó con describir los métodos de la ciencia, Mill quiso jus-
tificarlos»[9]. En ese sentido, el análisis crítico al que sometió todos los presupuestos del sentido común en el caso de las ciencias sociales, lo acerca a la
posición que el positivismo crítico de autores como Mach mantendría después en lo referente a las ciencias naturales.

Pero lo fundamental es aquí sin duda lo relativo a la inducción, a la
que Mill define del modo siguiente:

> «Inducción es esa operación de la mente por la que inferimos que lo
> que sabemos como cierto en un caso o casos particulares será cierto
> en todos los casos que se parecen al anterior en ciertos aspectos
> asignables. En otras palabras, Inducción es el proceso por el que
> concluimos que lo que es verdadero de ciertos individuos de una
> clase es verdadero de toda la clase, o que lo que es verdadero en
> ciertos momentos será verdadero en circunstancias similares en to-
> do tiempo»[10].

O sea, se trata, en definitiva, de un procedimiento en el que realizamos el paso de lo conocido a lo desconocido mediante una inferencia racional. Ahora bien, para que esto pueda ser aplicable es preciso tomar en
cuenta ciertas 'presuposiciones' previas, fundamentalmente la creencia en la
uniformidad de la naturaleza, la cual es considerada como 'el axioma fundamental' de la inducción[11]. La cuestión radica en cuál es el estatuto de tal
presuposición. En primer lugar hay que decir que no pertenece al ámbito de
las verdades 'intuitivas', de carácter metaempírico y, por tanto, carentes de
prueba, que Mill sin embargo, a diferencia de los positivistas sistemáticos,
no excluye. Partiendo, en segundo lugar, de la distinción entre verdades
empíricas y verdades necesarias, cabría plantearse si se incluye dentro de esta
últimas, dado que las empíricas se obtienen por inducción, con lo que su
fundamento sería no una verdad a su vez inductiva, sino una necesaria. No
obstante, en su opinión, las verdades necesarias, comúnmente denominadas
'analíticas', no consisten sino en proposiciones meramente verbales que no
aportan información alguna acerca del sujeto de la proposición en cuestión,

---

[9] Passmore (1957), p. 18.
[10] Mill (1843), p. 288.
[11] Cf. Mill (1843), p. 307.

por lo que son estrictamente convencionales en el sentido tradicional de la palabra, es decir, dependen del acuerdo para su uso[12]. Consecuentemente, son puras definiciones y «ninguna verdad puede ser deducida a partir de una definición»[13], de modo que el fundamento de la inducción tampoco se encuentra entre ellas.

En tercer lugar, hay que excluir asimismo que la tesis acerca de la uniformidad de la naturaleza constituya algún tipo de proposición *a priori*. Acorde con su defensa del conocimiento empírico, uno de los objetivos de Mill es negar todo posible apriorismo, en el sentido de no hacer depender en modo alguno la posibilidad de explicación de los hechos del mundo de las propiedades o de la estructura de nuestra mente. Por tanto, en ausencia de toda otra opción, dicha tesis ha de proceder de la experiencia, lo que significa que se trataría de una verdad empírica. Y esto es así del modo siguiente. Existe una ley que rige todas las otras que es 'la ley de causa universal', según la cual todo lo que sucede tiene una causa que puede ser descubierta[14]. Esta ley es, para Mill, coextensiva con la experiencia humana, es decir, se despliega al mismo tiempo que se produce nuestro contacto con el mundo, por lo que también tiene origen empírico. A partir de dicho contacto obtenemos la idea de regularidad de los hechos que observamos en el mundo. Basándonos en la regularidad, hacemos generalizaciones a partir de hechos que conocemos, tanto para predecir acontecimientos futuros como para explicar los pasados. Estas generalizaciones son las leyes empíricas, que no son todavía leyes de la naturaleza, pues estas solo serán las más básicas, o sea, aquellas de entre las empíricas que podamos reducir a su expresión más simple, como por ejemplo, las leyes de Newton[15]. De este modo, la idea de regularidad es la base de la causalidad y de todas las otras leyes y es, al mismo tiempo, el fundamento de la inducción. En definitiva, la asunción de que la naturaleza es uniforme tiene para Mill su base empírica en la observación de que hay regularidades, de que lo que se ha producido en ciertas circunstancias volverá a producirse. Por tanto, podríamos decir que la uniformidad de la naturaleza se asienta sobre la constatación empírica de que el curso de esta es uniforme.

Ni que decir tiene que este argumento es obviamente circular, de lo cual Mill es plenamente consciente dado que afirma que dicha uniformidad es en sí misma un ejemplo de inducción[16]. No obstante, en su opinión, pare-

---

[12] Cf. Mill (1843), p. 109.
[13] Mill (1843), p. 1046.
[14] Cf. Mill (1843), pp. 323-325.
[15] Cf. Mill (1843), p. 317.
[16] Cf. Mill (1843), p. 308.

ce que este no es el problema sino el hecho de que, como garante y fundamento de todas las otras inducciones y leyes que establecemos como verdaderas, la regularidad de la naturaleza sea una de las últimas que hacemos, pues para llegar a esta 'verdad general' primero hemos tenido que establecer muchas otras. Por eso, se pregunta:

« ¿En qué sentido puede un principio que está tan lejos de ser nuestra primera inducción ser visto como la garantía de todas las otras?»[17].

Y la respuesta, aunque para él es obvia, no lo es tanto para nosotros:

«En el sentido en que las proposiciones que situamos a la cabeza de nuestros razonamientos cuando los formulamos como silogismos, contribuyen a su validez»[18].

Concibe así la inducción como un silogismo en el que se ha omitido la premisa mayor, que es precisamente la uniformidad de la naturaleza. Convertida en la premisa mayor de todos los silogismos inductivos, su relación con las conclusiones de los mismos reside en que «no contribuye en absoluto a probarlos, si bien es condición necesaria de que sean probados»[19]. Es decir, no constituye una evidencia decisiva para la conclusión del silogismo, pero si fuera falsa, la inducción no sería válida[20]. En definitiva, podemos decir que se trata de una condición necesaria pero no suficiente. Lo que esto significa es que estableciendo cada inducción una cadena de silogismos, llegaríamos en último término a uno en el que, de hecho, dicha uniformidad sería su premisa mayor.

Mill no deja de reconocer la dificultad del tema, por lo que asume que no haya acuerdo al respecto y afirma que hay quienes defienden que sea un principio que se impone a nuestro pensamiento. No obstante, basándose en su concepción según la cual, todo nuestro conocimiento que no sea de verdades autoevidentes tiene su fundamento en la experiencia, considera que este es también el caso de la uniformidad de la naturaleza. Resumiendo, como él mismo reconoce, no hay modo de resolver el problema de la inducción:

---

[17] Mill (1843), p. 309.
[18] Mill (1843), p. 309.
[19] Mill (1843), p. 310: «not contributing at all to prove it, but being a necessary condition of its being proved».
[20] Cf. Scarre (1989), p. 96.

« ¿Por qué es un simple ejemplo, en algunos casos, suficiente para una inducción completa, mientras que en otros, miríadas de ejemplos sin una única excepción conocida o supuesta valen tan poco para establecer una proposición universal? Quienquiera que pueda responder esta pregunta sabe más de filosofía de la lógica que el más sabio de los antiguos y ha resuelto el problema de la inducción»[21].

A pesar de ello, y aun cuando su justificación sea un argumento circular, este es precisamente el método elegido para el establecimiento de las leyes, en la medida en que las únicas proposiciones que son portadoras de conocimiento son las empíricas y se rechaza toda posibilidad de estructuras *a priori* (a menos que acabemos por recurrir al hábito generado por las reiteradas repeticiones). En realidad, para Mill, los cimientos del método inductivo se hallan en el éxito en la construcción de una ciencia empírica, tal como la mecánica newtoniana, cuyas leyes funcionan para explicar y predecir fenómenos.

Contrastando su posición con la de Poincaré, este nunca aborda de modo explícito el problema de la inducción, tal como dijimos en el primer capítulo, pese a ser fundamental para la formulación de hipótesis como generalizaciones empíricas que después constituimos en leyes y algunas de estas en principios. Sin embargo, a pesar de no referirse claramente a esta cuestión, el científico francés aporta una posible alternativa al problema al formular el principio de inducción como una hipótesis natural, la cual nosotros hemos reinterpretado como uno de los tipos de convención. Así, afirma que una de las formulaciones del principio de inducción es la siguiente:

«Cuando el mismo antecedente se produce, el mismo consecuente debe igualmente producirse»[22].

Obviamente esta es también una enunciación del principio de causalidad, el cual para Mill era algo así como 'la ley general de las leyes que rigen los fenómenos'. Al mismo tiempo, Poincaré manifiesta su intención de no investigar los fundamentos del principio de inducción, dado que sabe que fracasará[23]. En este punto, a pesar de su falta de formación filosófica académica, podemos conjeturar que la solución que aporta al problema, quizá no es tan irreflexiva como una lectura descuidada de su obra podría

---

[21] Mill (1843), p. 314.
[22] Poincaré (1905a), p. 176.
[23] Cf. Poincaré (1905a), p. 176.

sugerir. Primero, porque define el principio de inducción como equivalente a la ley de causalidad. Segundo, porque es plenamente consciente de la imposibilidad de resolverlo en términos estrictamente empíricos. Y tercero, porque sabe bien que a pesar de las dificultades en que la lógica subyacente a este principio nos coloca, no por ello dejamos de utilizarlo para la formulación de las leyes experimentales, en el sentido de ser una hipótesis que resulta *natural* realizar. De este modo, y esto es lo fundamental, al interpretar las hipótesis naturales (entre ellas el principio de inducción) en términos de convenciones, a saber, de decisiones tomadas libremente por el investigador para la comodidad de una descripción sistemática, podemos permitirnos no resolver, pero sí obviar, los problemas que la causalidad, la regularidad y la uniformidad nos plantean, en definitiva, las dificultades suscitadas por el principio de inducción.

La mayor diferencia entre ellos es, precisamente, lo que nosotros consideramos el núcleo de la filosofía de Poincaré, a saber, el uso de convenciones. Las únicas convenciones presentes en las ideas de Mill son las lingüísticas, de tal manera, que el único papel del investigador en la constitución de la ciencia es la operación de inferencia, la inducción. En cambio, con el uso de las convenciones, Poincaré destaca el rol de las decisiones del científico, dado que considera que no es posible mantenerse en el terreno exclusivamente empírico, pues el investigador no se limita a recoger los datos de la naturaleza, sino que debe organizarlos. Así, esta concepción desafía la posición inductivista, según la cual la adquisición del conocimiento es prácticamente automática a partir de los datos de los sentidos. De acuerdo con el convencionalismo que venimos defendiendo, el conocimiento se adquiere en el doble juego que supone, por un lado, la interacción con la naturaleza y, por el otro, la conformación de los datos obtenidos como resultado de dicha interacción. Por tanto, dicho conocimiento solo es posible cuando el investigador decide activamente el orden de disposición de los mismos, sin que este sea en modo alguno arbitrario.

Las convenciones limitan la infalibilidad de nuestro conocimiento, al poner de manifiesto que tanto los métodos de agrupación de experiencias, como la elaboración de hipótesis y teorías son producto de procesos discrecionales y no el resultado de inferencias que revelan «verdades irrevocablemente adquiridas y universalmente asentadas»[24]. Esto supone una concepción crítica que cuestiona el estatus de ciertas verdades científicas que el inductivismo de Mill se limita a justificar. Desde el punto de vista de Poincaré no hay una inducción suficiente que pueda establecer las leyes de una manera decisiva. En principio, estas son siempre variables y revisables, pero

---

[24] Cf. Mill (1843), p. CXI

cuando son elevadas a principios y se sitúan así fuera del alcance experimental, no es porque las pruebas empíricas sean definitivas, sino porque el científico toma la decisión de situarlas en ese nivel por razones heurísticas. Es claro que dicha decisión se basa en las numerosas verificaciones obtenidas, pero estas no son condición suficiente para concederles ese estatuto. Al incluir los principios de la física como convenciones, Poincaré pone de relieve que los principios de la mecánica de Newton no son leyes empíricas generalizadas a partir de la naturaleza. Mill, en cambio, asume su verdad inductiva sin ponerlas en cuestión.

Desde la perspectiva convencionalista el científico admite que la constancia del curso de la naturaleza es un presupuesto que él debe suponer, o sea, es él quien lo impone a la naturaleza, en tanto que en la posición inductivista dicha constancia es presupuesta como característica natural. Así, para los inductivistas las leyes son simplemente la expresión de las uniformidades de la naturaleza, mientras que para el convencionalismo poincareano, estas son resultado de procesos de agrupación de hechos escogidos mediante criterios específicos que revelan la necesidad de adoptar resoluciones en cada paso de la constitución de la ciencia.

Sin embargo, esto no resta importancia al papel que la filosofía de Mill, junto con el positivismo, desempeñó en el desenvolvimiento de las reflexiones de la época en torno a la ciencia porque la inducción devino el método científico por excelencia y la ciencia inductiva fue considerada «ciencia de la realidad *tout court*»[25]. Además, autores como Helmholtz consideraron a Mill como pionero en la introducción de normas metodológicas en las prácticas de la ciencia natural[26] y, por último, las cátedras de filosofía de la ciencia que se fueron estableciendo en la época contenían en su denominación las palabras "ciencias inductivas"[27]. Precisamente, consideraremos a continuación un autor que ocupó una de ellas y cuyo pensamiento va un poco más allá al situarse en el positivismo crítico.

---

[25] Schnädelbach (1983), p. 110.
[26] Cf. Helmholtz (1869), p. 16.
[27] Algunos ejemplos son: la cátedra de Mach de *Historia y teoría de las ciencias inductivas* en la Universidad de Viena, obtenida en 1895 y también ocupada por Boltzmann, o la cátedra de *Filosofía de las ciencias inductivas* en la Universidad de Zurich ocupada por Friedrich Lange entre 1870 y 1875.

§ 2 Ernst Mach

En el caso de este positivista crítico interesa asimismo el estatuto epistemológico de la ciencia física en el contexto de lo que se conoce como su 'monismo neutral'[28], según el cual el mundo o 'lo que hay'[29] se resuelve en un conjunto de 'elementos' o 'sensaciones'. Ello abarca no solo la materia, el espacio y el tiempo, sino el propio 'yo', por lo que no cabe una lectura idealista o subjetivista de este planteamiento[30], en la medida que se diluye la propia distinción entre lo físico y lo psíquico[31]. Partiendo de estas premisas, en las que, según es bien sabido, todo conocimiento es de origen empírico y se rechaza toda forma de apriorismo[32], ¿en qué sentido cabe hablar de conocimiento científico?

A propósito de este autor, el concepto clave, que ya hemos visto aparecer en Poincaré (en cuanto criterio de selección de los hechos), es el de 'economía de pensamiento', entendido como un principio regulativo, en virtud del cual el científico reúne y organiza los elementos de un modo específico, que Mach califica como 'económico'[33]. Así, en su obra de 1872 *Die Geschichte und die Wurzel des Satzes von der Erhaltung der Arbeit* afirma:

«Una fórmula, una ley científica, no tiene más valor que el agregado de los hechos individuales. Su valor para nosotros yace meramente en la conveniencia de su uso: tiene un valor económico»[34].

El objetivo de la ciencia es investigar la dependencia de unos fenómenos o elementos respecto de otros[35], o sea, establecer su modo de conexión. Con este fin disponemos de imágenes, proposiciones y símbolos, que nos sirven para organizar la experiencia y poder tratarla del modo que nos resulte más cómodo y simple. Por medio de dicha conexión creamos una suerte de imagen que no es otra cosa que una abstracción de aquello que percibimos, una idealización de las características de los elementos o sensaciones que encontramos más relevantes para nuestros fines prácticos o

---

[28] Cf. Gori (2011), p. 102 y Schramm (1998-1999), p. 117.
[29] Cf. Mach (1886), p. 11.
[30] La crítica de Lenin de 1908 se centra básicamente en el sensacionismo de Mach y en su asociación de este a un idealismo subjetivo à la Berkeley. Contra esta crítica, cf. Cohen (1968), pp. 31-35 y Banks (2004), p. 41.
[31] Cf. Mach (1886), p. 37.
[32] Cf. Mach (1883), p. 72.
[33] Cf. Mach (1905), p. 399.
[34] Mach (1872), p. 55.
[35] Cf. Mach (1872), p. 9.

para sobreponernos a ciertas dificultades intelectuales. Los procesos de agrupación y establecimiento de relaciones entre ellos pueden ser muy variados, pero al realizar estos y la imagen subsiguiente, ya no estamos simbolizando lo que percibimos, sino «la acomodación del pensamiento a los hechos»[36]. Esto se debe a que los elementos son particulares, o sea, irrepetibles, y cualquier idealización o abstracción que hacemos de ellos con el fin de agruparlos, de expresar una regularidad o, en último término, de constituir una ley, no deja de ser un alejamiento o enajenación de lo percibido. Por consiguiente, las leyes, teorías y, en definitiva, toda la ciencia física responden, no tanto a las sensaciones mismas, como a nuestros modos de agruparlas en función de nuestra estructura cognitiva la cual está subordinada a la experiencia de la especie. Ello constituye una suerte de a priori biológico o evolutivo, en el sentido de que lo que es *a priori* para un individuo es *a posteriori* para sus ancestros, dado que estos lo han adquirido en el curso de su contacto con los fenómenos[37].

De este modo, la economía del pensamiento se relaciona con el darwinismo de Mach en dos sentidos. Primero, porque ayuda a la ciencia a conseguir la adaptación del pensamiento a los hechos o de los pensamientos entre sí con el menor número posible de símbolos[38]; y segundo, porque los medios económicos de adaptación los hemos adquirido no como individuos sino como miembros de la especie. No obstante, la sistematización de los elementos también dependerá del interés del investigador, pues en función de cómo se asocien las mismas sensaciones la investigación será física o psicológica. Es por esto que defiende que la física es una ciencia creada con propósitos limitados y específicos, en la que el científico tiene el poder de determinar voluntariamente su propio punto de vista, de cara a destacar las cuestiones que más le conciernen[39]. Como resultado, la ciencia no es más que una forma exitosa de adaptación y resolución de dificultades:

> «El conocimiento es invariablemente una experiencia mental, directa o indirectamente beneficiosa para nosotros. El conocimiento y el error surgen de las mismas fuentes mentales, solo el éxito puede diferenciar uno de otro»[40].

---

[36] Mach (1886), p. 279.

[37] Cf. Paty (1986), p. 201 y Haller (1998-1999), p. 100.

[38] A causa de esta parsimonia de medios, la economía de Mach ha sido interpretada como una variante de la 'navaja de Ockham'. Cf. Hiebert (1970), p. 189 y Baç (2000), p. 40.

[39] Cf. Mach (1886), p. 7.

[40] Mach (1905), p. 84.

Por su parte los variables conceptos de la ciencia no son más que etiquetas funcionales que facilitan la transmisión de conocimiento sin ningún valor de verdad[41], tal como pone de manifiesto en su estudio de la historia de la mecánica. En efecto, muestra allí cómo los principios de esta disciplina son fijados a partir de conjeturas que resultan sencillas y convenientes basadas en las leyes del movimiento, las cuales han de ser concebidas no como generalizaciones de hechos de experiencia, sino como agrupaciones de elementos económicamente estructurados que no son otra cosa que una restricción de nuestras expectativas[42]. Según esto, la ley es algo postulado para nuestra comodidad con el fin de proporcionar una explicación de algún fenómeno concreto, es decir, con el objetivo de limitar nuestro campo de posibilidades para la acción y señalar el curso que deben seguir nuestros pensamientos para obtener una mejor adaptación. La convencionalidad de los principios solo responde a la comodidad de una imagen para dar cuenta de ciertos fenómenos. Está basada en criterios exclusivamente pragmáticos de tal modo que la agrupación que realizamos para constituir las leyes no es más que una solución para orientarnos en el mundo, una entre las posibles soluciones múltiples iluminadoras.

En definitiva, los principios de la mecánica se fundamentan en leyes y pueden ser interpretados como convenciones *en algún sentido*[43]. Pese a la aproximación formal entre Mach y Poincaré a lo que ello aparentemente conduce, en nuestra opinión las divergencias, sin embargo, son profundas. Resulta incuestionable que hay ciertos paralelismos entre ambos autores, como son, por ejemplo, la agrupación de los fenómenos por parte del investigador en función de un criterio económico o la concepción del conocimiento como progresiva adaptación al medio con bases de carácter evolucionista, pese a lo cual el alcance cognitivo que cada uno de ellos otorga a la ciencia es muy diferente. Así, mientras que para el físico austriaco no es más que una forma exitosa de adaptación y resolución de dificultades, una regla de acción que tanto ella como su contraria podrían acertar y tener éxito, hemos tratado de poner de manifiesto en todo lo dicho hasta aquí que, para Poincaré, el conocimiento científico permite además dar cuenta de estados de cosas del mundo, de modo que la noción de convención es compatible con la posibilidad de un cierto valor de verdad. De hecho es justamente ese

---

[41] Cf. Gori (2012), p. 347.
[42] Cf. Mach (1905), p. 351.
[43] En la séptima edición de *Die Mechanik in ihrer Entwickelung historisch-kritisch Dargestellt* Mach afirma «tiene pues razón Poincaré cuando llama convenciones a los principios de la mecánica». Mach (1883), p. 211.

valor de verdad el que hace que una teoría científica sea exitosa y no a la inversa.

Por el contrario, para Mach todas las teorías son concebidas como instrumentos que clarifican y ordenan y que, mediante los cambios introducidos en ellas, nos permiten adaptarnos mejor a los hechos, lo que nos faculta para hablar de 'progreso científico' en algún sentido. Pero precisamente esa variabilidad histórica y evolutiva muestra que los conceptos solo tienen un valor relativo y funcional en cuanto portadores de un interés orientado a la acción. Puesto que la física responde a una descripción económica con vistas a la adaptación, su objetivo no es explicar los procesos naturales, sino servirnos de ellos. Se trata así de una descripción de los elementos agrupados por el científico que solo satisface nuestras necesidades, de modo que cualquier relación con la realidad o declaración de existencia a partir de las leyes físicas es tan superflua como naif[44].

La ciencia es, pues, una descripción condensada de la experiencia; ahora bien, dado que ni la simplicidad ni la economía son guías para la verdad[45], las teorías serán vistas solo como auxiliares que no pueden ser refutadas (pero tampoco verificadas, claro está)[46]. Es posible que Paty tenga razón cuando defiende que Mach no es un nominalista, puesto que los conceptos no son solo palabras vacías, sino que «son estables y ricos en contenido porque están cargados de historia y de experiencia»[47], pero en cualquier caso la posición instrumentalista y pragmática respecto de la física está fuera de toda duda. Frente a ella, Poincaré defiende no solo la posibilidad de que la ciencia nos conduzca a la acción o a la previsión de acontecimientos, sino además la existencia de una conexión entre nuestras construcciones exitosas y aquello de lo que hablan. De forma que los resultados que funcionan no son producto exclusivo de la conveniencia, sino de haber encontrado la relación subyacente entre los fenómenos. Por eso la ley no es la expresión de una limitación de lo que podemos esperar de la experiencia, sino un enunciado factual que formula una relación que de hecho acontece. Es, en definitiva, la afirmación de un conocimiento que se da y que no depende en exclusiva del modo en que el científico lo organiza o de su interés particular. Consecuentemente, en oposición al pragmatismo de Mach, para Poincaré la ciencia no está exclusivamente orientada a la acción, sino al conocimiento.

---

[44] Cf. Cohen (1968), p. 141.
[45] Cf. Banks (2004), p. 25.
[46] Cf. Cohen (1968), p. 148.
[47] Paty (1986), p. 200.

A continuación examinaremos un autor que también pone de relieve la dimensión empírica del conocimiento científico, pero cuya concepción de base es diametralmente opuesta a la de Mach.

§ 3 Heinrich Hertz

A diferencia de los dos autores anteriores, la posición de Hertz no se enmarca dentro de las concepciones positivistas de la época. De hecho, no resulta fácil ni evidente adscribir su filosofía a una corriente determinada, pues ha sido calificado de muchas maneras: empirista al estilo de Kirchhoff y Mach[48], positivista[49], empirista deductivo à la Whewell[50], helmholtziano[51], kantiano ortodoxo[52] y neo-kantiano[53]. En este sentido, intentaremos evitar este tipo de afirmaciones y mostrar simplemente su concepción de la ciencia natural. No obstante, consideramos que se encuentra más próximo al neo-kantismo que al positivismo, dada la influencia de Kant en su obra. En el primer libro de *Die Prinzipien der Mechanik in neuem Zusammenhange dargestellt* afirma:

> «El objetivo del primer libro es completamente independiente de la experiencia. Todas las aserciones hechas son juicios *a priori* en el sentido de Kant»[54].

En este sentido, podemos decir que opera con la categoría kantiana de lo *a priori*, refiriéndose a lo no originado en los datos de los sentidos[55]. A partir de esta categoría, junto con la de lo empírico, divide su obra en dos partes, siendo la primera una cinemática a priori y la segunda una dinámica empírica[56].

---

[48] Cf. Jammer (1957), p. 211.
[49] Así lo califica Mach en 1897, en la tercera edición de su *Die Mechanik in ihrer Entwickelung historisch-kritisch Dargestellt.*
[50] Cf. Schnädelbach (1983), p. 110.
[51] Cf. Hyder (2002).
[52] Cf. D'Agostino (2004), pp. 386-387.
[53] Cf. Baç (2000), pp. 45-46, Lambert (2003), p. 48, Hyder (2003), pp. 27-40 y Christiansen (2006), p. 1.
[54] Hertz (1894), p. 45.
[55] Cf. Kant (1781/1787), B2.
[56] Cf. Videira (2012), p. 12.

Su objetivo es exponer claramente los principios de la mecánica, pues considera que esta proporciona a la física su 'imagen' más simple[57]. La 'imagen', entendida como una imagen mental o representación, es un concepto clave de la concepción hertziana, equivalente a lo que llamamos 'teoría':

«Una teoría física es una imagen construida por nosotros»[58].

Como afirma Coelho, esta proposición sintetiza su filosofía de la ciencia. Hertz identifica tres imágenes posibles de la mecánica: la newtoniana, la energetista y la suya, a las que nos referimos en el tercer capítulo al hablar de los principios. Cada una de ellas está compuesta de algunos conceptos fundamentales y de ciertos principios interpretados como axiomas, a partir de los cuales se deducen otros. Su imagen de la mecánica es inferida a partir de su 'ley fundamental', que es una generalización del principio de inercia:

«Todo movimiento natural de un sistema material independiente consiste en que el sistema sigue con velocidad uniforme uno de sus caminos rectos»[59].

Este es, según él, un principio derivado de la experiencia, pero en su imagen lo interpreta como un axioma, de tal manera que ya no es ni refutable ni verificable. Los demás principios mecánicos son derivados de este como corolarios. En cuanto a los conceptos que considera fundamentales, estos son tiempo, espacio y masa; y, con excepción de la masa, son entendidos de acuerdo con su doble perspectiva epistémica (a priori y empíricos). Así, existe un tiempo a priori que es el de nuestra intuición interna y uno empírico que es definido a partir de mediciones de objetos de experiencia. Igualmente ocurre con el espacio, cuyo concepto a priori se corresponde con el euclídeo, y el empírico que asimismo se establece en función de mediciones a partir de una métrica y unas coordenadas de posición determinadas convencionalmente. Por último, en el primer libro la masa es establecida mediante la siguiente definición, que Hertz considera completamente arbitraria:

---

[57] La palabra que Hertz utiliza y que traducimos como 'imagen' es 'Bild'. A pesar de la ambigüedad del término, decidimos utilizarlo porque así es como se traduce tradicionalmente. En la versión inglesa el término utilizado es 'image', aunque algunos estudiosos de Hertz prefieren usar 'picture'. La italiana utiliza 'immagine' y la portuguesa 'imagem'.

[58] Coelho (2007a), p. 243.

[59] Hertz (1894), p. 27.

«Una partícula material es una característica por la que asociamos sin ambigüedad un punto dado en el espacio en un tiempo dado con un punto dado en otro tiempo cualquiera.

Toda partícula material es invariable e indestructible»[60].

En efecto, considera que la masa no es definible a priori y por eso establece una definición convencional para expresar este concepto. En cambio, en el segundo libro, la masa está determinada por el peso, dado que para él este puede medirse empíricamente. En conjunto, por tanto, los conceptos se derivan de la experiencia solo mediante su medición, y las unidades métricas se asientan en 'convenciones arbitrarias'[61]. La fuerza, que había sido un concepto fundamental de la mecánica, no tiene en la obra de Hertz el mismo estatuto que los otros, dado que carece de enunciación en el primer libro (es decir, no es a priori y tampoco recibe una definición arbitraria como la masa), siendo definida a posteriori en el segundo, por el proceso de medición y criticada en todo momento por su carácter oscuro y confuso[62].

De este modo podemos decir que las imágenes están constituidas por dos tipos de elementos, algunos están tomados de la experiencia y otros dependen de la mente humana, o sea, del sujeto cognoscente[63]. Los primeros son los datos obtenidos a partir de los sentidos, que se identifican con los procesos de medición y las experiencias realizadas. Los segundos son las formas de nuestra intuición interna, el espacio y el tiempo, según Hertz[64]. No obstante, debemos entender que aquello que percibimos es tan solo una parte de lo que existe, pues al igual que Kant, Hertz considera que tras nuestras percepciones hay un mundo de 'cosas en sí' al que no tenemos acceso[65]. Consecuentemente, podemos decir que hay una cierta coincidencia entre las posiciones de este autor y las de Poincaré en el sentido de que para ambos, lo que sean las propiedades últimas del mundo material están más allá del dominio de la ciencia física[66].

Cada imagen es, así, una ordenación de los elementos sensibles. Es precisamente el orden en que estos son dispuestos lo que constituye la aportación fundamental del investigador. Sin embargo, esta disposición no es en

---

[60] Hertz (1894), pp. 45-46.
[61] Cf. Hertz (1894), p. 140.
[62] Cf. Lützen (2005), p. 3, Coelho (2012), p. 28 y Lambert (2003), p. 40
[63] Cf. Hüttemann (2009), p. 151.
[64] Cf. Hertz (1894), p. 45.
[65] Cf. Lützen (2006), p. 315.
[66] Con respecto a Hertz, cf. Baç (2000), p. 46 y Hertz (1894), p. 23: «La física ya no reconoce como un deber resolver las demandas de la metafísica».

modo alguno arbitraria y debe obedecer a tres criterios fundamentales: permisividad, corrección y adecuación[67]. El primero de ellos significa que la imagen ha de ser consistente desde el punto de vista lógico, es decir, no puede contradecir las leyes del pensamiento (principalmente el principio de contradicción), que son dadas a priori. El segundo se refiere al ajuste de nuestras mediciones experimentales con los resultados de la deducción teórica de nuestra imagen, de modo que sus consecuencias y predicciones tienen que ser verificables en el mundo fenoménico. Estos dos son criterios fundamentales, puesto que ninguna imagen será completa, ni podrá ser tomada en consideración a menos que los satisfaga. El tercero es el que nos permite escoger entre imágenes que son lógicamente consistentes e igualmente correctas. Será más adecuada la más cómoda o conveniente. Esto significa que es más fácil de manejar, que refleja más propiedades de los fenómenos que otra y que es más simple porque tiene menos relaciones vacías. Esta es la razón principal en la que Hertz se basa para criticar la mecánica newtoniana[68]. Al incluir la fuerza entre sus conceptos fundamentales, supone elementos no observables que la complican de modo innecesario. Por eso considera que su imagen es más simple y, en consecuencia, más adecuada: dado que en la observación de movimientos (por ejemplo de cuerpos celestes) nunca percibimos las fuerzas, es mejor suprimirlas como conceptos básicos y que formen parte solo de los cálculos matemáticos. En cambio, él introduce las 'Massenteilchen' o partículas de masa, que tienen en esencia la misma naturaleza que las masas ordinarias, pero con la salvedad de que son inobservables. Podría objetarse que hace uso de elementos no observables y que esto contradice su propio criterio de adecuación, sin embargo, al ser estas de la misma naturaleza que la masa ordinaria, perceptible sensiblemente, no estaría envolviendo ninguna entidad diferente. En este caso, la simplicidad es entendida como una suerte de 'navaja de Ockham' que supone la parsimonia ontológica[69]. Ahora bien, la adecuación entendida como simplicidad se predica única y exclusivamente de nuestra imagen, dado que en modo alguno podemos pretender que la naturaleza sea simple a causa de nuestro limitado conocimiento de la misma[70]. En esto coincide con Poincaré, el cual —según vimos en el primer capítulo— defendía la simplicidad como un criterio de selección de los hechos y una guía para realizar las generalizaciones empíricas de los mismos (hipótesis verificables), y no como una característica de la naturaleza.

---

[67] Cf. Hertz (1894), p. 4.
[68] Cf. Coelho (2012), p. 26.
[69] Cf. Lützen (2006), p. 316.
[70] Cf. Hertz (1894), p. 23.

Estos tres criterios de organización y constitución de la imagen tienen un carácter supraempírico, en la medida en que no están proporcionados por la experiencia. Sin embargo, no son trascendentales en un sentido kantiano, porque Hertz es consciente de que pueden variar, ya que diferentes contextos experimentales podrían requerir distintas reglas metodológicas[71]. Tampoco son a priori en el sentido biológico de Mach; es decir, no dependen de la experiencia de la especie. Por consiguiente, podemos entenderlos como normas dadas por el científico al inicio de su investigación, con las que se halla en constante interacción, de tal modo que puedan ser modificadas si esta las pone en cuestión. Su carácter normativo es convencional y utilitario: es decisión del científico incluirlos como requisitos y su cumplimiento implica la funcionalidad de la imagen.

Una vez expuesto el modo de formación de las imágenes y los criterios que han de satisfacer, nos falta esclarecer el punto que más nos interesa: ¿cuál es su relación con la naturaleza? Y, consecuentemente, ¿qué estatuto tienen las teorías y toda la ciencia física (mecánica, en este caso) para Hertz?

Las imágenes mecánicas, en la medida en que son un producto mental del sujeto cognoscente, no son sino instrumentos cuyas consecuencias deben corresponderse con la experiencia percibida. Así, las leyes, conceptos y principios que forman parte de ellas carecen de un correlato empírico, solo sus resultados y predicciones lo poseen[72]. De este modo, una imagen, tal como ocurría con las teorías científicas para Mach, no puede ser refutada ni verificada experimentalmente, solo sus consecuencias observacionales podrán ser contrastadas.

La discrepancia con la posición de Poincaré es evidente: a este le preocupa la posibilidad de mantener un vínculo empírico en los componentes más fundamentales de la teoría. Con excepción de las hipótesis indiferentes que son claramente instrumentales, todos los otros elementos que forman parte de las ciencias físico-mecánicas (hipótesis verificables y naturales, hechos, leyes, principios) tienen una base experimental para ser formados de tal modo que no se trata solo de dar cuenta de consecuencias observacionales, sino de justificar el contenido de conocimiento que nos aporta la experiencia. Poincaré sitúa la experiencia a la base de todo nuestro conocimiento y restringe lo a priori a dos principios específicos (la noción de grupo y el principio de inducción completa), cuyo papel en las ciencias físicas es mucho menos evidente que en la matemática pura (aritmética). De esta forma, para dar cuenta de la mecánica como una ciencia empírica, tiene que afirmar su carácter inductivo, pese a que no todos sus conceptos son dependientes

---

[71] Cf. Baç (2000), p. 52
[72] Lützen (2005), p. 86 señala igualmente este punto.

de la experiencia. Así, aunque esta disciplina comparta en parte el estatuto de la geometría, recordemos que resulta imposible separar su parte empírica de su parte convencional, pues al hacerlo, quedaría completamente mutilada. En cambio, al partir de las concepciones kantianas de espacio y tiempo y de una definición arbitraria de masa, Hertz instaura un sistema deductivo para la mecánica que ha de concordar con las leyes del pensamiento, cuyos componentes no tienen correspondencia empírica, pues solo las consecuencias inferidas del sistema (la imagen) son comprobables experimentalmente. En efecto, para este hay una distinción clara entre las teorías (imágenes) que producimos y el contenido de nuestras percepciones, tal como la había para Mach. Así, la teoría no es más que un 'ropaje vistoso' (gay garment) que no debe ser confundido con una representación de lo que acontece en la realidad[73].

A pesar de esta disparidad de concepciones, queremos destacar un punto de coincidencia en los dos autores: se trata de la tolerancia teórica. Con respecto a Poincaré, la mencionamos al final del tercer capítulo como una idea derivada de la física de los principios, según la cual el estatuto convencional de los principios evita el compromiso dogmático con una interpretación teórica determinada de los mismos. En definitiva, es la característica principal de la denominada 'concepción pluralista de las teorías' a la que nos referimos en el cuarto capítulo. Significa así que puede existir un conjunto de teorías observacionalmente equivalentes y estructuralmente semejantes que se diferencian con respecto a sus afirmaciones ontológicas (hipótesis indiferentes). Igualmente, la posición de Hertz con respecto a las imágenes es pluralista, dado que afirma la posibilidad de proporcionar varias que sean lógicamente consistentes y correctas (sus resultados coinciden con datos observables), dependiendo de la elección de los presupuestos fundamentales. Además, en el capítulo anterior señalamos también que, dada la comprensión hertziana de la teoría de Maxwell, este autor compartía el pluralismo de Poincaré respecto a la posibilidad de proporcionar teorías diferentes para explicar los mismos fenómenos experimentales, siempre que compartan una estructura formal, o sea, que lleven a las mismas ecuaciones.

Por último, debemos decir que su filosofía de la ciencia se constituye de modo diferente. Poincaré la desarrolla como una consecuencia directa de su práctica científica, es decir, afronta los problemas de la ciencia físico-mecánica a medida que se encuentra con ellos y elabora en consecuencia una posición filosófica. En cambio, la aproximación de Hertz es mucho más sistemática: primero identifica los problemas a los que está sujeta la concep-

---

[73] Cf. Hertz (1962), p. 1 y ss. Sobre la caracterización de las imágenes como 'gay garment', cf. Baç (2000), p. 46 y Lützen (2005), p. 101.

ción tradicional de la mecánica. Después, concibe una filosofía particular[74] y con base en ella, desarrolla un sistema deductivo que resuelva todos los problemas. Las soluciones de Poincaré son, por el contrario, mucho más provisionales y desestructuradas.

En definitiva, Hertz llega a una concepción instrumental de las teorías partiendo de la combinación de algunos elementos kantianos con la necesidad empírica de contrastar los resultados derivados de las mismas, al considerar que lo único que debe verificarse experimentalmente son sus consecuencias lógicas y no el conjunto de sus elementos (la imagen). A continuación, veremos en contraste la posición neo-kantiana de Helmholtz[75].

§ 4 Hermann von Helmholtz

Nunca la línea divisoria entre neo-kantismo y positivismo fue tan difusa como en el caso de Helmholtz. En efecto, la combinación de elementos a priori, tomados directamente de la filosofía de Kant, con otros empiristas, recogidos de las ideas de Faraday y de otros físicos ingleses[76], da como resultado una filosofía de la ciencia que concibe la existencia de una realidad más allá de las apariencias sensibles, pero en la que el conocimiento solo es posible a través de nuestra intervención en la naturaleza.

Así, con base en el pensamiento kantiano, Helmholtz defiende la existencia de una realidad subyacente a los datos percibidos por los sentidos, que responde a la naturaleza última de estos. Sin embargo, el hecho de que haya algo a lo que no tenemos acceso, no quiere decir no tengamos conocimiento en absoluto. Por el contrario, a partir de la experiencia podemos constituir leyes y teorías que responden a la realidad. Esto ocurre porque aquello que percibimos son signos o símbolos de los objetos reales. De este modo, el 'signo' es el concepto básico de la epistemología científica de Helmholtz[77]. Cada signo corresponde a una sensación, la cual no es una mera copia de los estímulos recibidos, sino que se asocia a este y, en último término, a los objetos por medio de una serie de 'inferencias inconscien-

---

[74] Cf. Coelho (2012), p. 17.
[75] Consideramos 'kantiana' la concepción de Hertz y 'neo-kantiana' la de Helmholtz, porque en tanto que este último se adhiere explícitamente al movimiento de 'retorno a Kant', conocido como neo-kantismo (cf. Friedman y Nordmann, 2006, p. 3), el primero solo asume el uso de elementos kantianos en el sentido propio de este filósofo y no en el de la renovación de su doctrina que tuvo lugar en el momento histórico que tratamos.
[76] Cf. Heidelberger (1993), p. 462-463.
[77] Cf. Cohen y Elkana (1977), p. XX.

tes'[78]. Así, el mencionado signo constituye la base de nuestro conocimiento de la naturaleza. Al considerar que lo percibido es un signo de lo real y, consecuentemente, que el objeto científico no es solo la suma de las apariencias sino que hay algo más allá de estas, Helmholtz demarca su posición del positivismo más estricto de autores como Fechner, Kirchhoff o Mach[79]. Igualmente, al establecer una conexión entre el símbolo y lo real más allá de lo percepción, se separa del kantismo estricto, dando como resultado un realismo metafísico respecto de la ontología de las teorías científicas[80].

Por medio de los signos descubrimos conexiones legales entre los fenómenos, a partir de la repetición de procesos naturales. Dicha repetición nos permite elaborar hipótesis inductivas para explicar la causa de los hechos que percibimos como conectados y, cuando han sido corroboradas en un gran número de casos, pasamos a considerarlas como leyes. Por consiguiente, la diferencia entre una hipótesis que es una generalización inductiva y una ley es, igual que era en Poincaré, su confirmación empírica. Esta es la definición proporcionada por Helmholtz:

«La ley no es más que una concepción general en la que una serie de procesos naturales similarmente recurrentes puede ser adoptada»[81].

De este modo, los símbolos que hacemos corresponder con nuestras percepciones proporcionan la base empírica para constituir las leyes. Estas son explicaciones de algo que acontece en la naturaleza, una suerte de 'reglas empíricas' que conectan los fenómenos entre sí. Por tanto, no son arbitrarias ni formuladas exclusivamente por nuestra mente, sino que tienen una relación con un mundo exterior a nosotros, con una cierta 'realidad empírica'.

Estas leyes de origen experimental corresponden a la parte empírica de la ciencia y son descripciones provisionales de los fenómenos, no son otra cosa que 'reglas generales'. En la parte teórica, en cambio, se sitúan las leyes auténticamente objetivas, las únicas capaces de proporcionar una 'comprensión verdadera', porque dan cuenta de las causas desconocidas de los procesos naturales[82]. Esta afirmación, según Heidelberger, aproxima a Helmholtz a Kant en su distinción entre 'reglas empíricas' que son conexio-

---

[78] Cf. Helmholtz (1867), p.797.
[79] Cf. Cahan (1993), p. 476.
[80] Cf. Heidelberger (1998), p. 12.
[81] Helmholtz (1869), p. 208.
[82] Cf. Helmholtz (1847), p. 115.

nes subjetivas de percepciones y 'leyes' objetivas que expresan una necesidad y validez universales[83]. Estas últimas se basan en la ley de causalidad:

> «La ley causal es realmente un *a priori* dado, una ley trascendental. No es posible probarla mediante la experiencia porque incluso los primeros pasos de la experiencia no son posibles sin la aplicación de conclusiones inductivas, i. e., sin la ley causal»[84].

De este modo, dicha ley es entendida como independiente de la experiencia, a saber, *a priori* en el sentido de Kant.   No obstante, para Helmholtz, es además un 'principio regulativo de nuestro pensamiento'[85], lo cual, significa que sistematiza bajo reglas a priori la existencia de los fenómenos[86]. Sin embargo, podríamos decir que no se trata solo de un principio regulativo, sino también constitutivo, puesto que la ley de causalidad es condición de posibilidad de la conceptualización de los fenómenos[87], o sea, de que estos puedan explicarse en función de leyes. Así, el fundamento de la inducción es considerado *a priori*. Obviamente, esta posición le distancia de Poincaré, dado que como vimos, la ley de causalidad o el principio de inducción son para él hipótesis naturales interpretables como convenciones. De hecho, es precisamente el compromiso con afirmaciones apriorísticas de este tipo lo que más separa a Helmholtz de nuestro autor.

Ahora bien, pueden establecerse numerosas semejanzas en el modo de constitución de las teorías, fundamentalmente a partir de los elementos con que son formadas. En efecto, hemos visto que Helmholtz parte de la observación de los fenómenos para, basándose en su regularidad, elaborar hipótesis inductivas que después transformará en leyes. Es la repetición de ciertos fenómenos lo que nos lleva a la formación de las leyes, pues aunque un hecho aislado pueda despertar la curiosidad de un investigador, solo obtenemos satisfacción intelectual cuando está en conformidad con la ley o cuando supone un resultado negativo que la refuta[88]. Las leyes, en la medida en que son capaces de establecer relaciones entre los hechos empíricos, tienen un valor explicativo y predictivo. Pero además de estos elementos, contamos también con principios, que tienen un nivel de generalidad superior al de las leyes. Aunque su modo de formación no resulta fácil de explicitar,

---

[83] Cf. Heidelberger (1993), p. 466.
[84] Helmholtz (1878), p. 363.
[85] Cf. Helmholtz (1878), p. 363.
[86] Recordemos que un principio regulativo para Kant «regula a priori la existencia de los fenómenos», Kant (1781/1787), B222.
[87] Tal y como es indicado por Peláez Cedrés (2008), p. 72.
[88] Cf. Helmholtz (1862-1863), p. 97.

sabemos que tanto las leyes como ciertas generalizaciones inductivas (hipótesis) participan del proceso de composición de los principios. Así, tomando en cuenta el caso del principio de conservación de la energía (o fuerza)[89], al explorar su constitución tal como hace Bevilacqua vemos que:

> «Su metodología [la de Helmholtz] distinguió claramente entre la física teórica y la experimental, y lo hizo al presentar cuatro niveles jerárquicos que interactúan y que articulaban y demostraban la conservación de la fuerza: las hipótesis físicas de la imposibilidad del movimiento perpetuo y de las fuerzas centrales newtonianas (nivel uno); el principio de conservación de la fuerza (nivel dos); y varias leyes empíricas específicas (nivel tres) y fenómenos naturales (nivel cuatro) pertinentes para la conservación de la fuerza. Con respecto a estos cuatro niveles, Helmholtz dio una distinción explícita entre la física teórica (que trata con deducciones desde el nivel dos al tres, esto es, con las aplicaciones del principio a las leyes empíricas) y la física experimental (que trata con las inducciones del nivel cuatro al tres, esto es, de los fenómenos naturales a las leyes empíricas)»[90].

En efecto, había distinguido entre el método de las ciencias experimentales y el de las ciencias naturales, siendo el correspondiente a las primeras la inducción y a las segundas la deducción[91]. La física experimental estaría entre las primeras y la teórica entre las segundas. Consideraba que las ciencias deductivas (naturales) estaban en condiciones de reducir sus inducciones a principios y reglas generales. Entre estos había de encontrarse el de conservación de la energía. Ahora bien, en la exposición de Bevilacqua no queda claro cómo se forma propiamente el principio. Según este, uno de los méritos de Helmholtz es lograr la equivalencia entre las ya conocidas leyes de conservación de la fuerza viva y de conservación del trabajo, cada una procedente de una tradición específica, siendo la primera originaria de la mecánica analítica y la segunda de la ingeniería mecánica[92]. Esto supone que el principio de conservación de la energía tiene su fundamento en leyes físicas. Para llegar a estas, se parte de las hipótesis físicas de la imposibilidad del movimiento perpetuo y las fuerzas centrales, las cuales son generalizaciones inductivas de hechos empíricos, por tanto, nos basamos en el cuarto nivel para formarlas. A partir de estas hipótesis y en consonancia con fenómenos

---

[89] Cf. Helmholtz (1847). El término usado por Helmholtz es *Kraft*.
[90] Bevilacqua (1993), p. 295.
[91] Cf. Helmholtz (1862), pp. 85-89.
[92] Cf. Bevilacqua (1993), p. 315.

naturales, se establecen las dos leyes mencionadas utilizando la inducción. Consecuentemente, el principio tiene un papel unificador porque agrupa dos leyes procedentes de dos ramas diferentes de la física[93], de donde se infiere su valor heurístico. Ahora bien, una vez formulado el principio, las leyes pueden inferirse deductivamente de él, lo que pone de manifiesto su papel justificativo y explicativo[94]. Y, al mismo tiempo, se muestra su valor práctico porque sirve tanto para dar cuenta de fenómenos existentes como para predecir otros nuevos. Esto le permite establecer la conservación de la energía como el principio universal de todos los fenómenos, gracias a la extensión de su campo de aplicación[95]. No obstante, este intento de unificación no tuvo el éxito que su autor esperaba, y «antes de que terminaran la carrera de Helmholtz y el siglo XIX, el criticismo de Clausius llevaría a Helmholtz a abandonar su formulación del principio de conservación de la fuerza y su programa unificador asociado para la física a favor de un nuevo principio regulativo, el de mínima acción»[96].

El parecido con Poincaré resulta más que evidente, desde la formación de las hipótesis a partir de fenómenos experimentales hasta el valor heurístico y predictivo de los principios, si bien es preciso tener en cuenta que para este las leyes, aunque también son agrupadas por principios, no son deducibles de estos, sino que estos son más bien inducidos de aquellas. No obstante, tanto la constitución de las leyes como de los principios para Helmholtz debe estar siempre en conformidad con la ley *a priori* de causalidad. En efecto, en la medida en que las leyes son la explicación de las causas de los fenómenos, debemos presuponer necesariamente un principio que sea constitutivo de las relaciones entre nuestras sensaciones (relaciones de causa-efecto) y de estas con un mundo externo. Este es, justamente, el principio de causalidad que funciona así como una condición necesaria de la conceptualización de la naturaleza[97], condición de la que no participa Poincaré, al no presentar la razón como una facultad innata de descubrir leyes y aplicarlas con el pensamiento[98].

Sin embargo, podemos aún establecer otro punto común entre ellos. Se trata de la presunta inteligibilidad de la naturaleza y, en concreto, de la asunción de que esta es susceptible de ser comprendida en función de leyes[99], lo cual es muy similar a lo que Poincaré establece con respecto a la

---

[93] Cf. Helmholtz (1847), p. 115.
[94] Cf. Bevilacqua (1993), p. 305.
[95] Cf. Helmholtz (1862-1863), p. 97.
[96] Bevilacqua (1993), p. 333.
[97] Cf. Peláez Cedrés (2008), p. 72.
[98] Cf. Helmholtz (1862-1863), p. 96.
[99] Cf. Helmholtz (1847), p. 115.

simplicidad. Para este último se trataba de un principio heurístico que regulaba el modo de hacer ciencia y no de un rasgo propio de la naturaleza. No obstante, somos guiados por dicho principio tanto para seleccionar hechos como para formular nuestras leyes; en definitiva, nos orienta en todo nuestro proceder, de modo que tiene un carácter práctico que posibilita la constitución de la ciencia. Por su parte Helmholtz afirma que puede haber procesos naturales que no se sometan a las leyes de la causalidad y que estén regidos por la espontaneidad o la libertad. Sin embargo, dado que la labor del científico es explicar las causas del funcionamiento de los fenómenos, debe, por principio, aceptar que tal explicación es posible. De este modo hay una cierta simetría entre estos dos presupuestos que se constituyen como posibilitadores de la actividad científica.

Por último, tenemos que considerar el estatuto que la ciencia tiene para Helmholtz. Él es un realista científico en todos los sentidos que señalamos en el capítulo anterior. Desde el punto de vista metafísico, no solo afirma la existencia de un mundo independiente de la mente, sino que además las aserciones de la ciencia se refieren de hecho a este mundo. Aunque nuestras sensaciones solo sean apariencias de los objetos reales, los signos que estas representan son simultáneos con los objetos que las producen[100]. Este sistema de signos constituye un lenguaje organizado a partir de la disposición de los objetos externos, lo cual le permitiría sostener el realismo semántico. Dados los dos anteriores, es relativamente fácil defender el epistémico. En la medida en que los signos se originan en la naturaleza y nuestro lenguaje alude a ella, somos capaces de obtener un conocimiento que represente aquello que percibimos del mundo real. No obstante, este conocimiento es producido, no constituido de un modo pasivo[101]. Para Helmholtz la realización de experimentos tiene un papel fundamental en la formación del conocimiento. Por eso distingue entre un experimento y una mera observación. Mediante la colocación de un dispositivo experimental establecemos una serie de condiciones, lo cual es para él un acto de nuestra voluntad[102]. Dado que podemos variar dichas condiciones, esto nos permitirá una mejor percepción de las verdaderas causas de la producción de un fenómeno. Esta es la razón de que destaque el rol activo del experimentador y considere que solo al intervenir en el mundo, somos capaces de reconocer las causas y cualidades empíricas de los fenómenos. En este sentido, la representación de objetos, al igual que la realización de experimentos son ac-

---

[100] Cf. Heinzmann (2001b), p. 462.
[101] Cf. Heidelberger (1998), p. 13.
[102] Cf. Helmholtz (1903), p. 259.

ciones que el hombre realiza para «tomar posesión de la realidad»[103], o sea, para conocerla.

El desarrollo de una concepción realista a partir del uso de las dos categorías epistémicas de lo *a priori* y lo empírico, contrasta con la visión instrumentalista de Hertz que recurría también a ellas. Además, la confianza en el método inductivo lo aleja de la posición de este y lo aproxima tanto a los positivistas como a Poincaré. El uso de presuposiciones o asunciones que funcionan de modo semejante a los principios heurísticos de Poincaré, lo acerca también a la concepción de este último. No obstante, no reconoce el valor de estas más que como un paso inicial en el proceder científico, de tal modo que no llegan a tener el estatuto epistémico que tienen las convenciones para aquel.

§ 5 Pierre Duhem

Dentro de los autores anteriormente mencionados, la posición con la que Duhem tiene más puntos en común es con la de Mach. No obstante, no puede caracterizarse dentro del positivismo crítico aunque comparta algunas tesis con esta corriente. De hecho, en opinión de Brenner, tanto sus ideas como las de Poincaré son en parte consecuencia del desarrollo de una nueva visión que reacciona contra la concepción científica de una etapa anterior, la cual no da cuenta suficientemente de las teorías[104]. Sin embargo, esta crítica se constituye de modo diferente en estos dos autores, como vamos a analizar a continuación.

Desde el inicio de su obra *La Théorie Physique*, Duhem establece una separación entre física y metafísica, de tal modo que delimita el campo de acción de la primera y el terreno al que habrán de referirse sus teorías. En efecto, a la pregunta por los elementos que constituyen la realidad, este autor responde que la solución de la misma es trascendente a los métodos de observación de la física y, consecuentemente es objeto de la metafísica[105]. Con esta separación restringe el ámbito de la física a las apariencias o fenómenos. Como hemos visto a lo largo de este trabajo, esta separación está también presente en Poincaré; no obstante, tanto la posición de estos autores respecto de las teorías como su modo de constitución es diferente. Para Duhem, las teorías se forman en cuatro pasos sucesivos: definición de conceptos o magnitudes, elección de hipótesis, desarrollo matemático y compa-

---

[103] Helmholtz (1903), vol. 2, p. 360.
[104] Cf. Brenner (2003), pp. 30-37.
[105] Cf. Duhem (1906), pp. 7-8.

ración entre teoría y experiencia[106]. El primero de ellos consiste en establecer una correspondencia entre ciertas propiedades físicas y ciertas magnitudes, que son símbolos matemáticos. La relación entre símbolos y propiedades permanece estrictamente en un plano simbólico y no corres-ponde a la naturaleza. A continuación, unimos las diferentes magnitudes mediante hipótesis formuladas de manera arbitraria y únicamente restringidas por el principio de contradicción. Estas se combinan, en el tercer paso, siguiendo las reglas del análisis matemático, de tal modo que «sus silogismos sean concluyentes y sus cálculos exactos»[107], sin que exista ninguna pretensión de correspondencia con realidades físicas.

Por último, las consecuencias que se extraen de las hipótesis deben ser comparadas con las leyes experimentales que la teoría trata de representar. Es en este paso final donde la teoría se somete a control experimental. No obstante, debemos tomar esta idea con cautela. Dado que el sometimiento a control experimental depende de la comparación de la teoría con las leyes, es preciso saber de antemano qué entiende Duhem por estas.

Para él, las leyes de la física son relaciones simbólicas fundadas sobre los resultados de las experiencias de física[108], las cuales no son mera recolección de datos sino que suponen una interpretación de dicha experiencia expresada en un determinado lenguaje teórico:

> «*Una experiencia de Física es la observación precisa de un grupo de fenómenos acompañada de la INTERPRETACIÓN de estos fenómenos; esta interpretación sustituye a los datos concretos realmente recogidos por la observación de las representaciones abstractas y simbólicas que le corresponden en virtud de las teorías admitidas por el observador*»[109].

Esto significa que no hay posibilidad de expresar un dato puro observacional, es decir, la interpretación teórica penetra la experiencia desde el momento en que se da cuenta de ella mediante un sistema específico de símbolos, de tal modo que la creación de un lenguaje es la propia creación de la teoría[110]. En este sentido, la concepción simbólica de Duhem contrasta fuertemente con la de Helmholtz. Para este, había una correspondencia entre las leyes y la realidad en la medida en que lo que percibimos son símbolos de las cosas reales. En cambio, para Duhem, percibimos los fenómenos,

---

[106] Cf. Duhem (1906), pp. 24-25 y Sebestik (1998-1999), p. 129.
[107] Duhem (1906), p. 25.
[108] Cf. Duhem (1906), p. 249.
[109] Duhem (1906), pp. 221-222.
[110] Cf. Duhem (1906), p. 228.

pero los representamos como símbolos cómodos y no existe ningún tipo de correspondencia entre nuestro sistema simbólico y la realidad.

Las diferencias con la posición de Poincaré son obvias en este respecto, tanto, que son señaladas por el propio Duhem:

«A los que insisten con Le Roy, sobre la parte considerable de la interpretación teórica en el enunciado de un hecho de experiencia, H. Poincaré ha opuesto la opinión misma que combatimos en este momento: según él, la teoría física sería un simple vocabulario que permite traducir los hechos en una lengua convencional simple y cómoda. "El hecho científico no es más que el hecho bruto enunciado en un lenguaje cómodo". Y añade "Todo lo que crea el científico en un hecho, es el lenguaje en el que lo enuncia"»[111] .

En efecto, para Poincaré, existen los hechos concretos, denominados por él hechos brutos, que no son exclusivamente fórmulas simbólicas como piensa Duhem. Por eso, para nuestro autor la parte de creación del científico se corresponde con el lenguaje, no con los propios hechos, pues estos son *ajenos* al discurso, suponen un referente externo al que la ciencia, como lenguaje, se vincula. La teoría es una lengua cómoda pero no arbitraria porque debe posibilitar la expresión de los hechos. El lenguaje nos ayuda a conceptualizar las observaciones e incorporarlas a la teoría, a traducirlas en hechos científicos, pero no pierde contacto con la realidad porque no ha sido creado solo para simbolizar lo percibido, sino para referir a ello. En la medida en que el lenguaje científico se articula para dar cuenta de la experiencia, tiene que permitir su traducción, para lo que es necesario que, de algún modo, *conecte* con ella. En cambio, para Duhem, la teoría es un lenguaje que incluye la representación simbólica de los hechos, de tal modo que el papel del científico no se restringe a la creación de un lenguaje en el que expresarlos de modo claro y conciso, sino que en la medida en que los hechos teóricos son símbolos, forman parte de ese lenguaje que es la propia teoría. En cierto modo puede afirmarse que, al interpretar las observaciones, el científico creara los hechos; su papel creador es, por consiguiente, mucho mayor. Podríamos decir que se trata de la distinción entre realizar una traducción del francés al alemán y de un código a partir de una clave. En el primer caso, los dos lenguajes tienen significado previo y en la traducción han de conservar algo invariante que es su sentido. Por el contrario, en el segundo caso, los símbolos que forman el código son arbitrarios y solo adquieren sentido a través de la clave. En efecto, solo mediante la interpreta-

---

[111] Cf. Duhem (1906), pp. 225-226.

ción de la clave (las observaciones) en términos de los símbolos arbitrariamente creados, constituimos el lenguaje (la teoría) y su sentido. Para Poincaré el sentido de las observaciones no es construido a través el lenguaje; por eso la teoría puede enunciar de una manera precisa los hechos, en tanto que para Duhem existe una diferencia extrema entre el sistema simbólico que es la teoría y los hechos observados[112]. En definitiva, se trata de la diferencia entre *traducir* e *interpretar*. Para nuestro autor, los hechos externos son *traducidos* a un lenguaje cómodo y estructurado, son expresados en ese lenguaje. Para Duhem, los hechos de la teoría son una *interpretación* y en este sentido, no pueden ser ajenos a ella, por eso no es posible una observación sin teoría. En la medida en que los hechos son símbolos que pertenecen al lenguaje, no pueden estar fuera del discurso.

Además, para Duhem, dado que las leyes dependen de la posición teórica en que se sitúa el investigador, no podrán ser ni verdaderas ni falsas, puesto que no son más que símbolos y no tiene sentido aplicar los conceptos de verdad o falsedad a estos. Tan solo podrán ser aproximadas, ya que un conjunto de hechos será susceptible de numerosas interpretaciones o fórmulas simbólicas diferentes, de tal modo que no será posible la comparación de una ley con un hecho, sino con uno de los posibles símbolos que se han vinculado a ese hecho.

Es en función de estas razones por las que una teoría no puede explicar los hechos de la naturaleza. Una explicación vincula los fenómenos a las causas verdaderas de su producción y eso corresponde, para este autor, a la metafísica. Todo lo que una teoría física puede hacer es establecer relaciones entre símbolos a fin de obtener una clasificación que refleje un modo económico de representación. Consecuentemente, la principal utilidad de una teoría física será precisamente su contribución a la economía intelectual, entendida en el sentido de Mach[113].

Ahora bien, dado el carácter simbólico de las experiencias y las leyes, ¿en qué consiste la comparación entre la teoría y las leyes, formulada como la cuarta operación para la formación de aquella? O sea, ¿en qué consiste el control experimental? Las leyes experimentales no pueden ser utilizadas antes de ser interpretadas y, como hemos mostrado, esto implica la adhesión a un cuerpo teórico; en consecuencia:

«*El único control experimental de la teoría física que no es ilógico consiste en comparar el* SISTEMA ENTERO DE LA TEORÍA FÍSICA CON

---

[112] Cf. Duhem (1906), p. 199.
[113] Cf. Duhem (1906), p. 27.

TODO EL CONJUNTO DE LEYES EXPERIMENTALES, *y juzgar si este es representado por aquellas de una manera satisfactoria»*[114].

Esta es la conocida tesis holista, según la cual, la comprobación de presupuestos aislados de la teoría y de la experiencia resulta imposible, dado que las aserciones particulares pierden significación y, consiguientemente, ya no pueden tener el carácter de representaciones. De este modo, no pueden desligarse asunciones individuales de un cuerpo teórico, puesto que resultan carentes de sentido. La tesis holista supone una crítica manifiesta al método inductivo y a la idea de generalización empírica. No cabe realizar ninguna generalización de hechos sin una teoría previa, por lo que la inducción como método de agrupación de fenómenos semejantes se revela inútil, a causa de que toda observación está impregnada de teoría. Además, las generalizaciones no pueden ser verificadas porque no hay modo de comprobarlas separadamente. Igualmente, cuando se produce un desacuerdo entre la teoría y la observación, es decir, cuando un fenómeno predicho por la teoría no ocurre, no es la proposición que afirmaba esa predicción la que se pone en cuestión, sino todo el sistema teórico ligado a esa proposición[115]. Esta es la famosa tesis de la infradeterminación de la teoría por los datos, la cual significa que la experiencia puede enseñarnos que hay un error en la teoría, pero no dónde está ese error. En definitiva, las pruebas empíricas no resultan suficientes para saber cuál o cuáles de las hipótesis o proposiciones de la teoría son erróneas.

Esta concepción resulta diametralmente opuesta a la de Poincaré, no solo desde la consideración de los hechos, sino también respecto a la ley. Para este último, toda generalización empírica era susceptible de confirmación o refutación experimental con independencia de los restantes presupuestos teóricos. Igualmente, las leyes científicas también resultaban portadoras de valor de verdad en la medida en que se originaban en las generalizaciones inductivas de hechos de experiencia.

Sin embargo, la imposibilidad de control experimental aislado no supone que una teoría no pueda ser descartada; pero lo que en ningún caso podrá ser falsado son hipótesis o principios individualmente considerados. Duhem afirma que «toda teoría de la que una consecuencia caiga en contradicción manifiesta con una ley observada deberá ser despiadadamente rechazada»[116]. La teoría supone, así, un conjunto lógicamente tramado que refleja la interacción entre el científico y los fenómenos desde la definición

---

[114] Cf. Duhem (1906), pp. 202-304.
[115] Cf. Duhem (1906), p. 281.
[116] Duhem (1906), p. 335.

operacionalista de las magnitudes hasta la interpretación de los resultados experimentales. En este proceso intervencionista el elemento clave es la idea de representación, la cual no debe ser entendida de modo realista como una 'copia o imagen de la realidad', sino como una imagen simbólica que ni explica ni da cuenta de dicha realidad. Todo lo que puede hacer es sernos útil en el manejo de los datos experimentales y en la construcción e la teoría. El físico atribuye a las cualidades que estudia números que asocia con el proceso de medida y con las correspondientes magnitudes, las cuales se sitúan en el lugar de las propiedades físicas; por eso, de algún modo, las 'representan'. No obstante, la relación que mantienen con ellas es solo alegórica y no suponen en ningún caso una imagen 'real' de dichas propiedades. Así, lo que se juzga no es la capacidad explicativa de la teoría, sino su competencia en el dominio científico determinado en el que es aplicada. Puesto que la física no puede constituirse en explicación de la naturaleza, dada la incognoscibilidad de esta, lo que podemos alcanzar es una formulación simbólica que agrupe las leyes de modo económico y al mismo tiempo, las consecuencias de la teoría habrán de representar los fenómenos interpretados o símbolos.

No obstante, la teoría no aspira solo a la representación económica, sino que es también una clasificación, dado que agrupa, conforme a las leyes lógicas de la deducción, las leyes experimentales. Establece vínculos entre leyes y principios de una manera ordenada a fin de posibilitar un empleo cómodo de los mismos[117]. Esta teoría ordenada es además simple, dado que resulta fácil de manejar. Pero tiene también un valor estético añadido, que es el de la belleza. La fusión de la simplicidad, el orden y la belleza nos persuaden, según Duhem, de que la teoría adopta la forma de una *clasificación natural*[118]. Este concepto ha sido a menudo interpretado como una limitación de la posición instrumentalista duhemiana[119]. No obstante, estimamos que esta interpretación no resulta adecuada, dado que, por un lado, la 'clasificación natural' es un ideal al que tienden las teorías y, dada la provisionalidad de los conjuntos experimental y teórico, no sabemos si este es alguna vez alcanzado. Por otro lado, es preciso destacar que este ideal no pasa, según el propio Duhem, de un sentimiento:

«Sin pretender explicar la realidad que se oculta bajos los fenómenos, en los que agrupamos las leyes, sentimos que los agrupamien-

---

[117] Cf. Duhem (1906), p. 31.
[118] Cf. Duhem (1906), p. 32.
[119] Cf. Dion (2013), p. 12 y Marcos (1988), pp. 153 y ss.

tos establecidos por nuestra teoría corresponden a afinidades reales entre las cosas mismas»[120].

Es decir, se trata de una suposición, un presentimiento que conecta el orden lógico de la teoría con el orden ontológico al que no tenemos acceso. De hecho, es una creencia de la que el físico no puede dar cuenta, a pesar de que tampoco pueda sustraerse a ella. En definitiva, significa que, aun sabiendo que no podemos alcanzar el conocimiento de la realidad, no podemos eludir las convicciones realistas con respecto a la teoría física. Ahora bien, esto es muy diferente que atribuir un carácter ontológico a la teoría física. Por tanto, desde nuestro punto de vista, no hay un conflicto entre la idea de clasificación natural y el instrumentalismo duhemiano, dado que dicha idea es declarada solo como una 'apariencia'. Además, Duhem considera que toda teoría tiene dos partes, una explicativa y otra representativa[121]. La primera de ellas tiene como objetivo captar la realidad bajo los fenómenos, lo que en su opinión constituye un «parásito» que se ha pegado a la parte representativa entendida como aquello que realiza la descripción y le concede a la teoría el aspecto de clasificación natural, junto con el poder de anticipar fenómenos. De este modo, cuando contamos con nuevas leyes experimentales que no coinciden con las consecuencias deducidas de la teoría y nos vemos obligados a modificarla, no es la parte representativa la que se ve afectada, sino la explicativa, que ha sido introducida por el deseo del físico «de atrapar realidades»[122]. Así, esta será la porción de la teoría modificada, en tanto que la representativa será recogida por la nueva teoría sin modificación, de tal modo que se establece una continuidad bajo el cambio teórico.

Por consiguiente, la clasificación natural enlaza con la concepción duhemiana continuista de la historia de la ciencia, según la cual las nuevas teorías recogen lo mejor de las antiguas, aquello que responde a la obra lógica de ordenación de un gran número de leyes y a su capacidad de aventajar a la experiencia, es decir, de adivinar leyes que aún no han sido observadas. O sea, al deducir consecuencias de las hipótesis de la teoría que representan leyes experimentales, inferimos también algunas que son posibles y que no han sido registradas pero que podrán serlo en un futuro. Cuando esto acontece, nuestra convicción de que la teoría corresponde a relaciones entre cosas reales se ve reforzada. No obstante, pese a los numerosos soportes que esta idea pueda tener, desde nuestro punto de vista y de acuerdo con las

---

[120] Duhem (1906), p. 34.
[121] Cf. Duhem (1906), p. 43.
[122] Duhem (1906), p. 43.

afirmaciones que hemos mostrado del propio Duhem, no pasa de una creencia o de un ideal al que aspirar.

Considerando estas ideas, señalaremos a continuación algunos puntos de convergencia y divergencia con la posición de Poincaré. Comenzando por la estructura y constitución de las teorías, vemos que hay grandes diferencias. Para nuestro autor, la base de la teoría se situaba en los hechos experimentales traducidos a hechos científicos a través de un lenguaje, el cual no suponía una transformación fundamental de los mismos, sino simplemente un modo de expresión más adecuado y cómodo. En cambio, como hemos visto, para Duhem, no hay posibilidad de observación sin pertenencia a una concepción teórica, lo que modifica completamente el carácter experimental de los hechos haciendo de la teoría un lenguaje sin referentes externos a él. Además, la estructura de la misma es principalmente deductiva desde la perspectiva duhemiana, dado que al elegir arbitrariamente las hipótesis que forman su base para establecer las relaciones entre las magnitudes operacionalmente definidas, formamos un cuerpo teórico del que solo sus consecuencias serán contrastadas en último término con las leyes experimentales, pues tal como el afirma:

«Las verificaciones experimentales no son la base de la teoría, son su coronación»[123].

En cambio, la posibilidad de contraste con la experiencia está presente en todo el proceso poincareano de formación de la teoría, hasta la instauración de los principios, los cuales ya no son refutables empíricamente aunque tengan su origen en leyes observacionales. Por otra parte, no hay elección arbitraria de hipótesis para Poincaré, pues incluso las más convencionales, las indiferentes, son escogidas con base en criterios de comodidad y simplicidad.

Los dos autores tienen en común la incognoscibilidad de realidades últimas, rasgo característico del período que analizamos, de corte kantiano, que se encuentra presente también en Hertz y Helmholtz. No obstante, la visión de la metafísica que tienen Duhem y Poincaré es algo diferente. Este prácticamente no se pronuncia sobre el carácter de esta disciplina, pero su posición epistemológica deja claro que no hay modo de tener conocimiento efectivo de una realidad independiente del sujeto cognoscente. En cambio aquel considera que la metafísica es una disciplina legítima, incluso más que la física, diferente de ella tanto por su objeto como por sus métodos, pero

---

[123] Duhem (1906), p. 311.

capaz de proporcionarnos conocimiento efectivo de la esencia material de las cosas en cuanto causas de los fenómenos físicos[124].

Para terminar, queremos señalar dos puntos coincidentes en estos dos autores. El primero se refiere a la intervención del científico en la formación de teorías. Tanto Poincaré como Duhem pertenecen a una corriente de pensamiento que pretende destacar el papel creador del investigador, de tal modo que se distancian de posiciones estrictamente inductivistas y empiristas. El segundo se relaciona con la concepción continuista de la historia de la ciencia que los dos defienden. Como apuntamos al tratar la cuestión del realismo estructural, Poincaré considera que las antiguas teorías se encuentran recogidas en las nuevas de alguna manera, ya sea como casos límite, ya sea a partir de la preservación de estructuras. Obviamente este no es el caso de Duhem. Aunque en ocasiones se le haya tratado como un realista estructural[125] o realista moderado[126], ya hemos expuesto nuestras reservas al respecto. Sin embargo, en el paso de una teoría a otra, la parte más bella, ordenada y que mejor simboliza las leyes experimentales es conservada en la nueva teoría, de tal modo que no hay ruptura bajo cambio teórico.

Con respecto al primero de los puntos de convergencia señalados en el párrafo anterior, queremos añadir que Duhem y Poincaré no son los únicos representantes de esta corriente, pues en ella se enmarcan también las ideas del último autor que expondremos, Édouard Le Roy, cuyo papel resulta altamente relevante en esta exposición, dado que sus concepciones fueron las más directamente discutidas por Poincaré.

§ 6 Édouard Le Roy

De los tres autores citados, Duhem, Poincaré y Le Roy, solo este último tiene verdadera consciencia de pertenencia a una corriente de pensamiento por él denominada 'nuevo positivismo' (nouveau positivisme) o 'nueva crítica de las ciencias' (nouvelle critique des sciences). Así, en su artículo "Un positivisme nouveau" afirma lo siguiente:

«En el umbral del siglo XX, en reacción contra las tendencias cuyo desarrollo ha ocupado la mitad del siglo precedente, vemos nacer y crecer una Crítica nueva que, rompiendo los marcos clásicos en los que hasta ahora estaba encerrada, intenta sustituir las antiguas con-

---

124 Cf. Duhem (1893), pp. 55-83.
125 Cf. McMullin (1990)
126 Cf. Needham (1991), Needham (1998) y Needham (2011).

cepciones por una teoría totalmente diferente de la Ciencia, de su naturaleza, de su significación, de su alcance, de su valor y de sus métodos»[127].

Entre los representantes de esta posición menciona a Gaston Milhaud, a Étienne Wilbois y, por supuesto, a Henri Poincaré[128]. Esta referencia recuerda a la posteriormente hecha por James sobre aquellos autores que se inscriben en la misma filosofía que él propugna, denominada 'humanismo,' en *The meaning of truth*:

> «Bergson en Francia y sus discípulos Wilbois el físico y Le Roy son humanistas absolutos en el sentido definido. El profesor Milhaud también parece ser uno y el gran Poincaré no lo es solo por la anchura de un cabello. En Alemania el nombre de Simmel se da a sí mismo el de humanista del tipo más radical. Mach y su escuela y Hertz y Ostwald deben ser clasificados como humanistas. La visión está en el ambiente y debe ser pacientemente discutida»[129].

En efecto, algunos de los nombres mencionados por ambos autores coinciden, al igual que puntos fundamentales de sus doctrinas. Además, Le Roy considera que esta nueva crítica está ligada a otras doctrinas filosóficas de su momento a las que denomina 'filosofías de la libertad', cuyo representante principal es su maestro, Henri Bergson. Dos son las tesis fundamentales que caracterizan este 'nuevo positivismo':

> «1° *La nueva crítica es una reacción contra el antiguo positivismo, demasiado simplista, demasiado utilitario, demasiado encumbrado de principios a priori.*
> 2° *La nueva crítica es el punto de partida de un positivismo nuevo, más realista y más confiado en los poderes del espíritu que el primero*»[130].

En consecuencia, la concepción de Le Roy se alza de hecho contra las limitaciones que el positivismo clásico representaba y propone una visión que combine el evolucionismo bergsoniano y su filosofía de la vida, a favor de una filosofía espiritualista de la libertad[131]. En este sentido, aboga por la superioridad de la vida y la experiencia religiosa sobre la ciencia, de tal modo

---

[127] Le Roy (1901), p. 138.
[128] En la referencia a estos autores no se encuentra Duhem, sin embargo en otros escritos muestra su afinidad con este autor. Cf. Le Roy (1899), p. 510.
[129] James (1909), pp. 65-66.
[130] Le Roy (1901), p. 140.
[131] Cf. Giedymin (1982), p. 118.

que concede más valor epistémico a la experiencia vital o experiencia pura[132] que a la científica, como veremos a continuación.

Para este autor el conocimiento se divide en tres estadios, que marcan su proceso de desarrollo conceptual. El primero está constituido por los datos puros; es el conocimiento al que denomina vulgar o práctico[133]. Estos datos pertenecen al sentido común y conforman el primer absoluto sobre el que fundamentar el edificio de la teoría del conocimiento. Para ordenar *lo Dado* contamos con nuestro bagaje histórico y cultural. La finalidad de este orden es satisfacer las necesidades de la vida práctica y poder desarrollar las acciones más primordiales. La segunda fase es la de la ciencia positiva, cuyo método apenas difiere del de la etapa anterior; de hecho, él la considera como *«un prolongamiento inmediato del sentido común»*[134]. La ciencia positiva es catalogadora, ordenadora y descriptiva. Su fin es el mismo que el de la organización de los datos del sentido común: se trata de llegar a una visión clara y simple para poder actuar. Su diferencia radica en que amplía en cantidad y cualidad dichos datos y en que el científico tiene una orientación del espíritu especial que no se encuentra en el lego. Finalmente, la ciencia racional, consistente en un edificio completo y coherente a partir de los datos proporcionados por la ciencia positiva, supondrá una unidad sistemática del saber[135]. Dicha ciencia racional no debe entenderse como una reflexión sobre la práctica científica ni como una consecuencia de esta, sino como una disciplina aparte, una *«doctrina superior y maestra»* que llega allí donde el conocimiento científico no llega y que tiene como misión, no solo dar cuenta de la génesis del mismo, sino también evocar *«el alma interior de las cosas»*[136] o captar *«el dinamismo inexpresable de la vida interior»*[137]. Dado que su objetivo es destacar el primado de la acción espiritual, aquello que se considera real o verdadero es trascendente al discurso y por ello la ciencia, que no es más que «una lengua bien hecha»[138], no está en condiciones de captarlo. Lo real pertenece al terreno de la acción, por lo que el discurso (la ciencia) solo puede ser considerado como un medio para este fin que solo es alcanzado al ser vivido.

---

[132] Esta experiencia es territorio exclusivo del filósofo y no del científico y permite «el retorno a la franqueza de las percepciones primitivas por el cual nos desgajamos de los postulados del sentido común», Le Roy (1899), p. 514. A pesar de su religiosidad y su filiación al cristianismo, las obras de Le Roy fueron incluidas en el Index de libros prohibidos.

[133] Cf. Le Roy (1899), p. 378.

[134] Le Roy (1899), p. 506.

[135] Cf. Le Roy (1899), p. 511.

[136] Le Roy (1899), p. 720.

[137] Le Roy (1900a), p. 71.

[138] Le Roy (1899), p. 511.

Tomando en cuenta estas consideraciones, nos ocuparemos de lo relativo al estadio positivo, que es aquel en el que se forman las ciencias particulares (geometría, física, mecánica, etc.). Es precisamente en esta etapa donde se constituyen las leyes y los principios de estas disciplinas tal y como los hemos entendido hasta aquí. Para este autor la ley científica es una construcción simbólica y no un extracto o agrupación de hechos[139]. Ahora bien, ¿cómo accedemos a esta construcción? Es el conocimiento vulgar o el sentido común quien nos proporciona los primeros datos para llegar al sistema organizado en el cual consiste la ciencia. De este modo, es un tipo de construcción que ordena ideas tratando de reducirlas a clasificaciones sistemáticas con las que seamos capaces de manejarnos[140]. Pero, como hemos ampliado el campo de dominio del sentido común, lo que esperamos ahora es encontrar una esfera de acción que sea aplicable a todo el universo, aunque sin encontrar en ella unidad alguna reservada, no a la ciencia positiva, sino a la ciencia racional.

En este estadio científico hacemos entrar en juego la abstracción para elaborar generalizaciones, las cuales no van a ser, como en Poincaré, generalizaciones inductivas a partir de hechos de experiencia susceptibles de ser verificadas, sino fórmulas generales en las que condensamos los fenómenos al eliminar sus características individuales. Para contribuir a la clasificación hecha por las leyes, creamos los marcos de espacio y tiempo, los cuales son «intermediarios convencionales impuestos por el punto de vista del sentido común»[141]. No son ni a priori ni empíricos, sino convenciones cómodas para tornar manejables los datos obtenidos, categorías que se han formado en el curso de nuestra vida intelectual. Gracias a estas categorías y debido a su carácter abstracto, las leyes permiten la ordenación de los fenómenos, la cual se obtiene, según Le Roy, por medio del método experimental. Ahora bien, dicho método no es entendido al modo clásico en cuanto recolección y organización de los datos de los sentidos, sino que es un procedimiento que permite hacer salir el conocimiento de las "sombras de la vida inconsciente". Lo curioso de esta forma de proceder es la constitución de su objeto, a saber, lo inteligible:

«Lo inteligible no está oculto completamente en lo sensible como un objeto en un bote cerrado, se trata menos de descubrirlo que de crearlo, y es el científico quien, bajo la única reserva de permanecer

---

[139] Cf. Le Roy (1899), p. 526.
[140] Cf. Le Roy (1899), p. 506.
[141] Le Roy (1899), p. 509.

fiel a su punto de vista esencial, hace el orden y el determinismo que él imagina reconocer en las cosas»[142].

Por tanto, no descubrimos un orden en la experiencia, sino que es el científico quien otorga ese orden a partir de relaciones constantes establecidas mediante el ejercicio de una «violencia ingeniosa»[143] sobre la naturaleza. Ahora bien, hemos dicho que las leyes organizan fenómenos o hechos, pues al ser resúmenes esquemáticos constituyen un *tipo ideal de hechos* que facilita su manejo. Así, el hecho no es algo tomado de la naturaleza, sino el resultado de nuestra interacción con ella, ya que, según Le Roy, es imposible que algo 'hecho' sea 'dado'[144]. De este modo, lo que recibimos, *lo Dado*, no es más que una suerte de 'nube caótica' o 'polvo incoherente'. Pero eso no puede constituir ningún hecho para la ciencia positiva; por consiguiente, solo un 'acto creador' puede conferir coherencia, armonía o unidad a esa masa informe que recibimos. Consecuentemente, no hay posibilidad de constatar los hechos, los cuales son dependientes del punto de vista adoptado para formarlos, de la concepción teórica en la que nos situamos:

> «Los hechos son, así, menos *constatados* que *constituidos*: creaciones del observador que las determina al aislarlas, representan nuestra obra de parcelación más que el dato puro»[145].

Por consiguiente, la materia prima con la que se forma la ciencia no es el dato empírico, sino una conformación y abstracción de alguna experiencia primitiva transformada en un símbolo cómodo con el objetivo de construir un discurso riguroso. En definitiva, hay una mínima parte empírica en los hechos que se origina en la experiencia del sentido común, considerado por este autor como 'un residuo', pero esto no es lo que interesa a la ciencia, dado que esta busca una clase específica de hechos que resulte significativa para el tipo de discurso que supone. Estos solo pueden obtenerse mediante un proceso de aislamiento o depuración, lo cual implica su conceptualización. Para Le Roy, esto conlleva una interpretación teórica de la materia amorfa recibida, de tal modo que en ese proceso lo que acontece es una suerte de *creación*. Es decir, al seleccionar los hechos que resultan signifi-

---

[142] Le Roy (1899), p. 513.
[143] Le Roy (1899, p. 523.
[144] Cf. Le Roy (1899), p. 515. Este es un argumento gramatical para justificar que los hechos no pueden ser pasivamente recibidos, sino que tenemos que *hacerlos* para que sean precisamente, 'hechos'. Efectivamente, se trata de un juego de lenguaje que trata de llamar la atención sobre el sentido etimológico de la palabra 'hecho'. Cf. Brenner (2003), p. 73.
[145] Le Roy (1899), p. 516.

cativos para el discurso científico, el investigador acaba por ser responsable de su constitución. De hecho, a la ciencia no le interesa lo que los hechos tienen de objetivo, sino lo que tienen de artificial[146], a saber, las regularidades, abstracciones y características que el científico ha puesto en ellos con el fin de realizar una reducción que resulte operativa y que responda a las necesidades prácticas del ser humano. Es en este sentido que el investigador *crea* el hecho científico.

Igual que los hechos y las leyes, también las teorías científicas son construcciones cómodas[147], de tal manera que no es posible establecer ningún tipo de diferencia entre ellas:

> «De una ley a una teoría no hay más que la distancia de una metáfora a un mito»[148].

Estas también son inverificables, no susceptibles de control experimental porque no pasan de ser sistemas simbólicos coherentes desde el punto de vista lógico, pero que solo constituyen un lenguaje bien hecho y provisional, modificable en función de los nuevos servicios que deban prestarnos. Algunos autores han aproximado en este punto el pensamiento de Le Roy al de Duhem[149], dado el carácter simbólico de hechos, leyes y teorías, así como su compleja relación con los datos empíricos. En efecto, Le Roy afirma que una ley simbólica es susceptible de corresponder a muchos conjuntos de hechos. No obstante, aunque la crítica es aproximadamente la misma, dado que no hay posibilidad de interpretar los hechos sin estar situado en una comprensión teórica determinada, Le Roy lleva al extremo la tesis duhemiana de la infradeterminación de la teoría por los datos experimentales negando toda posibilidad de confrontación empírica. En cambio, si recordamos lo expuesto con respecto a Duhem, este afirmaba que el conjunto de la teoría debía confrontarse con el conjunto de las leyes experimentales, aunque estas fueran solo simbólicas. En definitiva, al afirmar el panteoreticismo (la no distinción entre hechos y teorías, dado que todo son constructos convencionales), Le Roy se alejó de las afirmaciones de aquellos autores en cuya tradición pretendía incluirse, transformando la ciencia en una construcción nominal con aplicaciones exclusivamente orientadas a la acción. Su preocupación no es mantener la relación con el mundo, sino entre símbolos del lenguaje usual y símbolos del lenguaje científico. La experiencia científica no

---

146 Cf. Le Roy (1899), p. 518.
147 Cf. Le Roy (1899), pp. 528-529.
148 Le Roy (1899), p. 527.
149 Cf. Brenner (2003), pp. 75-76.

será así más que la traducción de *lo Dado* en el lenguaje común a un lenguaje más adecuado. Por eso acentúa el carácter lingüístico-convencional de las ciencias, lo cual le permite afirmar la convencionalidad de todas ellas y extenderla incluso hasta campos siempre considerados como puramente experimentales, tales como la química y la física experimental.

En efecto, la enorme importancia del papel del espíritu en esta concepción la aleja radicalmente de Poincaré. Cuando en *La Valeur de la Science* afirmó que «algunas personas han exagerado el papel de la convención en la ciencia»[150] y que han afirmado que tanto el hecho como la ley son creados por el sabio, estaba, sin duda, refiriéndose a Le Roy. Al defender la inducción como método para la constitución de leyes y generalizaciones empíricas, así como la presencia del hecho bruto en el ámbito científico, Poincaré trató de mantener un vínculo con la experiencia. En cambio, la interacción con esta última no es objeto de preocupación para Le Roy, pues solo en el primer estadio del conocimiento tenemos *lo Dado*, e incluso esto obedece ya a una cierta conformación por parte del espíritu. El carácter completamente lingüístico que tienen las convenciones de Le Roy, le hace perder la base experimental que Poincaré mantenía incluso en los principios (convenciones) a partir de la dimensión empírica del criterio de la comodidad[151]. Lo que verdaderamente interesa a Le Roy, como dijimos al inicio de este epígrafe, es la experiencia vital bergsoniana. Por eso, dado que el fin de todo conocimiento ha de ser la acción, su objetivo es acentuar el papel creador del hombre y demostrar que la ciencia es una creación humana que si bien es racional, no cubre todo el ámbito del saber ni es más importante que otros aspectos de la vida humana. Es decir, su discurso va más allá de las preocupaciones estrictamente científicas a las que Poincaré trataba de ceñirse y se constituye en un tipo de filosofía que pretende ser algo así como una guía vital y no una filosofía científica o de la ciencia.

---

[150] Poincaré (1905a), p. 23.
[151] Recordemos que al referirnos a esta dimensión empírica la definimos así en el capítulo 3: «La medida de la comodidad de un principio es proporcionada por dos aspectos empíricos: la capacidad explicativa con respecto a hechos observados y la capacidad predictiva con respecto a aquellos aún no observados, pero que podrán comprobarse».

PARTE II: CONVENCIONALISMO, MECÁNICA Y GRAVITACIÓN

El historiador y el filósofo de la ciencia, al contrario que el científico, tiene la posibilidad de parar el tiempo y examinar los momentos en los que surge la ciencia.

Michel Paty, Praia Grande (Sintra), 16 de octubre de 2010

Capítulo 6: ANÁLISIS DE LOS PRINCIPIOS DE LA MECÁNICA

En la primera parte de este trabajo nos hemos centrado en la exposición de un tipo específico de convencionalismo mecánico diferente del geométrico. Además, hemos mostrado la imposibilidad de reducir esta posición a una perspectiva instrumentalista de la ciencia, si bien, como hemos visto, el realismo de Poincaré es de una clase particular (realismo estructural) y no puede ser considerado para todos los aspectos de la teoría. Dado que nos hemos referido a su concepción de la mecánica, es momento ahora de analizar algunos elementos de esta disciplina con el objetivo de considerar si la visión que hemos expuesto de su epistemología puede o no ser aplicada a estos. Con este fin, nos proponemos examinar el componente más fundamental de esta disciplina y, al mismo tiempo, el más convencional: los principios.

De acuerdo con la concepción epistemológica expuesta, el análisis de los principios deberá tomar en cuenta la descripción de ellos que realizamos en el tercer capítulo de tal modo que, al discutirlos de forma concreta, se pueda averiguar si responden a ella adecuadamente. Por otro lado, intentaremos mostrar qué elementos entran en juego en su proceso de formación, mediante un estudio conceptual de los mismos.

Los principios de la mecánica, aunque referidos en numerosas ocasiones, son analizados en dos lugares característicos de la obra de Poincaré. El primero corresponde a su artículo "Sur les principes de la mécanique", presentado en el Congreso Internacional de Filosofía de París en el año 1900, publicado en 1901 en las actas de ese congreso y reproducido parcialmente como los capítulos VI y VII de *La Science et l'Hypothèse*[1]; el segundo a "L'état actuel et l'avenir de la physique mathématique", conferencia pronunciada en el congreso de St. Louis de Artes y Ciencias en 1904, publicada en las actas del mismo bajo el título "The principles of Mathematical physics" (1905) y que constituye los capítulos VII, VIII y IX de *La Valeur de la Science*[2]. La importancia de estos dos textos queda reflejada, no solo en el hecho de proporcionar en ellos una lista de los principios fundamentales de la mecánica y la física, sino también, en el análisis que lleva a cabo de su estatuto epistemológico, su evolución histórica y su condición de convenciones.

---

[1] Poincaré (1901a), pp. 457-494 y Poincaré (1902a), pp. 111-137.
[2] Poincaré (1905b), vol. I, pp. 604-622 y Poincaré (1905a), pp. 123-147. Fue publicado también en el *Bulletin des Sciences mathématiques*, 28 (2), pp. 302-324, en 1904 con su título original.

Por otro lado, en el texto de 1904 considera que algunos de los principios que había analizado en 1900 se encuentran en peligro a la luz de los nuevos desarrollos de la física, fundamentalmente a causa del electromagnetismo y la teoría de Lorentz.

En el texto de 1900 los principios analizados son los siguientes: el principio de inercia, la ley de aceleración, el principio de acción y reacción, el principio del movimiento relativo, el principio de conservación de la energía y el principio de mínima acción. En cambio, la lista proporcionada en 1904 es la siguiente:

> «El principio de conservación de la energía o principio de Mayer es, ciertamente, el más importante, pero no es el único, hay otros de los que podemos sacar el mismo partido. Son:
> El principio de Carnot, o principio de la degradación de la energía;
> El principio de Newton, o principio de igualdad de la acción y de la reacción;
> El principio de relatividad […];
> El principio de conservación de la masa o principio de Lavoisier;
> Añadiría el principio de mínima acción»[3].

Como vemos, en estas dos listas coinciden cuatro de los seis principios mencionados en cada una de ellas.

Por último, es preciso destacar que la ley (o principio) de gravitación no se encuentra en ninguno de ellos. En el último capítulo consideraremos si esta debería incluirse en estas listas, o sea, si comparte con los otros el estatuto de principio fundamental y, por consiguiente, convencional, o si, por el contrario, es una ley empírica que no ha sido elevada al mismo nivel que los otros.

Dado que nuestro análisis va dirigido a la mecánica, nos centraremos en aquellos principios que son considerados como la base de esta disciplina. Comenzaremos, así, por el de inercia, en tanto que primera ley de Newton. A continuación y desviándonos del orden expositivo común, nos ocuparemos del principio del movimiento relativo, pues mostraremos que para Poincaré puede entenderse como una consecuencia o generalización del primero. En tercer lugar, examinaremos el de acción y reacción, dado que se encuentra fuertemente vinculado con el de relatividad. Por último, nos ocuparemos de la segunda ley de Newton, a causa del carácter tradicionalmente problemático de la noción de fuerza y también porque nos permi-

---

[3] Poincaré (1905a), pp. 126-127.

tirá enlazar con la fuerza más representativa de la mecánica: la gravitación, la cual será abordada en los dos próximos capítulos.

§ 1 El principio de inercia

En el tercer capítulo expusimos la definición de los principios como proposiciones de origen experimental pero no verificables por la experiencia, dado que, en virtud de su máxima generalidad, han sido elevadas por medio de un proceso de decisión llevado a cabo por el científico al estatuto de convenciones. Con el objetivo de analizar que esta descripción se ajusta al principio que estamos examinando, comenzaremos por su definición:

«Un cuerpo que no está sometido a ninguna fuerza no puede tener más que un movimiento rectilíneo y uniforme»[4].

El origen de esta definición se encuentra en la primera ley del movimiento de los *Principia Mathematica* de Newton:

«*Todo cuerpo continúa en su estado de reposo o de movimiento uniforme y rectilíneo a menos que sea obligado a cambiar ese estado mediante fuerzas impresas en él*»[5].

La formulación previa de este principio aparece en las dos primeras leyes de la naturaleza de Descartes enunciadas en *Les principes de la philosophie*:

«*Primera ley de la naturaleza: que cada cosa permanezca en el estado que está, mientras que nada la cambie*»[6].

«*La segunda ley de la naturaleza: que todo cuerpo que se mueve, tiende a continuar su movimiento en línea recta*»[7].

La primera de estas leyes cartesianas supone una ley de conservación del estado del cuerpo, en la medida en que este no debe cambiar salvo que se encuentre con otros cuerpos, es decir, mientras no actúe sobre él alguna causa externa que modifique dicho estado. La segunda ley indica una tendencia en la dirección del movimiento, siendo esta rectilínea.

---

[4] Poincaré (1901a), p. 459.
[5] Newton (1687), p. 13.
[6] Descartes (1647), p. 84.
[7] Descartes (1647), p. 85.

Poincaré pretende determinar el estatuto epistemológico de este principio, para lo cual se pregunta si se trata de una verdad *a priori* o experimental. Descarta la primera posibilidad argumentando que si así fuera, ya habría estado presente en la física griega, lo cual no es el caso, pues tal y como nuestro autor expone, en esa concepción el movimiento acaba al cesar la causa que lo produce, por lo que ningún cuerpo tiene la capacidad de conservar movimientos. En definitiva, tal como había argumentado con respecto a la posible aprioricidad de la geometría euclidiana, al decir que si esta nos fuera impuesta por la estructura de nuestra mente, no podríamos haber concebido ninguna geometría no euclidiana[8], utiliza el mismo razonamiento con respecto al posible estatuto *a priori* de este principio: si estuviera dado a partir de nuestras disposiciones intelectuales, la física griega no podría haber concebido el movimiento circular como 'el más noble de todos los movimientos', sino que este lugar debería haber sido ocupado por el movimiento rectilíneo y uniforme, tal como indica el principio de inercia[9]. En consecuencia, el movimiento uniforme y rectilíneo en tanto que 'estado de un cuerpo' no puede en modo alguno defenderse sobre bases *a priori*. A continuación desecha también la segunda opción, a saber, que sea una proposición completamente empírica, pues afirma que jamás hemos podido experimentar con cuerpos no sometidos a la acción de ninguna fuerza. Este argumento es ilustrado con el ejemplo clásico en el que una bola rueda durante un tiempo indefinido en una mesa de mármol, en la que al hallarse alejada de otros cuerpos, la bola no parece sufrir la influencia de ninguno de ellos y al rodar en una superficie pulida y con poco rozamiento, no se encuentran agentes externos que puedan perturbar el movimiento de la bola. No obstante, y como él afirma, la bola estará siempre bajo la influencia gravitacional de la Tierra, con lo que no existe ninguna experiencia que nos permita verificar este principio. Ahora bien, según explica Poincaré, los profesores de mecánica consideran que, si bien no es verificable, sus consecuencias experimentales muestran que puede ser comprobado indirectamente. Sin embargo, lo que para él se verifica son las consecuencias de un principio más general del cual el de inercia es un caso particular y que él enuncia de este modo:

«La aceleración de un cuerpo no depende más que de la posición de este cuerpo y de los cuerpos vecinos y sus velocidades»[10].

---

[8] Cf. Poincaré (1902a), p. 74.
[9] Poincaré (1901a), p. 459.
[10] Poincaré (1901a), p. 460.

Esta modificación del principio de inercia elimina la noción de fuerza de su enunciado mediante un cambio de las variables bajo consideración. Es decir, en lugar de asumir la fuerza como causa de la variación del movimiento de un cuerpo, se toma la aceleración como variable principal dependiente de la propia posición y de la velocidad del cuerpo en cuestión, junto con las posiciones y velocidades de los cuerpos circundantes. De este modo, si las posiciones y velocidades no varían, la aceleración tampoco lo hará, y como esta es un observable cinemático, es fácil de determinar y a partir de la ausencia de cambio en ella consideraremos que el movimiento del cuerpo es uniforme y rectilíneo. Con esto, Poincaré parece querer sustraerse al problema de la fuerza como causa del movimiento, pues considera que «afirmar esto es hacer metafísica»[11]. Ahora bien, el hecho de que la fuerza quede fuera del enunciado del principio, no significa que se eliminen las dificultades relativas a este concepto, pues esto no suprime el carácter problemático de la causa de la aceleración. No obstante, como nos ocuparemos de las cuestiones relativas a la fuerza cuando nos refiramos a la segunda ley de Newton, en el último epígrafe de este capítulo, dejaremos de lado por el momento estas dificultades.

Con el objetivo de probar que este principio es una generalización del de inercia, Poincaré propone uno alternativo, según el cual la velocidad de un cuerpo solo depende de la posición de este y de las de los cuerpos circundantes y no así de las respectivas velocidades. De este modo, las ecuaciones diferenciales que describen el movimiento, ya no serían de segundo orden, como en el principio propuesto por nuestro autor, sino de primer orden. Para ilustrarlo, plantea una ficción consistente en un sistema solar semejante al nuestro, pero en el que las masas son tan pequeñas que no se ven afectadas por sus perturbaciones mutuas. En este sistema las órbitas de los planetas carecerían de excentricidad e inclinación y serían, consecuentemente, circulares y paralelas a un mismo plano. Así, este principio alternativo sería el que determinaría la velocidad de cada cuerpo, siempre que sepamos su posición inicial, dado que conoceríamos la trayectoria y todas las posiciones sucesivas de un cuerpo por no haber perturbaciones. Consecuentemente, a partir de la sola variable de la posición, podrían derivarse tanto la velocidad media de cada cuerpo como la aceleración. Sin embargo, a continuación imagina que este sistema es atravesado por un cuerpo muy masivo que, obviamente, modifica todas las órbitas. Los astrónomos de este mundo atribuirían tales perturbaciones a la presencia del cuerpo extraño, en espera de que, al alejarse, las órbitas de los otros cuerpos volvieran a ser circulares. Sin embargo, no es esto lo que sucedería, pues las aceleraciones de los otros

---

[11] Poincaré (1897), p. 734.

cuerpos se habrían visto también modificadas por el cuerpo extraño, dando como resultado órbitas elípticas en lugar de circulares, lo que obligaría a rehacer la mecánica de este mundo ficticio puesto que su principio de inercia no funcionaría. En definitiva, con la introducción de un cuerpo que perturbe nuestro sistema ficticio, las ecuaciones de primer orden ya no servirían para dar cuenta de los movimientos de los restantes y los científicos de este mundo se verían obligados a modificar su ley de inercia.

Obviamente, esta ficción no supone ninguna prueba experimental del principio de inercia, lo que se corresponde efectivamente con el hecho de que los principios no tienen corroboración empírica. No obstante, hemos afirmado que Poincaré sitúa su origen en la experiencia y, por tanto, se plantea cómo dicho principio de inercia puede ser parcialmente verificado. Ahora bien, esto solo puede proporcionarse desde el rango de ley y, en consecuencia, para un dominio restringido y no en la máxima generalización propia de la condición de principio. Poincaré sitúa dicho dominio restringido en la astronomía.

Así, considera que, según las leyes de Kepler, «la trayectoria de un planeta está enteramente determinada por su posición y por su velocidad iniciales»[12], que es precisamente lo que afirma este principio de inercia generalizado. Sin embargo, en lugar de someter a prueba directa esta afirmación, decide comprobarla por reducción al absurdo. Se plantea así que para que esté errada y sea substituida por cualquier otra análoga a ella, tendríamos que habernos equivocado en la formulación de toda nuestra mecánica, y esto, de acuerdo con Poincaré, solo puede ocurrir «por algún azar sorprendente». En definitiva, solo una perturbación similar a la imaginada en la ficción que hemos expuesto más arriba podría llevarnos a concluir que nuestra ley es incorrecta. Dado que es inverosímil que un fenómeno semejante llegue a ocurrir, podemos considerar que, en lo referente a la astronomía, nuestra ley ha sido experimentalmente verificada.

En resumen, el soporte empírico del principio de inercia viene dado por una ficción astronómica y una prueba por reducción al absurdo. Con ello, lo que se pone de manifiesto es que no hay ninguna justificación decisiva que nos obligue a cambiar la ley en la que se basa. Para esto sería preciso que todos los cuerpos del universo, tras un cierto período de tiempo, retomaran sus posiciones iniciales, lo cual, en virtud de las perturbaciones, sabemos que es imposible. No obstante, los cuerpos celestes son observables y para el cálculo de sus trayectorias suponemos que no sufren la acción de aquellos que no nos resultan visibles, o que la influencia de otros muy alejados es despreciable. Este tipo de afirmaciones corresponde a las carac-

---

[12] Poincaré (1901a), p. 463.

terizadas en el primer capítulo de este trabajo como 'hipótesis naturales'. En efecto, no podemos sustraernos a ellas porque las realizamos casi de un modo inconsciente. Se trata de hipótesis inspiradas en hechos experimentales pero no verificables por la decisión del investigador de no someterlas a prueba empírica. Además, son necesarias para la formación de generalizaciones empíricas y leyes, por lo que son constitutivas de las mismas y de toda la física matemática, de tal modo que, sin suponer que podemos despreciar la influencia de cuerpos muy lejanos, nos sería imposible formular cualquier tipo de regularidad para el funcionamiento de los cuerpos celestes. En consecuencia, para mostrar que la trayectoria de un planeta solo depende de la posición y velocidad del propio planeta y de las de los cuerpos circundantes, tenemos que obviar primero todas las otras influencias. Solo así podrá formularse nuestro principio generalizado de inercia y solo así podrá ser susceptible de verificación. En definitiva, las hipótesis naturales nos proporcionan las condiciones más o menos ideales para comprobar nuestras leyes al mismo tiempo que nos permiten formularlas. Ni que decir tiene que estas condiciones reposan sobre un acto de decisión, a saber, la convención que supone la aplicación de una hipótesis natural para la formación de cualquier ley.

Ahora bien, ¿por qué comienza Poincaré con la función de este principio en astronomía y solo después lo extiende al resto de la ciencia natural? Porque, para él, esta es la ciencia que «nos ha enseñado que hay leyes»[13]. Así, considera que, desde los tiempos antiguos, la observación del cielo suministró las primeras concepciones de regularidad en los fenómenos. A pesar de que las reglas precisas del funcionamiento de estos cuerpos escaparon a nuestro conocimiento durante cierto tiempo, los movimientos celestes facilitaron la *idea* de regularidad, que sienta las bases de la noción de ley y de generalización empírica. Consecuentemente:

«Es la astronomía la que nos proporcionó el primer modelo sin el que habríamos estado errantes durante largo tiempo»[14].

Es en función de este argumento histórico como se justifica el examen de este principio primero para la astronomía y solo después para la 'física'. De esta forma Poincaré separa la astronomía del ámbito de la física, al concebirla como una disciplina perteneciente a la matemática y deja para

---

[13] Poincaré (1905a), p. 117.
[14] Poincaré (1905a), p. 119.

el ámbito de la física las consideraciones relativas a los cuerpos terrestres[15]. Así, en 'física' la verificación empírica del mismo resulta más problemática, dado que no es legítimo introducir la hipótesis natural según la cual la influencia de cuerpos no visibles es despreciable. En astronomía habíamos considerado los objetos lejanos como invisibles, pero en física no podemos despreciar la acción de cuerpos invisibles, no porque sean lejanos, sino precisamente porque pueden existir moléculas inobservables que actúan sobre aquellos que pretendemos considerar. Es decir, los movimientos de los cuerpos terrestres pueden ser debidos a movimientos de moléculas inobservables que no podemos ignorar por su proximidad a nuestro sistema. De este modo, cuando detectemos que la aceleración de un cuerpo no se justifica al tomar en consideración las posiciones y velocidades de otros objetos visibles circundantes (es decir, cuando nuestro principio no se verifique), podemos siempre *suponer* moléculas invisibles que actúan sobre aquel causando dicha aceleración. En definitiva, este argumento muestra, por un lado, la imposibilidad tanto de confirmar como de refutar empíricamente el principio de inercia. Pero, por el otro, nos indica que siempre estará a salvo, pues cuando no se verifique podremos postular la acción de cuerpos que no percibimos como causa de la desviación del movimiento.

La única afirmación observacional procedente de la experiencia cotidiana que podemos hacer al respecto es que los cuerpos no pueden moverse por sí mismos, pero esto no permite declarar el carácter ni rectilíneo ni uniforme del movimiento. De hecho, Poincaré no es el único que había puesto de manifiesto el carácter problemático de este principio. Durante el siglo XVIII, tanto Euler como D'Alembert habían criticado su condición porque resultaba artificial. El segundo consideraba que la afirmación de la inercia como una propiedad de los cuerpos, a saber, como su capacidad de resistir al movimiento, implicaba un aspecto metafísico que no encajaba con la obra de Newton en tanto que una 'mecánica racional'[16]. Por su parte, en el siglo XIX, Jacobi había rechazado el carácter axiomático de este principio a causa de su circularidad:

«Desde el punto de vista de la matemática pura es un argumento circular afirmar que el movimiento rectilíneo es el adecuado, y que consecuentemente todos los otros requieren una acción externa:

---

[15] Al utilizar el término 'astronomía', Poincaré se refiere más bien al dominio de la mecánica celeste, que en su época es una disciplina matemática y no física, cuyo objetivo es el cálculo matemático de las posiciones de los cuerpos celestes y de sus perturbaciones. Cf. Pannekoek (1961), p. 351.

[16] Cf. Coelho (2007b), p. 960.

porque se podría definir (setzen) igualmente cualquier otro movimiento como la ley de inercia de un cuerpo con solo añadir que la acción externa es responsable si no se mueve de esta manera. Si podemos demostrar físicamente la acción externa en cualquier caso en que el cuerpo se desvía, tenemos derecho a llamar a la ley de inercia, la cual está a la base de nuestro argumento, una ley de la naturaleza»[17].

Lo que este argumento de Jacobi pone de manifiesto no es solo la circularidad de la formulación clásica del principio de inercia, puesto que es simplemente una definición de la expresión 'movimiento de un cuerpo libre de acción externa o libre de fuerzas', sino además la necesidad de combinar este principio con otros con el fin de verificar sus consecuencias empíricas. Por ejemplo, podemos justificar que el movimiento de un planeta no es rectilíneo y uniforme si explicamos a partir de la atracción gravitatoria la órbita que este realiza en torno del Sol. Es decir, el principio resultaría significativo al combinarlo con la ley de atracción universal[18]. En el tercer y cuarto capítulo señalamos que en función del carácter no axiomático (*a priori*) ni empírico de los principios de la mecánica, así como por el carácter de definiciones que tenían algunos de ellos (como el de inercia), Jacobi les había atribuido un estatuto epistemológico diferente y, en consecuencia, los había denominado 'convenciones'. En el caso específico del principio de inercia, las ideas de Jacobi se extienden en toda una tradición que critica el supuesto euclidianismo (y con ello su carácter axiomático) que la mecánica analítica lagrangiana habría impuesto. Tal es el caso de Carl Neumann[19] quien, sin llegar a considerarlo convencional, pone de relieve su carácter hipotético, en el sentido de que no se trata ya de un axioma intuitivamente verdadero, sino tan solo de una suposición realizada al inicio de nuestra teoría, de tal modo que en su lugar habríamos podido colocar cualquier otra[20].

Otro ejemplo en esta misma línea es el de Ludwig Lange[21], quien consideró que un sistema inercial era una 'construcción ideal' sin aplicación inmediata, pero que servía para propósitos prácticos[22]. No obstante, no quiso atribuirle un carácter meramente operacional, sino que afirmó que un

---

[17] Jacobi (1996), pp. 3-4.
[18] Cf. Pulte (2000), p. 64.
[19] Cf. Pulte (2009), p. 90 y ss. Neumann estudió la obra de Jacobi a través de la copia que W. Scheibner obtuvo como alumno del curso de Jacobi.
[20] Neumann (1870), p. 23.
[21] Lange desarrolló su concepto de 'sistema inercial' a partir de la obra de predecesores como Neumann. Cf. DiSalle (1990), p. 140.
[22] Cf. Lange (1885b), p. 544.

cuerpo libre era una abstracción matemática, cuyo contenido, aunque no está dado factualmente, es *asumido*, con el objetivo de proporcionar una comprensión de los fenómenos mecánicos. En definitiva, Lange utiliza un procedimiento para determinar el contenido de la ley y afirma que para un máximo de tres cuerpos es necesario estipular una 'convención'[23]. En cambio, tras esta estipulación, es posible comprobar el contenido empírico de nuestro principio de inercia. Según expone DiSalle:

«En otras palabras, dada una hipótesis que generalice una clase de objetos, tenemos que determinar cuánta arbitrariedad hay en la generalización y expresar el contenido empírico no-arbitrario de la hipótesis para el número mínimo de objetos. La determinación de Lange de la ley de inercia es una convención para tres o menos partículas y una afirmación empírica para más de tres entendida como una aplicación directa de este principio»[24].

De este modo, tal y como ya había hecho Neumann, Lange defiende el carácter hipotético de este principio[25], poniendo de relieve su valor metodológico para facilitar la formulación de la mecánica, así como para la determinación de posteriores mediciones empíricas. Y al igual que había hecho Jacobi, señala la necesidad de introducir una convención y de asumir su correspondencia con la naturaleza.

Con independencia de la obra de Jacobi, en el ámbito francés también se pone de manifiesto este planteamiento crítico con respecto al principio de inercia. Así, en 1852, Ferdinand Reech, en su *Cours de Mécanique d'après la nature généralement flexible et élastique des corps*, señaló que el movimiento uniforme y rectilíneo no es un movimiento natural, sino que es adoptado porque es el más simple, de tal modo que:

«Habrá que hacer una convención. Se tratará de saber qué clase de movimiento rectilíneo o curvilíneo, uniforme o variado debemos admitir como siendo aquel de un punto material enteramente libre en apariencia y tendremos una entera libertad a este respecto, [...] con la única ventaja o inconveniente de ver cómo resultan de ahí las más grandes simplificaciones en las relaciones mecánicas de los sistemas; seremos conducidos naturalmente a hacer servir a un uso tal el estado de movimiento rectilíneo o uniforme y a reencontrar esta

---

[23] Cf. Lange (1885a), p. 278.
[24] DiSalle (1990), p. 143.
[25] Cf. Lange (1885a), p. 270: «La ley de inercia es y será una hipótesis física».

famosa ley de inercia de la materia, que no será ya un principio [a saber, un axioma intuitivamente verdadero] ni un hecho de experiencia sino una pura convención, la más simple de todas aquellas entre las que nos encontraremos obligados a elegir»[26].

En consecuencia, y al igual que posteriormente haría Poincaré, Reech consideró la convencionalidad de este principio. En todos estos autores se da una conjunción entre el carácter hipotético y convencional del principio de inercia, que es precisamente lo que declara la posición de Poincaré, primero, al enunciar que este no tiene un estatuto ni *a priori* ni empíricamente verificable y segundo, a partir de su validación aproximada en astronomía, al *suponer* que se verifica en los casos en que aquellos cuerpos que nos resultan *visibles* no están sometidos a la acción de otros invisibles[27]. Ahora bien, si como afirmaba Jacobi, este principio es una definición, puesto que establece el significado de movimiento de un cuerpo libre y podríamos haber elegido cualquier otro como movimiento principal, dando igualmente cuenta de la desviación del mismo a partir de acciones externas, ¿por qué escoger el uniforme y rectilíneo? Acorde con la posición de Poincaré, podríamos decir que es debido a su simplicidad y comodidad. Considerando primero esta última en función de la dimensión empírica de la comodidad, este movimiento y, por consiguiente el uso del principio de inercia, nos proporcionaría una capacidad explicativa con respecto a hechos observados y predictiva con respecto a los otros. Así, diríamos que nos permite describir o predecir ciertos movimientos. Con respecto a la física nos faculta para detectar la desviación de este principio, dándonos la posibilidad de reconocer los movimientos que se apartan del uniforme y rectilíneo. En astronomía, nos ayuda a establecer las trayectorias de los planetas, pero solo cuando se combina con otros (como el de gravitación). Con respecto a la comodidad teórica, su aplicabilidad tanto en física como en astronomía revela, de hecho, una conexión entre diferentes dominios teóricos. Por último, en lo relativo a la simplicidad, recordemos que esta se definía como el menor número de circunstancias que intervienen en un proceso natural. Esto exigiría considerar el movimiento uniforme y rectilíneo como un 'movimiento natural', a saber, como el propio de todos los cuerpos. Ahora bien, como ya señalaba Reech, esto no es posible, por lo que, para establecer este movimiento como el más próximo del natural, tenemos que considerar el tipo de espacio en el que intentamos aplicar este principio.

---

[26] Reech (1852), p. 49.
[27] Cf. Poincaré (1901a), p. 465.

Antes de analizar los principios de la mecánica, Poincaré admite de modo explícito la necesidad de contar con un marco geométrico euclídeo para dar cuenta de los fenómenos mecánicos, al menos de acuerdo con la mecánica clásica. Ahora bien, una estructura de este tipo supone un espacio plano en el que las geodésicas o configuraciones privilegiadas de este son líneas rectas y el tiempo es una proyección uniforme e invariante. O sea, es la determinación previa de una geometría para el espacio en el que se constituyen y aplican las teorías físicas la que establece el movimiento de referencia uniforme y rectilíneo como el más simple. Esto implica de hecho un vínculo entre la mecánica y la geometría, de tal modo que, como afirmaba Friedman[28] y anunciamos en el segundo capítulo, la mecánica exige la constitución previa de la geometría a fin de proporcionar a esta el marco adecuado en el que inscribir los fenómenos. Este marco no viene dado por la naturaleza, sino que lo hemos impuesto nosotros al considerar que la geometría euclídea es la que mejor se adapta a las características del mundo físico en el que habitamos. Esta característica *adaptación* permite afirmar que el marco en cuestión no es asignado de modo arbitrario, puesto que la experiencia nos guía a partir de la afinidad de los sólidos euclídeos con los sólidos naturales. Sin embargo, no nos obliga, de modo que la elección del mismo depende de la decisión del científico. Mediante la imposición de este marco determinamos la formulación de los principios mecánicos estableciendo así una relación entre ciertos procesos físicos y una estructura geométrica determinada (y también, claro está, con una concepción del tiempo). Por consiguiente y de acuerdo con Zahar:

> «Algunos procesos naturales como los movimientos de partículas libres y la propagación de la luz tienen lugar a lo largo de geodésicas, esto es, a lo largo de algunas configuraciones privilegiadas de la geometría subyacente; por tanto solo las desviaciones de estas trayectorias privilegiadas requieren una explicación causal en términos, por ejemplo, de fuerzas externas»[29].

Esta es precisamente la interpretación que Zahar proporciona del principio de inercia generalizado. Así, al considerar la forma general de este principio, Poincaré pone de manifiesto no solo su carácter convencional, como correspondiente a una categoría epistémica diferente de lo *a priori* y lo empírico, sino también los elementos que llevan a su formación siendo estos, por un lado, la observación de ciertos movimientos celestes (elemento

---

[28] Cf. Friedman (1999), p. 76.
[29] Zahar (2001), p. 97.

empírico), pero, al mismo tiempo y por el otro, la imposición de marcos convencionales (espacio euclídeo y tiempo absoluto) en el que formularlo, así como ciertas hipótesis naturales (también convencionales) que determinan las condiciones en las que tales observaciones se producen. Ahora bien, debemos tener en cuenta que la presencia de elementos convencionales, si bien rebaja las pretensiones de verdad de la ciencia empírica, no por ello la transforma en un constructo nominal, pues la parte convencional de este principio y de toda la mecánica no podría ser aplicable si perdiéramos de vista los elementos empíricos que nos ayudan a constituirlo. En efecto, para Poincaré la mecánica no debe proceder a partir de la formulación de principios generales y convencionales, sino que debe tener en cuenta la base empírica que nos ha llevado a formularlos, pues sin ella, no solo sería incomprensible su génesis, sino que resultaría inaplicable al ser estrictamente abstracta[30]. En resumen, con la explicitación de los elementos que implican la enunciación del principio de inercia se pone de manifiesto su doble naturaleza empírica y convencional.

§ 2 El principio del movimiento relativo

Con el objetivo de continuar con nuestro examen de los principios de la mecánica, analizaremos ahora el principio del movimiento relativo, cuya definición, según Poincaré, es la siguiente:

«El movimiento de un sistema cualquiera debe obedecer a las mismas leyes, ya sea que lo refiramos a ejes fijos o a ejes móviles arrastrados por un movimiento rectilíneo y uniforme»[31].

Este principio establece la equivalencia mecánica entre reposo y movimiento inercial, con lo cual supone que las leyes mecánicas que son válidas para un marco en reposo, también lo serán para un marco con velocidad uniforme y rectilínea. Poincaré afirma que es confirmado por la experiencia más vulgar y que la hipótesis contraria repugnaría a nuestro espíritu[32].
Pensemos primero en la componente experimental por la que este principio nos es sugerido. Dado que él defiende que cualquier experiencia lo confirma, pongamos un ejemplo común. Supongamos que nos encontramos dentro de un tren. Como acabamos de subir, asumimos que este tren se en-

---

[30] Cf. Poincaré (1901a), p. 494.
[31] Poincaré (1901a), p. 477.
[32] Cf. Poincaré (1901a), p. 477.

cuentra en reposo, al menos en reposo con respecto a la estación. Junto a nuestro tren se halla otro que está también parado. A continuación este último comienza a andar, pero como lo hace con un movimiento rectilíneo y uniforme, al verlo, no tenemos manera de saber cuál de los dos trenes se encuentra, de hecho, en movimiento. Lo que esta experiencia trata de ilustrar es la imposibilidad de diferenciar entre un sistema en reposo y un sistema en movimiento uniforme y rectilíneo para un observador dentro del sistema y, consecuentemente, las leyes mecánicas que son válidas en uno de ellos, habrán de ser igualmente válidas en el otro. Esta es precisamente la idea subyacente al Corolario V a las leyes del movimiento de los *Principia Mathematica* de Newton conocido como 'principio de relatividad de Galileo y Newton':

> «*Los movimientos de los cuerpos en un espacio dado son los mismos entre sí, si ese espacio está en reposo o se mueve en línea recta de modo uniforme sin ningún movimiento circular*»[33].

Precisamente, lo que Galileo había intentado probar en su célebre experimento en el interior de la cubierta de un barco es que el movimiento del sistema es compartido por todos los observadores que se encuentran en él y que el movimiento uniforme es indistinguible del reposo[34]. Ahora bien, no podemos olvidar las condiciones ideales en las que este tipo de experimentos es propuesto, ni tampoco el hecho de que la equivalencia mecánica entre reposo y movimiento inercial no es ni inmediata ni obvia. Pero antes de discutir esta cuestión, nos centraremos en el argumento de Poincaré para esclarecer el significado de este principio.

Dado el enunciado del principio del movimiento relativo, considera que si lo admitimos, podrá probarse que la aceleración de un cuerpo no dependerá ni de la posición ni de la velocidad absolutas del sistema con respecto al cual este cuerpo se mueve. Esto puede esclarecerse a partir del siguiente ejemplo. Supongamos que nos encontramos en un sistema en reposo y que lanzamos un objeto en una dirección y con una fuerza definidas. Este objeto se alejará con una velocidad determinada por su aceleración. Ahora pensemos exactamente lo mismo, pero dentro de un sistema dotado de movimiento rectilíneo y uniforme. El objeto lanzado se alejará con la

---

[33] Newton (1687), p. 20.

[34] El movimiento inercial para Galileo no es uniforme y rectilíneo, sino uniforme y curvilíneo, ya que un cuerpo en movimiento inercial se mueve en paralelo a la rotación de la Tierra, o sea, describe un movimiento circular uniforme en torno al centro de la Tierra. El concepto de movimiento inercial como uniforme y rectilíneo es debido a Descartes, como señalamos en el epígrafe anterior al referirnos a su 'segunda ley de la naturaleza'.

misma velocidad con la que se aleja en un sistema en reposo. Esto significa que el movimiento relativo de este cuerpo, es decir, relativo al observador en reposo o en movimiento rectilíneo y uniforme será el mismo, por lo que su aceleración no puede depender de su velocidad absoluta, sino de su velocidad relativa al observador. En consecuencia, el enunciado del principio sería el siguiente:

«Las aceleraciones de los diferentes cuerpos que forman parte de un sistema aislado no dependen más que de sus velocidades y de sus posiciones relativas y no de sus velocidades y de sus posiciones absolutas, siempre que los ejes móviles a los que el movimiento relativo es referido sean arrastrados en un movimiento rectilíneo y uniforme. O, si preferimos, sus aceleraciones solo dependen de las diferencias de sus velocidades y de las diferencias de sus coordenadas»[35].

Este principio se distingue del principio generalizado de inercia porque este último afirmaba la dependencia de la aceleración de las propias coordenadas de los cuerpos (posiciones y velocidades) mientras que el del movimiento relativo establece la dependencia de la misma de las *diferencias* entre coordenadas. Como vemos, en esta formulación Poincaré habla de 'velocidades y posiciones absolutas'. Igualmente, menciona al inicio de su análisis la idea de 'movimiento absoluto' y un poco después la de 'aceleración absoluta'. Esto nos lleva a preguntarnos qué entiende Poincaré por estas magnitudes *absolutas*, cuestión a la que no responde explícitamente. Cuando expresa las condiciones para el establecimiento de los principios de la mecánica, tales como la geometría euclídea referida en el epígrafe anterior, afirma lo siguiente:

«No hay espacio absoluto y solo concebimos movimientos relativos; sin embargo, enunciamos con frecuencia los hechos mecánicos como si hubiera un espacio absoluto al que pudiéramos referirlos»[36].

Esta afirmación podría de algún modo ilustrar por qué utiliza estos conceptos absolutos, en el sentido de que estaría actuando *como si* el espacio absoluto existiera y, en consecuencia, las aceleraciones absolutas serían aquellas medidas con respecto a este espacio. No obstante, esta explicación pare-

---

[35] Poincaré (1901a), p. 478.
[36] Poincaré (1901a), p. 458.

ce entrar en una cierta contradicción con esta afirmación hecha en la página siguiente del artículo que analizamos:

«En cuanto a mí, a excepción del espacio absoluto, dejaré de lado todas estas dificultades; no porque las desconozca, lejos de eso; sino que las reservo porque debo limitarme»[37].

Es decir, excepto el espacio absoluto, decide admitir las otras condiciones que había enunciado para la mecánica, tales como el tiempo absoluto, la simultaneidad y la geometría euclídea. Además, en la versión de este texto publicada en *La Science et l'Hypothèse*, modifica ligeramente el final de esta frase, diciendo «no porque las desconozca, lejos de eso; sino que las hemos examinado suficientemente en las dos primeras partes [de la obra]»[38]. Mediante esta declaración nos remite a su posición sobre el espacio en los capítulos anteriores. En ellos, cuando expone la génesis de este concepto, deja clara su concepción relacional del mismo al afirmar que este se constituye a partir de las relaciones entre los cuerpos[39] , lo que supone que es algo creado por nosotros como un marco en el que dar cuenta de los fenómenos naturales[40]. No obstante, si esto es así, ¿qué le lleva a referirse a movimientos, velocidades y aceleraciones absolutas? A este respecto, podemos, por un lado, considerar que se trata simplemente de una maniobra retórica, dado que lo que pretende mostrar es que *de hecho* no hay modo de detectar velocidades ni posiciones absolutas, pues en función de la negación del espacio absoluto estos conceptos carecen de sentido y, según la formulación del principio, las aceleraciones solo pueden depender de posiciones y velocidades relativas. Por otro lado, Poincaré afirma que:

«Los valores de las distancias en un instante cualquiera dependen de sus valores iniciales, de aquellos de sus derivadas primeras y aún de otra cosa. ¿Qué es esta *otra cosa*?»[41].

Con el objetivo de establecer el cálculo de las variables para determinar las distancias, hacemos depender los valores conocidos de sus derivadas primeras de tal modo que las ecuaciones resulten lo más simples posible, entendiendo por esto que una ecuación de segundo grado es más simple que

---

[37] Poincaré (1901a), p. 479.
[38] Poincaré (1902a), p. 112.
[39] Cf. Poincaré (1902a), p. 98, donde explicita la «pasividad y relatividad del espacio»
[40] Cf. Poincaré (1902a), p. 26.
[41] Poincaré (1901a), p. 487.

una de grado superior. Es por esto que no referimos los valores a los de sus derivadas segundas. Así, a la pregunta acerca de "esa otra cosa" de la que dependen los valores de las distancias, Poincaré responde:

«Si no queremos que esto sea simplemente una de las derivadas segundas, solo nos queda la elección de hipótesis. Suponer, como se hace ordinariamente, que esta otra cosa es la orientación absoluta del universo en el espacio, o la rapidez con la cual esta orientación varía, esta es ciertamente la solución más cómoda para el geómetra; no es la más satisfactoria para el filósofo, puesto que esta orientación no existe»[42].

En definitiva, en aras de la *comodidad*, el matemático decide utilizar la orientación absoluta del universo para sus cálculos, no porque esta pueda ser conocida, sino porque esto le permite realizar operaciones más sencillas y servirse de estas para predecir la evolución del sistema que estudia, se trata en definitiva, de la necesidad de establecer un referencial absoluto con respecto al que poder calcular. De este modo, cuando Poincaré habla de las posiciones y velocidades absolutas, se refiere a las que se establecen con respecto al universo en su conjunto. No obstante, utilizar el conjunto del universo como sistema de referencia, podría ser considerado como una extrapolación excesiva de las leyes de la mecánica. Tal es la crítica de Mach respecto del espacio absoluto. En efecto, para el físico austríaco cualquier sistema de referencia absoluto se hace superfluo porque implica una suposición más allá de los datos que nos proporciona la experiencia:

«El sistema del universo no nos es dado *dos veces*, una con la Tierra en reposo y otra con la Tierra en movimiento, sino solo *una vez* con sus movimientos relativos solo determinables en forma relativa. No podemos decir cómo serían las cosas si la Tierra no girara»[43].

Por consiguiente, tenemos que poder formular las leyes de nuestra mecánica exclusivamente a partir de la enunciación de movimientos relativos y no mediante la introducción de entidades metafísicas del tipo del espacio absoluto. Así, intenta reconstruir el argumento de Newton con base en el sistema de referencia de las estrellas fijas, que no son más que algo 'aparentemente fijo' o 'fijo con respecto a los planetas en movimiento'. Por consiguiente, el comportamiento de los cuerpos en la Tierra puede explicarse de

---

[42] Poincaré (1901a), p. 487.
[43] Mach (1883), p. 196.

modo análogo al que esta tiene con respecto a los cuerpos celestes. Pero afirmar que podemos conocer algo más allá de esto, es cometer una *falsedad*[44]. Y añade:

«Cuando, en consecuencia, decimos que un cuerpo preserva invariante su dirección y velocidad en el espacio, nuestra aserción es solo una referencia abreviada a todo el universo. Al descubridor del principio le está permitida esta expresión abreviada, porque sabe que en general no encontrará dificultades en el camino. Pero ya no le será de ayuda, si tales dificultades se le presentan, como por ejemplo cuando le llegaran a faltar los necesarios cuerpos fijos entre sí»[45].

Es decir, para afirmar la posición y la velocidad de un cuerpo precisamos siempre de otros, de un sistema de referencia material con respecto al cual determinar el estado del cuerpo cuyas coordenadas pretendemos establecer y, en ausencia de todo sistema de referencia, nuestras afirmaciones espaciales carecerán de sentido. En resumen, y de acuerdo con DiSalle, la defensa del espacio absoluto supone conceder un estatuto absoluto a las leyes del movimiento, situándolas más allá de su legitimidad en tanto que generalizaciones empíricas[46]. Y, sin embargo, esto es precisamente lo que hace Poincaré al elevar el principio del movimiento relativo al estatuto de una convención. O sea, por razones pragmáticas, coloca este principio fuera del alcance de la experiencia, para lo que precisa ir un paso más allá de Mach y afirmar que, en último término, el sistema de referencia para el que este principio será válido es el universo en su conjunto. Lo cual se corresponde con la idea de Mach, acerca de que «es solo una referencia abreviada a todo el universo», pero se diferencia de este autor en que sitúa su validez, por motivos pragmáticos, más allá del terreno de la experiencia. No obstante, a pesar de que esta extrapolación pueda parecer ilegítima, la transformación de Poincaré de este principio en una convención no es equivalente a afirmar la existencia de un espacio absoluto, sino que solo supone no cuestionar la validez de tal convención con el objetivo de poder avanzar en la constitución de la mecánica como ciencia. Por eso, su solución puede convencer al geómetra, e incluso el físico puede verse forzado a aceptarla[47]. Igualmente,

---

[44] Cf. Mach (1883), p. 197.
[45] Mach (1883), pp. 197-198.
[46] Cf. DiSalle (2006), pp. 34-35.
[47] Cf. Poincaré (1902a), p. 100: «La rotación absoluta de este planeta podría así ser puesta en evidencia. He ahí un hecho que choca al filósofo, pero que el físico está forzado a aceptar».

esta es la razón de que al inicio de su análisis afirme que con frecuencia enunciamos los hechos *como si* hubiera un espacio absoluto. De hecho, este espacio, diferente de nuestro espacio perceptual y de nuestro espacio geométrico, es el espacio específico de las teorías físicas (o espacio físico, para abreviar), el cual es el marco que imponemos a la naturaleza para poder dar cuenta de los fenómenos y que, como dijimos con respecto al principio de inercia, en la mecánica clásica será un espacio euclídeo. Con todo, al igual que a Mach, esta solución no convencerá al 'filósofo'[48] porque, a diferencia del físico, aquel no tiene la necesidad de imponer a la naturaleza un marco convencional y, por consiguiente, le resulta innecesario referirse a la orientación absoluta del universo. Es por esto que Poincaré afirma que la dificultad es artificial:

> «Siempre que las indicaciones futuras de nuestros instrumentos dependan solo de las indicaciones que nos han dado o que podrían habernos dado en otra ocasión, esto es todo lo que es preciso. Ahora bien, a este respecto podemos estar tranquilos»[49].

Así, la referencia a posiciones o velocidades absolutas corresponde a la necesidad de incluir un artificio de cálculo, un marco en el que explicar nuestras experiencias que no nos es dado en modo alguno, sino creado por nosotros para encajar en él los fenómenos.

A continuación Poincaré se pregunta por qué el principio de relatividad solo puede ser cierto cuando el movimiento es rectilíneo y uniforme y no cuando es variado o en rotación uniforme[50]. Con respecto al primero de estos dos casos considera que, si al ir en un tren, este para bruscamente al chocar contra un obstáculo, un pasajero será proyectado hacia el asiento de delante. Es decir, el movimiento relativo de dos cuerpos queda perturbado al modificar el movimiento de uno de ellos. Para explicar el segundo caso, propone una nueva ficción. En esta debemos suponer un planeta como el nuestro, excepto por el hecho de que en él nunca veríamos el cielo al estar oculto por nubes que jamás se disipan. Aunque no podamos observar los astros, podríamos detectar su movimiento por experiencias como la del péndulo de Foucault o a partir de la medición del achatamiento de los polos. No obstante, al no tener un sistema de referencia como las estrellas, no llegaríamos a la idea newtoniana de espacio absoluto, con lo que no podríamos

---

[48] Recordemos que Poincaré había afirmado que «esta solución no es la más satisfactoria para el filósofo, puesto que esta orientación no existe» Poincaré (1901a), p. 487.

[49] Cf. Poincaré (1901a), p. 488.

[50] Cf. Poincaré (1901a), p. 479.

saber si este planeta gira con respecto a algo. En este mismo planeta se detectarán algunas fuerzas consideradas 'ficticias' en la teoría del movimiento relativo, tales como la fuerza centrífuga o la de Coriolis. Los habitantes de este mundo las considerarán reales, aunque esto no evitará todas las dificultades. Si consiguieran fabricar un sistema aislado, su centro de gravedad no tendría una trayectoria más o menos rectilínea; podrían explicar este hecho a partir de dichas fuerzas ficticias atribuidas a la acción mutua de los cuerpos. El problema vendrá cuando observen que no tienden a anularse al alejarse los cuerpos, sino que la fuerza centrífuga crecerá de modo indefinido con la distancia. Aún así podrán resolver esta dificultad con un nuevo mecanismo *ad hoc*, consistente en suponer un éter que permea todos los cuerpos y ejerce sobre ellos una acción repulsiva. Pero surgirán todavía otras dificultades: los ciclones, en lugar de girar de modo indistinto en un sentido u otro, lo harán siempre en la misma dirección, lo cual será un hecho inexplicable para un mundo en reposo en el que el espacio debe ser simétrico. Los habitantes de este mundo podrán recurrir a una infinidad de explicaciones *ad hoc* para dar cuenta de todas estas particularidades:

> «Inventarán cualquier cosa que no será más extraordinaria que las esferas de vidrio de Ptolomeo y así se irán acumulando las complicaciones, hasta que el esperado Copérnico las barra todas de un solo golpe al decir: es mucho más simple admitir que la Tierra [el planeta ficticio en cuestión] gira»[51]

En efecto, este argumento prueba la invalidez del principio del movimiento relativo para sistemas en rotación. Pero además, muestra también la posibilidad *de tomar ciertas decisiones para la comodidad de una descripción*. ¿Por qué es solo una descripción cómoda? Porque a pesar de que este "supuesto Copérnico" anuncia la simplificación de las leyes de la mecánica de este planeta al asumir el movimiento del mismo, no puede de hecho demostrarlo pues es incapaz de determinar *con respecto a qué* gira. Igualmente, la adopción del principio de relatividad nos podría servir para escribir las leyes de la mecánica de un modo más simple, pero este argumento, a pesar de que explica su carácter convencional, no permite todavía dar cuenta de su origen experimental.

Por analogía con el principio de inercia generalizado, sabemos que el del movimiento relativo no es *a priori*, al igual que no es una verdad empírica y, sin embargo, debe tener alguna inspiración en hechos de experiencia. Pensemos de nuevo en los ejemplos dados al inicio, especialmente en aquel

---

[51] Poincaré (1901a), p. 482.

en que, o bien desde un sistema en reposo, o bien desde un sistema en movimiento rectilíneo y uniforme, lanzamos un objeto que se aleja de nosotros. A partir de ellos, Poincaré establece la dependencia de la aceleración de las diferencias de coordenadas, es decir, de la diferencia de posición del objeto acelerado con respecto al objeto en reposo o en movimiento inercial. En principio, esta es una experiencia realizable, pero es preciso tener en cuenta las siguientes condiciones: 1) debe ser posible el movimiento rectilíneo y uniforme; 2) debe ser posible la existencia de un sistema aislado que no pueda ser perturbado por cuerpos ajenos a él; 3) debe ser posible una medida del tiempo de tal modo que se pueda establecer la igualdad de dos intervalos de tiempo con el objetivo de medir velocidades relativas y, consecuentemente, aceleraciones relativas a partir de ellas.

Ahora bien, la primera condición exige la segunda, pues de acuerdo con el principio de inercia, el movimiento de un cuerpo solo puede ser rectilíneo y uniforme si no es perturbado por otro. Por tanto, la admisión del principio de inercia como una convención de inspiración experimental es el primer elemento que posibilita la relatividad del movimiento. Falta analizar la última condición: la medida del tiempo. Para esto, consideraremos de nuevo el análisis del principio de inercia hecho por Carl Neumann en 1870.

Además de poner de manifiesto su carácter hipotético, Neumann intentó clarificarlo al subdividirlo en tres principios. El primero introducía la existencia de un 'cuerpo alfa' con características físicas particulares (absoluta rigidez) que funcionaría como marco de referencia universal con respecto al que describir todos los movimientos, de tal modo que el movimiento se entiende como un desplazamiento respecto de dicho cuerpo alfa. El segundo principio sería el del movimiento rectilíneo, definido también respecto del marco de referencia universal y que es propio de un cuerpo 'solo' (libre), o sea, exento de la presencia de otros cuerpos (o fuerzas). El tercero define la uniformidad, según la cual, si consideramos dos cuerpos libres, cada uno de ellos recorrería exactamente el mismo espacio que el otro (la misma porción de trayectoria)[52]. Lo que este último principio establece es precisamente una escala temporal, en la que dos intervalos de tiempo iguales son aquellos en los que dos cuerpos libres recorren la misma distancia. De esta forma, el propio principio de inercia definiría ya la medida del tiempo y la equivalencia de dos duraciones temporales que harían posible después el cálculo de la aceleración. En un diagrama de coordenadas quedaría expresado del modo siguiente:

---

[52] Cf. Neumann (1870), p. 18.

(1) Representación gráfica de un objeto en movimiento rectilíneo y uniforme.

(2) Representación gráfica de un objeto con movimiento acelerado[53].

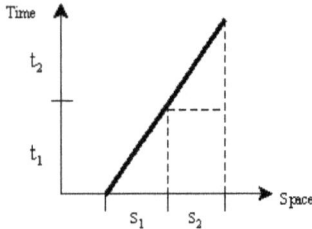

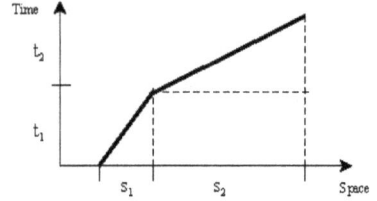

En el primer diagrama vemos que el objeto recorre la misma distancia en el mismo intervalo de tiempo. En el segundo vemos que la distancia recorrida en el mismo período de tiempo es mayor al acelerar a partir del punto (t_1, S_1). Si tuviéramos una imagen superpuesta de estos ejes de coordenadas, de tal modo que los dos objetos estuvieran en el mismo sistema, podríamos percibir el alejamiento del objeto (2) con respecto al (1), a partir del instante t_1 y en el lugar S_1. Dos objetos del tipo (1) nos permitirían establecer la equivalencia entre intervalos de tiempo que serviría de sistema de medida para cualquier otro sistema. Es decir, a partir del movimiento de cuerpos libres podemos determinar el tiempo absoluto como un marco que imponemos a la naturaleza en el cual se desarrollan los fenómenos y podemos así establecer la igualdad de dos duraciones, lo cual se corresponde con la segunda condición para la formulación de la mecánica que Poincaré exponía antes de su análisis de los principios[54]. Precisamente, cuando nuestro autor refiere a los procedimientos por medio de los cuales medimos el tiempo, se plantea:

«Cuando digo que, de mediodía a la una ha transcurrido el mismo tiempo que de las dos a las tres, ¿qué sentido tiene esta afirmación?»[55].

Si pensamos en lo que esto significa, podemos fácilmente llegar a la conclusión de que lo que se pretende expresar es que la aguja que marca los minutos en nuestro reloj ha recorrido el mismo espacio (la esfera completa) entre mediodía y la una de la tarde que entre las dos y las tres. En definitiva,

---

[53] Imágenes tomadas de DiSalle (2009).
[54] Cf. Poincaré (1901a), p. 458.
[55] Poincaré (1898a), p. 373.

la esfera del reloj define el espacio que el movimiento uniforme de la aguja debe recorrer para medir los intervalos de tiempo y para determinar la igualdad de dos duraciones. Por tanto, el procedimiento de Poincaré para establecer la medida del tiempo es el mismo que el de Neumann: se trata, en una palabra, de *espacializarlo*. Por consiguiente, las condiciones que posibilitan el principio de relatividad están dadas por el principio de inercia, lo que significa que el primero queda presentado como una especie de generalización de este último[56]. De este modo, el principio de inercia proporciona los requisitos que, en tanto que convenciones, son precisos para la enunciación del principio del movimiento relativo. No obstante, no podemos perder de vista su carácter convencional, puesto que, por ejemplo, ya hemos dicho que resulta imposible detectar cuerpos completamente aislados. De hecho, para que el principio satisfaga esta condición debería ser aplicado al universo en su conjunto, puesto que es el único sistema verdaderamente aislado que se debe considerar. Sin embargo, lógicamente esto se revela una tarea imposible, de donde se deduce, de nuevo por reducción al absurdo, el componente de carácter más empírico de este principio. Así, la imposibilidad empírica de encontrar un cuerpo alfa, o de detectar el espacio absoluto o la orientación absoluta del universo, pone de manifiesto nuestra incapacidad para percibir movimientos absolutos. Es decir, experimentalmente solo podemos descubrir y medir movimientos de unos cuerpos con respecto a otros, por lo que solo podremos tener en cuenta las posiciones y velocidades iniciales que hayamos medido, pero no las posiciones iniciales absolutas ni su orientación o velocidad absoluta inicial.

En consecuencia, a partir del establecimiento de este principio es posible dar cuenta de todo lo que acontece en un marco de referencia inercial en términos de otro marco inercial. O sea, podemos traducir uno en otro y esto se hará mediante las denominadas 'transformaciones de Galileo', que son un conjunto de ecuaciones que permiten establecer relaciones entre dos marcos dejando invariantes sus distancias relativas, así como aceleraciones, fuerzas, tiempo y otras magnitudes. Su expresión matemática es la siguiente: suponiendo que x, y, z, t, son las coordenadas del primer marco, en el que x define su dirección de movimiento relativo y t es la coordenada temporal; x', y', z', t' son las coordenadas del segundo, de modo que:

$$x' = x - vt$$
$$y' = y$$
$$z' = z$$
$$t' = t$$

---

[56] Cf. Dugas (1950), p. 436.

Ahora bien, al inicio de este capítulo dijimos que en 1904 Poincaré reconsideraba los principios y anunciaba que algunos se encontraban en peligro. El principio de relatividad es uno de ellos. En efecto, los recientes desarrollos del electromagnetismo de Maxwell y la nueva electrodinámica habían puesto en evidencia que existía por lo menos una velocidad que tenía un carácter absoluto con independencia del marco de referencia en el que fuese medida: la velocidad de la luz. Esta se presentaba como siendo exactamente la misma fuera cual fuera la velocidad de la fuente de emisión, lo que desde el punto de vista de la relatividad clásica no podía tener sentido, además de que este factor revelaría la invalidez de las transformaciones galileanas. Este controvertido hecho es expresado por Poincaré con un nuevo experimento mental:

«Supongamos dos cuerpos electrizados; aunque nos parezcan en reposo, ambos son arrastrados por el movimiento de la Tierra; una carga eléctrica en movimiento, nos enseña Rowland, equivale a una corriente; estos dos cuerpos cargados equivaldrán, por tanto, a dos corrientes paralelas y con el mismo sentido y estas dos corrientes deberán atraerse. Al medir esta atracción, mediremos la velocidad de la Tierra; no su velocidad con respecto al Sol o a las estrellas fijas, sino su velocidad absoluta»[57].

El experimento de Rowland de 1876 demostraba que el transporte mecánico de una carga electrostática producía efectos equivalentes a una corriente. En consecuencia, probaba la equivalencia entre carga eléctrica en movimiento y corriente eléctrica[58]. En la experiencia de Poincaré, la medida de la atracción entre las dos cargas eléctricas en movimiento es equivalente a la medida de la velocidad de la Tierra dado que dichas cargas se moverían precisamente en el sentido de la velocidad de esta. En otras palabras, según este experimento podríamos detectar la velocidad de la Tierra con respecto al centro de gravedad del universo. No obstante, algunos físicos, como Lorentz[59], defendieron que no se trataba del movimiento absoluto de la Tierra, sino del movimiento con respecto al *éter*, un sólido elástico que correspondía al medio en el que las ondas electromagnéticas (la luz, entre otras) eran transmitidas. Sin embargo, esta solución no es en modo alguno satisfactoria para Poincaré, pues esto significaría que cada vez que nos encontramos ante la necesidad de realizar una compensación en los efectos de nuestras medi-

---

[57] Poincaré (1904), p. 310.
[58] Cf. Rowland (1876), pp. 233-237.
[59] Cf. Lorentz (1895), p. 1.

das, en definitiva, cada vez que intentamos salvar un principio, podemos inventar un fluido o un medio material cualquiera no perceptible y afirmar que medimos con respecto a este. Es decir, a primera vista, nuestro autor se opone a la introducción de hipótesis *ad hoc* con el objetivo de salvar nuestros principios y nuestra mecánica clásica. De hecho, Poincaré pone de manifiesto el fracaso de tal hipótesis a partir de su interpretación del experimento de Michelson que muestra la imposibilidad de detectar el movimiento de la Tierra en el éter[60].

La introducción del éter como una hipótesis para salvar el principio de relatividad no es la única introducida por Lorentz. Junto a ella es preciso admitir también lo que se denomina *tiempo local*, la *contracción de longitudes* y la *hipótesis de las fuerzas moleculares*[61]. Dado que nuestro objetivo prioritario es la mecánica, no vamos a detenernos en la exposición de estos elementos; no obstante, es interesante pensar la reacción de Poincaré ante la introducción de estos mecanismos para salvar el principio en cuestión. La aceptación de estas conjeturas supondría mantener este principio a toda costa, lo que llevaría a transformarlo en una idea que, o bien puede explicarlo todo, o bien no tiene refutación. En este sentido, habríamos situado el principio fuera del alcance de la experiencia:

«El principio permanece intacto, pero, ¿para qué podrá servir a partir de ahora?»[62].

En efecto, nos servimos de los principios en la medida en que nos permiten realizar predicciones, descubrir conexiones nuevas entre fenómenos. Pero al mismo tiempo Poincaré considera que imponen límites a nuestra experiencia. La introducción de todas estas hipótesis para el mantenimiento del principio de relatividad es contraria al criterio poincareano de simplicidad. Este principio no nos resulta fecundo en la nueva electrodinámica a menos que incorporemos los mecanismos señalados por Lorentz, lo que para nuestro autor significa que la experiencia, sin contradecirlo directamente, sin embargo, lo habrá condenado[63].

La crítica de Poincaré a la interpretación lorentziana del principio de relatividad muestra no solo la necesidad de coherencia de su esquema epistemológico, en el sentido de que la física debe siempre permanecer como

---

[60] Sobre la descripción de estos procedimientos experimentales, cf. Michelson y Morley (1887), pp. 333-341.
[61] Introducidas respectivamente en Lorentz (1895), Lorentz (1892b) y Lorentz (1904).
[62] Poincaré (1904), p. 323.
[63] Cf. Poincaré (1904), p. 323.

una disciplina experimental y por ello no podemos situar ninguno de sus elementos más allá del alcance de lo empírico, sino también el hecho de no querer reducirla a una pura disciplina nominal en la que la utilidad del principio quedaría 'salvada' por medio de hipótesis *ad hoc*. De este modo, el principio de relatividad pertenece con pleno derecho a la descripción que establecimos de los principios. Así, pensemos de nuevo en los elementos que utilizamos para su formulación: por un lado, recurrimos a experiencias aparentemente cotidianas, que, aunque suponen una cierta idealización, nos sirven de base. Por otro lado, precisamos de una serie de convenciones. La primera de ellas es la admisión del principio de inercia, que posibilita el movimiento uniforme y rectilíneo junto con la existencia de sistemas aislados (o aproximadamente aislados). A partir de la aceptación de esta, tenemos que incluir algunas de las convenciones necesarias que nos llevaron a constituir el propio principio de inercia (del que el de relatividad es una consecuencia generalizada), tales como la hipótesis natural relativa a la posibilidad de despreciar la influencia de cuerpos muy alejados. Además, requerimos los marcos convencionales en que se inscriben los fenómenos (espacio euclídeo y tiempo absoluto), que venían ya definidos en el de inercia. Por último, el principio del movimiento relativo vuelve a tomar contacto con su base experimental a partir de la imposibilidad empírica de detectar ningún movimiento absoluto. A estas condiciones es preciso sumar la idea de que si se detecta una velocidad absoluta (tal como la de la luz) en un nuevo ámbito de la física, nuestro principio debe ser condenado y no mantenido por medio de hipótesis adicionales que no resultan comprobables[64]. No obstante, esto no significa la necesidad de desechar completamente este principio, pues recordemos que en su análisis de la transición de la física de los principios a la nueva mecánica, Poincaré defiende la necesidad de que la antigua quede como una primera aproximación de tal modo que en las teorías sucesivas podamos ver los rasgos de las antiguas.

En el capítulo cuarto afirmamos que una de las razones por las cuales las teorías antiguas son preservadas es por su capacidad de revelar relaciones. Pues bien, Poincaré considera que esto es precisamente lo que sucede con la mecánica y, en concreto, con el principio del movimiento relativo. En efecto, no hay modo de apercibirnos realmente de que la Tierra gira, puesto que no disponemos de un sistema de referencia en reposo absoluto con respecto al que afirmar su revolución. Por eso afirmaba que no existía diferencia entre sostener que «la Tierra gira» o que «es más cómodo suponer

---

[64] Poincaré reconoció la necesidad de modificar el principio en su forma clásica, pero dado que esta es una cuestión relativa a la electrodinámica no nos ocuparemos de ello aquí.

que la Tierra gira»[65]. E igualmente señalaba que entre las proposiciones contradictorias «la Tierra gira» y «la Tierra no gira»[66] no hay ninguna que sea *cinemáticamente* más verdadera que la otra, pues declarar una verdadera y la otra falsa implicaría la admisión del espacio absoluto. Sin embargo, podemos expresar que una es *físicamente* más verdadera que la otra porque pone de manifiesto un mayor número de conexiones entre fenómenos:

> «He aquí el movimiento diurno aparente de las estrellas y el movimiento diurno de los otros cuerpos celestes, y por otro lado el achatamiento de la Tierra, la rotación del péndulo de Foucault, la rotación de los ciclones, los vientos alisios, ¿qué sé yo? Para el ptolemaico todos estos fenómenos no tienen entre ellos ningún vínculo; para el copernicano son engendrados por una misma causa. Al decir la Tierra gira, afirmo que todos estos fenómenos tienen una relación íntima, y *esto es verdadero*, y permanece verdadero aunque no haya y no pueda haber espacio absoluto»[67].

En definitiva, la adopción de una u otra convención (movimiento relativo o reposo absoluto) nos lleva a decidir si queremos introducir hipótesis auxiliares para explicar ciertos fenómenos o dejar esta explicación al puro azar; o también si, por el contrario, podemos establecer un vínculo entre ellos de tal manera que la adopción de un principio simplifique y al mismo tiempo posibilite la formulación de nuestra mecánica. La admisión de un principio tal satisface la idea de unidad, a la cual nos referimos en el primer capítulo como una presuposición no prescindible, un principio guía del modo de hacer ciencia que revela al mismo tiempo una propiedad de la naturaleza: la interconexión de todos los fenómenos. En este sentido el principio cumple igualmente con la comodidad teórica al revelar las conexiones entre dominios aparentemente separados como la mecánica celeste y la meteorología, y atiende también a la práctica puesto que muestra su capacidad explicativa y predictiva.

En este punto podemos afirmar la divergencia de las posiciones de Mach y Poincaré. El primero se opondría sin duda a la distinción entre verdad cinemática y física y solo aceptaría el sistema copernicano por ser una interpretación *más práctica* de los datos empíricos[68]. Es decir, el hecho de que a partir de la admisión del movimiento de la Tierra podamos explicar más

---

[65] Cf. Poincaré (1901a), p. 483.
[66] Cf. Poincaré (1905a), p. 185.
[67] Poincaré (1905a), p. 185.
[68] Cf. Mach (1883), p. 196.

fenómenos, solo nos muestra la simplicidad de nuestro argumento frente a la necesidad de incluir un complicado sistema de esferas cristalinas para dar cuenta de los efectos de este movimiento, pero la conexión entre los hechos que es capaz de revelar el sistema copernicano no dice nada acerca de su posible verdad. En cambio, para nuestro autor, a partir de la distinción entre *sentido cinemático* y *sentido físico* de una proposición establecidos con respecto al argumento del movimiento de la Tierra, podemos afirmar que dicho sentido físico se corresponde con la parte de verdad que desde las leyes se transmitía a los principios, pues estas eran quienes desvelaban las conexiones entre fenómenos, las cuales no se pierden al introducir los elementos convencionales que llevan a la formulación de los principios.

§ 3 El principio de acción y reacción

A continuación examinaremos la tercera ley de Newton comúnmente formulada, según Poincaré, diciendo que «la acción es igual a la reacción»[69]. Este es su enunciado en la forma proporcionada por Newton:

«Para cada acción, existe siempre una reacción igual y opuesta: o las acciones mutuas entre dos cuerpos son siempre iguales y dirigidas en sentido contrario»[70].

Este principio indica que las acciones (fuerzas) sobre dos cuerpos ocurren siempre por pares, es decir, se trata de dos fuerzas colineales que actúan simultáneamente sobre cuerpos diferentes. Significa, así, que por cada fuerza que actúa sobre un cuerpo, este realiza a su vez una fuerza de igual intensidad pero de sentido contrario sobre aquel que la produjo e implica que la interacción es instantánea. No obstante, esto queda reducido a interacciones entre dos cuerpos, por lo que Poincaré señala que si las acciones se realizaran siempre por pares, esto es, si nunca interviniese un tercer cuerpo, podríamos mantener este enunciado; pero, dado que no podemos asegurar que esto acontece así en la naturaleza, nos vemos obligados a ampliarlo del modo siguiente:

«El centro de gravedad de un sistema aislado solo puede tener un movimiento rectilíneo y uniforme»[71].

---

[69] Poincaré (1901a), p. 472.
[70] Newton (1687), p. 13.
[71] Poincaré (1901a), p. 472.

Ahora bien, el paso de la formulación de Newton a la de Poincaré no resulta evidente, pues es preciso recurrir a la ley de conservación del momento lineal. El 'momento' o 'cantidad de movimiento' es una magnitud física que establece una relación entre la masa de un cuerpo y su velocidad en un instante temporal. Así, dicha magnitud se expresa como el producto de las otras dos: P=mv. Su ley de conservación implica que la cantidad de movimiento de un sistema aislado permanece constante a lo largo del tiempo y esto ocurre cuando los cuerpos implicados en dicho sistema ejercen fuerzas paralelas a la recta que los une (colineales). El centro de gravedad de un sistema se corresponde con el punto en que se aplica la resultante de todas las fuerzas que actúan sobre los distintos cuerpos del mismo. En un sistema aislado, en virtud de la ley de conservación del momento, la cantidad de movimiento de su centro de gravedad permanecerá constante y, dado que el sistema no se encuentra perturbado por fuerzas o cuerpos ajenos, tendrá el mismo movimiento que un cuerpo libre, que, de acuerdo con el principio de inercia, solo podrá ser rectilíneo y uniforme[72].

Una vez expuesto el modo en que Poincaré llega a su formulación del principio de reacción, es preciso tener en cuenta algunas dificultades surgidas de esta. En primer lugar, en este principio entra en juego la fuerza, en el sentido de que cuando un cuerpo ejerce acción sobre otro, esa acción es interpretada como una fuerza. Esta magnitud aparecía también en la ley de inercia al definir un cuerpo libre como aquel no sometido a 'fuerzas'. No obstante, dada la forma generalizada de este principio que Poincaré proporciona, y como ya señalamos en el primer epígrafe, se realiza un cambio de variables de tal modo que se excluye la fuerza del enunciado. Podemos ver que en este caso ocurre algo aproximado: al afirmar que el centro de gravedad de un sistema aislado solo puede tener un movimiento rectilíneo y uniforme, se suprime la 'acción' o 'fuerza' del enunciado del principio. Sin embargo, a partir del concepto de 'centro de gravedad' como punto en el que se aplica la resultante de las fuerzas de un sistema, esta magnitud reaparece en el principio de reacción aunque sea de modo implícito. Dado que nos ocuparemos de ella en el próximo epígrafe cuando analicemos la segunda ley de Newton, aceptaremos provisionalmente la definición proporcionada por nuestro autor, que no es otra que el producto de la masa por la aceleración.

La segunda dificultad que aparece en la exposición de este principio es la noción de 'masa'. Efectivamente, a pesar de hablar del movimiento de

---

[72] En Poincaré (1900a) p. 468 se lee: «En la Mecánica ordinaria, de la constancia de la cantidad de movimiento se concluye que el movimiento del centro de gravedad es rectilíneo y uniforme».

cuerpos libres o de la relatividad del movimiento de cuerpos, Poincaré no se había referido a esta magnitud hasta que analiza el principio en cuestión. Al igual que la fuerza, esta tampoco aparece de modo explícito en su enunciado ni en su forma newtoniana, ni en la de Poincaré. No obstante, en la primera se encuentra la idea de 'cuerpos' y con respecto a la segunda podemos suponer que, si se habla del centro de gravedad de un sistema, este ha de tener alguna masa. Inicialmente afirma que se trata de una idea 'inmediata y primitiva', puesto que la asocia con la de 'cantidad de materia'. En efecto, como afirma Jammer, la antítesis metafísica tradicional entre forma y materia es el fondo común para los conceptos de fuerza y masa[73]. Pero la sistematización científica de la masa, en el sentido de ser una noción incorporada en ciencia, es debida a Kepler, en tanto que *vis insita*, a saber, como capacidad de resistencia de un cuerpo a preservar su estado de reposo, entendida como la *pereza* del cuerpo[74]. En consecuencia, la idea de cantidad de materia no resulta aceptable para la definición de este concepto, pues como dice Poincaré:

> «Yo sé bien que en dos gramos de plomo hay dos veces más materia que en un gramo de plomo, puesto que se comparan dos materias idénticas; pero ¿cómo sabré que en dos gramos de plata hay dos veces más materia que en un gramo de plomo?»[75].

En definitiva, Poincaré está aquí apelando a la necesidad de *medir* la masa con el objetivo de establecer estándares de comparación entre diferentes cantidades de materia. Es decir, será preciso definir una escala de referencia para formalizar este concepto, de tal manera que pueda representarse de modo analítico, o sea, por medio de un número. Es por eso que el tipo de magnitudes que se corresponden con esta determinación numérica se denominan *escalares*[76]. Ahora bien, esta definición rigurosa debe ser acorde con los hábitos de los que surge. Por eso considera que la cantidad numérica que represente la masa deberá ser constante. En este punto nuestro autor afirma que, para que esto ocurra, será el propio principio de reacción el que nos proporcione la definición de masa:

---

[73] Cf. Jammer (1961), p. 53.
[74] Cf. Jammer (1961), p. 65. El concepto moderno de inercia como capacidad de conservación del estado (reposo o movimiento uniforme) se debe a la conceptualización cartesiana a partir de las tres leyes formuladas en *Les principes de la philosophie*.
[75] Poincaré (1901a), p. 473.
[76] Cf. Cabrera (1923), p. 305.

«Las masas deberán ser coeficientes elegidos de tal suerte que el movimiento del centro de gravedad de un sistema aislado sea rectilíneo y uniforme»[77].

O sea, esta magnitud debe ser definida de tal manera, que el principio de reacción se verifique. El aspecto problemático de esta definición era ya señalado por Poincaré en 1897, al afirmar que no era sino una «confesión de impotencia»[78] y a continuación declarar que, con el sistema clásico, era imposible proporcionar una idea satisfactoria de la masa. Consecuentemente, a partir de la imposibilidad de establecer una definición adecuada de esta magnitud, considera que la mejor solución es introducir una convención de medida, de tal modo que pueda asignarse a la masa de un cuerpo un número determinado sin ambigüedad.

Una convención de medida establece una relación entre dos cuerpos, de forma que el primero de ellos sirve como instrumento de medida, es decir, como prototipo o patrón para el establecimiento de la relación. Mediante la comparación entre el prototipo y otro cuerpo puede determinarse en qué grado es el segundo cuerpo mayor o menor que el primero, al precisar el número de veces que aquel es divisible por este (o cuántas lo contiene), y el resultado de dicha comparación será el número que establece la magnitud escalar, en este caso, la masa. El procedimiento es semejante al establecido para la medida del tiempo señalado en el epígrafe anterior: al espacializarlo se establece convencionalmente cuál será el espacio que habrán de barrer dos cuerpos a una velocidad constante para determinar la igualdad de dos intervalos temporales. La esfera de un reloj recorrida por el movimiento constante de la aguja no es sino un *patrón* determinado a partir de nuestra decisión de estipular un procedimiento para la medida del tiempo. Igualmente, el gramo o el kilogramo definen un patrón para la medida de la masa en tanto que magnitud escalar. Ahora bien, las convenciones de medida, a primera vista, no se corresponden con los tipos de convenciones analizados hasta el momento. Es por eso que no las hemos explicitado en el análisis epistemológico. De hecho, estas convenciones son con frecuencia consideradas semejantes a los axiomas geométricos, principalmente a causa de que Poincaré, al preguntarse por la verdad de la geometría euclídea y responder que la cuestión carece de sentido, afirma:

«Qué debemos pensar de esta cuestión: ¿es verdadera la geometría euclidiana? No tiene ningún sentido. Tal como preguntar si el sis-

[77] Poincaré (1901a), p. 473.
[78] Poincaré (1897), p. 736.

tema métrico es verdadero y las antiguas medidas falsas; si las coordenadas cartesianas son verdaderas y las coordenadas polares falsas;
una geometría no puede ser más verdadera que otra; puede solamente ser *más cómoda*»[79].

En efecto, las convenciones de medida encajan con una de las características principales que hemos señalado con respecto a toda convención: no son ni verdaderas ni falsas. E igualmente encajan con el otro rasgo
que atribuimos a este concepto: son adoptadas a partir de una resolución
para facilitar una descripción. El motivo para establecer una escala de medida es poder uniformizar los cálculos. La razón, por ejemplo, para adoptar el
sistema métrico decimal es que resulta más cómodo calcular en unidades
que son múltiplos y divisores de diez. Es decir, es una razón pragmática. En
definitiva, este tipo de comodidad práctica implica proporcionar estándares
que faciliten la comparación de modo eficaz y, por tanto, es diferente de la
comodidad empírica y teórica que atribuíamos a convenciones con valor
epistémico, tales como las hipótesis naturales o los principios de la mecánica. Además, las convenciones de medida se distinguen de estas en que no
tienen un origen experimental, por lo que no serán reveladoras de relaciones. En este sentido se asemejan a las hipótesis indiferentes, pues recordemos que el uso de un modelo mecánico mejor que otro no obedece a razones empíricas, sino a la propia heurística del modelo. Las hipótesis indiferentes resultaban vacías de contenido epistémico porque su modificación no
alteraba las consecuencias empíricas o matemáticas de la teoría. Igualmente,
si en lugar de utilizar el sistema métrico para expresar las medidas de nuestras magnitudes, nos sirviésemos de las unidades imperiales, las consecuencias de nuestra teoría no variarían. Por consiguiente, podemos decir que las
convenciones de medida corresponden de hecho al tipo denominado como
'hipótesis útiles o indiferentes'. Ahora bien, si esto es así, es preciso establecer una diferencia con las convenciones geométricas.

A pesar de que Poincaré con frecuencia sitúa los axiomas de la
geometría en pie de igualdad con la elección de un sistema de medida o de
coordenadas, consideramos que no son exactamente el mismo tipo de convención. Así, sabemos que la elección de una geometría no depende de la
experiencia y, sin embargo, está guiada por ella. Con respecto a la geometría
euclídea, nuestro autor defiende que resulta más cómoda porque «concuerda
bastante bien con las propiedades de los sólidos naturales»[80] y es por esto
que la escogemos. Sin embargo, ¿está la elección del sistema métrico guiada

---

[79] Poincaré (1902a), p. 76.
[80] Poincaré (1902a), p. 76.

por la experiencia? No. Como afirma Galison, cuando se adoptó el metro como convención de medida, se afirmaba que era la diezmillonésima parte de un cuadrante de meridiano terrestre, pero «el tamaño de la Tierra no podía medirse con la precisión necesaria para un patrón internacional»[81]. Por tanto, su adopción se debe meramente a la sencillez que proporciona a los cálculos, o sea, a razones pragmáticas. Consecuentemente, podemos afirmar que, si bien ni la geometría ni los sistemas de medida son susceptibles de verdad o falsedad, no por ello se corresponden con el mismo tipo de convención.

Por otro lado, el recurso a una convención para la definición de masa no es exclusivo de Poincaré. Como señalamos en el capítulo anterior, ya Hertz lo había utilizado en su obra *Die Prinzipien der Mechanik*. En el primer libro asociaba este concepto con el de 'partícula material' y lo definía al vincular un punto en un lugar y un tiempo determinado con otro punto en otro lugar y otro tiempo. En el segundo libro, cuando lo exponía como objeto de la experiencia externa, afirmaba:

> «La masa de los cuerpos que podemos manejar está determinada al pesarla. La unidad de masa es la masa de algún cuerpo asentada por convención arbitraria»[82].

O sea, Hertz apela igualmente a una convención de medida para definir la masa en la parte empírica de su obra. Ahora bien, la necesidad de determinar este concepto de modo riguroso es resultado del criticismo de la época a la mecánica y, en especial, a la noción de fuerza. En este sentido, algunos autores, como Barré de Saint-Venant, interpretaron que la fuerza era un concepto metafísico y de naturaleza oculta[83]. Así, este físico consideraba que la cinemática era prioritaria frente a la dinámica, y que, por consiguiente, era posible proporcionar un concepto cinemático de la masa de modo que fuera independiente de la definición de fuerza:

> «La masa de un cuerpo es la relación de dos números que expresan cuantas veces este cuerpo y otro cuerpo, elegido arbitrariamente y constantemente el mismo, contienen partes que, estando separadas y después en colisión mutua, se comunican por el choque velocidades opuestas e iguales»[84].

---

[81] Galison (2003), p. 93.
[82] Hertz (1894), p. 140.
[83] Cf. Dugas (1950), p. 421.
[84] Saint-Venant (1851), §81.

Como vemos, esta definición establece también este concepto como una relación de medida. No obstante, no se basa solo en la elección del cuerpo-patrón que sirve para medir, sino que además requiere de la aceleración, de modo que la masa es medida a partir de la proporción de las aceleraciones debidas a la interacción de dos cuerpos. Aunque sin mencionar explícitamente a Saint-Venant, Poincaré critica esta definición, puesto que necesita suponer la validez del principio de reacción y depende de la definición de fuerza[85]. Aparentemente, el procedimiento de Saint-Venant permitiría determinar la masa simplemente a partir de la aceleración, de tal modo que dos cuerpos, que al colisionar se separaran con la misma aceleración, tendrían la misma masa. Pero como la aceleración implica de hecho ejercer alguna fuerza, no puede ser establecida la prioridad cinemática de la masa. El mismo problema se presenta con la proporcionada por Mach, quien considera que puede presentarse una definición experimental de este concepto en cuestión mediante un procedimiento semejante al descrito por Saint-Venant, a saber, el choque de dos cuerpos y el cálculo de sus aceleraciones[86], de modo que:

«*Se llaman cuerpos de igual masa aquellos que actuando uno sobre el otro se comunican aceleraciones iguales y opuestas*»[87].

Cuando los cuerpos son diferentes, se toma uno de ellos como cuerpo-patrón, es decir, se establece una unidad de medida para poder realizar la comparación entre ambos:

«*Si admitimos el cuerpo de comparación A como unidad, atribuiremos la masa m a aquel cuerpo que comunica a A una aceleración m veces aquella que recibe por acción de A*»[88]

Así, Mach considera que la experiencia puede mostrarnos que las aceleraciones son opuestas sin necesidad de recurrir a ninguna teoría, o sea, sin utilizar la física de Newton o cualquier otra. En la medida en que estima que este concepto es determinado exclusivamente de modo empírico, supone que el principio de acción y reacción resulta superfluo o redundante, pues formularía precisamente el *mismo* hecho que este concepto[89]. Ahora bien,

---

[85] Cf. Poincaré (1897), p. 735.
[86] Cf. Mach (1883), p. 304.
[87] Mach (1883), p. 185.
[88] Mach (1883), p. 185.
[89] Cf. Mach (1883), p. 187.

para que este procedimiento sea posible tendríamos que poder calcular el choque de los dos cuerpos en ausencia de cualquier otra masa, o sea, precisaríamos, nuevamente de un sistema aislado, lo cual no es empíricamente posible, y esto es precisamente en lo que consiste la crítica de Poincaré a las definiciones por 'choques' de Mach y Saint-Venant. Pero, además, el cálculo de las aceleraciones exigiría la especificación de un sistema de referencia con respecto al que medir dichas aceleraciones, lo que supone un espacio y una medida del tiempo[90]. En definitiva, es a partir del reconocimiento de la imposibilidad de establecer empíricamente una definición de la masa que Poincaré concluye que debe ser asignado un coeficiente a partir del proceso de medida. No obstante, esto no significa que el principio de reacción sea puramente convencional, sino que está descompuesto en dos partes:

> «Primero una proposición (axioma, postulado o hecho de experiencia): "Existen coeficientes *constantes* tales que el movimiento del centro de gravedad (es decir del centro de las distancias medias calculado al atribuir a cada molécula del sistema el coeficiente en cuestión) sea rectilíneo y uniforme". Y después una definición de palabras: "Y a estos coeficientes, los llamo masas"»[91].

En el análisis de los principios realizado en el tercer capítulo, al describir el procedimiento por el que una ley pasaba a ser un principio, Poincaré señalaba que la ley establecía una relación aproximada entre dos términos y que para cambiar su estatuto, era preciso introducir un tercer elemento que *por definición* constituyera de modo exacto la relación que la ley solo expresaba de forma aproximativa. Aplicando este proceso a los términos en que nuestro autor descompone el principio de reacción, el tercer elemento sería la definición de palabras que determina aquello a que llamamos masa, en tanto que la proposición experimental sería la primera de ellas, pues establece la relación entre los coeficientes constantes (masas) y el movimiento del centro de gravedad del sistema. De hecho, la primera proposición es descrita como un hecho de experiencia, entre otras cosas. Es preciso apuntar que Poincaré está equivocado al decir que se trata de un 'axioma, postulado, o hecho de experiencia', pues no puede ser las tres cosas al mismo tiempo. Un axioma es una proposición autoevidente o indemostrable. Un postulado es una proposición cuya verdad se admite sin necesidad de pruebas con el objetivo de que sirva de fundamento para establecer otras. La diferencia entre axioma y postulado se ha diluido especialmente a causa de

---

[90] Cf. Jammer (1961), p. 96.
[91] Poincaré (1901a), pp. 473-474.

su identificación en geometría después del surgimiento de las geometrías no euclidianas, por lo que pueden considerarse sinónimas. Por tanto, ambos son entendidos como proposiciones verdaderas no probadas y nunca como hechos de experiencia. Así, nuestro autor señala que al añadir que tales coeficientes deben ser *constantes*, la proposición ya no puede ser evidente, sino que es preciso que la experiencia la verifique[92], por lo que no será ni un axioma ni un postulado, sino un hecho empírico. Para que tal comprobación sea posible será preciso, una vez más, recurrir al universo entero como único sistema aislado, pero en la medida en que solo podemos percibir movimientos relativos, como mostramos en el epígrafe anterior, no podremos conocer el movimiento absoluto del centro de gravedad del universo. Sin embargo, existen sistemas *aproximadamente* aislados, con respecto a los cuales se puede verificar nuestro principio, es decir, podemos comprobar empíricamente si tienen o no un movimiento uniforme y rectilíneo. Consideremos el siguiente caso:

> «Tomemos por ejemplo el sistema solar; nuestros medios de observación llegarán a ser quizá un día lo bastante precisos como para que podamos estudiar el movimiento de su centro de gravedad con respecto al de la Vía Láctea, por ejemplo; constataremos entonces que este movimiento es aproximadamente rectilíneo y uniforme. Lo será solo aproximadamente, puesto que las estrellas más vecinas están muy alejadas, pero no puede serlo completamente. Si estas estrellas no existieran, el principio sería inverificable, puesto que no podríamos referir su movimiento a ningún marco; pero si existen, deben actuar, por poco que sea, y el movimiento solo puede ser aproximadamente uniforme»[93].

Este texto trata de mostrar la posibilidad de una comprobación experimental aproximada del principio de acción y reacción, es decir, pretende dar cuenta de su parte experimental. Pero, además, pone de manifiesto algunas de las condiciones que es preciso tener en cuenta para dicha observación. Así, establece la necesidad de considerar un sistema (sistema solar y vía láctea) con respecto a otro para poder determinar la validez del principio. Este marco no es otro que el de las estrellas fijas o aparentemente fijas. También señala como requisito la adopción de una hipótesis natural: la de que cuerpos muy alejados, en este caso las estrellas, tienen una influencia despreciable. En la medida en que es preciso introducir estas condiciones la

---

[92] Poincaré (1901a), p. 474.
[93] Poincaré (1901a), p. 474-475.

comprobación de nuestras observaciones solo puede ser limitada o, como Poincaré afirma, aproximada. La explicitación de estas asunciones esclarece los elementos que utilizamos en la constitución del principio y contribuye a la determinación de las limitaciones del científico, lo que justifica, una vez más, la idea poincareana de que la ciencia es una construcción humana en la cual es preciso adoptar decisiones para poder avanzar, no solo en la realización de experiencias y observaciones, sino también en la adopción de principios a los que concedemos un valor absoluto en la medida en que los consideramos convencionales.

Obviamente esto no significa que este valor sea irrevocable, pues al igual que ocurría con el de relatividad, en 1904 Poincaré consideró que el principio de reacción se encontraba en peligro y de nuevo la causa se hallaba en la física electromagnética. La tercera ley de Newton, en su formulación original, no es válida para fuerzas electromagnéticas puesto que estas no se propagan de modo instantáneo, sino a una velocidad finita que es c (la velocidad de la luz). Así, de acuerdo con Zahar, «la velocidad finita de la propagación de señales no puede reconciliarse con la simultaneidad de la acción y la reacción»[94]. Con el objetivo de dar cuenta de los fenómenos electromagnéticos, los cuales, como señalamos en el epígrafe anterior, no pueden ser invariantes con respecto a las transformaciones galileanas, Lorentz propone su teoría de los estados correspondientes[95]. Dicha teoría, junto con sus subsiguientes modificaciones, será la que Poincaré considere la más capaz de explicar estos fenómenos pues es la que más relaciones verdaderas pone de manifiesto[96]. No obstante, no la considera una teoría completa, principalmente porque viola el principio de reacción y, como consecuencia de dicha violación, el principio de relatividad, al menos en su forma clásica, tampoco es satisfecho.

Esta teoría supone que las ecuaciones de Maxwell resultan válidas para el marco de referencia en el que el éter se encuentra en reposo y que los fenómenos electromagnéticos son debidos al movimiento de los electrones en tanto que partículas cargadas de electricidad[97]. De esta manera es una teoría constitutiva de la materia ya que afirma la participación de la misma en los fenómenos electromagnéticos mediante la existencia de partículas

[94] Zahar (2001), p. 117.
[95] Cf. Lorentz (1892a). Posteriormente modificada en 1892b, 1895, 1899 y 1904, donde presenta su teoría completa del electrón.
[96] Cf. Poincaré (1902a), p. 184.
[97] Cf. Lorentz (1895), pp. 1-3. Lorentz asume que la teoría de Fresnel del éter estacionario, frente a la de Stokes del arrastre total del éter, está en el camino adecuado. Además, debe ser un medio homogéneo e isótropo. Lorentz denomina 'iones' a las partículas de su teoría, el término 'electrón' fue introducido por Stoney en 1891. Cf. Stoney (1894), pp. 418-420.

elementales portadoras de carga eléctrica. Dada la velocidad finita de las ondas electromagnéticas, el problema con el que se encuentra Poincaré es el
siguiente: los electrones no actuarán directamente unos sobre otros, por lo
que la transmisión de la fuerza eléctrica ya no será instantánea y precisará de
un tiempo. Así, como actúan a través del éter, si un observador solo percibe
los movimientos de la materia y no puede detectar el éter, ¿cómo es posible
la compensación entre la acción y la reacción? Y aunque esta se realizase
teniendo en cuenta exclusivamente los electrones, tendría una velocidad finita, puesto que existirá un tiempo de transmisión del primer electrón al éter y
de este al segundo electrón[98]. Poincaré considera el caso de los osciladores
hertzianos provistos de un espejo parabólico en el que los electrones en
movimiento radian energía en una dirección determinada[99]. Como la energía
electromagnética se comporta como un fluido que tiene inercia, la radiación
de energía del electrón debe producir en él una cierta fuerza de retroceso, es
decir, el electrón debe *recular* como lo hace un cañón al lanzar un proyectil,
siendo la presión de Maxwell en el electrón[100], la equivalente a la fuerza que
produce ese retroceso. Cuando un segundo electrón reciba la energía emiti-
da por el primero, este último se comportará como si recibiese un choque
mecánico (o un cañonazo), que será lo que suponga la compensación del
retroceso del excitador, es decir, la reacción.

En mecánica es el aire (o cualquier cosa que esté tras el cañón),
quien produce la reacción, es decir, hay un medio material que compensa
este retroceso (al recibir la acción), el cual puede ser medido con exactitud.
Pero en la teoría de Lorentz no se produce esta compensación y, por consiguiente, no puede ser medida, puesto que de la teoría no se deriva que esta
compensación se realice en la materia, es decir, entre los electrones[101], sino
que el proyectil en cuestión es la energía, la cual se suponía que tenía una
naturaleza diferente de la masa, de la materia. Por tanto, en el caso de que la
energía enviada fuera recibida por un receptor, este se comportaría como si
hubiese recibido un choque mecánico y tendría lugar la compensación de la
acción (reacción), pero no sería instantánea. También podría ocurrir el caso
en el que la energía nunca alcanza un receptor y jamás acontecería la compensación. De este modo, cuando se produzca la reacción, a pesar de ser
retardada, sería preciso considerar el conjunto de materia y energía o de materia y éter, y esta es la razón de que Poincaré afirme que este principio no se

[98] Cf. Poincaré (1905a), p. 135.
[99] Cf. Poincaré (1900a), p. 471.
[100] Actualmente conocida como 'fuerza de Lorentz', expresa la fuerza a la que está sometido
un electrón en un campo electromagnético.
[101] Cf. Lorentz (1895), p. 20.

aplica a la sola materia. Además, con respecto a la introducción del éter como medio transmisor de la energía y en el que se realiza la reacción, Poincaré muestra las mismas reservas que describimos con respecto a su introducción para salvar el principio de relatividad en el epígrafe anterior. La existencia del éter implica también la violación del principio de relatividad del modo siguiente:

> «Si todos los objetos materiales son arrastrados en una traslación común, como por ejemplo en la traslación de la Tierra, los fenómenos pueden diferir de los que ocurrirían si esta traslación no existiera puesto que el éter puede no ser arrastrado en esta traslación [tal como supone la teoría de Lorentz]»[102].

En definitiva, existirá una diferencia entre la cantidad de energía radiada por el excitador en movimiento y la cantidad real de energía con respecto a un marco en reposo como el del éter, de tal modo que la equivalencia entre reposo y movimiento uniforme y rectilíneo quedaría anulada y ninguno de nuestros principios, ni el de relatividad, ni el de acción y reacción, serán aplicados a la sola materia. Así, se explica la estrecha vinculación que Poincaré percibe entre estos dos principios, de tal modo que el incumplimiento de uno de ellos llevaría al rechazo del otro y viceversa.

Estos problemas solo entran en consideración cuando pasamos de la mecánica a la física, es decir, al electromagnetismo y a la electrodinámica, por lo que no nos conciernen directamente. No obstante, sirven para mostrar la preocupación de Poincaré por mantener el vínculo experimental de los principios y su rechazo a la introducción de hipótesis *ad hoc*, como el éter. A continuación retomaremos los elementos precisos para la constitución del principio de acción y reacción en la mecánica.

Hemos visto que para formular este principio necesitamos, al igual que para los otros, una base experimental que nos permita no solo una cierta observación para formarlo al ver cómo un cuerpo en la experiencia reacciona cuando sufre la acción de otro, sino un vínculo empírico constante que lo verifique de modo aproximado, es decir, para sistemas aproximadamente aislados. Además, a partir de la generalización poincareana del mismo, se recurre a la ley de conservación del momento lineal, la cual implica la introducción de la masa y la velocidad como magnitudes. Con respecto a la primera magnitud, es preciso establecer una convención de medida o hipótesis indiferente para definirla, pero teniendo en cuenta el hábito experimental por el que está inspirada y que nos lleva a estipularla como constante. La

---

[102] Poincaré (1900a), p. 482.

segunda magnitud determina la relación entre espacio y tiempo, que son los marcos en los que se encuadran estos principios y se definen también por medio de convenciones. En la medida en que se incorpora la noción de 'centro de gravedad' se precisa también una definición de la fuerza, que igualmente será una convención, pero que, por el momento, no discutimos. Puesto que el sistema del cual se pretende describir el movimiento de su centro de gravedad debe ser libre (o aproximadamente libre) con el objetivo de verificar si dicho movimiento es rectilíneo y uniforme, necesitamos el principio de inercia como una convención que especifica el significado de sistema libre como aquel que tiene un movimiento rectilíneo y uniforme. Por otro lado, para la consideración de un sistema libre o aproximadamente libre hay que servirse de la hipótesis natural de que los cuerpos muy alejados producen una influencia despreciable en el sistema bajo análisis. Por último, a pesar de que no es una precondición para su formulación, es preciso destacar la vinculación del principio de reacción con el de relatividad de tal modo que la violación de uno implicaría el incumplimiento del otro, tal como señalamos con respecto a la electrodinámica.

Así, quedan especificadas las precondiciones necesarias para la formulación de este principio, que incluyen hipótesis indiferentes, hipótesis naturales, principios convencionales, marcos convencionales y, por supuesto, la experiencia que verifique de modo aproximado su cumplimiento y que nos sugiera su formulación. Todos estos elementos contribuyen a explicitar su estatuto como principio convencional con base empírica. Por otro lado, a partir de la necesidad de formular previamente el principio de inercia (lo que ya mencionábamos con respecto al de relatividad) y de su vínculo con el de relatividad, se pone de manifiesto la relación que existe entre los principios de la mecánica, de tal modo que forman un conjunto que define una manera de hacer ciencia, tal como la 'física de los principios'.

§ 4 La ley de la fuerza

En este epígrafe analizaremos la segunda ley de Newton, comúnmente conocida como "ley de la fuerza". Dado que normalmente se utiliza el término 'ley' para referirse a ella y no el de 'principio', conservaremos, por razones históricas, esta denominación. No obstante, esto no obedece en modo alguno a que su estatuto epistemológico sea diferente del de los anteriores, pues en este capítulo nos hemos propuesto examinar los principios fundamentales de la mecánica y este es sin duda uno de ellos; no solo desde el punto de vista clásico, sino también desde el de Poincaré, puesto que lo incluye en su artículo "Sur les principes de la mécanique", y se refiere a él como "La ley de aceleración", por razones que expondremos a continuación. Por tanto, a pesar de las distinciones realizadas en este trabajo entre leyes y principios, al referirnos a la segunda ley de Newton como 'ley de la fuerza' simplemente preservamos la nomenclatura tradicional y no estipulamos una diferencia de base con respecto a los demás principios.

El concepto de fuerza es uno de los más problemáticos para Poincaré, como ha quedado mostrado por su intento de suprimirlo del enunciado de cualquiera de los otros principios. Así, si recordamos, con respecto al principio de inercia, en lugar de definir el movimiento inercial como aquel que es 'libre de fuerzas', Poincaré proporcionaba una forma más general del mismo al colocar la aceleración como la variable principal. Igualmente, mostraba su carácter controvertido al establecer que cualquier afirmación acerca de la misma como causa de los movimientos o de las aceleraciones es una tesis de índole metafísica. Asimismo, cuando analiza la segunda ley de Newton, en lugar de denominarla 'ley de la fuerza', se refiere a ella como 'ley de la aceleración', caracterizándola de este modo:

«La aceleración de un cuerpo es igual a la fuerza que actúa sobre él, dividida por su masa»[103].

Como vemos, esta definición no es más que una trasposición de los términos de la ecuación fundamental de la dinámica en la que la fuerza es definida como el producto de la masa por la aceleración. Sin embargo, el cambio de enunciado es indicativo del estatuto ambiguo que esta magnitud tiene para nuestro autor. Esta ley es expuesta por Newton del modo siguiente:

«El cambio de movimiento es proporcional a la fuerza motriz impresa y se hace en la dirección de la línea recta en la que esa fuerza es impresa»[104].

Por tanto, se establece una relación entre la variación de la cantidad de movimiento de un cuerpo y la fuerza que actúa sobre él, siendo dicha relación de proporcionalidad. Además, define la dirección de la fuerza determinando así el carácter vectorial de esta magnitud, o sea, no podrá ser definida exclusivamente por un número, como ocurría con la masa (magni-

---

[103] Poincaré (1901a), p. 466.
[104] Newton (1687), p. 13.

tud escalar), sino que requiere especificar su dirección[105] y también suponer la unidad de tiempo con respecto a la cual dicha cantidad de movimiento varía. En consecuencia, la ecuación $F=ma$ no se encuentra formulada en la obra de Newton. Es Euler, en su artículo sobre la "Découverte d'un nouveau principe de mécanique"[106], quien proporciona la forma en que conocemos dicha ecuación.

El primer problema que plantea Poincaré con respecto a este principio mecánico es, en línea con los anteriores, si puede o no ser verificado por la experiencia. Para esto, de acuerdo con su análisis, es preciso medir las magnitudes que aparecen en su enunciado, a saber, la aceleración, la masa y la fuerza. Con respecto a la primera de ellas, admite su medida siempre que se solventen las dificultades procedentes de la medida del tiempo[107], a las que nos referimos en el segundo epígrafe al examinar el principio de relatividad. En lo relativo a la segunda magnitud, esto es, la masa, expusimos en el epígrafe anterior el procedimiento para realizar mediciones a partir del establecimiento de un cuerpo como patrón de medida determinado convencionalmente. Consecuentemente, resta determinar un método para la medida de la última de ellas:

«Para hacer esta verificación habría que aplicar sucesivamente una *misma* fuerza a dos cuerpos diferentes, después otra fuerza a esos dos mismos cuerpos; las cuatro aceleraciones observadas deberían ser proporcionales»[108].

O sea, requerimos una técnica que nos permita determinar una relación de proporcionalidad entre dos fuerzas. No obstante, en el caso de esta magnitud no podemos estipular un patrón, porque resulta imposible desligar una fuerza de un cuerpo y aplicarla a otro:

«Las fuerzas no son caballos que podamos soltar de un coche para engancharlas a otro»[109].

En definitiva, no se puede definir el comportamiento de dos fuerzas que no son directamente opuestas. Igualmente, cuando se pretende medirla en un dinamómetro a partir del equilibrio con un peso, no puede determi-

---

[105] Cf. Cabrera (1923), p. 305.
[106] Publicado en 1750.
[107] Cf. Poincaré (1901a), p. 466.
[108] Poincaré (1901a), p. 466.
[109] Poincaré (1901a), p. 466.

narse con precisión, dado que habría que suponer que dicho peso es invariante en el transporte o en diferentes condiciones, como por ejemplo en latitudes dispares como los polos y el ecuador[110]. Pero esto no es todo:

«No podemos decir que el peso del cuerpo P sea aplicado al cuerpo C y equilibre directamente la fuerza F. Lo que es aplicado al cuerpo C es la acción A del cuerpo P sobre el cuerpo C; el cuerpo P está sometido a su vez, por un lado a su peso, por otro lado a la reacción R del cuerpo C sobre P, puesto que lo equilibra. Es de estas tres igualdades de donde deducimos como consecuencia la igualdad de F y el peso de P»[111].

Por tanto, en el procedimiento para establecer el equilibrio o la igualdad de dos fuerzas nos vemos obligados a recurrir al principio de acción y reacción. Es decir, su definición requiere tres 'reglas': la igualdad de dos fuerzas que se equilibran, la igualdad de la acción y la reacción, y la admisión de que ciertas fuerzas son constantes con independencia de las condiciones de presión, temperatura o latitud en las que se realice el proceso de medida. Ahora bien, ninguna de estas reglas es empírica, las dos primeras son definiciones y la tercera es una aproximación que requiere de la abstracción de ciertas condiciones experimentales. Es, por consiguiente, una hipótesis natural o convención. De este modo, a partir de estos tres componentes solo podemos aspirar a la definición de Kirchhoff, que no es sino la segunda ley de Newton: la fuerza es igual a la masa multiplicada por la aceleración[112].

En la concepción de Kirchhoff la labor de la mecánica queda restringida a la descripción del movimiento[113]. Con este fin, cuenta con algunas nociones que considera «necesarias y suficientes», las cuales son: espacio, tiempo y materia. Existen, además, «conceptos suplementarios» como los de fuerza y masa que se construyen a partir de los anteriores y que son también precisos para cumplir el objetivo de la mecánica, a saber, dar cuenta del movimiento[114]. Tomando en consideración estos elementos pretende proporcionar la descripción del mismo del modo «más simple posible»[115], pues estima que la mayoría de los problemas de la mecánica son debidos a interpretar esta disciplina como una ciencia definida por las fuerzas, siendo este

---

[110] Cf. Poincaré (1897), p. 734-735.
[111] Poincaré (1897), p. 735.
[112] Cf. Poincaré (1897), p. 735.
[113] Cf. Kirchhoff (1876), vol. I, p. V.
[114] Cf. Kirchhoff (1876), vol. I, p. 1.
[115] Cf. Kirchhoff (1876), vol. I., p. V.

concepto el más problemático y el causante de gran parte de las discrepancias entre científicos con respecto al estatuto de los principios de mecánica. De esta forma, al hacer de la fuerza un concepto tan solo derivado y de la mecánica la ciencia de la exposición del movimiento, puede evitarse el recurso a consideraciones metafísicas que entienden la fuerza como causa del movimiento o la masa como una cierta tendencia de los cuerpos. Es a causa de estas dificultades que Kirchhoff transforma la fuerza en una mera definición, un concepto teórico que carece de cualquier correlato real[116].

Consecuentemente, según Poincaré, las ideas de este científico conducen a una concepción nominalista del concepto de fuerza. No obstante, pese a su rechazo de esta posición, reconoce que no consigue evitar llegar a la misma conclusión, que es la única posible en mecánica, y que no es plenamente satisfactoria como tampoco lo era la definición convencional de masa[117]. Ello no le impide, sin embargo, prolongar el análisis de esta noción con el objetivo de encontrar al menos su origen empírico, de forma que no suponga un concepto vacío. Así, comienza por examinar la 'mecánica antropomórfica', en la que se incluyen dos concepciones opuestas, la de Saint-Venant y la de la 'escuela del hilo' de Reech y Andrade.

En el epígrafe anterior nos referimos a la posición del primero de ellos a propósito de la prioridad cinemática de la idea de masa y de su comprensión de la fuerza como un concepto metafísico. En efecto, situar la fuerza como la causa del movimiento supone, para Saint-Venant, sobrepasar los límites de la experiencia. No obstante, este concepto tiene para él un origen intuitivo, en el sentido de 'intuición empírica':

«La denominación de fuerza o de acción proviene de la sensación de esfuerzo que realizamos cuando queremos imprimir una aceleración a un cuerpo y de la actividad análoga a la del hombre que, en el lenguaje común, atribuimos metafóricamente a los demás seres, incluso inanimados, en virtud de la cual vemos a los cuerpos emprender un movimiento»[118].

Es, por tanto, a partir de la extrapolación de nuestra sensación de 'esfuerzo' para desplazar un cuerpo como introducimos en mecánica el concepto de fuerza. La crítica de Poincaré a este planteamiento se basa en su incapacidad para fundamentar una concepción científica o filosófica del concepto en cuestión, pues el sentimiento de esfuerzo no nos proporciona

---

[116] De acuerdo con Coelho (2010), p. 100.
[117] Cf. Poincaré (1897), p. 736
[118] Saint-Venant (1851), §82.

ningún medio para medir la fuerza, lo cual debe ser el objetivo de una ciencia matematizada. Igualmente, ocurre con las sensaciones de calor y frío:

> «Todo lo que no nos enseñe a medirla [la fuerza] es también inútil al mecánico, tal como lo es, por ejemplo, la noción subjetiva de calor y de frío al físico que estudia la teoría del calor. Esta noción subjetiva no puede traducirse en números, por lo que no servirá para nada; un científico cuya piel sea mala conductora del calor y que, en consecuencia, nunca haya experimentado ni sensaciones de frío, ni sensaciones de calor, podría ver un termómetro igual que otro y esto le bastaría para construir toda la teoría del calor»[119].

En definitiva, el antropomorfismo de Saint-Venant fracasa en la tentativa de proporcionar nociones científicas, pues de nada sirve explicar la fuerza a partir del esfuerzo muscular, dado que esta idea no es en modo alguno aplicable a los astros y sus movimientos. De hecho, la solución de Saint-Venant no difiere demasiado de la de Kirchhoff, en la medida en que considera que todo lo que podemos hacer es proporcionar un símbolo matemático que sea el producto de la masa por la aceleración, siendo esta última magnitud medida a partir de observaciones y siendo la masa definida, como expusimos en el epígrafe anterior, a partir del choque de dos cuerpos[120]. Así, esta es su definición:

> «La fuerza o la atracción atractiva o repulsiva de un cuerpo sobre otro es una línea que tiene por magnitud el producto de la masa de este por la aceleración media de sus puntos y por dirección la misma que esta aceleración»[121].

En esta misma línea de la mecánica antropomórfica, se encuentran las obras de Reech y de Andrade, cuyo objetivo es despojar a la noción de fuerza de su carácter metafísico[122]. No obstante, frente a los programas de Kirchhoff y de Saint-Venant, esto no consiste en transformarla en una mera

---

[119] Poincaré (1901a), p. 468

[120] Poincaré no cita a Saint-Venant como representante de esta corriente 'antropomórfica', puesto que solo refiere a Andrade. Sin embargo, es a partir de la definición de fuerza como una idea intuitiva procedente de la noción de 'esfuerzo muscular' que pueden incluirse también las ideas de Saint-Venant bajo esta denominación, pese a que su solución acabe por ser semejante a la de Kirchhoff y eso aproxime su posición al nominalismo de este último.

[121] Saint-Venant (1851), § 83.

[122] Poincaré tampoco menciona a Reech, pero es a este autor a quien Andrade refiere como fundador de la 'escuela del hilo'. Cf. Andrade (1898), p. III

definición o en un símbolo matemático, sino en proporcionar de ella una idea que ellos consideran de algún modo más 'intuitiva'. De forma que su preocupación fundamental consiste en hacer que la 'fuerza' recupere su estatuto dentro de la mecánica y, en oposición a algunas de las concepciones de la época, en elaborar una mecánica que no esté desprovista de fuerzas, sino más bien una en que el significado de este concepto devenga comprensible. Así, pretende:

> «Separar la cizaña del buen grano en la ciencia de la mecánica, clasificando de un lado todo aquello que no es más que geometría y cinemática, con las nociones incompletas de las palabras fuerza y masa, y por otro todo aquello que es verdadera mecánica»[123].

En pocas palabras, se trata de una mecánica en la que la dinámica tiene un papel fundamental. Ahora bien, para Reech la fuerza no es comprendida como causa del movimiento, sino como una presión o tracción que pueda expresarse mediante una cantidad real y absoluta[124]. El origen de este planteamiento se encuentra en la relación que los órganos de nuestro cuerpo pueden establecer con los objetos que nos rodean. O sea, mediante la sensibilidad tomamos conciencia de la existencia de un cuerpo (o varios) distinto del nuestro, así como del cambio de movimiento de este a partir de la presión o tracción que nosotros ejercemos sobre él. En definitiva, no es que la fuerza no sea propiamente la 'causa del movimiento' (pues en la medida en que nosotros la ejercemos produce este movimiento), sino que no es una 'causa metafísica', es más bien una acción ejercida directamente sobre un cuerpo que tiene una magnitud determinada[125]. Resumiendo, podemos decir que es una especie de retorno a la idea cartesiana de 'fuerza por contacto'. Pero eso no es todo. Para ser una cantidad real y poder medirse de modo inequívoco, la fuerza tiene, según Reech, un 'soporte físico', el cual precisamente posibilita el hecho de que se produzca por contacto:

> «Por este motivo, y para llegar rápidamente a la imagen más simple posible en nuestra manera de ver, concebimos un hilo, de espesor nulo o despreciable, pero *un hilo dotado de la cualidad 'conexión' (liaison) de los cuerpos y desprovisto de la cualidad materia o masa*».[126]

---

[123] Reech (1852), p. VII.
[124] Cf. Reech (1852), p. 37.
[125] Reech (1852), p. 46: «La idea que nos haremos de la palabra fuerza encajará perfectamente con la que todo el mundo se hace naturalmente por la palabra tracción».
[126] Reech (1852), p. 44.

En efecto, dicho 'hilo' corresponde a la entidad física de la fuerza. Así, esta teoría presupone dos substancias para los cuerpos físicos, que Reech denomina 'cualidades'. Por un lado, está la materia, que es la cualidad de la 'masa', o sea, de todo aquello que requiere de la fuerza para ser perturbado en su estado de reposo o movimiento. Por el otro lado, está la 'conexión', que es aquello que transmite la fuerza entre los cuerpos o masas[127]. El hilo corresponde a este segundo tipo de naturaleza y, por ello, está desprovisto de materia, pero habrá de ser elástico de tal manera que pueda deformarse. De este modo, la fuerza se comprende como la deformación del hilo que liga dos cuerpos y es dicha deformación lo que nos permite medirla:

«La dirección de la fuerza será la del hilo en la que residirá y la intensidad de la fuerza dependerá del alargamiento así como de la naturaleza del hilo»[128].

Ahora bien, en la medida en que este hilo vincula dos cuerpos, las acciones serán siempre por pares, es decir, siempre se transmitirán dos fuerzas de igual intensidad y opuestas. En definitiva, esta concepción de la fuerza requiere de la previa aceptación del principio de acción y reacción como una definición, pues sin él, no hay modo de concebir las acciones recíprocas entre dos cuerpos a través del hilo que los une. Esta es precisamente la primera crítica de Poincaré a la concepción de Reech y Andrade[129], puesto que la necesidad de recurrir a la tercera ley de Newton en tanto que definición de las acciones recíprocas para la comprensión de la fuerza torna la posición de la 'escuela del hilo' tan convencional como la definición de Kirchhoff.

Además, Poincaré considera que surgen otros problemas, empezando por la imposibilidad de concebir un hilo sin masa. De este modo, Reech y Andrade, en su intento por proporcionar una noción más empírica de fuerza, se habrían visto obligados a recurrir a una metafísica de los cuerpos que implica una dualidad de entidades en las que la cualidad fundamental (el hilo) carece de masa, lo cual supone una cierta dificultad a la hora de realizar las mediciones relativas a la fuerza, pues, ¿cómo podemos medir la deformación de un hilo que no vemos y que está desprovisto de materia? Nuestro autor considera que no se puede escapar a esta dificultad. Otro de los inconvenientes de esta perspectiva es relativo a la cuestión de cómo garantizar la medida del movimiento de los planetas, pues aunque supusiésemos que

---

[127] Cf. Reech (1852), p. 40.
[128] Reech (1952), p. 46.
[129] Cf. Poincaré (1901a), p. 470.

cada uno de ellos se encuentra ligado al sol por un hilo invisible y carente de masa, ¿cuál sería el procedimiento de medida? Es decir, no disponemos de un aparato ni de un patrón que nos permita realizar mediciones planetarias o estelares. No obstante, aunque Poincaré no lo tiene en cuenta, Reech presenta una forma de escapar al problema de la medición de las conexiones entre astros: se trata de considerar los movimientos de los planetas como desviaciones de un cierto movimiento privilegiado que no es otro que el rectilíneo o uniforme. Este no es ni mucho menos un 'movimiento natural', sino que es una definición del movimiento más simple a partir del principio de inercia. Es, en definitiva, una convención, pues como señalamos en el primer epígrafe, Reech era uno de los autores que atribuía esta categoría epistémica al principio de inercia. De este modo, si a partir del uso de esta convención junto con los resultados de la experiencia (a saber, las mediciones de posiciones y velocidades de los astros) podemos confirmar que no existe ninguna violación del principio de acción y reacción, entonces, de acuerdo con Reech, esto nos permitirá «admitir que la 'cualidad conexión', cuya existencia nos es revelada materialmente en los cuerpos de volúmenes finitos en la superficie de la tierra, se extiende también invisible y misteriosamente entre los cuerpos terrestres como entre los cuerpos celestes más distantes unos de otros»[130]. Es decir, si la tercera ley de Newton se cumple, entonces los representantes de la escuela del hilo consideran que podemos aplicar su concepción de la fuerza al conjunto del universo.

Esta afirmación invalidaría parcialmente la crítica de Poincaré, dado que podríamos extrapolar a los cuerpos celestes los principios de la mecánica que aplicamos en la Tierra. No obstante, no puede escapar a las dos dificultades señaladas en primer lugar: por un lado la consideración ideal de 'hilos sin masa' y por el otro la admisión del principio de reacción como una definición de la fuerza, lo que hace que este concepto tenga el mismo estatuto convencional que tenía para Kirchhoff y Saint-Venant.

Sin embargo, a pesar de estos problemas, nuestro autor considera que las concepciones de Reech y Andrade, así como la de Saint-Venant, son merecedoras de interés, pues tienen el valor de hacernos comprender la génesis histórica de una noción mecánica fundamental como la fuerza. Así, concuerda con estos autores en que su origen se encuentra en la experiencia del esfuerzo muscular:

---

[130] Reech (1852), p. 50.

«Cuando en ciertas circunstancias nos oponemos al movimiento de una masa dada, reteniéndola con el brazo por ejemplo, tenemos la sensación de *un esfuerzo muscular*»[131].

En efecto, este tipo de experiencias que acontecen *en relación con* nuestro cuerpo, son las que nos sirven de base para elevarnos a concepciones más abstractas propias de la ciencia moderna. O sea, en el antropomorfismo podemos encontrar el fundamento empírico de la noción de fuerza. En este sentido, se asemeja a lo que Mach denominaba como 'conocimiento instintivo' de los procesos naturales, el cual se produce de modo involuntario a partir de nuestras necesidades materiales[132]. Es precisamente el esfuerzo muscular ejercido sobre un objeto ajeno a nuestro cuerpo lo que nos hace apercibirnos del cambio de movimiento (o reposo) de aquel. En definitiva, la noción de fuerza proviene de la alteración de la posición de un cuerpo a partir de otro, siendo aquella susceptible de ser percibida experimentalmente.

Ahora bien, para concebir la fuerza como la modificación del estado de un cuerpo, tenemos que comenzar por determinar dicho estado, el cual viene definido por la noción de inercia, comprendida como la capacidad de un cuerpo por perseverar en su estado de reposo o movimiento rectilíneo y uniforme. Entendida en estos términos, la segunda ley de Newton indica el proceso para estimar la desviación del movimiento respecto de la primera ley. De este modo, necesitamos del establecimiento de esta para poder constituir la segunda, lo que supone que precisamos de todas las precondiciones que requería aquella. Así, para estipular el movimiento uniforme y rectilíneo como el privilegiado, habrá que encontrar un marco convencional que lo determine como el más simple, el cual no es otro que el espacio euclídeo. Igualmente, la uniformidad supone que el tiempo fluye de modo constante y que es posible tanto medirlo como establecer la igualdad de dos intervalos del mismo. Estas son algunas de las precondiciones que Poincaré consideraba necesarias para la constitución de los principios de la mecánica, a las cuales nos hemos referido como marcos convencionales en los que se encuadran las leyes y principios mecánicos. Estos marcos no son arbitrarios porque los hemos creado a medida; son sugeridos a partir de las condiciones del mundo en el que vivimos (propiedades de los sólidos, etc.), pero no nos vienen impuestos, sino que es el científico quien los crea, quien decide utilizarlos e imponerlos a los fenómenos con el objetivo de proporcionar una explicación más simple y cómoda de ellos.

---

[131] Andrade (1898), p. 34.
[132] Cf. Mach (1883), p. 13.

Pero además, para poder considerar la existencia de cuerpos con movimiento uniforme y rectilíneo, han de ser posibles los sistemas aproximadamente aislados en los que este tipo de movimientos tengan lugar, lo que supone la admisión de la hipótesis natural relativa a que la influencia de cuerpos muy alejados es despreciable. Con estas características podemos establecer el movimiento de referencia cuya perturbación supone la acción de una fuerza. Sin embargo, aún nos falta poder medir la magnitud correspondiente a este concepto, para lo cual tendremos que calcular la desviación con respecto al movimiento de referencia. Esto se hará, por un lado, mediante el cálculo de la aceleración, es decir, la variación de la velocidad en el tiempo (lo que requiere tanto de una concepción del espacio como del tiempo). De este modo establecemos que la fuerza es proporcional a la variación del cambio de movimiento (la aceleración), de tal modo que para producir una gran aceleración es precisa una gran fuerza. La razón entre estas dos magnitudes define a su vez la inercia del cuerpo, es decir, la masa[133]. Pero la definición de este último concepto no es circular, pues si recordamos, en el epígrafe anterior expusimos que podía determinarse a partir de la elección de un patrón de medida (una hipótesis indiferente), en relación con el cual se especifica la masa de cualquier otro cuerpo, junto con el hábito empírico de que la cantidad estipulada por relación a ese patrón sea constante.

Por consiguiente, a pesar de que la idea de esfuerzo muscular (como origen empírico de la noción de fuerza) no nos ayude a fundamentar una noción científica, es una idea derivada de esta, a saber, la de desviación de un cierto movimiento (o estado de un cuerpo) la que nos lleva a establecer un procedimiento para la medida de dicha desviación y, consecuentemente, una definición de fuerza.

De este modo, obtenemos la ley de la fuerza como la definición de la medida de esta magnitud, según la ecuación $F=ma$. Así, se trata de un principio convencional en línea con los analizados en los epígrafes anteriores, pues tiene también una doble naturaleza, dado que su origen se encuentra de hecho en una noción intuitiva empírica, esto es, en experiencias basadas en la percepción muscular a partir de las cuales extrapolamos esta idea primitiva de fuerza para llegar a transformarla en un símbolo científico y matemático que quede expresado por una magnitud vectorial.

En efecto, la ley de la fuerza no comienza precisamente con un concepto claro de esta, sino que se especifica como una magnitud teórica medible al identificar la aceleración como su correlato geométrico. Esto hace de ella el más nominal de todos los conceptos mecánicos, razón por la

---

[133] Cf. Holton (1952), p. 173.

cual Poincaré reconoce no poder escapar a las dificultades suscitadas por la definición de Kirchhoff. No obstante, es más que una definición, más que un principio analítico en el que el predicado esté contenido en el sujeto. Pues aparte de que su origen experimental esté en la idea intuitiva de esfuerzo, el contenido empírico de este principio consiste en el programa que define, al determinar las fuerzas de interacción entre los cuerpos a partir de las aceleraciones observadas (aceleraciones relativas, claro está). De este modo, establece la inteligibilidad de las relaciones de estos cuerpos e impone el requerimiento de que todo movimiento acelerado es susceptible de ser vinculado a una fuente física. Así, de acuerdo con DiSalle, se trata de un principio interpretativo, pues afirma que:

«Toda aceleración debe ser vista como una medida de la acción de alguna fuerza»[134].

Consecuentemente, desde el punto de vista de la comodidad empírica en tanto que capacidad explicativa con respecto a hechos observados, la ley de la fuerza define la teoría de perturbaciones para la mecánica newtoniana. Así, dentro del marco conceptual definido por esta teoría, cualquier sistema en interacción puede empezar tomando en cuenta el movimiento de un cuerpo libre definido a partir del principio de inercia y cualquier desviación de este comportamiento 'ideal' es informativa, pues da lugar al establecimiento de las propiedades del sistema, siendo estas las fuerzas a las que está sometido, las masas que lo componen, las aceleraciones observadas, etc. En definitiva, permite determinar las características cinemáticas y dinámicas del sistema. La ley de la fuerza es quizá el más abstracto y menos experimental de los principios, en el sentido en el que al expresar la ecuación fundamental de la dinámica se transforma en un símbolo matemático que da la impresión de ser una pura definición. No obstante, mediante el estudio de la génesis de esta noción, podemos retrotraer su origen a experiencias básicas, semejantes a las que nos llevan a la elección de la geometría euclídea como la más simple en función de las características físicas de los objetos que nos rodean. El antropomorfismo implícito en los conceptos de la mecánica nos sirve, no solo para dar cuenta del origen experimental de los mismos, sino también para recordar las afirmaciones de Poincaré respecto al estatuto de la ciencia en cuanto actividad humana en la que los conceptos son esbozados, primeramente, a partir de la relación que el ser humano establece con los objetos circundantes y, después, son llevados a niveles más elevados de abs-

---

[134] DiSalle (2006), p. 9.

tracción y matematización hasta conformar la ciencia tal y como la conocemos hoy.

Conviene destacar, además, que un examen como el realizado por Poincaré permite revelar el estatuto epistemológico de los principios de la mecánica. Pues como afirma DiSalle:

> «El análisis de Poincaré descubre un error filosófico sutil: confundir una definición con un principio empírico, al fracasar en ver las asunciones sobre las que el contenido de aplicación del principio depende realmente»[135].

En definitiva, la aplicación de la categoría de convención a los principios de la mecánica esclarece un estatuto largo tiempo oscurecido por diferentes concepciones filosóficas. Por un lado, la idea de que sean principios tomados directamente de la experiencia, libres de hipótesis y de asunciones no empíricas. Por el otro, la de que sean principios *a priori* autoevidentes o precondiciones impuestas a partir de la configuración de nuestras facultades cognitivas. De este modo, para Poincaré no son ni lo uno ni lo otro y por esta razón instaura la 'convención' como una categoría epistemológica correspondiente a una tercera vía en la que se pone de manifiesto el papel activo del científico en la generación de conocimientos.

El trabajo de Poincaré entra así dentro de lo que Demopoulus y DiSalle califican como 'análisis conceptual', entendido como «la práctica de recuperar una característica central de un concepto en uso al revelar las asunciones de las que depende nuestro uso del concepto»[136]. Aplicado a la mecánica, supone escoger un concepto y poner de manifiesto los componentes que se encuentran implícitos en su constitución, a saber, a partir de qué elementos empíricos nos viene sugerido, qué hipótesis naturales, indiferentes o marcos convencionales son precisos para su formación y cómo intervienen todos ellos en su aplicación.

En resumen, hemos mostrado este análisis con respecto a los principios fundamentales de la mecánica. Pero no ha servido solo para esclarecer los mecanismos de composición de los principios, sino que también nos ha dado la oportunidad de desplegar nuestra interpretación con respecto a la polisemia de la convención en el contexto de la práctica científica. Al desvelar las asunciones que constituyen los principios, hemos podido ver dicha polisemia en acción, pues sin la intervención de hipótesis indiferentes que nos permitan medir patrones convencionales de masa, de hipótesis naturales

---

[135] DiSalle (2006), p. 85.
[136] Demopoulus (2000), p. 220 y DiSalle (2006), p. 77.

que ayuden a estipular sistemas aislados y de marcos convencionales como espacio y tiempo, nos habría sido imposible llegar al establecimiento de los principios de la mecánica. Además, y en concordancia con nuestra tesis acerca de la separación entre convencionalismo mecánico y geométrico, hemos examinado conceptos propiamente mecánicos que no se encuentran presentes en la ciencia del espacio, tales como la fuerza, la masa o el tiempo. De acuerdo con la interpretación de Pulte y con nuestra intención de explicitar el pensamiento de Poincaré en el contexto de su época, hemos podido dar cuenta, a través del estudio de concepciones contemporáneas a la de nuestro autor, de cómo la noción de convención se encuentra presente en otros autores que se ocupan de la mecánica y no de la geometría, como por ejemplo, es el caso de Reech respecto del principio de inercia. Asimismo, esto nos ha ayudado a situar a Poincaré como heredero del legado de la física matemática de Laplace y Lagrange (entre otros) en su labor de esclarecer mediante una nueva concepción filosófica el papel de los principios de la mecánica.

Por otro lado, mediante la conexión que la segunda ley de Newton mantiene con el principio de inercia en tanto que desviación del estado de un cuerpo, se muestra la interacción que los principios de la mecánica tienen entre sí, fundamentalmente el de inercia con todos los demás, pues sin la constitución de este, resulta imposible el establecimiento de la noción de 'cuerpo libre' y 'sistema aislado' que permiten la aplicación de todos ellos. De alguna manera, este vínculo entre los principios revela la unidad teórica de la mecánica, de tal modo que se tornan interdependientes, pues la modificación de alguno de ellos llevaría a la constitución de una ciencia diferente. No obstante, la multiplicidad de interpretaciones mecánicas que se dan en la época (Reech, Saint-Venant, Hertz) es representativa de la concepción pluralista de las teorías de la que hablaba Giedymin y a la que nos referimos en el capítulo cuarto, en este caso con respecto a las diferentes interpretaciones posibles de los mismos principios. Así, por ejemplo, Saint-Venant y Reech comparten una idea primitiva de la fuerza como esfuerzo muscular y, sin embargo, esto da lugar a concepciones muy diferentes, siendo para el primero necesario establecer la prioridad de la cinemática a partir de la noción de la masa y para el segundo la de la dinámica mediante la atribución de un soporte ontológico para el concepto de fuerza.

Por medio del examen de algunas de las concepciones de la época hemos visto el carácter problemático de esta noción, así como la solución propuesta por Poincaré para su medida y definición a partir de la segunda ley de Newton. Es momento ahora de ver si esta solución encaja con la fuerza de gravitación, en tanto que la fuerza más específica de la mecánica y, en consecuencia, si hay alguna conexión entre el convencionalismo físico y los trabajos de Poincaré acerca de dicha fuerza. Se trata, en definitiva, de ver si el principio de gravitación reúne las características de un principio convencional en línea con la interpretación poincareana de las leyes del movimiento de Newton. Pues como afirma Holton:

> «Si un cambio en la dirección del movimiento implica la acción de una fuerza, no podemos pensar, como hacían los antiguos, que no actúe ninguna fuerza sobre los planetas en sus órbitas para mantenerlos en movimiento alrededor del Sol; por el contrario, debemos pensar que están sometidos continuamente a la acción de fuerzas que los desvían de una trayectoria rectilínea»[137].

Y es precisamente el estatuto de esa fuerza lo que discutiremos a continuación.

---

[137] Holton (1952), p. 171.

Capítulo 7: EL ESTADO DE LA CUESTIÓN RESPECTO DE LA GRAVITACIÓN EN LA TRANSICIÓN DEL SIGLO XIX AL XX

Pocos conceptos como el de gravitación han resultado tan problemáticos y polémicos desde el momento mismo de la publicación de los *Principia* de Newton en 1687, debido a su carácter de *fuerza de atracción a distancia*. El siglo XVIII se halló bajo la impronta de los debates entre cartesianos y newtonianos acerca del estatuto de la fuerza de gravitación, por un lado, y acerca de las condiciones de universalización de la ley de Newton, por otro, de modo que pudiera garantizarse su aplicabilidad al mundo estelar y no solo planetario. Así, mientras por una parte se sopesaban las dificultades mecánicas de una posible generalización de la gravitación a los cuerpos que se hallan fuera del sistema solar, por otra, partidarios y detractores de Newton y Descartes discutían sobre el estatuto ontológico y epistemológico de un concepto físico que, si bien había resultado de indudable utilidad para dar razón dinámica de las leyes de Kepler, desafiaba abiertamente los más básicos supuestos de una descripción ortodoxamente mecánica del mundo.

Uno de los principales triunfos de la mecánica fue, sin duda, por medio de la aplicación de la ley de gravitación newtoniana, la explicación y predicción de los fenómenos astronómicos en la disciplina denominada mecánica celeste. La teoría de Newton explicaba el funcionamiento de la gravitación sin describir exactamente la causa de la atracción de los cuerpos, pero durante el siglo XIX y con el triunfo de las obras de Laplace y Lagrange, la polémica que había existido entre newtonianos y cartesianos con respecto al estatuto de dicha fuerza se apagó. No obstante, dicho estatuto no quedó clarificado, de modo que, tras la introducción de la teoría electromagnética en la que las acciones se explican por contigüidad, hubo quienes plantearon una analogía para el tratamiento de los fenómenos gravitacionales. En consecuencia, en el último tercio del siglo XIX se produjo una proliferación de teorías gravitacionales que vuelven a cuestionar su estatuto.

De este modo y tras haber sometido a examen el concepto de fuerza en el capítulo anterior, en el presente capítulo, pero sobre todo en el próximo, intentaremos aplicar las consecuencias deducidas a la fuerza que nos ocupa: la de gravitación, la cual resulta un concepto polémico en la época de Poincaré por varias razones. Primero, el carácter de 'fuerza de acción a distancia' es siempre problemático y desde 1850 se proponen teorías mecánicas de la gravitación que implican la acción de un medio (acción continua) o la existencia de partículas que transmiten la fuerza por contacto (acción discontinua). Segundo, en la teoría electromagnética de Lorentz se cumple el principio de relatividad para fuerzas de origen electromagnético[1]. Pero si la gravitación no es una de ellas, puede existir una diferencia entre la fuerza electromagnética y la gravitatoria, así como en sus respectivos campos y esto podría hacer peligrar dicho principio. Para que la gravitación pueda entrar en este esquema será preciso elaborar una teoría de campo acorde con el mismo que modifique su estatuto en tanto que acción a distancia y que pueda ser afectada por las mismas transformaciones que permiten dejar invariantes las ecuaciones de Maxwell para el campo electromagnético (las transformaciones de Lorentz)[2]. Ahora bien, esto no puede hacerse sin modificar la ley de Newton. Por último, existe una razón observacional que hace peligrar el estatuto de esta ley: se trata de la existencia de varias anomalías astronómicas, entre las cuales la más grave es la del avance secular del perihelio de Mercurio[3]. En la época se proponen numerosas teo-rías para dar cuenta de dicha perturbación, de las que discutiremos las más fundamentales.

De esta forma, el presente capítulo se sitúa en el punto de intersección de dos disciplinas: la matemática y la física. En primer lugar, durante todo el siglo XIX, la mecánica celeste, en tanto que ciencia que se ocupa del cálculo de posiciones y movimientos de los astros, es una disciplina puramente matemática, desarrollada a partir del cálculo racional lagrangiano. En segundo lugar, esta ha de conjuntarse con la astronomía de posición u observacional, de corte más empírico, llevada a cabo en los observatorios astronómicos, y consistente en la recogida de datos a partir de la observación del cielo y en la elaboración de mapas acorde con la localización de los astros. Por último, cuál sea la naturaleza de la fuerza de atracción que rige los movimientos de los planetas es una cuestión completamente física, es decir, la comprensión de la gravitación en términos de fuerza de acción a distancia o acción por contacto, así como respecto de su mecanismo de transmisión (si es que lo hay), es de la misma índole que la que atañe a la naturaleza de la fuerza electromagnética y en este sentido fueron principalmente los físicos quienes abordaron la cuestión. En efecto, como afirma Jammer:

---

[1] Se trata, sin duda, de un nuevo principio de relatividad, que implica el uso de las transformaciones de Lorentz y no de las de Galileo, pues las ecuaciones del campo electromagnético de Maxwell son invariantes respecto de las primeras. En el próximo capítulo nos referiremos con más detalle a este nuevo principio de relatividad.

[2] Cf. Lorentz (1900), pp. 559-574.

[3] Las perturbaciones seculares son aquellas alteraciones en las órbitas planetarias que se suman indefinidamente no dando lugar a compensaciones. En contraposición a estas existen las perturbaciones periódicas que son aquellas que no constituyen una variación fundamental dado que son compensadas tras un cierto período de tiempo.

«Cuando uno lee la literatura científica en las revistas y tratados de mediados del siglo diecinueve, la explicación mecanicista de la gravitación parece haber sido el problema más cautivador y prometedor de la generación»[4].

Así, desde 1850 fueron propuestas numerosas teorías gravitacionales. Prueba de ello son las obras de William Taylor "Kinetic Theories of Gravitation"[5] donde se presenta una lista de veintiuna teorías, de John Bernhard Stallo *The Concepts and Theories of Modern Physics*[6], en la que se añaden nueve a la lista dada por Taylor, y de Jonathan Zenneck "Gravitation"[7], donde se discuten casi una veintena de teorías. Dichas teorías se proponen, fundamentalmente, proporcionar un respaldo teórico a la ley de la inversa del cuadrado, ya sea como hemos señalado, mediante la introducción de mecanismos transmisores de la fuerza, o por medio de ciertos coeficientes que modifican la ley original de Newton, o, en el caso de algunos científicos muy ambiciosos, a través de un planteamiento generalizado en el que todas las fuerzas, incluyendo por supuesto la gravitación, se presentan como teniendo un origen electromagnético y, en consecuencia, la ley de la inversa del cuadrado se modifica de acuerdo con los requerimientos de la electrodinámica. Estas últimas tentativas fueron agrupadas bajo la denominada "visión electromagnética de la naturaleza", defendida, al menos en parte, por científicos tan célebres como Hendrik Lorentz[8]. No obstante, la discusión pormenorizada de todas estas teorías queda fuera del alcance de este libro, por lo que solo nos ocuparemos de aquellas que son tomadas en considera-

---

[4] Jammer (1957), p. 196.
[5] Artículo publicado en 1877 en el *Annual Report of the Board of Regents of the Smithsonian Institution*, pp. 205-282. Las teorías analizadas por Taylor son formuladas entre 1707 y 1873. No obstante, solo menciona cuatro teorías propuestas durante el siglo XVIII y otras cinco hasta 1850; por tanto, la mayoría de las presentadas pertenecen a la segunda mitad del siglo XIX, más concretamente al período comprendido entre 1852 y 1873.
[6] Publicada en 1882. Stallo básicamente añade referencias de autores en lengua alemana, criticando el hecho de que Taylor refiera principalmente a ingleses y franceses. Cf. Stallo (1882), pp. 57-59.
[7] Publicada en 1903 como entrada en la *Enzyklopädie der mathematischen Wissenschaften*, Vol. 5, pp. 25-67. Algunas de las presentadas por Zenneck son discutidas tanto por Taylor como por Stallo y algunos de los autores citados por él comparten teorías prácticamente idénticas con pequeñas variaciones, por lo que es difícil determinar con exactitud el número de teorías completas discutidas en su artículo.
[8] Cf. Lorentz (1900) y McCormmach (1970). En esta línea se sitúan también los trabajos previos de Mossotti y Zöllner, cf. Renn y Schemmel (2007), p. 7.

ción por el propio Poincaré y que resultan más significativas para dibujar el panorama del momento.

Para dar cuenta de todas las cuestiones planteadas, estructuraremos el presente capítulo en dos epígrafes, en los que nos ocuparemos del estado de la cuestión, primeramente, respecto de las anomalías astronómicas y después sobre algunas de las teorías gravitacionales más representativas de la época, principalmente, las discutidas por nuestro autor. En el próximo capítulo expondremos la posición de Poincaré partiendo, en primer lugar, de los componentes de la ley de Newton en relación con la mecánica clásica pero desde la perspectiva convencionalista, tal como hicimos en el capítulo anterior con respecto a los principios más importantes de esta disciplina. Finalmente examinaremos el estatuto de dicha ley en relación con los nuevos datos científicos del momento, siempre en el marco del convencionalismo físico, viendo cómo estos afectan a la formulación clásica.

§ 1 Las anomalías observacionales

En el curso académico de 1906-1907, Poincaré imparte la asignatura de astronomía matemática y mecánica celeste en la Sorbona. A partir de las notas de este curso tomadas por uno de sus alumnos, Henri Vergne, se publica en la revista *Bulletin Astronomique* en 1953 una obra póstuma bajo el título "Les limites de la loi de Newton". En ella, Poincaré comienza preguntándose por el objetivo de la mecánica celeste, siendo este a corto plazo «prever las posiciones de los astros para los astrónomos y los navegantes»[9]. Pero además, su objetivo final «es resolver esta grande cuestión y saber si la ley de Newton explica ella sola todos los fenómenos astronómicos»[10]. Se trata, en definitiva, de determinar su validez y su campo de aplicación, para lo cual es preciso examinar, en primer lugar, las principales divergencias entre dicha ley y la observación. En este sentido, Poincaré decide dejar de lado las discrepancias relativas a pequeños planetas o planetoides, como diríamos hoy, dado que su descubrimiento es reciente, y centrarse en los grandes planetas, en especial aquellos que están más próximos del Sol. Así, indica el avance del perihelio de Mercurio, del perihelio de Marte y de los nodos de Venus. A dichas discrepancias suma también la aceleración secular del movimiento medio de la Luna y la aceleración del cometa de Encke[11]. Poincaré considera que los problemas más apremiantes de los que la teoría newtonia-

---

[9] Poincaré (1953), p. 122.
[10] Poincaré (1953), p. 122.
[11] Poincaré (1953), p. 124.

na no consigue dar cuenta son el movimiento del perihelio de Mercurio, la aceleración secular de la Luna y la aceleración irregular del cometa de Encke. En consecuencia, nos ocuparemos de ellas a continuación.

§ 1. 1 El avance del perihelio de Mercurio

Hacia 1850 el estado de perfección y la capacidad de previsión de la mecánica celeste era tal, que no se soñaba con corregirla. La teoría newtoniana de la gravitación requería que las órbitas de los planetas no fueran estacionarias, sino que se encontraran perturbadas por otros cuerpos vecinos. Gracias al cálculo y al aumento en la precisión de las técnicas de observación, cada desviación orbital podía medirse con gran exactitud o ser deducida de la teoría[12]. Así es cómo se conjuntaban la mecánica celeste y la astronomía de posición, siendo en ocasiones los matemáticos quienes proporcionaban a los astrónomos los cálculos nece-sarios de tal modo que pudieran dirigir sus instrumentos en la dirección indicada por las coordenadas deducidas, como en el caso del descubrimiento de Neptuno en 1846. Otras veces eran las observaciones las que guiaban a los matemáticos de tal modo que los cálculos pudieran ser corregidos.

Sin embargo, este estado de perfección se vio amenazado a partir de 1859 cuando el director del Observatorio de París, Urbain Le Verrier, publicó el descubrimiento del avance anómalo del perihelio de Mercurio[13]. En efecto, en su punto más próximo al Sol, la órbita de este planeta se mueve en la misma dirección que este, en principio, a causa de la interacción del mismo con el resto de cuerpos del sistema solar. No obstante, el avance de la órbita es considerado anómalo porque, a pesar de tener en cuenta la influencia gravitacional de astros vecinos, en especial de Venus, existe una discrepancia entre los cálculos y la observación de 38" de arco por siglo. En 1882 los cálculos de Le Verrier fueron corregidos por el astrónomo americano Simon New-

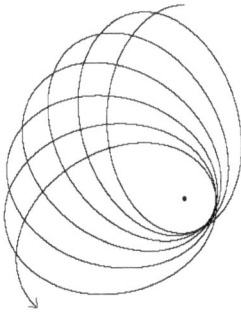

Dibujo de órbita elíptica con precesión

---

[12] Cf. Roseveare (1982), p. 16.
[13] Cf. Le Verrier (1859), pp. 1-195.

comb, aumentando el exceso de precesión del perihelio de Mercurio a casi 43" de arco por siglo[14].

Dada la precisión técnica de la época, una diferencia tal entre cálculo y observación difícilmente podía adscribirse a errores observacionales[15], por lo que se requería de explicaciones alternativas. Estas podían ser de dos tipos: o bien se intentaba hacer cuadrar esta discrepancia dentro del esquema conceptual newtoniano, o bien se proponía una alternativa a dicho esquema, a saber, una modificación de la ley de Newton. Así es cómo Poincaré divide estas dos clases de explicación: newtonianas y extra-newtonianas[16]. Puesto que más adelante nos ocuparemos de las nuevas teorías de la gravitación, abordaremos aquí exclusivamente aquellas hipótesis que no pretenden desviarse de la mecánica newtoniana. Nos encontramos así ante un proceso de incorporación de nuevos hechos experimentales a una teoría ya constituida. Este es precisamente el procedimiento escogido por Le Verrier. Teniendo en cuenta este objetivo, es preciso utilizar el esquema conceptual del que disponemos. En primer lugar, tenemos el lenguaje matemático adecuado, a saber, el cálculo lagrangiano que nos permite comparar las coordenadas calculadas con las observadas. Y en segundo lugar, contamos con lo que por el momento consideraremos como principios bien establecidos, tales como el de la inversa del cuadrado. Así, el astrónomo francés plantea lo siguiente:

> «Si las Tablas [astronómicas] así constituidas no concuerdan rigurosamente con el conjunto de las observaciones, en modo alguno estaremos tentados de acusar la insuficiencia de la ley de la gravitación universal. En nuestros días este principio ha adquirido un grado tal de certeza que ya no nos estaría permitido alterarlo; y si se encuentra un fenómeno que este no explica completamente, no hay que culpar al propio principio, sino a alguna inexactitud en su aplicación o a alguna causa material cuya existencia se nos habrá escapado»[17].

En efecto, Le Verrier piensa que cambiar la ley de Newton no es una opción teórica viable, por lo que prefiere considerar hipótesis alternativas tales como una posible inexactitud en algunos cálculos o, como él mismo dice, 'una causa material'. Tomando en cuenta la primera de estas dos

---

[14] Cf. Newcomb (1882), p. 473.

[15] De acuerdo con la investigación de Roseveare (1982), p. 21, los errores observacionales admisibles hacia mediados del siglo XIX eran en torno a un segundo de arco en la medición de la posición de un planeta.

[16] Cf. Poincaré (1953), p. 124.

[17] Le Verrier (1849), p. 2.

ideas, considera la posibilidad de ampliar ligeramente la masa de Venus. Este planeta, por ser el más próximo a Mercurio, es el causante de gran parte de las perturbaciones en su órbita, por lo que un error en el cálculo de su masa podría ser el responsable de las discrepancias en el avance del perihelio de aquel. Sin embargo, para que dicha alteración funcionase, sería preciso que no produjese perturbaciones adicionales en otros planetas vecinos, tales como en la órbita de la Tierra, cosa que no ocurre, por lo que Le Verrier se ve obligado a abandonar esta primera opción[18]:

«Si fracasamos en la identificación de la teoría y la observación, será momento de buscar, en el curso de los errores que subsisten, la revelación de las causas físicas y celestes cuya existencia y naturaleza nos son hoy desconocidas»[19].

Así, en analogía con lo que había sucedido ante las perturbaciones anómalas de Urano que habían llevado al descubrimiento de Neptuno, este científico comienza a barajar la hipótesis de un planeta intramercurial.

La posibilidad de que existiese un planeta situado entre la órbita de Mercurio y el Sol había sido planteada anteriormente con base en diferentes razones. La primera de ellas es a partir de la observación de ciertas protuberancias en el disco solar durante un eclipse que tuvo lugar el 8 de julio de 1842. El astrónomo francés Jacques Babinet interpretó estas protuberancias a las que denominó 'nubes ígneas' como masas planetarias[20], considerando la mayor de ellas como un planeta y las otras como planetoides:

«Por la naturaleza y apariencia de esta masa planetaria le será dado el nombre de Vulcano, como a las otras masas análogas que podamos llegar a especificar, los nombres mitológicos de Cíclopes»[21].

La observación de Babinet fue interpretada por algunos como una ilusión óptica y por otros como simples nubes flotando en la superficie solar. En efecto, esta hipótesis no guarda relación alguna con el avance del perihelio de Mercurio, pese a lo cual esta es la primera vez en que se denomina 'Vulcano' a un posible planeta intramercurial y este será precisamente

---

[18] Cf. Poincaré (1953), p. 131.
[19] Le Verrier (1849), p. 3.
[20] Cf. Babinet (1846), p. 282.
[21] Babinet (1846), p. 286.

el modo en que este cuerpo ficticio será conocido a partir de ese momento[22].

Ante la posible existencia de un nuevo cuerpo celeste, Le Verrier se propone la tarea de calcular su masa de tal modo que pueda ser la responsable de la perturbación secular en la órbita de Mercurio. Sin embargo, el valor obtenido resultó demasiado grande para un cuerpo que no hubiera sido ya avistado, y dada la controversia respecto a los datos obtenidos por Babinet y que eran, en principio, los únicos, Le Verrier afirma lo siguiente:

«Tales son las objeciones que podemos hacer a la hipótesis de la existencia de un planeta único, comparable a Mercurio por sus dimensiones y circulando dentro de la órbita de este último planeta. Aquellos a quienes estas objeciones parecerán demasiado graves, serán conducidos a reemplazar este planeta único por una serie de asteroides cuyas acciones producirán en suma el efecto total del perihelio de Mercurio»[23].

No obstante, la historia de Vulcano no acaba aquí, pues posteriormente a esta publicación, Le Verrier tuvo noticia de que un astrónomo amateur, Edmond Lescarbault, había observado dicho planeta[24]. El director del observatorio de París comprobó la fiabilidad de estas observaciones. Tras haber quedado satisfecho, se dedicó a la investigación de la órbita de Vulcano y en 1876 publicó un estudio detallado de la misma que predecía futuros tránsitos[25]. Sin embargo, Vulcano no volvió a ser avistado. A pesar de que la búsqueda de este planeta continuó durante algún tiempo, las objeciones a su existencia eran numerosas, principalmente con respecto a su tamaño y falta de observación. Así, en 1882, Félix Tisserand, substituto de Le Verrier en la dirección del observatorio de París tras el fallecimiento de este en 1877, escribe:

«Conviene así volver a la idea dada primero por Le Verrier, a saber que existe un anillo de asteroides entre Mercurio y el Sol; las razones teóricas que militan en favor de la existencia de este anillo no han perdido nada de su fuerza»[26].

---

[22] Cf. Roseveare (1982), pp. 26-27.
[23] Le Verrier (1859), p. 105.
[24] Cf. Lescarbault (1860), pp. 40-45.
[25] Cf. Le Verrier (1876).
[26] Tisserand (1882), p. 771.

Esta es, por tanto, la segunda explicación proporcionada con respecto al avance del perihelio de Mercurio. Al igual que la idea de Vulcano, esta ya había sido propuesta por motivos diferentes antes de que fuera considerada por Le Verrier en 1859. Así, si recordamos, Babinet había hablado de un grupo de cuerpos inferiores en tamaño al del supuesto planeta intramercurial a los que denominaba Cíclopes para explicar las protuberancias solares[27]. También, el meteorólogo holandés Christophorus Buys-Ballot, estudiando las variaciones periódicas en la temperatura de la atmósfera terrestre, postuló la existencia de un anillo de materia en torno al Sol como responsable de este fenómeno[28]. Dicha materia produciría un cierto efecto de dispersión en la radiación solar, siendo así la causa de las alteraciones térmicas atmosféricas. Tanto Le Verrier como Tisserand consideraron esta hipótesis como la alternativa posible a Vulcano. No obstante, presenta algunas objeciones teóricas que son planteadas por Poincaré:

«Si el anillo estuviera en el plano de la eclíptica, debería alterar el movimiento del nodo [de Mercurio]; por tanto habrá que admitir que el plano del anillo es el de la órbita de Mercurio aproximadamente: explicaría así el movimiento del nodo de Venus.
Pero Newcomb considera que un anillo que tenga una inclinación tal no podrá subsistir; los elementos osciladores de este anillo sufrirán perturbaciones que tenderán a alejarlo del plano de la órbita de Mercurio»[29].

El plano de la eclíptica es el plano de la órbita de la Tierra en torno al Sol, siendo la eclíptica la curva que describe la trayectoria solar y, suponiendo así que el movimiento aparente del Sol es coplanar con el de la órbita de la Tierra. Por tanto, si la órbita del anillo estuviera situada en dicho plano, significaría que sería coplanar a la de nuestro planeta. Dado que Mercurio no está situado en ese plano, un cinturón o anillo de materia con la masa requerida para producir la perturbación del perihelio y localizado en esas coordenadas debería alterar el movimiento de los nodos de ese planeta. El nodo es cada uno de los puntos opuestos donde la órbita de un cuerpo celeste que gravita alrededor de otro corta el plano de la órbita de este segundo cuerpo, o en el caso de cuerpos que gravitan alrededor del Sol, el plano de corte es el de la eclíptica. La línea que une estos dos puntos se denomina 'línea de nodos'.

---

[27] Cf. Babinet (1846), p. 282.
[28] Cf. Buys-Ballot (1846), pp. 205-213.
[29] Poincaré (1953), p. 147.

Moon's orbit

Node

Moon at highest point

Ecliptic Plane

Node

Moon at lowest point

Line of Nodes

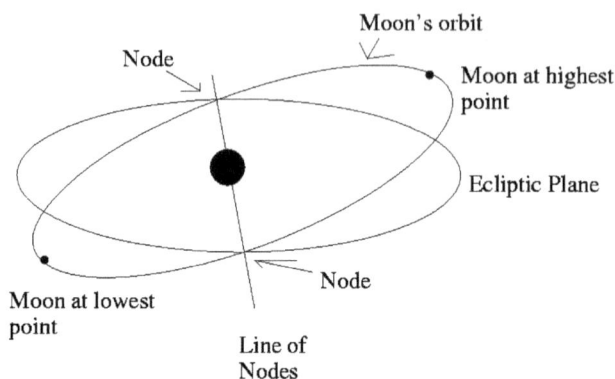

Dibujo de los nodos de la órbita de la Luna en su rotación en torno a la Tierra[30].

Los nodos de Mercurio carecen de avance anómalo de acuerdo con la teoría newtoniana[31]. Por tanto, el anillo de asteroides debe ser coplanar a la órbita de Mercurio para no producir una nueva perturbación de la que la teoría sea incapaz de dar cuenta. Además, así solucionaría el problema del movimiento anómalo de los nodos de Venus, una de las perturbaciones que, según Poincaré, merecía explicación[32]. En efecto, los nodos de este planeta, de acuerdo con las observaciones disponibles en la época, parecían avanzar y el descubrimiento de una cierta cantidad de materia intramercurial podría explicar dicho avance anómalo. No obstante, Simon Newcomb encontró una objeción fundamental a este anillo de asteroides:

«Si el plano medio del grupo [de asteroides] fuera coincidente en alguna época con el de Mercurio, no podría permanecer así permanentemente, sino que los planetas de diferentes órbitas, se agruparían con el tiempo cerca del plano invariable del sistema planetario. De nuevo, si la coincidencia tuviera lugar con la órbita de Mercurio, no tendría lugar con respecto al plano de Venus, y el plano del movimiento de ese planeta estaría sujeto a variación secular»[33].

---

[30] Imagen tomada de Jeffery (2003).
[31] Cf. Roseveare (1982), p. 35.
[32] Cf. Poincaré (1953), p. 124.
[33] Newcomb (1882), p. 475.

En definitiva, el anillo tendería a situarse en el plano de la eclíptica debido a la influencia del resto de planetas. En esta posición perturbaría los nodos de Mercurio, lo cual ya hemos dicho que no acontece.

Tras rechazar esta opción para explicar el avance del perihelio de Mercurio, Newcomb plantea brevemente la posibilidad de que el Sol no sea una esfera perfecta, sino un elipsoide cuyos polos estén ligeramente achatados[34]. Esta hipótesis tiene dos explicaciones posibles: o bien es la propia materia interior del Sol la responsable de dicha elipticidad, o bien esta se debe a la masa de la corona solar. No obstante, tanto él como Poincaré ponen de manifiesto el fracaso de ambas conjeturas, dado que en la época podía medirse con precisión la diferencia de los radios polar y ecuatorial del Sol, siendo el resultado de dicha medida un achatamiento demasiado ligero como para dar cuenta de los 43 segundos de arco requeridos[35].

A pesar de estas dificultades, Newcomb considera aún una última posibilidad como causa material de esta anomalía. Se trata de un cinturón de materia situado entre Mercurio y Venus. Un anillo emplazado en esta posición podría además dar cuenta de las anomalías en los nodos de Venus, siempre que tuviera la inclinación necesaria para explicar estas y no produjera nuevas perturbaciones en los de Mercurio. Sin embargo, el astrónomo americano analiza que un grupo de cuerpos del tamaño requerido y con la inclinación necesaria, en lugar de explicar el avance de los nodos de Venus, produciría un movimiento retrógrado de los mismos[36]. Un problema añadido a este, mencionado también por Poincaré es que este anillo material produciría una influencia mínima en la órbita de Marte, no pudiendo así tampoco dar cuenta del avance del perihelio de este planeta, lo cual también permanecía inexplicable en el marco de la teoría newtoniana. Aún así, ambos señalan la posibilidad de que esta última anomalía sea debida a los asteroides situados entre Marte y Júpiter. A pesar de lo cual afirma:

> «Aunque la hipótesis precedente es la que mejor representa las observaciones de Mercurio y Venus, no podemos, en el estado actual de conocimiento, verla como algo más que una curiosidad»[37].

En efecto, el astrónomo americano descartó esta posibilidad, así como la de que cualquier tipo de materia desconocida pueda ser la responsable del mencionado avance, y propuso modificar la ley de Newton. Dado

---

[34] Cf. Newcomb (1882), p. 476.
[35] Cf. Poincaré (1953), p. 144.
[36] Cf. Newcomb (1895), p. 117.
[37] Newcomb (1895), p. 116.

que esta opción corresponde a las extra-newtonianas, nos ocuparemos de ella en el próximo epígrafe y pasaremos a analizar la próxima hipótesis.

La siguiente solución que debemos considerar es la de la luz zodiacal. Este es un fenómeno observable. Se trata de una luz leve y difusa apreciable en el cielo nocturno que parece extenderse desde el Sol hasta la órbita de la Tierra. El primero en atribuirle una cierta importancia parece haber sido el astrónomo italiano Giovanni Domenico Cassini[38]. Desde los tiempos de este, se consideraba que dicha luz era debida a cierta cantidad de materia en torno del Sol. Incluso el propio Newcomb meditó la posibilidad de que esta fuera la evidencia material de la hipótesis de un cinturón de materia intramercurial postulada por Le Verrier[39]. Sin embargo, tanto él como Poincaré la descartan:

> «El efecto de la luz zodiacal, que se extiende bastante más allá de la órbita de Mercurio, sería asimilable al efecto de un conjunto de anillos: la parte situada entre el afelio y el perihelio de Mercurio sería perjudicial, puesto que produciría un movimiento retrógrado; la otra parte sería útil. Pero encontramos las mismas objeciones que para el anillo intra-mercurial»[40].

O sea, consideraron que la materia responsable de la luz zodiacal, o bien se encontraba en el plano de la eclíptica, en cuyo caso perturbaría los nodos de Mercurio, o bien se situaba en el plano de la órbita de este, cuya posición, como hemos visto con respecto al posible cinturón de asteroides, sería inestable a causa de las perturbaciones de los otros planetas. No obstante, en diciembre de 1906 el astrónomo director del observatorio de Múnich, Hugo von Seeliger, publicó un artículo en el que retomaba la idea de la luz zodiacal como responsable tanto del avance del perihelio de Mercurio como del de los nodos de Venus y más aún daba cuenta de la conocida 'objeción cosmológica'. Esta última tiene que ver con la aplicabilidad de la ley de Newton al conjunto del universo más allá del sistema solar. Y aunque no es mencionada en ningún momento por Poincaré, resulta relevante por dos razones. La primera es que fue una objeción importante discutida en la época y en ese sentido tiene todo que ver con el estado de la cuestión astronómica que pretendemos exponer. La segunda se relaciona con la pregunta planteada por nuestro autor al inicio de su curso de astronomía, a saber, cuáles son los límites de la ley de Newton o, lo que es lo mismo, si es o

---

[38] Cf. Roseveare (1982), p. 69.
[39] Cf. Newcomb (1882), p. 476.
[40] Poincaré (1953), p. 147.

no aplicable al conjunto del universo. Así pues, expondremos en qué consiste la objeción cosmológica.

De acuerdo con la teoría newtoniana, la materia se encuentra uniformemente distribuida en el universo. Ahora bien, si este es infinito, según se consideraba en la época, entonces, en función de la ley de gravitación universal, los cuerpos estarían sometidos a infinitas atracciones, lo que causaría, en último término, un colapso gravitacional[41]. Este problema fue puesto de manifiesto por Seeliger en 1895 y le llevó a proponer una alteración de la ley de Newton[42]. No obstante, en 1906 consideró que la hipótesis de la luz zodiacal, combinada con suposiciones adicionales, podía explicarlo sin necesidad de modificar dicha ley. Así pues, analizó la posibilidad de que existieran varios anillos de materia situados en diferentes puntos del sistema solar. Calculando las inclinaciones adecuadas para no producir nuevas anomalías de las que la teoría clásica no pudiera dar cuenta, fue desechando hipótesis hasta proponer en último lugar la existencia de dos elipsoides de pequeñas partículas materiales, uno en el interior de la órbita de Mercurio y otro exterior a dicho planeta que se extendía hasta la Tierra. Las pruebas observacionales encajaban con esta doble solución y además Seeliger rechazó la objeción teórica de Newcomb (y de Poincaré) respecto a la problemática inclinación de este anillo material, puesto que tenía razones empíricas para aceptarla[43]. El mayor problema con el que esta hipótesis se topaba era si la luz zodiacal, siendo de baja luminosidad, podía estar causada por la cantidad de materia requerida para dar cuenta de las anomalías en las posiciones de Venus y Mercurio[44]. A pesar de que esta cuestión fue ampliamente discutida, esto no impidió el éxito de la hipótesis, que fue considerada como la más plausible en los años previos a la aparición de la teoría einsteiniana de la relatividad general[45], sobre cuya base fue posteriormente rechazada por varios autores[46]. El propio Newcomb llegó a aceptarla e incluso propuso una posible solución a la problemática relación entre materia y luminosidad. Según este astrónomo, la materia responsable por la luz zodiacal y aquella que es visible es la que corresponde al segundo anillo, a saber, aquel que se extiende desde el exterior de la órbita de Mercurio hasta la Tierra. Esta es la causante del avance de los nodos de Venus. El otro anillo es el responsable

---

[41] Cf. Norton (1999), p. 307.
[42] Cf. Seeliger (1895), pp. 129-136.
[43] Cf. Seeliger (1906), p. 601.
[44] Cf. Roseveare (1982), p. 71.
[45] Cf. Eisenstaedt (2003), p. 155.
[46] Cf. De Sitter (1916), pp. 699-728, el cual previamente la había aceptado (Cf. De Sitter (1913), pp. 296-303) y Jeffreys (1919), pp. 138-154.

del avance del perihelio de Mercurio y dada su proximidad al Sol no resulta visible, pues este cuerpo opaca su luminosidad[47].

Con respecto a la objeción cosmológica, Seeliger trató de responderla en 1909, en un artículo en el que analizaba la aplicabilidad del planteamiento de Newton a todo el universo. Para evitar el colapso gravitacional, propuso un coeficiente de absorción para la gravedad, del cual serían responsables cuerpos más masivos que la Tierra[48]. De esta manera evitaba el hecho de que los cuerpos tuvieran que estar sometidos a infinitas atracciones, pero al mismo tiempo la introducción de un coeficiente de absorción suponía una cierta modificación de la teoría newtoniana, aunque no de la propia ley de la inversa del cuadrado, por lo que él consideró que su enfoque continuaba dentro del esquema newtoniano.

A pesar de la aceptación general entre los astrónomos de la que gozó la hipótesis de Seeliger, Poincaré rechazó la posibilidad de que la luz zodiacal diera cuenta del avance del perihelio de Mercurio a causa de la imposibilidad de la inclinación de un anillo en la posición requerida. Este rechazo puede deberse a dos razones: o bien Poincaré consideró verdaderamente problemática la relación entre materia y luminosidad y, al contrario que Seeliger, se negó a aceptar la inclinación requerida de la materia responsable de la luz zodiacal con base en los cálculos teóricos; o bien no conocía la obra de Seeliger de 1906. Esta última nos parece la más plausible, dado que la discusión de las posibles soluciones al problema mercurial en "Les limites de la loi de Newton" se basa principalmente en el trabajo de Newcomb de 1895. De hecho, ni siquiera cita a Seeliger. El hecho de que la publicación de este último sea de diciembre de 1906 y de que Poincaré imparta su curso entre 1906 y 1907, nos lleva a pensar que no tenía conocimiento de esta obra, y ya que no existen documentos posteriores a esta fecha en los que nuestro autor aborde este problema, no podemos considerar cuál sería su posición frente a la solución más aceptada del momento. Ante la falta de discusión de Poincaré de la hipótesis de Seeliger, la cual es la última en nuestra exposición, debemos examinar las otras anomalías consideradas por nuestro autor y las soluciones propuestas a las mismas. Pero, antes de pasar a exponer el movimiento de la Luna, conviene destacar la conclusión aportada por Poincaré al problema de Mercurio:

---

[47] Cf. Newcomb (1912), pp. 226-227. Este artículo fue publicado póstumamente. Newcomb había muerto en 1909. Dado que Poincaré falleció también en 1912 es poco probable que lo conociera.

[48] Cf. Seeliger (1909), pp. 260-280.

«Ninguna de estas hipótesis da cuenta de los fenómenos observados de una manera satisfactoria. Es preciso, por tanto, retomar la hipótesis de un anillo que circula entre Mercurio y Venus y admitir que Marte es perturbado por otro anillo o por los pequeños planetas»[49].

Por consiguiente, la hipótesis que había sido descartada por Newcomb como 'una mera curiosidad' es la escogida por Poincaré como explicación más admisible. Esto se debe a que nuestro autor sopesó una opción diferente con respecto a la posición de la órbita de este grupo de asteroides. En lugar de encontrarse en el exterior de la órbita de Mercurio, el anillo material estaría situado en el mismo plano, entrelazándose con ella y su radio sería el del semieje mayor de la misma y tendría poca excentricidad respecto de ella[50]. En esta posición se podría dar cuenta del avance del perihelio de Mercurio sin provocar la retrogradación de los nodos de Venus. En el próximo capítulo discutiremos la razón y las consecuencias de esta elección.

§ 1. 2 La aceleración secular de la Luna

El movimiento de la Luna es uno de los que más han preocupado a los astrónomos de todos los tiempos. En primer lugar, porque se trata de nuestro satélite y, por ello, tiene especial relevancia para el cálculo de los movimientos de nuestro planeta. Y en segundo lugar, al ser un cuerpo pequeño, resulta difícil computar su órbita con exactitud, dado que no solo se ve afectada por la influencia gravitacional de nuestro planeta, sino también por la de otros cuerpos, principalmente, la del Sol. Así, desde los tiempos de Halley se sabía de la existencia de una cierta aceleración en el movimiento medio de este satélite, aproximadamente de doce segundos. Laplace creyó haber dado cuenta de esta perturbación al atribuirla a dos desigualdades periódicas, una debida al Sol y la otra a la asimetría de la Tierra en el ecuador[51]. Sin embargo, entre 1853 y 1859 el astrónomo británico John Couch Adams puso de manifiesto un error en los cálculos de Laplace, llegando a la conclusión de que las perturbaciones solo podían dar cuenta de la mitad de dicha aceleración, restando seis segundos por explicar[52]. La discusión de estos seis segundos es precisamente la que aborda Poincaré.

---

[49] Poincaré (1953), p. 149.
[50] Cf. Poincaré (1953), p. 144.
[51] Cf. Roseveare (1982), p. 18.
[52] Cf. Poincaré (1953), p. 149.

Así, comienza considerando las numerosas observaciones disponibles, desde los eclipses más antiguos referidos por historiadores hasta el momento en que escribe, pasando por los registros del *Almagesto* de Ptolomeo, los eclipses árabes y todas las observaciones del período moderno. A continuación examina las tablas lunares de Hansen, publicadas en 1857 y tomadas como las de mayor precisión en su género[53]. La exactitud de los cálculos de Hansen se debía fundamentalmente a dos ligeros cambios introducidos en la teoría ordinaria de la Luna: el primero, bastante plausible, hacía referencia a la no esfericidad de su figura, pues al ser un cuerpo en rotación podría estar ligeramente achatado, y el segundo, derivado del anterior, suponía que el centro de la figura de la Luna no coincidía con su centro de gravedad. Esta última alteración era necesaria para conseguir un acuerdo perfecto entre teoría y observación y resultaba problemática porque implicaba que la gravedad en la superficie de la Luna era mayor en su cara oculta que en la que nos aparece. En 1895 las ideas de Hansen fueron criticadas por Newcomb, encontrando que estas hipótesis resultaban superfluas en su teoría lunar para dar cuenta de las observaciones, pues no justificaban la anomalía y algunos de los elementos matemáticos introducidos eran incorrectos. En concreto, Newcomb encontró que el factor utilizado por Hansen para dar cuenta de ciertas desigualdades en los valores del perigeo resultaba arbitrario y además, a pesar de la supuesta desigualdad entre la figura de la Luna y el centro de gravedad, la teoría no daba cuenta de una evección[54] mayor de la que había sido observada, lo cual debería ocurrir al combinar el factor introducido con la hipótesis del achatamiento. Este argumento eliminaba las pruebas empíricas a favor de Hansen, por lo que debía haber otras razones que pudieran dar cuenta de la aceleración de la Luna. Para Newcomb, el cálculo del movimiento de la Luna era un argumento capital en la disputa en torno a la ley de gravitación universal. De hecho, tras haber propuesto una teoría extra-newtoniana para explicar el avance del perihelio de Mercurio, la prueba definitiva a la que esta teoría debía someterse era la teoría lunar y, al demostrar que en modo alguno podía explicar el avance en el movimiento medio de nuestro satélite, la abandonó[55]. La posición de Newcomb muestra la relevancia del movimiento de la Luna como un dato ob-

---

[53] Cf. Roseveare (1982), p. 53.

[54] La evección es una variación regular en la excentricidad de la órbita de la Luna en torno a la Tierra causada principalmente por la atracción gravitatoria del Sol.

[55] Cf. Roseveare (1982), p. 68. Tras estudiar en profundidad la nueva teoría lunar de Brown de 1903, Newcomb intentará barajar otras hipótesis que no se desvíen de la ley newtoniana para dar cuenta de las restantes anomalías. Esta es la razón de que acabe por reconocer la validez de la hipótesis de la luz zodiacal de Seeliger en 1912.

servacional de primera importancia en la consideración de los límites y apli-cabilidad de la ley de la inversa del cuadrado.

Continuando con la aceleración lunar, la siguiente solución estudia-da por Poincaré es la teoría de las mareas de Cowell. Como era bien sabido, este satélite tenía un efecto en las mareas oceánicas. De acuerdo con las in-vestigaciones de este astrónomo británico, este efecto sería significativo en la forma de una ralentización del movimiento de la Tierra, lo cual a su vez provocaría un efecto sobre la Luna, siendo igualmente su movimiento me-dio más lento. De este modo, como explica Poincaré:

> «Habría a la vez una ralentización de la Tierra y de la Luna; pero la de la Tierra siendo mucho más considerable, tendríamos entonces una aceleración aparente de la Luna»[56]

Consecuentemente, la anomalía en el movimiento lunar es justifica-da a partir de una simple 'aceleración aparente', lo que significa que el valor medido sería atribuido a que la medición era hecha con respecto a la posi-ción del observador, esto es, en la Tierra y dado que esta sufre una decelera-ción de su movimiento por el efecto de la Luna sobre las mareas, entonces nos parecería que nuestro satélite tiene un movimiento medio más rápido. Sin embargo, esta solución tampoco es satisfactoria, porque la disminución del movimiento terrestre para obtener los seis segundos requeridos de acele-ración lunar debería ser el doble de lo que Cowell había calculado, por lo que además de considerar el efecto de las mareas oceánicas habría que tener en cuenta las mareas internas del globo terrestre. Esta es precisamente la posición del matemático y astrónomo inglés George Darwin.

En los dos primeros volúmenes de sus *Scientific papers*[57], Darwin rea-liza un estudio pormenorizado de la relación entre las mareas y la influencia gravitacional de la Luna y el Sol en ellas. En la época no resultaba fácil medir con precisión los efectos de las mareas, por lo que decide combinar dos métodos para el cálculo de dichos efectos. El primero consiste en lo que denomina 'teoría de equilibrio', basado en la suposición de que el agua en la Tierra tendría la misma posición en cada instante si los centros de la Tierra y la Luna estuvieran en ese instante en sus posiciones reales pero en reposo relativo[58]. Por tanto, decide no tomar en cuenta las 'fuerzas efectivas' (masas

---

[56] Poincaré (1953), p. 155.
[57] Cf. Darwin (1907) y Darwin (1908). Estos volúmenes son una recopilación de artículos publicados anteriormente por este autor. El primer volumen se titula *Oceanic tides and lunar disturbance of gravity* y el segundo *Tidal friction and cosmogony*.
[58] Cf. Darwin (1907), p. VI.

y aceleraciones), con excepción de la rotación de la Tierra sobre su eje. El problema de este método es que su aplicación real resulta difícil a causa del efecto producido en la hora y altura de las mareas por la distribución de la tierra y el agua en nuestro planeta[59]. Para solventar este inconveniente, Darwin utiliza un segundo método al que denomina 'teoría del equilibrio corregida', según el cual se trata de tener en cuenta tal distribución. Para ello establece los límites de la tierra a partir de las latitudes y longitudes conocidas en los distintos puertos y determina una serie de constantes que son las mismas para un mismo puerto en todo tiempo, basándose en las observaciones de las mareas durante un año o más en dicho puerto. Gracias a esas constantes puede determinar aproximadamente la posición de la marea[60].

Teniendo en cuenta estos elementos propone una teoría de la evolución para la fricción de las mareas aplicable a la historia de la Tierra y la Luna. Esto le permite determinar las atracciones de las mareas por la Luna y el Sol, que causan un aumento en el período de rotación de la Tierra y también en la traslación de la Luna en torno a esta. Dado que estos efectos no son equivalentes, como también había señalado Cowell, para un observador situado en la Tierra se produce una aparente aceleración del movimiento lunar. Y a causa de la insuficiencia de esta solución, postula la teoría de que la Tierra tiene un núcleo viscoso e imperfectamente elástico con mareas internas[61]. Aunque Darwin reconoce la imposibilidad de verificar esta hipótesis, considera que el grado de corrección de los resultados, justifica su plausibilidad[62]. De esta misma opinión es Poincaré, dado que estima que tanto el procedimiento como los cálculos de Darwin pueden, en efecto, dar cuenta de la anomalía lunar. No obstante, apunta otras soluciones posibles de las que daremos cuenta tras examinar la última hipótesis referida por él.

Esta alternativa tiene relevancia porque, sin tener en cuenta el resto de anomalías significativas del momento, en concreto el perihelio de Mercurio, propone precisamente que sea un planeta intramercurial el causante del avance del movimiento medio lunar. El responsable de esta idea es el astrónomo del observatorio de Toulouse Dominique de Saint-Blancat, quien en 1907 publica un artículo titulado "Action d'une masse intramercurielle sur la longitude de la Lune"[63]. Se trata de un trabajo puramente matemático dado que el autor no tiene en cuenta los datos empíricos de la época respecto de la falta de observación de un cuerpo tal. Así, llega a la conclusión de que la

---

[59] Cf. Brown (1909), p. 74.
[60] Cf. Darwin (1908), p. VII.
[61] Cf. Poincaré (1953), p. 161.
[62] Cf. Darwin (1908), p. VI.
[63] Publicada en los *Annales de la Faculté des Sciences de Toulouse*.

masa del planeta requerida es 1/12 la de Mercurio y su revolución en torno al Sol es de 27 días[64]. Si tal cuerpo llegase a descubrirse, la anomalía secular del movimiento medio de la Luna resultaría en una periódica de 273 años[65]. No obstante, al tener en cuenta el valor del radio solar y la duración media de la rotación de este astro, Poincaré descubre una imprecisión grave en los cálculos de Saint-Blancat y recalcula la masa del supuesto planeta, que debería ser unas cuatro veces la de la Tierra y añade: «esto es poco probable, pero no imposible»[66].

En efecto, ya hemos mencionado que con los instrumentos de la época, difícilmente no habría sido avistado un cuerpo de ese tamaño, pese a su proximidad al Sol. Además, a este inconveniente observacional tenemos que sumar las complicaciones teóricas que causaría un astro de este tipo. Pues aunque Saint-Blancat parezca preocupado solo por explicar la anomalía lunar, nuestro autor estima que es preciso tener en cuenta el conjunto del sistema solar, al menos, para decidir la aplicabilidad de la ley de Newton. De este modo, su solución al problema del movimiento medio de la Luna es la siguiente:

«1° Será preciso también considerar las mareas solares, cuyo efecto es mucho menos importante que el de las mareas lunares.

2° Podríamos todavía considerar el hecho de que la Tierra es un imán y la Luna probablemente también; los dos son cuerpos conductores. Cuando los imanes se mueven en la proximidad de los conductores, dan lugar a corrientes de Foucault que juegan el papel de frenos; también habría así una ralentización de la rotación de la Tierra.

3° Supongamos los cuerpos celestes reducidos a puntos y que no existe ningún medio resistente; no habría pérdida de energía: el principio de Carnot no encontraría aplicación. Pero los cuerpos celestes no son puntos materiales, y las diferentes partes no pueden actuar unas sobre otras sin pérdida de energía. Igualmente, si los fenómenos físicos fueran independientes de la posición respectiva de los astros, no habría tampoco pérdida de energía»[67].

Es decir, Poincaré plantea una triple solución. Primeramente considera la idea de Darwin de que sean las mareas (lunares y solares, y externas e

---

[64] Cf. Saint-Blancat (1907), p. 103.
[65] Cf. Saint-Blancat (1907), p. 102.
[66] Poincaré (1953), p. 160
[67] Poincaré (1953), pp. 168-169.

internas) las responsables de la anomalía, pero ante la imposibilidad de la demostración empírica de la hipótesis suplementaria respecto a la viscosidad del núcleo de nuestro planeta (para dar cuenta de las mareas internas), estima que hay otras opciones. La segunda alternativa consiste en considerar los efectos del magnetismo terrestre y lunar en la deceleración del movimiento terrestre, provocando así un aumento aparente de la velocidad de la Luna en su traslación. Esta es una idea antigua que ya había sido propuesta por Buffon como respuesta al intento de Clairaut de 1747 de modificar la ley de Newton para dar cuenta del movimiento del apogeo lunar. Posteriormente Clairaut descubrió que su ley era superflua pues la teoría de Newton podía dar cuenta de dicho movimiento[68].

El efecto del campo magnético de la Tierra es difícil de computar y en el momento en el que Poincaré escribe no existían aún resultados definitivos sobre el mismo, por lo que la idea de que la fuerza magnética que interactúa entre la Luna y la Tierra fuera responsable de la anomalía en el movimiento medio era perfectamente plausible. Sin embargo, en 1910 el británico Ernest Brown estudió este efecto con detalle encontrando que era de hecho insuficiente[69].

La última de las opciones propuesta por Poincaré se refiere a la relación entre astronomía matemática y física. En la mecánica celeste en cuanto que disciplina matemática el tratamiento de los cuerpos se hace en términos de puntos-masa. Sin embargo, tomando en cuenta que esto no pasa de una ficción matemática y que los astros son de hecho cuerpos físicos, es preciso admitir que en su movimiento pierden una cierta cantidad de energía. Es en el cálculo de la misma donde entra en juego el principio de Carnot o principio de la degradación de la energía, según el cual no hay posibilidad de que un proceso de intercambio de calor sea cíclico, o sea, pone de manifiesto la no reversibilidad de los fenómenos naturales[70]. Considerando la teoría de las mareas en el ámbito de las perturbaciones lunares, esto significa que las mareas producen una cierta fricción, la cual genera calor. En el curso de esta acción, como en cualquier otro proceso termodinámico, hay una cierta pérdida de energía que supone el aumento de la entropía en el universo. Esta pérdida de energía podría causar un cierto enfriamiento de la Tierra de tal modo que justificase así la ralentización de su movimiento dando lugar a una aceleración aparente en el movimiento medio de la Luna.

La decisión poincareana de incluir el principio de Carnot como causa de esta anomalía supone de algún modo un recurso a la interrelación de

---

[68] Cf. Roseveare (1982), pp. 97-99.
[69] Cf. Brown (1910), pp. 529-539.
[70] Cf. Poincaré (1905a), p. 130.

los procesos de la naturaleza, es decir, a la unidad, la cual era un principio-guía del modo de hacer ciencia. Pero, además, establece una relación entre la 'física de los principios' y la astronomía al requerir la aplicación de un principio fundamental en el área de esta última disciplina. Esto da prueba de que nuestro autor está en todo momento preocupado por satisfacer los requerimientos de su concepción de la ciencia física, a saber, que los principios tengan una máxima aplicabilidad no solo en el terreno en el que son descubiertos (en este caso, la termodinámica), sino en todo el campo de los cuerpos físicos, de tal modo que se justifique su comprensión de los mismos como convenciones de origen experimental pero no verificables en función de su estatuto, asumiendo así que el principio de Carnot tampoco podrá ser invalidado dentro del ámbito de la mecánica celeste.

Como hemos visto, la mayor parte de soluciones propuestas a la anomalía lunar se encuentran dentro del esquema clásico de la gravitación newtoniana, a excepción de la propuesta fallida de Newcomb que comentaremos más adelante. De hecho, la respuesta final a este problema tampoco se desvía de esta concepción, pues en la década de 1920 fueron corregidos los datos que Darwin había calculado para la fricción de las mareas, probándose así que estas eran responsables de la supuesta aceleración de la Luna[71]. Consecuentemente, con respecto a esta perturbación no se requería una nueva teoría de la gravitación, tal como era intuido por la mayoría de especialistas. A continuación expondremos el último problema observacional abordado por Poincaré.

§ 1. 3 El cometa de Encke

La órbita de este cuerpo celeste fue calculada en 1818 por el astrónomo alemán Johann Franz Encke[72]. Se trata del cometa de período más corto conocido, siendo este de 3,3 años. Junto a esta razón, su importancia se debe a que en su traslación pasa muy cerca de Mercurio, lo que permite calcular la masa de este planeta, y también a que presenta una aceleración secular aparentemente inexplicable, suponiendo con ello un desafío adicional a la ley de la inversa del cuadrado[73]. El primero en postular una causa para esta anomalía fue el propio Encke, al suponer que esta se debía a la existencia de un medio de densidad variable (una suerte de éter) que arras-

---

[71] Cf. Roseveare (1982), p. 4.
[72] Cf. Roseveare (1982), p. 3.
[73] Cf. Poincaré (1953), p. 169.

traba el cometa en su movimiento produciendo la inexplicable aceleración secular.

El estudio de la posible existencia de un medio fue retomado por el astrónomo sueco Oskar Backlund, quien llegó a la conclusión de que no había tal medio y propuso como causa del aumento de la velocidad del cometa la existencia de un anillo de materia con un movimiento propio situado en las proximidades de su afelio y con un movimiento tangente a su órbita[74]:

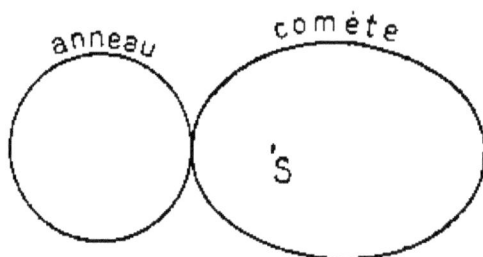

Si se considera que la densidad del anillo es variable, podrían explicarse las diferencias en las aceleraciones del cometa. Esta solución cuenta con la ventaja de tener algún apoyo observacional, dado que la existencia de cierta cantidad de materia en las inmediaciones del Sol podía justificarse a partir de la luz zodiacal. No obstante, el hecho de que la densidad de dicha materia varíe para producir la aceleración del cometa requerida parece bastante arbitrario a los ojos de Poincaré[75]. A causa de esto, fueron apuntadas otras posibilidades que nuestro autor también expone.

La primera es la propuesta por Friedrich Bessel. Este supuso que el cometa emitía materia en forma de proyecciones que provocaban su propulsión en el sentido inverso de las mismas, siendo así lanzadas en la dirección contraria al Sol, de modo que le impulsaran hacia este[76]. La segunda es debida a la presión de Maxwell-Bartholdi, la cual es producida por la luz en cuerpos tenues, de tal modo que la luz solar produciría al mismo tiempo una atracción y repulsión variantes de acuerdo con la ley de Newton, que serían las responsables de la anomalía. Sin embargo, Poincaré encuentra que la compensación entre ambos efectos es poco probable[77]. Por último, Carl Charlier contempló la posibilidad de que el cometa tuviese un doble núcleo, de tal modo que existiese un movimiento de uno de los núcleos hacia el

---

[74] Poincaré (1953), p. 176, fig. 28.
[75] Cf. Poincaré (1953), p. 176.
[76] Cf. Poincaré (1953), p 176.
[77] Cf. Poincaré (1953), p. 177.

otro. Así, se generaría una cierta aceleración de uno de ellos que tiraría del otro causando, en consecuencia, el aumento anómalo de velocidad del conjunto del cometa. Ahora bien, la hipótesis de Charlier, si bien puede dar cuenta de la irregularidad de esta aceleración, no puede hacerlo respecto de la regularidad observada en el período entre 1818 y 1858, con lo que ninguna de las soluciones es completamente satisfactoria para Poincaré, pese a lo cual, los cálculos que mejor encajan son los del propio Encke y su medio resistente[78]. Aunque nuestro autor no critica la arbitrariedad en la introducción de este medio indetectable, sabemos por el análisis realizado con respecto a los principios que no era partidario de este tipo de soluciones. De hecho, la idea de Charlier es la que, según él, presenta más ventajas, pues el doble núcleo puede causar la difusión en el espacio de cierta cantidad de materia originando lluvias de meteoritos o estrellas fugaces[79].

Como hemos visto, todas las teorías propuestas para dar cuenta de la aceleración anómala del cometa de Encke se encuadran dentro del esquema de la teoría newtoniana de la gravitación. Igualmente ocurría para el movimiento medio de la Luna, pues la única hipótesis extra-newtoniana propuesta era la de Newcomb y el fracaso en su aplicación le llevó a abandonarla. En efecto, ninguna de estas anomalías suponía una amenaza para la ley de la inversa del cuadrado, puesto que no había manera de que la alteración de esta las explicara. Por consiguiente, como afirma Roseveare:

«Eran consideradas como anomalías serias dentro de la teoría gravitacional más amplia, que incluía no solo la ley de la fuerza central sino también leyes adicionales e hipótesis que gobiernan la aplicación de esa ley de la fuerza a las condiciones reales concernientes al sistema solar»[80].

Así, la pertinencia de dichas teorías con respecto al estado de la cuestión de la gravitación en la transición del siglo XIX al XX y su preocupación para Poincaré se justifica por el hecho de que afectan a las condiciones materiales de composición de los cuerpos (como el hipotético doble núcleo del cometa de Encke), a la conjunción de la ley de Newton con otras leyes físicas (como en el caso del principio de Carnot para la aceleración lunar), o al posible efecto de otras fuerzas físicas conocidas pero cuya in-

---

[78] Cf. Poincaré (1953), p. 178.

[79] El astrónomo Fred Whipple consiguió explicar la anomalía del cometa de Encke a partir de su composición debida a un conglomerado inestable de hielo. Dicha inestabilidad causaba, en efecto, cierta pérdida de materia que es la responsable de la lluvia de meteoritos conocida como Táurides. Cf. Roseveare (1982), p. 3 y Whipple (1940), pp. 711-745.

[80] Roseveare (1982), p. 4.

fluencia era difícilmente calculable en ese momento (como en el caso del magnetismo sobre el movimiento de la Luna). Es por esto que la más problemática de todas ellas resulta ser la del perihelio de Mercurio, puesto que, frente a las otras, no era fácilmente determinable si el error se encontraba en la propia ley de la inversa del cuadrado o si, como ocurría con aquellas, era debido también a hipótesis adicionales de la teoría más amplia de la gravitación.

Junto a la anomalía de Mercurio, encontramos el siempre presente problema de la causa de la atracción gravitacional. Estas dos preocupaciones fundamentales constituyen el núcleo del motivo por el que en esos años se propusieron numerosas teorías alternativas a la newtoniana, de las que referiremos una selección en el próximo epígrafe para completar el estado de la cuestión que nos propusimos al inicio del capítulo.

§ 2 Nuevas teorías de la gravitación

Tras haber expuesto las principales causas observacionales que hacen peligrar la ley de la inversa del cuadrado, el objetivo de este segundo epígrafe es presentar un panorama general sobre las posiciones teóricas propuestas como alternativas a la misma entre el último cuarto del siglo XIX y 1910, fecha de las últimas publicaciones de Poincaré sobre esta cuestión. En consonancia con este propósito, pretendemos además desmentir una cierta posición común en las explicaciones generales de la historia de la ciencia, de la cual las siguientes afirmaciones son solo una muestra:

«En el siglo XIX la doctrina de la atracción universal devendrá un dogma de la ciencia. Permanecerá así hasta la aparición de la teoría einsteiniana de la gravitación»[81].

«En general no había razón teórica para proseguir estas especulaciones [sobre la gravitación] hasta el advenimiento de la teoría de la relatividad»[82].

En efecto, como afirma Dugas, es durante el siglo XIX cuando la teoría newtoniana adquiere un estatuto privilegiado gracias a su enorme capacidad predictiva, principalmente debido a la precisión en el cálculo de las órbitas de los nuevos pobladores del sistema solar (nuevos planetas, come-

---

[81] Dugas (1950), p. 208.
[82] Hesse (1961), p. 225.

tas, satélites, etc.). No obstante, no es del todo cierto que detente este carácter de 'dogma científico', pues como mostramos en el epígrafe anterior, existen serios problemas que la ponen en cuestión y prueba de ello serán las teorías alternativas propuestas que aquí discutiremos. Igualmente, resulta falso afirmar que ninguna razón teórica justificaba la modificación de dicha teoría, dado que el problema de considerar la gravitación como una 'atracción a distancia' resurgió con fuerza en el período histórico que estamos discutiendo y es precisamente el estatuto epistemológico y ontológico de esta fuerza una de las causas principales por las que dichas alternativas fueron propuestas. La otra, como ya mencionamos, es la discrepancia entre teoría y observación en los movimientos astronómicos, principalmente con respecto al avance del perihelio de Mercurio.

No obstante, pese al clima de discusión general en el que se encontraba la teoría newtoniana, algunos autores de la época, como Mach, negaban la existencia de tal controversia:

«La teoría newtoniana de la gravitación, por su apariencia, perturbaba a la mayoría de los investigadores de la naturaleza porque estaba fundada sobre una ininteligibilidad poco común. La gente intentaba reducir la gravitación a presión e impacto. A día de hoy la gravitación ya no perturba a nadie: ha devenido una ininteligibilidad *común*»[83].

No puede negarse la corrección de las ideas de Mach con respecto a su expresión de que la gravitación es una 'ininteligibilidad común', pues, en efecto, resultó siempre una entidad difícilmente comprensible. Lo que en esta afirmación no resulta acertado es que dicha incomprensión no causase una cierta incomodidad, al menos en la comunidad científica. En efecto, la oscuridad respecto al modo y velocidad de transmisión de la fuerza de la gravedad en tanto que cuestión científica no esclarecida es uno de los focos del debate en este período, como enseguida mostraremos.

Dada la enorme pluralidad de teorías, no es posible realizar aquí un estudio pormenorizado de todas ellas. Además, nuestro objetivo no es la exhaustividad en esta cuestión, sino el retrato de la controversia en torno a la ley de Newton entre 1870 y 1910. Por estas razones, seleccionaremos algunas de las teorías más representativas o bien porque son las discutidas por Poincaré, cuya posición es, en último término, lo que aquí nos interesa; o bien porque alcanzaron mayor difusión en el seno de la comunidad científica. En este sentido, y al hilo de la exposición hecha en el epígrafe anterior,

---

[83] Mach (1872), p. 56.

intentaremos presentar estas teorías en el marco de la época, a saber, partiendo de los motivos que llevaron a sus creadores a proponerlas, ya sean observacionales o puramente teóricos, y analizando las principales objeciones que les fueron opuestas. Con el propósito de simplificar nuestra exposición, agruparemos las teorías en tres clases diferenciadas: en primer lugar, aquellas que, sin salir del esquema newtoniano, proponen añadir un coeficiente a la ley de Newton; en segundo lugar, abordaremos algunas que intentaron proporcionar una explicación 'verdaderamente mecánica' de la fuerza de la gravedad; por último, nos ocuparemos de las 'teorías electromagnéticas de la gravitación', es decir, aquellas que, o bien utilizaron leyes análogas a las de la teoría electromagnética para explicar la gravitación, o bien estimaron que todas las fuerzas eran, de hecho, de origen electromagnético.

§ 2. 1 Teorías que introducen un coeficiente en la ley de Newton

Como mostramos al final del epígrafe anterior, la principal objeción empírica a la ley de la inversa del cuadrado era el avance secular del perihelio de Mercurio y esto a causa de que no se sabía si era debido a un error en la propia ley o si el problema se encontraba en la teoría más amplia de la gravitación que, junto con dicha ley, incluía asunciones adicionales.

El astrónomo americano, Asaph Hall, teniendo en cuenta la seriedad del problema mercurial, estimó, sin embargo, que este hecho no podía poner en cuestión toda la concepción newtoniana de la gravitación y, por ello, propuso que la introducción de un pequeño coeficiente adicional en la ley de la inversa del cuadrado podía, quizá, reparar los problemas de cálculo en torno al perihelio de este planeta. Así, utilizó la siguiente forma para la ley de atracción[84]:

$$R = m \cdot r^{n}$$

Donde m es una constante y r el radio vector. Al tomar $n = -2$ obtendríamos la ley newtoniana. En cambio, si consideramos $n = -2.00000016$, Hall afirma que consigue dar cuenta de los 43 segundos de arco calculados por Newcomb para el avance del perihelio de Mercurio. La razón principal para una tal modificación es el acuerdo entre teoría y observación con respecto al problema de Mercurio. No obstante, a pesar del carácter *ad hoc* de la introducción del coeficiente de Hall, este considera que puede justificarlo con base en razones históricas. Así afirma:

---

[84] Cf. Hall (1894), p. 49.

«En sus *Principia*, Libro I, Newton proporcionó algunos cálculos en los que asume que la ley de atracción podía no ser exactamente la inversa del cuadrado de la distancia»[85].

En este caso, la modificación de la ley newtoniana obedece a una razón puramente empírica, dado que quien la propone es un astrónomo preocupado por cuadrar los cálculos de la teoría con las posiciones detectadas de los planetas y, consecuentemente, no se cuestiona los motivos de la atracción ni la necesidad de conjugar la gravedad con otras fuerzas conocidas. Sin embargo, en la medida en que la motivación es la concordancia entre teoría y observación, será preciso aplicar esta ley en su nueva forma al resto de los cuerpos del sistema solar. Este es precisamente el cálculo realizado por Poincaré para los perihelios de Venus, la Tierra y Marte, encontrando que, según la ley de Hall, se produciría también un avance de los mismos. Como nuestro autor señala, solo los de Mercurio y Marte tienen un avance anómalo de acuerdo con la ley newtoniana, por lo que la introducción de la ley de Hall provocaría nuevas anomalías que sería preciso explicar[86]. Además, no da cuenta del movimiento también anómalo de los nodos de Venus, lo que para Poincaré es un problema adicional. A pesar de estas dificultades, sabemos que Newcomb en 1895 había escogido la ley de Hall como la solución más acertada al problema de Mercurio[87]. Así, consideraba que los valores dados para los perihelios de Venus y la Tierra se desviaban muy poco de los observados, de tal modo que las discrepancias podían deberse a errores observacionales. Un problema diferente era el de los nodos de Venus, a causa del cual decidió recalcular y modificar la masa de la Tierra[88]. Según él con respecto a dicha masa, existían ciertas discrepancias dependiendo de las referencias tomadas para el cálculo, lo que no ocu-rría en el caso de los otros planetas, principalmente Mercurio, Venus y Marte. Un aumento en la masa de nuestro planeta podría, en efecto, dar cuenta del movimiento anómalo de los nodos de Venus, dada la proximidad de la órbita de este cuerpo a la terrestre.

Sin embargo, Hall, Newcomb y Poincaré estimaron que había otra anomalía respecto de la cual debía comprobarse la validez de esta ley. Como avanzamos en el epígrafe 1.2 de este capítulo, esta no es otra que la aceleración secular de la Luna. El primero de ellos solo apunta la necesidad de to-

---

[85] Hall (1894), p. 49.
[86] Cf. Poincaré (1953), p. 148.
[87] Cf. Newcomb (1895), pp. 118 y ss.
[88] Cf. Newcomb (1895), pp. 122-128.

mar en cuenta esta dificultad, sin abordarla[89]. En cambio, tanto Newcomb como Poincaré, conocedores de la nueva teoría lunar de Brown de 1903, rechazan la ley de Hall, precisamente porque esta teoría daba cuenta del movimiento de la Luna en términos de la ley clásica de gravitación[90]. Será precisamente este resultado el que lleve a Newcomb a aceptar la hipótesis de la luz zodiacal de Seeliger como la mejor explicación para el avance del perihelio mercurial.

Con respecto a la ley de Hall, resta añadir que en todo momento fue considerada una propuesta *ad hoc* y, tan solo Newcomb y el propio Hall la consideraron plausible[91], si bien esto aconteció durante un breve intervalo de tiempo, pues había sido propuesta en 1894 y fue completamente rechazada en 1903, precisamente con base en la teoría lunar de Brown. Ahora bien, es preciso agregar que ninguno de los dos estaba realmente convencido de la necesidad de la misma. De hecho, al final de su artículo de 1894, Hall considera los cálculos de Le Verrier y Newcomb respecto del perihelio de Mercurio y afirma:

> «Por mi parte, no puedo dudar de la corrección del aumento en el movimiento secular encontrado por estos astrónomos. Aun así, sería bueno tener un resultado tan importante confirmado por observaciones en el meridiano o al referir la posición del planeta a las estrellas conocidas»[92].

Es decir, estima la necesidad de una nueva verificación de la órbita del planeta en cuestión antes de decidir si se debe o no modificar la ley de la inversa del cuadrado. Igualmente, Newcomb debía también estar algo receloso, pues aunque de acuerdo con sus tablas, las observaciones encajaban con la ley de Hall, afirmó:

> «Lo que finalmente decidí fue incrementar el movimiento teórico de cada perihelio en la misma fracción que el movimiento medio, algo que representará las observaciones sin comprometernos con ninguna hipótesis como causa del exceso de movimiento, aunque concuerda con el resultado de la hipótesis de Hall de la ley de gravitación»[93].

---

[89] Cf. Hall (1894), p. 49.
[90] Cf. Poincaré (1953), p. 148 y Newcomb (1912), p. 227.
[91] Cf. Roseveare (1982), p. 66.
[92] Hall (1894), p. 51.
[93] Newcomb (1895), p. 174.

En definitiva, ninguno de los dos estaba completamente dispuesto a desprenderse de la ley de Newton en su forma habitual y, aunque en 1895 Newcomb estimaba que la ley de Hall era la hipótesis más simple para resolver el problema del perihelio de Mercurio[94], probablemente la razón para adoptarla era puramente pragmática o instrumental, puesto que estaba más interesado en la elaboración de tablas astronómicas que mostrasen con precisión el ajuste entre teoría y observación que en los fundamentos teóricos que una modificación de este tipo podría implicar[95].

No obstante, otros científicos consideraban que existían razones teóricas adicionales para sugerir una modificación de la ley de Newton. Tal era el caso del astrónomo Hugo von Seeliger y del físico Carl Neumann, quienes introdujeron un coeficiente en la ley de la inversa del cuadrado con el objetivo de evitar la objeción cosmológica que expusimos más arriba. Ahora bien, en contraste con la propuesta de Hall, las de estos dos científicos alemanes no resultan en modo alguno completamente *ad hoc*, pues la extensión de la ley de Newton al conjunto del universo era un tema debatido a finales de siglo y, consecuentemente, resultaba legítimo cuestionarla por motivos cosmológicos[96]. No obstante, para proporcionar un soporte adicional a su propuesta, en 1896 Seeliger examinó la posibilidad de explicar la anomalía mercurial sirviéndose de la ley de atracción modificada. De este modo analizó las propuestas de Neumann y Hall[97]. La primera de ellas, aunque se aproximaba al valor dado por Newcomb para el perihelio de Mercurio, se desviaba de tal modo con respecto a Venus, La Tierra y Marte que fue rápidamente descartada. La segunda, aunque como Newcomb había afirmado, se alejaba poco de los valores medidos, no daba cuenta del avance de los nodos de Venus[98]. A pesar de tenerla en cuenta para estos cálculos, unas páginas antes Seeliger ya la había rechazado porque también estaba sujeta a la objeción cosmológica[99].

En 1896, el astrónomo de Múnich había tratado su propia ley como un ejemplo, tal como había hecho con la de Neumann[100]. Sin embargo, consideró la objeción cosmológica tan seriamente, que desde su punto de vista la modificación de la ley de Newton se revelaba inevitable. No obstante, como ocurría con las otras, la suya tampoco proporcionaba los valores espe-

[94] Cf. Newcomb (1895), p. 118.
[95] Cf. Roseveare (1982), p. 64.
[96] Cf. Merleau-Ponty (1965), p. 127.
[97] Cf. Seeliger (1896), p. 388.
[98] Cf. Seeliger (1896), p. 389.
[99] Cf. Seeliger (1896), p. 386.
[100] Cf. Seeliger (1896), p. 379.

rados para el perihelio de Mercurio y los nodos de Venus, por lo que, como ya expusimos, desarrolló en 1906 la hipótesis de la luz zodiacal, la cual combinó con su propuesta de modificación de la ley de Newton, convirtiéndose así, hasta la aparición de la teoría de la relatividad general, en la hipótesis que mejor daba cuenta de los problemas teóricos y observacionales de la gravitación. Sin embargo, Seeliger era muy consciente de las objeciones hechas a la hipótesis de Hall por su carácter *ad hoc*, y en este sentido no bastaba la introducción de un coeficiente adicional en la ley de la inversa del cuadrado, sino que este debía tener algún tipo de justificación teórica. Fue en la teoría mecanicista de la gravitación que Georges-Louis Le Sage había propuesto a finales del siglo XVIII y que, como veremos enseguida, fue retomada por varios autores del período que estamos discutiendo, donde Seeliger encontró su inspiración para dar cuenta de dicho coeficiente[101].

Aunque la exposición de las teorías de este tipo es el tema del próximo parágrafo, avanzaremos solamente que una de las ideas propuestas por ellas es la posibilidad de absorción gravitacional. Esto significa que la fuerza gravitacional es absorbida, especialmente por cuerpos muy masivos (como las estrellas), de acuerdo con el coeficiente propuesto por Seeliger. Si este hecho se comprobaba experimentalmente, la teoría de Seeliger podía ser verificada, con lo que se evitaba el problema del supuesto 'colapso gravitacional', es decir, del efecto causado por un número infinito de masas de tamaño finito en un punto particular del espacio[102]. No obstante, no existían medios de detección de dicha absorción en la época. Pese a lo cual, esta idea contaba con una ventaja adicional: podía dar cuenta también de la paradoja de Olbers si se utilizaba el mismo coeficiente para la absorción de la luz. Este era otro de los problemas de los que la teoría newtoniana no podía dar cuenta e implicaba igualmente el problema de la infinitud del universo. Básicamente, consistía en la cuestión de que si el universo era infinito y contaba con una distribución uniforme de materia, ¿por qué, entonces, era tan oscuro el cielo nocturno? El propio Olbers ya había propuesto la idea de un coeficiente de absorción para resolver el problema[103], de modo que Seeliger, basándose en esta misma idea consiguió en 1909 una teoría bastante satisfactoria y de carácter no *ad hoc* que permitía explicar todas las objeciones teóricas y observacionales de la teoría de Newton, y ello sin necesidad de desviarse demasiado del esquema clásico.

No obstante, quedaba pendiente el problema de la naturaleza de la atracción, el cual no fue abordado por los astrónomos, más preocupados

---

[101] Cf. Roseveare (1982), pp. 76 y 79.
[102] Zenneck (1903), p. 51.
[103] Cf. Roseveare (1982), p. 72.

por el cálculo de las posiciones estelares y planetarias. Esta será la dificultad principal de las teorías que expondremos a continuación, las cuales, guiadas por el ideal mecanicista pretendieron proporcionar un cierto soporte teórico a la ley de atracción newtoniana, por lo que sin modificarla, incluyeron hipótesis adicionales en la más amplia teoría de la gravitación. Estas pretendían explicar el modo de funcionamiento de la fuerza o, dicho de otro modo, el mecanismo de atracción.

§ 2. 2 Teorías mecanicistas de la gravitación

Como señalamos al inicio del capítulo, una de las cuestiones que suscitó más problemas con respecto a la teoría newtoniana de la gravitación fue precisamente la comprensión de esta fuerza en términos de atracción a distancia, concepción provocada no tanto por el propio Newton, cuanto por sus seguidores en los años siguientes a la recepción de la teoría. Con el triunfo del programa laplaciano de la física, la polémica existente acerca de este asunto pareció apagarse. No obstante, en la medida en que el estatuto de la fuerza no se consideraba esclarecido, desde 1850 el debate resurgió, aunque en diferentes términos. En este caso no se trataba ya de una controversia entre partidarios y detractores de Newton, pues la aceptación que había logrado la teoría newtoniana por su éxito en el cálculo de posiciones de los astros, había borrado del mapa las oposiciones directas. Más bien la cuestión era esclarecer algunos puntos oscuros en el seno de la teoría, siendo la naturaleza de la atracción el más prominente de entre todos ellos.

La concepción mecanicista por la cual la física se encontraba dominada no podía dejar de lado esta cuestión. Esta posición consiste, básicamente, en proporcionar explicaciones de los fenómenos físicos en términos de efectos del movimiento de la materia, ya sea sólida o fluida[104]. Un ejemplo de la preferencia de los físicos por las descripciones mecánicas eran los modelos de éter para la exposición de los fenómenos electromagnéticos a los que nos referimos en el tercer capítulo. En efecto, desde el punto de vista estrictamente mecánico, la teoría newtoniana no facilitaba un modelo convincente para la transmisión y propagación de la fuerza de gravitación[105]. Así, guiados por la necesidad de una explicación mecánica de este fenómeno, varios investigadores propusieron diferentes teorías que se pueden agrupar fundamentalmente en tres tipos:

[104] Cf. Paty (2010), p. 197.
[105] Cf. Renn y Schemmel (2007), p. 4.

1) Interacciones entre partículas.
2) Interacciones entre partículas y éter.
3) Fuerzas producidas a partir de remolinos en el éter[106].

Poincaré solo expone teorías que se encuadran dentro de los dos primeros tipos, por lo que dejaremos de lado el tercero. Cada una de ellas tiene sus particularidades propias, pero como el objetivo es proporcionar una muestra de las más representativas, seguiremos de nuevo el camino marcado por nuestro autor y trataremos solo aquellas mencionadas por él. Dentro de la primera clase abordaremos la de Le Sage y la de William Thomson (Lord Kelvin) y de la segunda la de Carl Bjerknes y la de Arthur Korn. Antes de comenzar con la discusión de estas teorías, es preciso señalar que existe una serie de condiciones que cualquier teoría que pretendiese explicar la gravitación en términos cinemáticos debía tener en cuenta[107]:

1) Naturaleza radial de la acción: la gravitación se propaga siempre en línea recta.
2) Ausencia de reflexión, refracción u otra perturbación: la acción gravitacional nunca se ve afectada por la naturaleza de la materia en el espacio intermedio entre los cuerpos que la sufren, al contrario que la luz. En definitiva, ningún tipo de materia situada entre los cuerpos atrayentes realiza un efecto de 'pantalla' que pueda interferir con la gravitación.
3) Proporcionalidad a las masas: la intensidad de la fuerza de la gravedad es proporcional al producto de las masas de los cuerpos que la sufren.
4) Independencia de la composición química del cuerpo: la gravedad no se ve afectada por la naturaleza física o química de un cuerpo.
5) Proporcionalidad a la inversa del cuadrado de la distancia: la atracción disminuye con la distancia según la ley de la inversa del cuadrado.
6) Propagación instantánea: esta será una de las cuestiones más debatidas a lo largo del XIX, el propio Laplace afirmaba que la velocidad de la acción gravitacional debía ser diez millones de veces la de la velocidad de la luz[108].

---

[106] Cf. Roseveare (1982), p. 95 y Sánchez Ron (1983), p. 126.
[107] En la exposición de estas características seguimos tanto a Peck (1902), pp. 21-26 como a Taylor (1877), p. 211.
[108] Laplace (1805), v. 4, p. 326.

7) Intensidad no disminuida en el tiempo: a partir de las observaciones astronómicas, no se ha observado en un largo período de tiempo disminución alguna de la fuerza gravitatoria.

8) Isotropía de la materia: todos los cuerpos presentan las mismas propiedades ante la acción gravitacional.

9) No influencia de la temperatura: el aumento o disminución de la temperatura de un cuerpo no afecta en modo alguno la acción gravitacional.

10) Dualidad de la acción: la gravedad actúa siempre entre dos cuerpos. Incluso en el caso de suponer la presencia de un éter, se desconoce si la existencia de un solo cuerpo afectaría gravitacionalmente a este medio.

Una vez expuestas estas características que hacen referencia a la naturaleza de la atracción y al modo de propagación de la acción de la gravedad, es momento de discutir las teorías mecanicistas que se verán obligadas a tomarlas en cuenta o a presentar buenas razones para discutirlas.

Como ya anunciamos, la primera que abordaremos es la de Le Sage. Puede parecer un tanto controvertido comenzar con una teoría propuesta hacia 1784 para caracterizar las teorías corpusculares de la gravitación del último cuarto del XIX y, sin embargo, la razón principal es que todos aquellos autores que en esta época propusieron una explicación de este tipo, tomaron las ideas de este autor como punto de partida y su contribución consistió, como veremos en el caso de Lord Kelvin, en adaptarla a la física del momento o incluir en ella hipótesis adicionales que en nada alteraban sus fundamentos. De hecho, la discusión del propio Poincaré es directamente con la teoría de Le Sage y no con las modernas versiones de ella, con excepción de la breve crítica con respecto a la propuesta de Lord Kelvin, que examinaremos posteriormente.

De acuerdo con esta teoría, los espacios interestelares se encuentran poblados de sutiles corpúsculos indivisibles. Son una suerte de átomos que se mueven a gran velocidad en todas direcciones y cuya distribución espacial es uniforme[109]. Así, los cuerpos celestes se encuentran como 'flotando' en una suerte de 'fluido gravitacional' y circulan en él a causa de las corrientes de corpúsculos generadas por el movimiento de estos[110]. La materia ordinaria o los 'cuerpos pesados' están formados por átomos geométricos vacíos, como si fueran una especie de cajas o 'jaulas' que solo tienen materia en los

---

[109] Cf. Le Sage (1784), p. 6.
[110] Cf. Aronson (1964), p. 52.

ejes o 'barras'[111]. Las partículas gravitacionales chocan contra estas barras generando así una transferencia de momento que a través de las moléculas pasa a todo el cuerpo. Ante la presencia de dos cuerpos, se produce un efecto mutuo de pantalla, de tal modo que ninguno de los dos recibe los choques de los corpúsculos gravitacionales en todas direcciones, y al recibir impactos en la parte que no está orientada hacia el otro cuerpo, son empujados uno hacia otro, produciéndose así la atracción[112]. Si un cuerpo se encontrase aislado en el espacio, es decir, si no hubiera más que un planeta o una sola estrella, el bombardeo de estas partículas en todas direcciones haría que permaneciese estable en su posición, o sea, no se movería. Este es el modo en que esta teoría expresa la dualidad de la acción gravitacional. Siendo así, la atracción gravitacional entre dos cuerpos debería ser menor ante la mediación de un tercero; por ejemplo, en el caso en que la Tierra se interpusiese entre la Luna y el Sol, la acción solar sobre nuestro satélite se encontraría debilitada. Para evitar este problema, Le Sage supone los corpúsculos como cuerpos geométricos que permean los cuerpos, de tal modo que si estos son atravesados por los corpúsculos, la atracción continúe siendo proporcional a las masas[113].

Ahora bien, el choque de partículas contra un cuerpo es el proceso dinámico más importante de la teoría. Para dar cuenta del modo en que sucede, es preciso considerar las propiedades materiales de los corpúsculos. Si estos son pulidos y elásticos, al chocar contra el cuerpo se produciría un efecto de reflexión y el corpúsculo en cuestión rebotaría en la superficie del cuerpo con la misma velocidad y con un ángulo inverso pero equivalente a aquel con el que entró, de tal modo que no podría haber atracción[114]. Si el cuerpo es pulido pero imperfectamente elástico, el ángulo de reflexión no es el adecuado para explicar la atracción. Si es perfectamente inelástico pero no pulido el cuerpo se pararía al impactar. En consecuencia, Le Sage asume que estas partículas son rígidas pero perfectamente pulidas, de tal modo que no haya una compensación perfecta en el impacto y pueda así explicarse la atracción[115].

El problema que Poincaré ve en esta teoría, y que, dado el estado de la física de su tiempo, Le Sage no podía haber previsto, es que para que el principio de conservación de la energía sea válido, los corpúsculos en el im-

---

[111] Cf. Thomson (1872), pp. 66-67.
[112] Cf. Aronson (1964), p. 53.
[113] Cf. Le Sage (1818), p. 27. Como los átomos de la materia ordinaria son huecos, las partículas gravitatorias que no impactan pueden pasar a través de ellos, dando así lugar a la absorción gravitacional a que referimos al exponer la posición de Seeliger.
[114] Cf. Zenneck (1903), p. 58.
[115] Cf. Poincaré (1908a), p. 209.

pacto han de transmitir una cierta cantidad de calor a los cuerpos celestes. Así, basándose en algunos cómputos de Laplace, llega a la conclusión que la velocidad de los corpúsculos sería de $24 \cdot 10^{17}$ veces la velocidad de la luz[116]. Al tomar en cuenta la resistencia en la superficie de un cuerpo, calcula que la cantidad de calor recibida por nuestro planeta, haría elevarse la temperatura 10^{26} grados por segundo, lo que de hecho, no ocurre[117]. Esta objeción enterró definitivamente la teoría de Le Sage en su forma original. Sin embargo, antes de la objeción térmica de Poincaré, otros científicos de renombre habían propuesto variantes de ella, pues contaba con la enorme ventaja de prescindir de la acción a distancia para la explicación de la fuerza de gravitación. Algunas de las razones del resurgimiento de esta teoría hacia 1870 son expuestas por Aronson del siguiente modo:

«La teoría recobró la atención de los físicos a finales del siglo XIX porque, para entonces, las teorías de la luz, el calor, la electricidad y el magnetismo habían habituado a los teóricos a tratar con constructos (como los varios modelos propuestos de éter) cuya existencia no es separadamente demostrable por los experimentos; y porque el éxito de la teoría cinética de gases, cuando es aplicada a gases reales, proporcionó una analogía con los corpúsculos ultramundanos de Le Sage e hizo a estos últimos más aceptables y plausibles»[118].

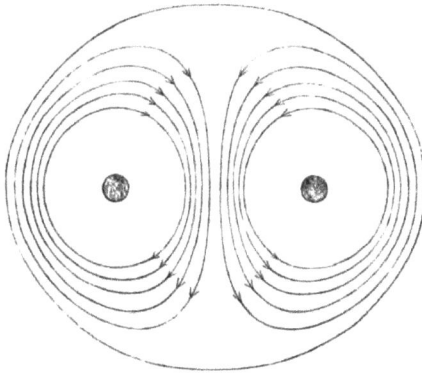

Dibujo de los vórtices de átomos.
Cf. Thomson (1867), p. 99.

En efecto, las nuevas herramientas proporcionadas por el desarrollo de la física matemática en su aplicación a fluidos y gases permitieron la discusión de la hipótesis de Le Sage más allá de la mera especulación. Así, físicos de prestigio como S. T. Preston, P. G. Tait y W. Thomson (Lord Kelvin) se encontraron entre los defensores de esta teoría en el último

---

[116] Cf. Roseveare (1982), p. 112.
[117] Cf. Poincaré (1908b), p. 401.
[118] Aronson (1964), p. 46.

cuarto del XIX[119]. La preferencia de este último por la hipótesis de Le Sage puede explicarse fácilmente por su interés en el desarrollo de modelos y explicaciones mecánicas[120]. De este modo, intentó solventar algunos inconvenientes de la teoría que habían sido destacados por Maxwell, como el hecho de que si los corpúsculos eran inelásticos se produciría una reducción de velocidad en la colisión, causando una disminución gradual de la acción gravitacional[121].Por este motivo decidió remplazar las partículas de Le Sage por vórtices de átomos perfectamente elásticos[122]. Si el corpúsculo es elástico, no hay pérdida de energía cinética puesto que el 'átomo' rebotaría a la misma velocidad con la que impacta. Ahora bien, esto genera un problema adicional: si la velocidad de vuelta es la misma que la de impacto, entonces el efecto de pantalla entre dos cuerpos quedaría suprimido y no se produciría efecto gravitacional al-guno, por tanto, es necesaria una disminución de la velocidad[123]. Para solucionar esta dificultad Thomson admite que hay una pér-dida de energía en el impacto, ra-zón por la cual los corpúsculos son despedidos a una velocidad inferior de aquella con la que chocan. Esta energía no es absorbida por el cuerpo receptor, puesto que provocaría el problema del aumento de temperatura, señalado por Maxwell[124] y posteriormente computado por Poincaré. Dado que Maxwell no establece un cálculo, Lord Kelvin sugiere que, o bien el calor se evapora rápidamente[125], o bien la energía cinética del impacto se transforma en energía de rotación transferida al cuerpo celeste contra el que los corpúsculos impactan o en energía vibrante transferida a los átomos del vórtice en cuestión[126]. Con esta medida, Thomson escapa también a un problema adicional de la hipótesis de Le Sage. Este último se encontró ante la necesidad de postular dos tipos diferentes de materia: la encargada de producir los efectos gravitacionales (corpúsculos ultramundanos) y la que formaba los planetas y demás cuerpos celestes (átomos geométricos). Por el contrario, Lord Kelvin asumió que los únicos átomos que tenían verdadera existencia eran los de éter, a saber, los que generaban los vórtices en cuestión[127]. En definitiva, «lo que llamamos

---

[119] Cf. Preston (1877), p. 206. Tait llegó a afirmar que esta teoría era la única respuesta plausible al problema de la acción gravitacional, cf. Tait (1876), p. 299.

[120] En sus célebres *Baltimore Lectures* afirmó: «I never satisfy myself until I can make a mechanical model of a thing», cf. Thomson (1884), p. 206.

[121] Cf. Maxwell (1875), p. 45.

[122] Cf. Thomson (1872), p. 73.

[123] Cf. Peck (1902), p. 37.

[124] Cf. Maxwell (1875), p. 47.

[125] Cf. Thomson (1872), p. 73.

[126] Cf. Thomson (1872), p. 74.

[127] Cf. Thomson (1867), p. 94.

materia no es más que el lugar en el que el éter está animado por movimientos que forman vórtices»[128].

Con respecto a esta teoría, las consideraciones de Poincaré son muy breves, fundamentalmente debido a que es en cierto modo una extensión de la de Le Sage y la objeción térmica que surgía para aquella se mantiene también para esta, pues tras haber realizado los cálculos, no hay posibilidad de que la energía o calor se evapore. Si bien, además se plantea por qué las vibraciones de los átomos de éter se mantendrían uniformes sin causar desequilibrios de energía, dado que si en el impacto se transmite una cierta energía que se transforma en rotación o vibración, los átomos vibrarían cada vez más rápidamente, produciendo un aumento de energía que acabaría por no dar cuenta de la ley de Newton[129].

Por otro lado, nuestro autor se pregunta si tenemos el derecho de extender las propiedades mecánicas de la materia ordinaria al tipo de fluidos considerado por Lord Kelvin. Tomando en cuenta que la materia 'vulgar' sería solo una 'falsa materia' (puesto que el éter es la 'verdadera') ¿cómo podemos extender las propiedades conocidas para esta a una materia que ni siquiera detectamos? En resumidas cuentas, desde su punto de vista, la postulación de este tipo de entidades oculta *las verdaderas relaciones* que por medio de la experiencia y la matematización son expresadas en la mecánica clásica, complicando dicha teoría de modo innecesario. Así, en la medida en que la simplicidad es un valor epistémico para Poincaré, se ve obligado a rechazar esta hipótesis, no solo porque «disimula las relaciones verdaderas»[130], sino porque confundiría infundadamente la mecánica. La hipótesis de Thomson lleva a un nivel de realidad las hipótesis indiferentes que no resulta permisible para Poincaré, dado que, de acuerdo con sus consideraciones sobre estas, son simplemente artificios o imágenes para ayudar en la resolución de nuestros cálculos y, consecuentemente, no son susceptibles de verificación empírica. En la medida en que son creadas por el científico en su totalidad, no pueden constituir el fundamento de una teoría y, por tanto, no son aplicables a ellas consecuencias observadas en la experiencia. Por consiguiente, no es solo a causa de las dificultades técnicas que la hipótesis de Thomson-Le Sage es rechazada por Poincaré, sino en función de las razones epistémicas con respecto a las cuales resulta ilegítimo postular la naturaleza del éter como verdadera realidad material.

Continuando con el análisis de las teorías mecánicas de la gravitación, Poincaré analiza la teoría de Bjerknes. Se trata de una hipótesis mixta

---

[128] Poincaré (1902a), p. 179.
[129] Cf. Poincaré (1953), p. 261.
[130] Cf. Poincaré (1902a), p. 180.

que intenta dar cuenta mecánicamente de la acción gravitacional a partir de la interacción de partículas y éter. Así, siguiendo una analogía con la hidrodinámica, su idea es la siguiente:

«Dos cuerpos esféricos inmersos en un fluido incompresible y vibrando en la misma fase se atraen entre sí con una fuerza dependiente de la inversa del cuadrado de su distancia»[131].

Para este físico noruego las partículas o átomos son una suerte de 'esferas pulsantes'[132] que emiten vibraciones en determinada fase, las cuales se transmiten a través de un éter fluido, causando los movimientos de los cuerpos celestes. Puesto que los átomos deben vibrar en la misma fase para producir la atracción (en caso contrario se repelen), la objeción a esta teoría es también la falta de explicación de este hecho. Igualmente, para mantener la vibración en la misma fase se requiere trabajo externo de modo continuo, lo cual tampoco es esclarecido[133]. Además, la intensidad de la vibración o 'pulsación' debe ser proporcional a la masa, para causar una onda gravitacional a través del éter y justificar así la proporcionalidad a las masas de la ley de la inversa del cuadrado[134].

Una variante de esta teoría fue la propuesta por Arthur Korn en 1894[135]. En ella, para solventar algunos problemas de la propuesta de Bjerknes, se suponía que el fluido (éter) tenía una baja compresibilidad, de tal modo que la explicación para la identidad de fase en las vibraciones, se debe a que todo el sistema solar está sometido a una presión periódica, la cual genera una frecuencia determinada que es la responsable de la acción gravitacional[136]. En resumen, la concordancia de fase se explica a partir de que el sistema comparte la frecuencia.

El inconveniente que Poincaré encuentra en la hipótesis de Korn se basa en que al conservar la amplitud de vibración, las esferas producirían un trabajo positivo dando lugar a un aumento de la energía cinética del que la teoría no consigue dar cuenta. Si esto no ocurriese y las esferas no conservasen la misma fase, de los cálculos de la teoría sería imposible deducir la ley de Newton[137]. En efecto, la preocupación fundamental de Poincaré respecto a estas hipótesis es la dificultad que encuentran en satisfacer el principio de

---

[131] Roseveare (1982), p. 101.
[132] Cf. Cabrera (1923), p. 165.
[133] Cf. Poincaré (1953), p. 260.
[134] Cf. Zenneck (1903), p. 56.
[135] Cf. Jammer (1961), p. 141 y Whittaker (1910), p. 285.
[136] Cf. Zenneck (1903), p. 57 y Roseveare (1982), p. 105.
[137] Cf. Poincaré (1953), p. 265.

conservación de la energía, el cual, si recordamos, era uno de los enumerados en las listas de los mismos que referimos en el capítulo anterior y, en consecuencia, formaba parte del programa de la 'física de los principios'. El hecho de que estas teorías no fueran capaces de satisfacer esta convención, es una de las razones para el rechazo de las mismas por parte de nuestro autor.

En ausencia de una explicación mecánica satisfactoria para la atracción gravitacional, Poincaré explora la última vía disponible en el momento en el que escribe. Se trata de las teorías electromagnéticas de la gravitación, que completarán el estado de la cuestión en el último cuarto del siglo XIX y primeros años del XX que nos propusimos exponer al inicio del capítulo.

§ 2. 3 Teorías electromagnéticas de la gravitación

Frente a la concepción mecanicista referida en el parágrafo anterior, emergió una nueva posición fundamentada en la teoría electromagnética, con frecuencia conocida como 'visión electromagnética del mundo o de la naturaleza'[138]. Su principal pretensión era la reformulación de toda la física en términos electromagnéticos. Por ejemplo, de acuerdo con algunos representantes, la mecánica debía ser expresada como una teoría de campos[139]. Al igual que el mecanicismo, esta perspectiva supuso un recurso conceptual para obtener estrategias de comprensión de los fenómenos físicos. La unificación de fuerzas eléctricas y magnéticas lograda en la teoría de Maxwell permitía soñar con una unificación de todas las interacciones dinámicas, y como afirma Jammer:

> «La creencia de que todas las fuerzas en la naturaleza eran en último término solo diferentes manifestaciones del mismo poder fundamental inspiró a muchos científicos a buscar tales principios de unificación»[140].

En efecto, la idea de unidad como un principio-guía del modo de hacer ciencia no era exclusiva de Poincaré, sino que varios físicos de la época la compartían. Así, en la medida en que la ley de Coulomb de la fuerza eléctrica y la ley de Newton tenían la misma forma, solo que aplicada a cargas en el primer caso y a masas en el segundo, había una cierta *naturalidad* en

---

[138] Cf. Paty (2010), p. 206.
[139] Cf. Renn (2007b), p. 25.
[140] Jammer (1961), p. 141.

entender la masa como una suerte de 'carga gravitacional'[141]. Numerosos científicos, entre los que destacan Wilhelm Wien, Max Abraham o Hendrik Lorentz se identificaron con este programa y, consecuentemente, dedicaron sus esfuerzos a encontrar una unificación de estas fuerzas más allá de la semejanza matemática de las leyes por las que eran regidas.

Ahora bien, el establecimiento de una analogía electromagnética respecto de la gravitación imponía nuevas condiciones, en especial, el hecho de que la fuerza de atracción era dependiente de la velocidad, lo que sin lugar a dudas implicaba una modificación de la ley de Newton, pues en su formulación original, la gravedad se transmitía instantáneamente. La visión electromagnética aplicada a la gravitación ha de entenderse en dos sentidos[142]. Por un lado, existen teorías que pretenden una 'transferencia' de las leyes fundamentales de la electrodinámica a la gravitación. Estas funcionan básicamente como una pura analogía o metáfora, es decir, no estiman necesario *cambiar* la naturaleza de la fuerza, sino modificar la ley de la inversa del cuadrado de acuerdo con dichas leyes. En este sentido cualquier teoría electromagnética y no exclusivamente la de Maxwell podía servir. Tal es el caso de la aplicación de la ley de Weber, en la cual las interacciones entre partículas son concebidas en términos de fuerzas de acción a distancia. Por el otro lado, la segunda variante de las teorías electromagnéticas y verdadera representante de esta visión de mundo era aquella que pretendía una auténtica reducción de las fuerzas gravitatorias a acciones electromagnéticas. Este tipo de concepciones serán las proponentes de una teoría de campo gravitacional, puesto que si se comprende la masa como una carga, esta origina una perturbación en el medio circundante (éter), resultando en un campo transmitido a través del mismo y que actuaría sobre otra masa o carga[143]. Ni que decir tiene que este tipo de teorías contaba con problemas adicionales, tales como la posibilidad de ondas gravitacionales, cuya existencia era, cuando menos, incierta[144]. Además, puesto que en el electromagnetismo existían dos tipos de cargas (positiva y negativa), cabía plantearse cuál era el tipo de ellas que generaba un campo gravitacional. De hecho, si se llevaba al límite la reducción de la gravedad a la fuerza electromagnética, cabía incluso la posibilidad de que se generase energía negativa, al concebir la inducción gravitacional en analogía con la inducción electromagnética. Pese a todas estas dificultades, como veremos, Lorentz propuso comprender la gravitación en

---

[141] Cf. Renn (2007a), p. 42.
[142] La distinción entre 'transferencia' y 'reducción' con respecto a las teorías electromagnéticas de la gravitación está tomada de Zenneck (1903).
[143] Cf. Renn (2007a), p. 42.
[144] El propio Laplace ya había considerado la posibilidad de que existiesen ondas gravitacionales. Cf. Roseveare (1982), p. 124.

términos de una fuerza residual resultante del electromagnetismo[145]. De este modo, exploraremos las dos variantes de las teorías electromagnéticas de la gravitación, siendo la primera de ellas la derivada de la ley de Weber para la electrodinámica y la segunda la teoría de Lorentz, pues estas son precisamente las discutidas por Poincaré. Comenzando por la primera de ellas nos serviremos de la aplicación que hizo Tisserand de la misma.

La ley de Weber estaba formulada con el objetivo de recoger la ley de Coulomb para la electrostática y la de Ampère para la electrodinámica. Teniendo en mente la analogía formal que mencionamos entre la primera de ellas y la de Newton, Tisserand en 1872 se propuso aplicar la ley de Weber a la astronomía, suponiendo que la fuerza de gravitación funcionaba del mismo modo[146]. Dicha ley concebía la fuerza electromagnética como una acción a distancia entre partículas positivas y negativas cargadas en movimiento en distintas direcciones. Si las partículas tenían el mismo signo y se movían en la misma dirección, se atraían; en caso contrario, se repelían[147]. La interacción entre las partículas tenía una velocidad finita, siendo esta la velocidad de la luz. La ley de Weber tiene la siguiente forma[148]:

$$F = f\,\frac{mm'}{r^2}(1 - \varepsilon r'^2 + 2\varepsilon r r'')$$

Donde F es la fuerza de atracción, f es la constante de gravitación, m y m' son las masas consideradas (o cargas), r es la distancia, r' y r'' son derivadas de la distancia con respecto al tiempo y $\varepsilon = \dfrac{1}{v^2}$, siendo v la velocidad de la luz.

Cuando Tisserand propone el uso de esta como ley de atracción para el cómputo de los movimientos planetarios, su primera preocupación es ver si da cuenta de las observaciones y si puede explicar las anomalías mejor que la ley de Newton. Así, la aplica al cálculo del perihelio de Mercurio y encuentra que predice un avance de 13,65 segundos de arco por siglo[149]. Obviamente esta explicación no fue considerada lo suficientemente exitosa como para sugerir una modificación de la ley de Newton, aunque Poincaré afirma que al cambiar ligeramente la hipótesis de Tisserand se podrían en-

[145] Cf. Renn y Schemmel (2007), p. 9.
[146] Cf. Tisserand (1872), pp. 760-763.
[147] Cf. Roseveare (1982), p. 115.
[148] Esta es la forma de la ley de Weber proporcionada en Poincaré (1953), p. 201.
[149] Cf. Tisserand (1872), p. 763.

contrar los 38 segundos requeridos[150]. Aunque no explica cómo habría de realizarse una tal modificación, es de suponer que la propuesta más lógica sería combinar esta ley con alguna de las hipótesis materiales que se contemplaban en la época de tal modo que se dé cuenta del avance completo del perihelio. En la medida en que Tisserand rechazó la posibilidad de un planeta intramercurial (Vulcano)[151], la hipótesis restante era la de una cierta cantidad de materia orbitando entre Mercurio y el Sol, lo cual, como expusimos en el primer epígrafe, está sujeto a una serie de problemas referidos tanto por Newcomb como por el propio Poincaré.

Pese a las numerosas tentativas de aplicar leyes similares a la de Weber para la atracción gravitatoria, ninguna de ellas pudo dar cuenta satisfactoriamente del avance del perihelio de Mercurio y la opinión generalizada en la época con respecto a estas fue que, si no podían mejorar los cálculos newtonianos, no había una buena razón para elegirlas frente a la ley clásica de la inversa del cuadrado[152]. Además, todas ellas contaban con la dificultad añadida de no producir una explicación *causal* de la gravitación, pues pese a proporcionar una analogía con la electrodinámica, la cuestión de la naturaleza de la atracción quedaba aún por resolver, asunto en el que se verán superadas por las teorías de campo de las que hablaremos a continuación.

Las teorías que pretendían la reducción de todos los fenómenos a interacciones electromagnéticas se asentaban sobre la idea de que la realidad física estaba compuesta por una dualidad fundamental: partículas eléctricas y éter y, consecuentemente, las leyes de la naturaleza eran propiedades del éter y, por tanto podían ser definidas a partir de las ecuaciones de campo[153]. Fue el físico holandés Hendrik Lorentz quien realizó una síntesis fundamental de las teorías existentes hasta el momento, rechazando la idea de atracción a distancia como un componente negativo de las teorías continentales (fundamentalmente alemanas), pese a que eran correctas en su comprensión de la electricidad en términos de partículas. Consecuentemente, precisaban de una revisión para incorporar el concepto de campo[154]. Este concepto había

---

[150] Cf. Poincaré (1953), p. 203. Pese a los conocidos cálculos de Newcomb, Poincaré proporciona aquí la cifra de 38" en lugar de la correcta, que serían 43".

[151] Cf. Tisserand (1872), p. 771.

[152] Cf. Zenneck (1903), p. 47. Sin embargo, existió una teoría capaz de dar cuenta del avance completo del perihelio, aunque no reclamaba la unificación con la electrodinámica. Se trata de la propuesta de Paul Gerber entre 1898 y 1902. Cf. Roseveare (1982), p. 137-144 y Zenneck (1903), pp. 49-51. Puesto que no es propiamente una 'teoría electromagnética de la gravitación' y que Poincaré no la menciona, probablemente porque no la conocía, no nos ocuparemos de ella.

[153] Cf. McCormmach (1970), p. 459.

[154] Cf. McCormmach (1970), p. 462.

entrado en la física con la teoría hidrodinámica de Euler[155] y, por tanto, se trataba ya de una idea antigua. Su significado es el siguiente:

> «Un campo en física matemática es generalmente tomado como siendo una región del espacio en la cual cada punto es caracterizado por alguna cantidad o cantidades que son funciones del espacio de coordenadas y del tiempo, la naturaleza de las cantidades depende de la teoría física de que se trate. Las propiedades del campo son descritas por ecuaciones diferenciales parciales en las que esas cantidades son variables dependientes y las coordenadas del espacio y el tiempo son variables independientes»[156].

En el electromagnetismo fue incorporada a partir de una analogía entre la teoría del calor y la electrostática[157] y su función principal había sido eliminar la concepción de las fuerzas eléctricas y magnéticas como acciones a distancia. En efecto, Maxwell, en su correspondencia con William Thomson, se mostraba insatisfecho con el modo habitualmente utilizado para dar cuenta de las interacciones eléctricas y magnéticas y prefería el enfoque de las 'líneas de fuerza' de Faraday, el cual era también utilizado por el propio Thomson[158]. Este último había reparado en que:

> «Las fuerzas electrostáticas, que eran normalmente pensadas como fuerzas a distancia, eran de hecho matemáticamente análogas al efecto de la conducción del calor que era usualmente considerada como un resultado del calor difundido localmente de una parte del espacio (o del campo de temperatura) a las partes contiguas del espacio (o del campo)»[159].

Así, en la medida en que el calor no se consideraba como un fenómeno que implicase acción a distancia, sino más bien como un fluido difundido en el espacio, ¿por qué no pensar lo mismo con respecto a las interacciones eléctricas y magnéticas? O sea, ¿por qué no proporcionar una descripción matemática de las líneas de fuerza de Faraday en términos de propiedades de un campo descritas por ecuaciones diferenciales? En efecto, esto fue precisamente lo que hizo Maxwell en su teoría del campo electro-

---

[155] Cf. Hesse (1961), p. 192.
[156] Hesse (1961), p. 192.
[157] Cf. Príncipe (2010), pp. 55-56.
[158] Carta de Maxwell a Thomson de 13 de noviembre de 1854, citada en Larmor (1937), p. 8.
[159] Lützen (2005), pp. 42-43.

magnético presentada primero en su escrito *A dynamical theory of the electromagnetic field* y posteriormente en *A Treatise on electricity and magnetism.*

Ahora bien, lo que aquí nos preocupa es el paso del campo electromagnético al campo gravitatorio, pues considerar la electricidad como un fluido no es equivalente a pensar de este modo la fuerza de gravedad. De hecho, en general estos dos campos difícilmente pueden ser considerados análogos, pues a pesar del estatuto dudoso que el éter electromagnético pudiese tener, algunas de sus propiedades podían ser descritas y coincidían con las de fluidos como líquidos y gases. Así, por ejemplo, las acciones electromagnéticas empleaban un tiempo en propagarse e incluso existían numerosos modelos mecánicos que facilitaban la comprensión de dichas interacciones. Sin embargo, aparentemente, no ocurría lo mismo con la gravitación, cuya acción no parecía ni dependiente del tiempo ni de la velocidad[160]. En consecuencia, cuando Maxwell en 1865 se planteó la consideración de un 'campo de gravitación'[161], puesto que las líneas de la gravedad tenían la misma forma que las líneas de fuerza magnéticas, puso de manifiesto que dicho campo debía de estar dotado de una gran cantidad de energía intrínseca, la cual disminuiría en presencia de cuerpos masivos para producir la atracción y concluyó:

«Como soy incapaz de comprender en qué modo un medio pueda poseer tales propiedades, no puedo ir más lejos en esta dirección en la búsqueda de la causa de la gravitación»[162].

Por supuesto, Maxwell había señalado también el problema de que en la gravitación solo había un tipo de cuerpos, es decir, que no existían masas negativas. Sin embargo, la analogía estaba planteada y la noción de potencial gravitatorio ayudó a consolidarla. Esta idea expresa la fuerza de atracción que actuaría sobre un punto-masa en una localización espacial, partiendo de una distribución de masa determinada. En principio, se trata de una invención matemática de Lagrange para facilitar los cálculos derivados de la ley de la inversa del cuadrado[163]. Pero, si se comprende como una función del campo, entonces, de nuevo por analogía con lo que sucede en el caso del potencial electromagnético, se puede entender como una propiedad de aquel. Sin embargo, para que la afinidad con el campo electromagnético sea completa, hay que considerar el campo gravitatorio como un medio en

---

[160] Cf. Hesse (1961), p. 197.
[161] 'A field of gravitation', cf. Maxwell (1865), p. 493.
[162] Maxwell (1865), p. 493.
[163] Cf. Singh (1961), p. 246.

el que la 'energía' o fuerza gravitacional transmitida por él tenga una velocidad de propagación finita. Determinar las características de este medio, al igual que las del éter electromagnético, será uno de los problemas con los que se depare la teoría de Lorentz.

Lorentz elabora su posición con respecto a la fuerza de gravitación a partir de su teoría del electrón, según la cual la materia está compuesta de átomos que consisten en núcleos y electrones, siendo estos partículas cargadas eléctricamente[164]. Los electrones, a los que denomina 'iones' generan una vibración en el medio circundante o éter, el cual se encuentra en estado estacionario[165]. Así, es este medio el responsable por la transmisión de la energía electromagnética. En este sentido, Lorentz trató de reconciliar el enfoque atomista de teorías continentales con la idea de propagación finita en un medio derivada de la de Maxwell[166]. En 1900, el físico holandés plantea la posibilidad de que este mismo éter sea la causa de la atracción gravitacional, generada mediante perturbaciones electromagnéticas en él[167]. En definitiva, propone que estos dos tipos de fuerza tengan un origen común, siendo este electromagnético. Esta idea se inspiraba en la teoría de Mossotti-Zöllner[168], de acuerdo con la cual la fuerza de atracción era un efecto residual encontrado al suponer que la interacción entre partículas que se atraen (de diferente signo) era superior a la de aquellas que se repelen (del mismo signo). Lorentz mantuvo esta presuposición e intentó conciliarla con la existencia del éter[169], puesto que la teoría de Mossotti-Zöllner se encontraba entre aquellas que postulaban la atracción a distancia. Así, supuso que estas fuerzas causaban ciertos estados en el éter, los cuales eran responsables de la atracción gravitacional entre los diferentes cuerpos.

En la teoría de Lorentz, las perturbaciones en el campo electromagnético (éter) eran descritas por las ecuaciones de campo de Maxwell. De acuerdo con estas, la energía viaja con una velocidad finita, que no es otra que la velocidad de la luz. Si esto se aplica a la fuerza gravitatoria, entonces se ha de suponer que esta no se propaga instantáneamente, sino precisamente con la misma velocidad que las perturbaciones en el campo, puesto que no es más que una energía residual de las interacciones electromagnéticas. Pese a lo atractivo y aparentemente simple de esta analogía que reducía la

---

[164] Cf. Lorentz (1895), p. 3.

[165] Cf. Lorentz (1895), p. 1.

[166] Cf. McCormmach (1970), pp. 462-463.

[167] Cf. Lorentz (1900), p. 559.

[168] Mossotti la había propuesto hacia 1836 y fue retomada por Zöllner, que al ser discípulo de Weber, utilizó la ley de este del mismo modo que haría después Tisserand. Cf. Zenneck (1903), pp. 66-67 y Roseveare (1982), p. 122

[169] Cf. Lorentz (1900), p. 566.

dualidad de las fuerzas conocidas en el momento a una sola, faltaba aplicar esta modificación al cálculo astronómico, para determinar si podía ser más exitosa que la de Newton. Por este motivo, Lorentz decidió utilizarla para el cómputo de las perturbaciones seculares y, por supuesto, al problema del perihelio de Mercurio, cuyo cálculo en principio dio como resultado un avance de 1,4". Posteriormente, Poincaré recalculó esta cantidad sirviéndose ya de las transformaciones de Lorentz y encontró que la teoría de Lorentz predecía un avance de 7"[170]. Dada la insuficiencia de este resultado, Lorentz afirmó:

> «Por tanto, concluimos que nuestra modificación de la ley de New-ton no puede dar cuenta de la desigualdad observada en la longitud del perihelio [...] pero que, si no pretendemos explicar esta des-igualdad mediante una alteración de la ley de atracción, no hay nada en contra de la fórmula propuesta»[171].

En efecto, reconocía su fracaso en la aplicabilidad de su teoría al avance del perihelio, pero este hecho no le perturbaba en demasía, porque su verdadera preocupación era «mostrar que la gravitación puede ser atri-buida a acciones que se propagan con una velocidad no superior a la de la luz»[172], y consideraba que este aspecto estaba de sobra probado en su teoría. Además, probablemente conocía las hipótesis materiales propuestas para dar cuenta de esta anomalía, por lo que, aunque explicarla teóricamente habría sido sin duda un mérito añadido, no hacerlo tampoco representaba una ob-jeción.

La teoría de Lorentz suponía grandes modificaciones en la concep-ción de la gravitación. No solo se trataba de la dependencia de la velocidad, tomando la de la luz como un límite para todas las interacciones, sino que este hecho era completamente ajeno a la mecánica clásica, para la que no existía un límite de velocidad. Además, que el éter fuera el soporte físico de las interacciones gravitacionales suponía que, de algún modo, debía existir una onda responsable de las mismas. Junto con esta idea, la teoría traía otros problemas a la mecánica clásica, como la posible violación de los principios de relatividad y de acción y reacción, que expusimos en el capítulo anterior. Por otro lado, implicaba quizá una nueva concepción de la masa, pues si la inercia era de origen electromagnético, ¿qué ocurría con la masa mecánica? En la mecánica clásica la masa inercial y la gravitacional se identificaban de

---

[170] Cf. Poincaré (1953), p. 245.
[171] Lorentz (1900), p. 572.
[172] Lorentz (1900), p. 572.

hecho pero se distinguían conceptualmente[173], ¿podía acaso la teoría de Lorentz proporcionar una explicación conceptual de esta identificación? Y si
así era, entonces, ya no era una constante, pues dependería de la velocidad y
requeriría una nueva definición que no fuera en términos de una magnitud
escalar[174].

La teoría de Lorentz resulta fundamental para el desarrollo de nuestro trabajo por dos razones. Por un lado, fue la teoría electromagnética dominante hasta la primera década del siglo XX y una de las pocas que intentó
una aproximación de campo al problema de la gravitación antes de 1905,
con lo que completa el estado de la cuestión que nos propusimos realizar.
Sin embargo, hay que destacar que pese a su éxito en el área de los fenómenos electromagnéticos, su enfoque con respecto a la gravitación fue extremadamente marginal y pocos físicos lo siguieron[175]. Esto puede deberse tanto al fracaso en superar a la ley de Newton en su aplicación a la astronomía
como al hecho de que los cálculos astronómicos no eran de la competencia
de los físicos, y los astrónomos se inclinaron por explicaciones producidas
en su área de conocimiento, como la de la luz zodiacal de Seeliger. Por el
otro lado, la relevancia de la teoría de Lorentz en nuestra exposición se debe
a que es la base de la concepción electromagnética de Poincaré y de lo que él
denomina la *Nouvelle Mécanique*, y se servirá de ella para proponer una modificación a la ley de Newton que expondremos a continuación. De hecho,
veremos que Poincaré no consideró que se tratase de una nueva teoría, sino
que la suya con la de Lorentz era una, de tal modo que a menudo resulta
difícil distinguir la posición del científico holandés de la del francés. No obstante, cuando abordemos la 'nueva mecánica' mostraremos que la concepción filosófica de nuestro autor no coincide plenamente con la de Lorentz.
En el próximo capítulo exploraremos en detalle la posición de Poincaré con
respecto a la gravitación y, lo que es más importante, cuál es su estatuto con
respecto al enfoque convencionalista que hemos definido hasta el momento.

---

[173] Cf. Jammer (1961), p. 6.
[174] Esta idea pareció confirmarse con los experimentos de Kaufmann, quien pretendía medir
en un tubo de rayos catódicos la relación entre la carga y la masa de las partículas. Cf. Kaufmann (1901) y (1903). Posteriormente, Planck demostró que los experimentos de Kaufmann
no eran decisivos, cf. Planck (1906), pp. 759-761.
[175] Cf. Roseveare (1982), pp. 129-132.

Capítulo 8: EPISTEMOLOGÍA Y GRAVITACIÓN

En el capítulo anterior expusimos el estado de la cuestión de la gravitación en el último cuarto del siglo XIX y primeros años del XX, mostrando los motivos existentes tanto empíricos como teóricos para replantearse la validez y alcance de la ley de la inversa del cuadrado. Con respecto al objetivo de nuestro trabajo, cabe ahora preguntar ¿cuál es la posición de Poincaré sobre este asunto? A la luz de estos problemas, ¿qué estatuto concede a la ley newtoniana de gravitación? ¿Es una ley empírica o un principio convencional? ¿Cómo se ve afectada desde su punto de vista por las anomalías observacionales, por los nuevos descubrimientos científicos como el electromagnetismo y por posiciones teóricas como la indicada en la teoría de Lorentz? En este sentido, y en consonancia con el trabajo realizado en los dos capítulos anteriores será preciso desvelar qué componentes intervienen en su formación, cuáles son los elementos empíricos y convencionales que la constituyen, si es que los hay, y si debe o no modificarse de acuerdo con las nuevas posiciones teóricas y los recientes datos observacionales. Se trata, en definitiva, de esclarecer cuál es el lugar de la gravitación en el esquema epistemológico que hemos trazado, a fin de constatar si encaja con alguno de los elementos caracterizados en el proceso de composición de las teorías científicas. En todo caso ha de tenerse en cuenta que, según se dijo con anterioridad, Poincaré no incluye la ley de Newton en ninguna de sus listas de principios fundamentales de la mecánica y la física. Por tanto, de conformidad con la posición epistémica expuesta, intentaremos pronunciarnos sobre el estatuto de la gravitación a la luz de los datos analizados y de las concepciones consideradas. Así, trataremos de ponderar si hay o no alguna relación entre su posición acerca de esta fuerza y la ley por la cual se rige, y su enfoque filosófico referente a la ciencia física.

Con este fin en mente, comenzaremos por examinar en el primer epígrafe los elementos que intervienen en la formulación de la ley de la inversa del cuadrado con respecto a la mecánica clásica desde la perspectiva convencionalista y realizaremos así el mismo tipo de análisis conceptual que llevamos a cabo para diversos principios de la mecánica en el capítulo seis, lo cual nos permitirá dirimir su estatuto. Así, en este epígrafe se cuestionará la relación que la ley de Newton establece entre su enunciado matemático y su contenido empírico. Por otro lado, al desvelar sus constituyentes mediante el análisis conceptual tendremos que desplegar de nuevo nuestra tesis filosófica acerca de la polisemia de la convención, lo que nos guiará para pronunciarnos sobre una cuestión que el propio Poincaré no esclarece: a saber, cuál es el lugar de la gravitación universal en el marco de las diferentes categorías epistemológicas que retrata y qué tipo de fuerza se identifica con esta entidad.

Tras haber clarificado su estatuto en el contexto de la mecánica clásica tomaremos en cuenta algunos de los problemas teóricos y observacionales expuestos en el capítulo anterior. En concreto, en el segundo epígrafe, se trata de examinar cómo afectan las cuestiones relativas a la electrodinámica a la ley de Newton, dado que, según se pondrá de manifiesto, Poincaré desarrolla su posición a partir de la teoría de Lorentz, proponiendo lo que denomina *Nueva mecánica*. En el curso de esta exposición, habrá que dirimir si dicha ley conserva el mismo estatuto que en mecánica o si por el contrario, este debe ser modificado en el cambio disciplinar de mecánica a física. Además, será preciso considerar la posible intervención de otras fuerzas, diferentes de la gravedad, para la determinación de las órbitas planetarias y si dicha intervención tiene o no repercusiones relevantes en la concepción teórica de nuestro autor, tal y como tenía para Lorentz. Por otro lado, en este punto convendrá repensar algunos de los conceptos establecidos para la mecánica, como es el caso de la masa y también algunos principios, como el de relatividad o el de acción y reacción. Todo ello nos permitirá poner de manifiesto cómo una nueva teoría puede cuestionar el esquema conceptual de la mecánica clásica e, igualmente, cómo afecta ese cuestionamiento al convencionalismo físico según lo hemos expuesto.

Por último, estudiaremos la posición de Poincaré respecto de los límites de la ley de Newton, tratando de sopesar si es o no coherente con las soluciones planteadas respecto de la mecánica clásica y de la nueva mecánica, así como la relación que guarda con su perspectiva filosófica convencionalista.

§ 1 La gravitación en la mecánica clásica

En este apartado esclareceremos el estatuto de la ley de gravitación de acuerdo con los elementos de la filosofía natural de Poincaré. En resumidas cuentas, la cuestión que nos ocupa es decidir si se trata de una ley propiamente dicha o si ha sido elevada al nivel de principio mediante un proceso de decisión semejante al utilizado en los restantes principios de la mecánica. En el primer caso, se corresponderá con una afirmación verificable, que expresará en lenguaje matemático una relación entre hechos del mundo. Sin embargo, de acuerdo con el estatuto de las leyes al que nos referimos en el segundo capítulo, no será más que aproximativa y aquello que enuncia será considerado provisional, en la medida en que el conocimiento proporcionado por las leyes es siempre revisable en función de su carácter inductivo y de la validez limitada de los marcos interpretativos en los que son aplicadas. Por el contrario, si es considerada como un principio, esto significará que ya no será una proposición empíricamente revisable, pues mediante la resolución del investigador de elevarla al nivel de convención le habrá sido sustraída toda posibilidad de verificación experimental.

En el caso concreto de la gravitación, lo que está en juego en lo relativo a su estatuto epistemológico de ley o principio es su dominio de aplicación. Si el científico ha determinado que tiene un grado máximo de generalidad y, en consecuencia, no debe ser puesta en cuestión por ningún motivo empírico, entonces aquello que expresa tendrá un nivel universal de validez. En cambio, si mediante nuestro análisis revelamos que permanece exclusivamente en el nivel de ley empírica, tendrá un alcance limitado y podrá ponerse en duda a la luz de nuevos experimentos. En resumidas cuentas, si la gravitación es uno de los principios de la mecánica, comparte las mismas características que tenían el de inercia o el del movimiento relativo, a saber, ser sugerida por la experiencia pero no verificable por ella, debido a la decisión del científico de utilizarla *como si* fuera invariablemente verdadera.

A fin de decidir esta cuestión comenzaremos analizando los componentes que llevaron al establecimiento de la ley de la inversa del cuadrado en el ámbito de la mecánica newtoniana, pero siempre de acuerdo con los elementos fundamentales de las teorías científicas desde la perspectiva de Poincaré: los hechos, las hipótesis, las leyes y los principios. En este sentido, partiremos de la consideración de la misma como ley, puesto que, en todo caso, los principios siempre se originan en leyes empíricas.

La ley universal de gravitación fue formulada para dar cuenta de los movimientos de los cuerpos celestes. Al aplicar la 'gravedad' o 'gravitación', la cual era comprendida como una fuerza de caída en la Tierra, al ámbito planetario, Newton unificó la física terrestre y celeste estableciendo que la misma fuerza era responsable de todos los movimientos. Así, en la Proposición VII del Libro III de los *Principia* afirmó:

«Que todos los planetas gravitan unos hacia otros, lo hemos probado antes; así como que la fuerza de gravedad hacia cada uno de ellos, considerados separadamente, es inversamente proporcional al cuadrado de la distancia de los lugares desde el centro del planeta. Y de ahí se sigue, que la gravedad que tiende hacia los planetas es proporcional a la materia que contienen»[1].

Este es el modo en que Newton establece que la fuerza de gravedad entre dos cuerpos es directamente proporcional a sus masas e inversamente proporcional al cuadrado de la distancia que las separa. Poincaré lo expone así:

«La ley de gravitación nos enseña que la atracción de dos cuerpos es proporcional a sus masas; si r es su distancia, m y m' sus masas, k una constante, su atracción será

$$\frac{kmm'}{r^2}$$ »[2].

Ahora bien, para llegar a la formulación de esta ley y de la ecuación que la describe debemos considerar los elementos que intervienen en su constitución, asumiendo como punto de partida que, en cuanto tal, tiene que ser sugerida por algunas experiencias que nos lleven a establecer la relación que expresa entre sus elementos. Podríamos considerar que la experiencia más primitiva de todas es la observación del movimiento de los astros. En el capítulo seis mencionamos que, para Poincaré, la astronomía era la ciencia que en primer lugar nos había enseñado la existencia de leyes[3], al mostrarnos la regularidad de los tránsitos de los cuerpos celestes. Sin embargo, esta primitiva noción de movimiento no nos lleva por sí sola a considerar que se debe a la acción de una fuerza, puesto que durante siglos estos cuerpos estuvieron dotados de un movimiento circular que se comprendía como siendo 'natural'. Para afirmar que los planetas se mueven por efecto de una fuerza que se ejerce sobre ellos tenemos que establecer primeramente que su movimiento no es natural y que se desvían del estado en el que se encontrarían si tal fuerza no estuviera presente. Es aquí donde entran en juego la primera y la segunda leyes newtonianas o, para nuestro autor, el principio de inercia y la ley (también principio) de la fuerza.

El primero de ellos decretaba convencionalmente que un cuerpo no sometido a fuerzas permanecería en su estado de reposo o de movimiento uniforme y rectilíneo. En el sexto capítulo señalamos que para estipular este tipo de movimiento como 'libre de fuerzas', necesitábamos asumir los mar-

---

[1] Newton (1687), p. 414.
[2] Poincaré (1897), p. 735.
[3] Cf. Poincaré (1905a), p. 117.

cos convencionales en los que este principio debía ser válido, que no eran otros que el espacio euclídeo y el tiempo que fluye de forma constante. Estos marcos no tenían un carácter arbitrario porque su elección nos es sugerida en nuestro proceso de adaptación al medio en que vivimos. Así, las propiedades de los sólidos euclídeos se asemejan a las de los sólidos naturales y a partir de ciertas estipulaciones constituimos nuestra geometría euclídea como una ciencia exacta que resolvemos imponer a la naturaleza, decidiendo que el espacio en el que nuestras teorías físicas se desarrollan es análogo a este espacio euclídeo que describe nuestra ciencia. Igualmente, disponemos la constancia del tiempo al determinar un procedimiento para su medida que consiste en espacializarlo, declarando la posibilidad de establecer la igualdad de dos intervalos temporales. No obstante, el espacio y el tiempo en cuanto marcos aplicados a la naturaleza no resultaban suficientes para la formulación del principio de inercia, sino que precisamos además de la noción de 'cuerpo libre', la cual nos era dada a partir de la hipótesis natural de que los cuerpos muy lejanos tienen una influencia despreciable.

Una vez establecido el movimiento inercial, podemos comprobar empíricamente que este no corresponde a las trayectorias de planetas y satélites. Dado que la experiencia cotidiana nos lleva a afirmar que los cuerpos no pueden moverse por sí mismos, suponemos que alguna acción se ejerce sobre ellos. En definitiva, la idea de fuerza como causa que produce una alteración en el estado de un cuerpo procede de la noción intuitiva del esfuerzo ejercido para desplazar un objeto. Por consiguiente, existe un 'esfuerzo' o, más bien, una fuerza que actúa sobre los cuerpos celestes desviándolos del movimiento de referencia estipulado por la primera ley.

La fuerza que opera sobre un cuerpo es denominada por Newton 'fuerza impresa'[4]. De acuerdo con la Definición IV, esta puede ser por choque, por presión o por fuerza centrípeta. Esta última se define así:

«Una fuerza centrípeta es aquella por la que los cuerpos son atraídos o impulsados, o tienden de algún modo, hacia un punto como un centro»[5].

Justo a continuación añade:

«De esta clase es la gravedad, por la cual los cuerpos tienden hacia el centro de la tierra; el magnetismo, por el cual el hierro tiende hacia el imán; y esa fuerza, sea cual sea, por la que los planetas son conti-

---

[4] Cf. Newton (1687), p. 2.
[5] Newton (1687), p. 2.

nuamente atraídos a apartarse de los movimientos rectilíneos, que de otro modo seguirían, y les hace girar en órbitas curvilíneas»[6].

Es así como establece que el tipo de acción ejercida sobre los cuerpos celestes es una fuerza centrípeta. Con el objetivo de mostrar que es precisamente dicha fuerza la que aparta a un objeto de su movimiento privilegiado, Newton utiliza la segunda ley de Kepler, según la cual el radio vector de un planeta barre áreas iguales en tiempos iguales[7] o, dicho de otra forma, la velocidad areolar es uniforme. En este punto, es preciso señalar que Poincaré considera las leyes de Kepler como propiamente empíricas, es decir, nunca han adquirido el estatuto de principios. Así, con respecto a la primera de ellas afirma:

«Kepler observa que las posiciones de un planeta se encuentran todas sobre una misma elipse»[8].

O sea, es a partir de la *observación* de posiciones planetarias como, según nuestro autor, Kepler determina que la órbita que un planeta describe en torno del Sol es una elipse. Por consiguiente, dichas leyes son generalizaciones empíricas puramente inductivas constituidas a partir de la recogida de datos observacionales. E igualmente ocurre con la segunda y la tercera, las cuales, de acuerdo con Dugas, son el resultado de los intentos de establecer una relación entre los tiempos que emplean los planetas en circular alrededor del sol (sus tiempos orbitales) y las dimensiones de las órbitas[9]. En resumen, para Poincaré, Newton se habría servido de leyes empíricas[10] para demostrar que la fuerza centrípeta es responsable de que el movimiento planetario sea curvilíneo. Consiguientemente, su propósito en la Proposición XI del libro I es encontrar la medida de la desviación de dicho movimiento, la cual no es otra que la inversa del cuadrado de la distancia[11].

Ahora bien, de acuerdo con el principio de acción y reacción, las acciones entre cuerpos ocurren siempre por pares, lo cual significa que si un cuerpo central actúa sobre otro desviándolo de su trayectoria, este último actuará igualmente sobre aquel. Poincaré definía este principio utilizando la ley de conservación del momento lineal al afirmar que el centro de gravedad

---

[6] Newton (1687), p. 2.
[7] Cf. Dugas (1950), p. 109.
[8] Poincaré (1902a), p. 164.
[9] Cf. Dugas (1950), p. 113.
[10] Hesse (1961), p. 144, defiende que Newton asumió la segunda y la tercera ley de Kepler como fenómenos, aunque no la primera.
[11] Cf. Newton (1687), p. 57.

de un sistema libre solo podía tener un movimiento rectilíneo y uniforme, puesto que la resultante de todas las fuerzas que actúan en el sistema se encontraba equilibrada al ser precisamente un sistema 'aislado', a saber, no sometido a acciones externas. Obviamente, este principio requiere tanto de la hipótesis natural que posibilita la noción de cuerpo o sistema libre y del principio de inercia que define el movimiento de dicho sistema, como de las asunciones previas ya señaladas para la formulación de este último (espacio y tiempo). Igualmente, es precisa la definición de la fuerza de acuerdo con la segunda ley, que permita establecer la noción de centro de gravedad. Pero además, en la explicitación de las precondiciones que contribuyen a la formación de este principio descubríamos que aparecía una nueva convención. Se trataba de la masa, la cual se definía a partir de un patrón de medida o hipótesis indiferente, semejante al procedimiento utilizado para estipular la medición del tiempo. Por último, no podemos olvidar la base experimental por la que este principio nos viene sugerido, que es la mera observación de la acción de un cuerpo sobre otro como en el caso de un choque. Asimismo, en la reformulación hecha por Poincaré, el principio en cuestión conserva el vínculo con la experiencia no solo a partir de dicha base empírica, sino en todo momento siempre que tratemos de verificarlo para aquellos sistemas considerados como aproximadamente aislados.

La entrada en juego de este principio nos va a mostrar, en efecto, la reciprocidad de las acciones en las fuerzas centrípetas. De hecho, es la herramienta de la que se sirve Newton para considerar estas como atracciones:

«Hasta aquí he tratado las atracciones de los cuerpos hacia un centro inmóvil; aunque probablemente no existe tal cosa en la naturaleza. Puesto que las atracciones se dan hacia los cuerpos y las acciones de los cuerpos atraídos y atrayentes son siempre recíprocas e iguales, por la tercera ley; así, si hay dos cuerpos, ni el atraído ni el atrayente están verdaderamente en reposo, siendo los dos mutuamente atraídos, giran en torno a un centro de gravedad común. Y si hay más cuerpos que son atraídos por uno, que es atraído a su vez por ellos, o que todos se atraen mutuamente, estos cuerpos se moverán entre ellos de tal modo que su centro de gravedad o bien estará en reposo, o bien se moverá uniformemente siguiendo una línea recta. Por tanto, a partir de ahora paso a tratar el movimiento de los cuerpos que se atraen entre sí; considerando las fuerzas centrípetas como atracciones»[12].

---

[12] Newton (1687), p. 164.

En definitiva, gracias al principio de acción y reacción establece que la fuerza centrípeta entre dos cuerpos es mutua y puede así denominarla como atracción. Posteriormente, Newton establecerá que dicha atracción es la misma que hace caer a los cuerpos en la superficie de la Tierra al estipular que la Luna *gravita* hacia ella[13], que los satélites lo hacen a sus planetas y estos a su vez hacia el Sol[14].

En la perspectiva de Poincaré, diremos que el principio de acción y reacción en tanto que convención de origen experimental pero no verificable es una precondición para el establecimiento de la noción de atracción y, como consecuencia, de la hipótesis de las fuerzas centrales que rige el funcionamiento de la mecánica newtoniana y que, en palabras de nuestro autor, significa precisamente «que dos cuerpos cualesquiera se atraen, que su acción mutua está dirigida según la recta que los une y [que] no depende más que de su distancia»[15].

Por consiguiente, si retomamos la formulación de la ley de gravitación, que afirma que dos cuerpos se atraen con una fuerza que es directamente proporcional a sus masas e inversamente proporcional al cuadrado de la distancia que los separa, podemos ahora resumir los elementos que la componen desde una posición convencionalista. Comenzando por la experiencia, contamos con la observación de los astros y con las regularidades establecidas a partir de las leyes de Kepler. Además, intervienen los principios fundamentales de la mecánica en tanto que convenciones, las cuales presuponen el uso de determinados marcos también convencionales impuestos a la naturaleza que son el espacio euclídeo y el tiempo. Estos principios, en especial el de acción y reacción, proporcionan una definición de la masa en términos de magnitud escalar constante, necesaria para la medición de la fuerza de atracción como desviación de un cierto movimiento que es estipulado a partir del principio de inercia. Ahora bien, es preciso destacar que la masa que entra en juego en la ley de Newton es, como dice Poincaré, «la masa atrayente», o sea, «no es la inercia del cuerpo, es su poder de atracción»[16]. En efecto, estos tipos de masa se distinguen conceptualmente, puesto que la inercial se identifica con la capacidad de los cuerpos de perseverar en su estado de reposo o de movimiento uniforme y rectilíneo, en tanto que la gravitatoria es más bien una suerte de 'potencia' de generar fuerzas de atracción. No obstante, si recordamos las afirmaciones de Poincaré con respecto a la masa al inicio de su examen sobre este concepto, le atribuía un

---

[13] Cf. Newton (1687), p. 407.
[14] Cf. Newton (1687), p. 410.
[15] Poincaré (1897), p. 735.
[16] Poincaré (1897), p. 735.

carácter intuitivo al identificarse con la 'cantidad de materia'[17]. Como esta no resultaba suficiente para fundamentar una definición científica que facilitase la comparación cuantitativa entre diferentes tipos de materia, se veía obligado a introducir el patrón de medida al que nos hemos referido, el cual sí permite dirimir cuántas veces contiene un cuerpo a otro. Precisamente, lo que Newton afirma al enunciar la ley de la inversa del cuadrado es que la fuerza con que dos cuerpos se atraen es proporcional a 'la materia que contienen'. En definitiva, aunque no puedan considerarse conceptualmente equivalentes, la misma convención que servía para estipular la primera será utilizada para la segunda, lo que pese a no explicar la identidad de ambas magnitudes desde el punto de vista teórico, funciona desde una perspectiva operacional. Por otra parte y como Poincaré nos recuerda, la ley de gravitación puede utilizarse para medir la masa de los cuerpos celestes, siempre que se conozcan la distancia y la desviación respecto del movimiento de referencia (fuerza)[18]. Es decir, siempre que se asuma la validez de la hipótesis de las fuerzas centrales, la cual hace intervenir la distancia como una magnitud que será medida por el mismo procedimiento que lo era la masa, a saber, por el establecimiento de un patrón, en este caso, de longitud.

Una vez explicitados estos componentes empíricos y convencionales, debemos decidir cuál es el estatuto de la gravitación, en definitiva, si se trata de un principio o de una ley, lo cual determinará cuál es el valor epistémico que debemos atribuirle, siendo en el primer caso la funcionalidad y en el segundo la verdad empírica, pese a que esta sea siempre provisional. A este respecto, Poincaré afirma:

«La ley de Newton es una verdad de experiencia; como tal no es más que aproximativa»[19].

Según esta declaración es considerada como una ley y no como un principio. En consecuencia, analizaremos ahora su papel como tal. De acuerdo con lo expuesto en el segundo capítulo, las leyes son generalizaciones experimentales susceptibles de verificación empírica. No obstante, su origen no es exclusivamente experimental, sino que en su formación intervienen algunas convenciones tales como el principio de inducción y otras hipótesis naturales. En el caso que nos ocupa, además de la inducción, podemos decir que en la medida en que la atracción es descrita para dos cuerpos, se desprecia la influencia de otros lejanos, lo cual es también una hipó-

---

[17] Cf. Poincaré (1901a), p. 473.
[18] Cf. Poincaré (1897), p. 735.
[19] Poincaré (1905a), p. 46.

tesis natural. Asimismo intervienen los marcos en los que estas leyes se veri-
fican. Tal es el caso del espacio euclídeo, pues sin la determinación de este,
no podríamos considerar las líneas rectas como configuraciones privilegiadas, ni el movimiento rectilíneo como siendo aquel con respecto al cual los
planetas se desvían por una fuerza ejercida sobre ellos. Es precisamente en
función de la validez limitada de dichos marcos y del principio de inducción
por lo que las leyes son aproximativas y la de Newton no sería una excepción. No obstante, otra característica fundamental que apuntamos acerca de
ellas es que proporcionaban un cierto conocimiento del mundo en términos
de relaciones que son establecidas entre fenómenos. La ley de gravitación
permite describir las relaciones que se dan entre los movimientos de los
cuerpos celestes. Y además, es susceptible de ser expresada en un lenguaje

$$F = \frac{mm'}{d^2}$$

matemático preciso, a saber, por la ecuación . Por otro lado, es
una ley fructífera, puesto que permite predecir las posiciones futuras de los
cuerpos celestes e, incluso, descubrir algunos nuevos, tales como Urano o
Neptuno. De hecho, cuando Poincaré explora las relaciones entre la física y
la matemática, además de considerar que el matemático proporciona al físico
la única lengua que este puede hablar[20], estima que el físico rinde un servicio
al matemático al aplicar a la naturaleza las herramientas y métodos que este
crea libremente y facilita algunos ejemplos:

«El primero nos mostrará cómo es suficiente con cambiar el lenguaje para comprender las generalizaciones que en principio no
habríamos supuesto.
Cuando la ley de Newton substituyó a la de Kepler, no conocía-
mos aún más que el movimiento elíptico. Ahora bien, en lo que
concierne a este movimiento, las dos leyes no difieren más que en
su forma, se pasa de una a otra por una simple diferenciación.
Y, sin embargo, de la ley de Newton podemos deducir, mediante
una generalización inmediata, todos los efectos de las perturbaciones y toda la mecánica celeste. Por el contrario, si hubiéramos con-
servado el enunciado de Kepler, no habríamos visto las órbitas de
los planetas perturbadas, esas curvas complicadas de las que nadie
jamás ha escrito su ecuación, como generalizaciones naturales de la
elipse. Los progresos de las observaciones no habrían servido más
que para hacer crecer el caos»[21].

---

[20] Cf. Poincaré (1905a), p. 105.
[21] Poincaré (1905a), p. 107.

En efecto, esta aserción, además de mostrarnos las relaciones mutuas entre estas dos disciplinas, pone de manifiesto el carácter predictivo de la ley de Newton, como desveladora de nuevas relaciones entre fenómenos. Por consiguiente, la ley de gravitación responde a todas las características que nuestro autor atribuía a una ley de la naturaleza, lo que dada su forma, era de esperar. La cuestión es si esta permanece en el estatuto de ley, o si hay alguna razón para elevarla al nivel de principio, al menos, en el ámbito de la mecánica clásica.

El paso de una ley a un principio suponía su aplicabilidad general, su validez para todo el dominio natural. En definitiva, si podemos mostrar que, en sus diversas aplicaciones a los cálculos de la mecánica celeste, utilizamos invariantemente la ley de Newton sin cuestionar su veracidad empírica, por razones de comodidad y simplicidad, podremos pasar a hablar de 'principio de gravitación universal'. Para ayudarnos a clarificar esta cuestión, retomaremos el procedimiento de paso de una ley a principio referido en el tercer capítulo y consideraremos el ejemplo que utiliza el propio Poincaré:

«Podemos descomponer esta proposición: (1) los astros siguen la ley de Newton, en otras dos: (2) la gravitación sigue la ley de Newton, (3) la gravitación es la única fuerza que actúa sobre los astros. En este caso la proposición (2) ya no es más que una definición y escapa al control de la experiencia; pero entonces será sobre la proposición (3) que se podrá ejercer este control. Esto es preciso porque la proposición resultante (1) predice hechos brutos verificables.

Es gracias a estos artificios que por un nominalismo inconsciente, los científicos han elevado más allá de las leyes lo que ellos llaman principios. Cuando una ley ha recibido una confirmación suficiente de la experiencia, podemos adoptar dos actitudes, o bien dejar esta ley en la pelea (mêlée), en cuyo caso permanecerá sometida a una incesante revisión que sin ninguna duda acabará por demostrar que no es más que aproximativa; o bien podemos erigirla en *principio*, adoptando convenciones tales que la proposición sea ciertamente verdadera. Para esto procedemos siempre de la misma manera. La ley primitiva enuncia una relación entre dos hechos brutos A y B; introducimos entre estos dos hechos brutos un intermediario abstracto C, más o menos ficticio (tal era en el ejemplo precedente la entidad impalpable de la gravitación). Y entonces tenemos una relación entre A y C que podemos suponer rigurosa y que es el *principio*; y otra entre C y B que permanece como una *ley* revisable.

El principio, en adelante cristalizado por así decir, ya no está sometido al control de la experiencia. Ya no es verdadero o falso, es
cómodo»[22].

Este parágrafo muestra precisamente el proceso de decisión por el
que la ley de gravitación ha sido elevada a un principio. Al atribuirle un
carácter exacto y preciso, al *decidir* que tiene un estatuto no cuestionable,
como al que se refería Le Verrier declarando que «en modo alguno estare-
mos tentados de acusar la insuficiencia de la ley de la gravitación universal»[23]
(cuando se refería a la discrepancia entre tablas astronómicas y observación
con respecto al perihelio de Mercurio), al poner de manifiesto, en definitiva,
su funcionalidad, dejamos de cuestionar su estatuto como verdad experimental para considerarla válida para todos los dominios de la naturaleza. Es
decir, le atribuimos un carácter indudablemente verdadero, en el sentido en
que describimos en el tercer capítulo la 'verdad pragmática', frente a la 'verdad empírica', transformando dicha ley en un principio que ya no es ni a
priori ni empírico, sino convencional. Como tal, conserva las relaciones que
eran expresadas en su forma de ley, manteniendo así su capacidad predictiva, por lo que aunque el proceso que nos lleva a modificar su estatuto sea
calificado de 'nominalismo inconsciente', esto no hace de este principio un
constructo exclusivamente nominal, puesto que recupera su significación a
partir de las leyes empíricas y las relaciones contenidas en él.

Por otro lado, los principios tenían la simplicidad y la comodidad
como características definitorias. Con respecto a la primera de ellas, podemos decir que el principio de gravitación, al conectar las acciones terrestres
y celestes simplifica la física, pues supone un menor número de circunstancias que intervienen en los procesos de la naturaleza, obviando la necesidad
de postular una ciencia propia del mundo celeste como ocurría en la concepción aristotélica. Con respecto a la comodidad teórica, esta unificación
también le es aplicable, pues los mismos principios científicos pueden em-
plearse en diferentes ámbitos físicos. Por último, en lo relativo a la comodidad empírica, explica y predice los movimientos de los astros, permite el
cálculo de las perturbaciones y, más aún, convierte la mecánica celeste en el
paradigma de ciencia por excelencia llevándola a un nivel de precisión que
ninguna otra había alcanzado jamás. En efecto, este principio devino constitutivo y regulativo de la práctica científica, pues es condición de posibilidad
de la teoría y del descubrimiento de nuevas observaciones y al mismo tiempo sirvió de guía a los científicos en su proceder y búsqueda de nuevos co-

---

[22] Poincaré (1905a), p. 166.
[23] Le Verrier (1849), p. 2.

nocimientos, como muestra el uso de la analogía entre la ley de la inversa del cuadrado para la gravitación y para la fuerza eléctrica.

Consiguientemente, podemos declarar sin reservas que la gravitación podía haberse incluido con pleno derecho en las listas de principios, y que, si no lo estaba, es más probable que se deba a que Poincaré no pretendió ser exhaustivo en ellas y no a que desconociera su estatuto.

Ahora bien, en el ámbito de la mecánica clásica, queda una cuestión por resolver desde la perspectiva de nuestro autor, y es precisamente la referida propiamente al estatuto de la gravitación en tanto que fuerza.

Dado que Poincaré ni responde ni se plantea específicamente esta cuestión, intentaremos resolverla por analogía con su modo de proceder en estos casos. Al analizar la ley de la fuerza, expusimos que afirmaba lo siguiente:

> «Cuando decimos que la fuerza es la causa de un movimiento, hacemos metafísica, y esta definición, si debiéramos contentarnos con ella, sería absolutamente estéril»[24].

En consecuencia, la fuerza no puede tener ese estatuto de 'causa' o 'poder' de poner objetos en movimiento. Dado que su definición tiene que ser fructífera, recurrimos a un proceso que la transforma en algo cuantitativo susceptible de medida. La posición de Poincaré con respecto a la metafísica quedaba clara cuando nos referíamos a las hipótesis indiferentes, las cuales, con frecuencia, remitían a la ontología de una teoría. Algunas de estas versaban sobre los componentes últimos de la materia, fueran estos continuos o discretos, otras aludían al éter y otras simplemente a modelos electromagnéticos útiles para nuestra representación. Ahora bien, en la medida en que su concepción de la física declara que todo lo que esta ciencia puede alcanzar son las relaciones entre las cosas y no las cosas en sí[25] y que, por consiguiente, los asuntos metafísicos no conciernen a los físicos, ninguna fuerza, incluida la de gravitación, puede ser tratada como una 'entidad', porque dicho tratamiento implicaría un soporte ontológico que nuestro autor no está dispuesto a atribuirle. En definitiva, si atribuir a la fuerza en general un poder causal es hacer metafísica y si como principio es solo un símbolo matemático, aunque, eso sí, con base en nociones intuitivas (esfuerzo), ¿por qué habría de tener la gravedad en tanto que atracción una naturaleza diferente? De hecho, en nuestro examen de los principios de la mecánica explicitamos el carácter problemático que la noción de fuerza tenía para nuestro

---

[24] Poincaré (1897), p. 734.
[25] Cf. Poincaré (1902a), p. 25.

autor, en la medida en que trataba de eliminarla del enunciado de todos los principios y, propiamente, en la segunda ley, realizaba una trasposición de los términos fundamentales con el objetivo de dar prioridad a la variable cinemática de la aceleración que, en tanto que observable, resulta mucho más fácilmente comprensible desde el punto de vista intuitivo.

Por último, podemos añadir que cuando expusimos el paso de la ley de la inversa del cuadrado a principio, el propio Poincaré se refería a la gravitación como una 'entidad impalpable'[26], como el intermediario abstracto que se introducía entre dos fenómenos para transformar una ley primitiva en un principio riguroso. Si consideramos que los fenómenos puedan ser la observación de un cuerpo y su desviación con respecto a lo que sería una trayectoria uniforme y rectilínea, entonces la gravitación es la medida de esa desviación, es el término que permite el establecimiento de una relación de rigor entre estos sucesos naturales. Es decir, la fuerza y como tal, también la gravitación, no es más que una magnitud que indica la perturbación respecto de un movimiento de referencia y no tiene más que un carácter nominal desde el punto de vista físico, pues afirmar algo más allá de esto, sería *hacer metafísica*.

En definitiva, partiendo del examen de los elementos que contribuyen a la formulación de la ley de la inversa del cuadrado hemos mostrado su proceso de formación primero en tanto que ley y después su cambio de estatuto a principio, basado en la decisión del científico de extender su validez a todo el dominio de la mecánica. Ahora bien, con estas aseveraciones queremos dejar claro que nos referimos exclusivamente al ámbito de la mecánica clásica, pues en el próximo epígrafe, cuando abordemos la posición sobre la gravitación en Poincaré respecto de la teoría electromagnética de Lorentz, tendremos que reconsiderar esta concepción y ver si puede o no mantenerse.

§ 2 La dinámica del electrón y la Nueva Mecánica

En el presente parágrafo tenemos un doble objetivo. Por un lado, se trata de mostrar desde el punto de vista científico, cómo afectan las consecuencias de la electrodinámica a la ley de la inversa del cuadrado, lo que conducirá a examinar las posibles modificaciones que Poincaré presenta de dicha ley para hacerla compatible con los cálculos matemáticos y físicos de esta nueva teoría. Por el otro lado, desde una perspectiva epistemológica, se

---

[26] Cf. Poincaré (1905a), p. 165.

pretende dirimir si la inversa del cuadrado mantiene su estatuto de principio tal y como acabamos de mostrar respecto de la mecánica clásica o, si, por el contrario, este cambia a la luz de los recientes desarrollos en electrodinámica.

Este análisis requiere considerar la posición de Poincaré entre 1905 y 1910, fechas en que escribe sus primeros y últimos artículos sobre la dinámica del electrón y la nueva mecánica. En estos años, son muchos los investigadores que se ocupan de la electrodinámica de los cuerpos en movimiento, tanto desde un punto de vista teórico como experimental. Esto indica que es un período convulso de la historia de la ciencia en el que continuamente se proponen nuevas explicaciones en función de los resultados experimentales o de ciertas concepciones filosófico-científicas. En la medida en que Poincaré estaba al corriente de estas cuestiones, sus ideas evolucionan a la luz de las mismas, de tal manera que con frecuencia parece oscilar entre varias posibilidades no siempre compatibles entre sí. De esta forma, se tratará de mostrar cuál fue el desarrollo de su pensamiento en este período y en qué medida estos nuevos datos afectaron no solo a la gravitación, sino también a otros principios y conceptos de la mecánica clásica, así como cuestiones subyacentes sobre la estructura de la materia y sobre el soporte físico de los campos gravitatorio y electromagnético.

Comenzaremos, así, por examinar el estado de la teoría de Lorentz hacia 1905, fecha en la que Poincaré se ocupa por vez primera de la relación entre gravitación y electrodinámica, para analizar después las modificaciones de Poincaré a dicha teoría con el propósito de subsanar ciertos problemas, y sus propuestas de alteración de la gravitación a fin de hacerla co-variante Lorentz. A continuación, se realizará una comparación entre la posición de Poincaré y la de Lorentz con el objetivo de averiguar si la de nuestro autor encaja o no dentro de lo que en el capítulo anterior describimos como 'visión electromagnética de la naturaleza', a la cual se adscribe el físico holandés. Esto llevará a una reflexión sobre el estatuto de la gravitación en tanto que ley o principio físico y también en tanto que magnitud física, lo que implica además abordar la cuestión de la propagación de esta fuerza, así como el medio (si es que lo hay) en el que se transmite. Este será el punto más complejo de nuestra argumentación, puesto que habrán de retomarse una y otra vez estas cuestiones en función de los sucesivos artículos escritos por Poincaré en estas fechas, llevando a cabo un recorrido cronológico por estos artículos, que con frecuencia obligará a efectuar ciertos desvíos del discurso central que nos ocupa. Sin embargo, pese a las dificultades que un discurso menos lineal pueda suponer, ello cuenta con la ventaja de reproducir de modo más preciso las oscilaciones y posibles contradicciones del pensamiento de nuestro autor en un momento muy particular de la historia de la ciencia, en el cual las cuestiones teóricas y experimentales respecto de la composición de la materia o, incluso, del éter, son especialmente controvertidas y tienen importantes repercusiones en la concepción clásica de la ciencia física.

Como expusimos en el sexto capítulo, el electromagnetismo había puesto en peligro el principio de relatividad en su forma clásica al anunciar que existía una velocidad que tenía carácter absoluto, siendo esta la de la luz. Este hecho planteaba la posibilidad de poner en evidencia movimientos absolutos e invalidaba las transformaciones de Galileo. Dado que el resultado del experimento de Michelson y Morley era negativo en el sentido de que no era posible detectar un desplazamiento de la Tierra respecto del éter, Lorentz había propuesto tres hipótesis que proporcionaban una explicación de este hecho al tiempo que permitían conservar la validez del principio de relatividad, aunque en una nueva forma. Estas eran la hipótesis de las fuerzas moleculares, la contracción y el tiempo local. Sin embargo, en 1899, la contracción ya no tenía un carácter *ad hoc*, pues Lorentz la había derivado de su 'teoría de los estados correspondientes', al generalizarla para aplicarla a toda la materia. De acuerdo con ella, todas las fuerzas resultan afectadas por el movimiento del mismo modo que la fuerza eléctrica, lo que se aplica también a las fuerzas moleculares, puesto que la materia en último término está compuesta de partículas cargadas que forman las moléculas. Consecuentemente, todas las partes del sistema sufren una contracción en la dirección del movimiento como efecto de dichas fuerzas. De este modo, la contracción ya no era una asunción especial, sino una transformación sufrida por todos los cuerpos como resultado de la acción de dichas fuerzas cuando las partículas estaban en movimiento[27]. Probablemente, Lorentz reconsideró su posición, decidiendo integrar la contracción como una consecuencia de su teoría con base en el criticismo de Poincaré[28], pues en su artículo de 1904, en el que expone su teoría del electrón, afirma:

> «Poincaré ha objetado a la teoría existente de los fenómenos ópticos y eléctricos para cuerpos en movimiento que, para explicar el resultado negativo del experimento de Michelson, se requería la introducción de una nueva hipótesis, y que la misma necesidad podría ocurrir cada vez que aparecieran nuevos hechos. Ciertamente, este recurso de inventar hipótesis especiales para cada nuevo resultado experimental es un tanto artificial. Sería más satisfactorio si fuese posible mostrar, por medio de ciertas asunciones fundamentales y

---

[27] Cf. McCormmach (1970), p. 473 y Llosá y Sellés (1987), pp. 21-28.
[28] Cf. Poincaré (1900b), p. 714.

sin despreciar términos de una u otra magnitud, que las acciones electromagnéticas son enteramente independientes del movimiento del sistema»[29].

Con respecto al tiempo local, aunque Lorentz lo había interpretado como una ficción matemática[30], Poincaré decidió darle una interpretación física, en el sentido de que este sería efectivamente el tiempo mostrado por los relojes de los observadores en movimiento, es decir, aquel al que debían referirse los acontecimientos para ellos:

«Los dos observadores no tendrían medio alguno de darse cuenta de si el éter inmóvil solo puede transmitirles señales luminosas propagándose todas a la misma velocidad, y si las otras señales que ellos podrían enviarse les son transmitidas por medios arrastrados con ellos en su traslación. El fenómeno que cada uno de ellos observará, estará ya adelantado, ya retrasado; no se produciría en el mismo momento si la traslación no existiera; pero como se observará con un reloj mal reglado, no se percibirá y las apariencias no serán alteradas»[31].

Dado que pretendía mantener la validez del principio de relatividad, no podía haber un tiempo verdadero que marcase una diferencia respecto del tiempo local, pues esto habría implicado un marco de referencia privilegiado. Por consiguiente, este principio debía ser reformulado de tal manera que concordase con la nueva electrodinámica:

«Todas las leyes del movimiento del electrón son las mismas para un observador dotado de un movimiento del que no tiene conciencia o inmóvil»[32].

Obviamente, un principio como este, que toma en cuenta las hipótesis a las que nos hemos referido, ya no puede ser compatible con las transformaciones de Galileo, de tal modo que para posibilitar el cambio de coordenadas de un sistema inercial a otro en el que las ecuaciones de Maxwell sean válidas para ambos, son precisas las transformaciones de Lorentz. Así siendo x, y, z, t, las coordenadas del primer sistema de referencia, en el que x

[29] Lorentz (1904), pp. 810-811.
[30] Cf. Borel (1999), p. 285.
[31] Poincaré (1908b), p. 392.
[32] Poincaré (1913b), pp. 56-57.

define su dirección de movimiento relativo y t es la coordenada temporal; x', y', z', t' son las coordenadas del segundo, de modo que[33]:

$$x'=kl(x+\varepsilon t)$$
$$y'=ly$$
$$z'=lz$$
$$t'=kl(t+\varepsilon x)$$

l y ε son constantes cualesquiera[34] y $\qquad k = \dfrac{1}{\sqrt{1-\varepsilon^2}}$.

En palabras de Poincaré, este es el resultado de conjugar el nuevo principio de relatividad con las transformaciones de Lorentz:

«Si podemos, sin que ninguno de los fenómenos aparentes sea modificado, imprimir a todo el sistema una traslación común, es que las ecuaciones de un medio electromagnético no son alteradas por ciertas transformaciones, que llamaremos *transformaciones de Lorentz*; dos sistemas, uno inmóvil, el otro en traslación, llegan a ser así la imagen exacta el uno del otro»[35].

El estatuto del nuevo principio es el de una convención, tal y como lo era el antiguo, puesto que Poincaré afirma que lo admitimos 'sin restricción' y que debemos considerarlo en toda su generalidad[36]. Pero retomaremos esta cuestión más adelante, cuando comparemos las concepciones teóricas de Poincaré y Lorentz.

Puesto que la teoría de Lorentz se encuentra a la base de la electrodinámica de Poincaré, su objetivo era perfeccionarla y librarla de todas las críticas. En ella, Lorentz imaginaba los electrones como esferas no rígidas y deformables, de tal modo que pudieran sufrir la requerida contracción[37]. El físico alemán Max Abraham, quien había propuesto una teoría electromagnética alternativa en la que el electrón era tomado como un cuerpo rígido indeformable, había objetado a la teoría de Lorentz que un electrón flexible resultaba inestable, siendo necesaria la postulación de ciertas fuerzas

---

[33] Poincaré (1906a), p. 499. Mantenemos la notación original de Poincaré.

[34] En general se toma ε como siendo la velocidad de la luz, sólo que como Poincaré va a deducir esto posteriormente, no la utiliza para la derivación de las transformaciones.

[35] Poincaré (1906a), p. 495.

[36] Cf. Poincaré (1906a), p. 495.

[37] Cf. Miller (1973), p. 210.

no electromagnéticas para mantener su cohesión[38]. La crítica de Abraham se centraba en que la inclusión de este tipo de fuerzas no encajaba en la 'visión electromagnética de la naturaleza', de la que tanto él como Lorentz se declaraban partidarios. No obstante, Poincaré no encontró ningún inconveniente en la inclusión de una tal fuerza suplementaria, que consistía en una suerte de presión interna negativa, *«cuyo trabajo era proporcional a las variaciones de volumen del electrón»*[39]. En efecto, como afirma Walter[40], este problema no le resultaba especialmente difícil, pues suponía la aplicación particular de su solución para el equilibrio de una masa fluida en rotación[41]. A continuación, mostró la compatibilidad de esta fuerza con el nuevo principio de relatividad, pues al combinarla con el lagrangiano del campo electromagnético, da como resultado una función dinámica total (lagrangiano) que no es alterada por las transformaciones de Lorentz[42]. Puesto que esta presión interna del electrón es proporcional a su masa, al igual que ocurre con la fuerza de gravitación, afirma:

> «Estamos tentados de concluir que hay alguna relación entre la causa que engendra la gravitación y la que engendra este potencial suplementario»[43].

Esta declaración resulta significativa (y volveremos sobre ella más adelante), porque muestra que Poincaré no estaba pensando en una reducción electromagnética de la gravitación, pues si así fuera, postular una fuerza no electromagnética en el interior del electrón y asemejarla a la gravedad, le habría supuesto los mismos problemas que había causado a Abraham.

Una vez resuelta la cuestión de la estabilidad del electrón, nuestro autor se propone examinar la siguiente hipótesis de Lorentz[44], que tiene por objetivo mantener la validez del nuevo principio de relatividad:

> «Según él, todas las fuerzas, cualquiera que sea su origen, son afectadas por la transformación de Lorentz (y, en consecuencia por una traslación) de la misma manera que las fuerzas electromagnéticas.

---

[38] Cf. Abraham (1904), pp. 576-579.
[39] Cf. Poincaré (1906a), p. 496.
[40] Cf. Walter (2007), p. 196.
[41] Cf. Poincaré (1902b) y Poincaré (1902c).
[42] Cf. Poincaré (1906a), p. 533-534.
[43] Poincaré (1906a), p. 538.
[44] Cf. Lorentz (1904), p. 819.

Es importante examinar esta hipótesis más de cerca y, en particular, investigar qué modificaciones nos obligaría a proporcionar a las leyes de la gravitación»[45].

Este pasaje muestra el propósito de Poincaré de desarrollar la primera teoría co-variante Lorentz de la gravitación[46]. En definitiva, para que el principio de relatividad sea válido, no puede haber velocidades superiores a la de la luz, por lo que la velocidad de propagación de la fuerza gravitacional debe ser finita y en ningún caso sobrepasar a aquella[47]. Obviamente, esto implica una necesaria modificación de la ley de Newton, dado que de acuerdo con la teoría clásica, dicha fuerza se propagaba instantáneamente en el espacio. Consecuentemente, Poincaré toma dicha velocidad como siendo igual a la de la luz y, además, su enfoque se basa en una aproximación tetra-dimensional[48], en la cual los sólidos, a diferencia de los euclídeos, son sólidos deformables, como corresponde al electrón flexible de Lorentz.

Poincaré comienza sus consideraciones sobre la gravitación en el último parágrafo de su artículo de 1906 "Sur la dynamique de l'électron", con la descripción de un hecho experimental, a saber, que dos cuerpos que producen campos electromagnéticos equivalentes no tienen por qué ejercer la misma atracción gravitacional sobre cuerpos neutros y, consecuentemente, el campo electromagnético no es idéntico al gravitacional. Ahora bien, el hecho de que la gravitación tenga que ser invariante respecto de las transformaciones de Lorentz, impone el requerimiento de que ya no sea dependiente exclusivamente de las posiciones y masas de los cuerpos en cuestión, sino que debe serlo también de sus velocidades. Por otro lado, afirma lo siguiente:

«Será natural suponer que la fuerza que actúa en el instante t sobre el cuerpo atraído depende de la posición y la velocidad de este cuerpo en ese mismo instante t; pero dependerá, además, de la posición y de la velocidad del cuerpo *atrayente* no en el instante t, sino en *un*

---

[45] Poincaré (1906a), p. 496.
[46] Cf. Sánchez Ron (1983), p. 54 y Darrigol (1995), p. 36. En su artículo de 1906, Poincaré (1906a) pone en evidencia la estructura de grupo de la transformación de Lorentz, a la que denomina "grupo de Lorentz", y utiliza por primera vez un método que se tornó clásico, el de la búsqueda de los invariantes de un grupo.
[47] Este hecho es señalado en numerosas ocasiones por Michel Paty, quien considera que Poincaré se ocupa de propiedades dinámicas (por oposición a Einstein quien piensa en términos cinemáticos), por lo que son estas las que han de ser modificadas y por eso propone un límite para la velocidad de la fuerza de gravedad. Cf. Paty (1996a), p. 39, Paty (1996b), p. 122 y Paty (1997), p. 20.
[48] Cf. Poincaré (1906a), p. 496 y p. 542 y Katzir (2005), p. 19.

instante anterior, como si la gravitación empleara un cierto tiempo en propagarse»[49].

Esto resume las dos primeras condiciones (además de la de ser covariante Lorentz) que cualquier teoría relativista de la gravitación debe cumplir, a saber, la no dependencia exclusiva de la distancia y la masa (1) y la finitud de propagación (2). Asimismo, suma a ellas las tres siguientes:

(3) Cuando los cuerpos se encuentren en reposo relativo, la nueva ley deberá reducirse a la newtoniana.

(4) Para pequeñas velocidades, *elegiremos* la ley que se aleje lo menos posible de la newtoniana, puesto que esta goza de gran éxito de previsión.

(5) Que t (el instante a partir del cual tomaremos en cuenta la atracción), sea negativo (sea un instante anterior), puesto que en caso contrario sería difícil comprender cómo este efecto podría depender de una posición que el cuerpo atrayente aún no ha alcanzado[50].

Guiado por estos requerimientos, identifica matemáticamente los componentes de la fuerza, de tal modo que sean invariantes respecto de las transformaciones de Lorentz y llega a varias soluciones. Considera brevemente una teoría en la cual la velocidad de la gravitación depende de la fuente de emisión, pero la rechaza porque obtiene una velocidad de propagación superior a la de la luz, lo que viola su segunda condición[51]. Continúa su examen para la primera de las soluciones obtenidas, que le había llevado a calcular una velocidad de propagación idéntica a la de la luz. Esta la enfoca de dos maneras, una aproximación general y otra particular[52]. Su procedimiento es más o menos el mismo para ambas: primero se deshace de los términos de segundo orden y después intenta comparar el resultado con los valores homólogos que encontraría en caso de aplicar la ley newtoniana. Fracasa en la aproximación general porque los componentes de la fuerza le llevan a valores imaginarios de la gravedad[53]. Así, en su segunda aproximación, escribe los componentes de la fuerza en términos de los invariantes cinemáticos y asume que esta es dependiente de la distancia que separa a los

---

[49] Poincaré (1906a), p. 539.
[50] Cf. Poincaré (1906a), p. 540.
[51] Cf. Poincaré (1906a), p. 544.
[52] En esta exposición seguimos de modo general el artículo de Walter (2007).
[53] Cf. Poincaré (1906a), p. 546.

dos cuerpos, de la velocidad de la masa pasiva y de la velocidad de la activa[54]. La gravitación tiene en este caso dos componentes:

> «uno paralelo al vector que une las posiciones de los dos cuerpos, otro paralelo a la velocidad del cuerpo atrayente»[55].

Su proceder matemático consiste en calcular las funciones invariantes para posiciones y velocidades de dos masas que se atraen, derivar la fuerza como una función de estos invariantes y otros coeficientes y, por último, calcular las expresiones específicas de la fuerza para pequeñas velocidades de tal modo que se aproxime lo más posible a su forma newtoniana[56]:

$$X_1 = \frac{x}{k_0 B_3} - \xi_1 \frac{k_1}{k_0} \frac{A}{B^3 C}$$

$$Y_1 = \frac{y}{k_0 B^3} - \eta_1 \frac{k_1}{k_0} \frac{A}{B^3 C}$$

$$Z_1 = \frac{z}{k_0 B^3} - \varsigma_1 \frac{k_1}{k_0} \frac{A}{B^3 C}$$

$$T_1 = -\frac{r}{k_0 B^3} - \frac{k_1}{k_0} \frac{A}{B^3 C}$$

A, B, C son los invariantes de Lorentz. k_0 y k_1 son constantes definidas tal que $k_0 = 1/\sqrt{1-\Sigma\xi^2}$ y $k_1 = 1/\sqrt{1-\Sigma\xi_1^2}$, donde $\Sigma\xi$ y $\Sigma\xi_1$ representan las velocidades ordinarias de las masas activa y pasiva, con los componentes ξ, η, ς y ξ_1, η_1, ς_1. El tiempo t se estipula como siendo igual a la distancia negativa entre la masas pasiva y la posición retardada de la masa activa, $t = -\sqrt{\Sigma x^2} = -r$.

No obstante, Poincaré percibe que sus soluciones no son únicas, por lo que, a pesar de haber encontrado una ley que cumple con todos los requisitos antes mencionados, propone una segunda opción. En esta, la

---

[54] Cf. Walter (2007), p. 205.
[55] Poincaré (1906a), p. 548.
[56] Cf. Katzir (2005), pp. 19-20. La formulación matemática es la original, cf. Poincaré (1906a), p. 548.

fuerza depende linealmente de la velocidad de la masa pasiva[57] y tiene tres componentes, el primero de los cuales guarda una 'vaga analogía'[58] con la fuerza mecánica debida a un campo eléctrico ejercida sobre una partícula cargada, y el segundo y el tercero con la fuerza mecánica debida a un campo magnético. A continuación completa la analogía identificando los lagrangianos de los supuestos campos. Estas son las expresiones para la fuerza en su segunda ley[59]:

$$X_1 = \frac{\lambda}{B_3} + \frac{\eta v' - \varsigma \mu'}{B_3}$$

$$Y_1 = \frac{\mu}{B^3} + \frac{\varsigma \lambda' - \xi v'}{B_3}$$

$$Z_1 = \frac{v}{B^3} + \frac{\xi \mu' - \eta \lambda'}{B_3}$$

Donde λ, μ, v y λ', μ', v' son las variables tales que $\lambda = k_1(x + r\xi_1)$, $\mu = k_1(y + r\eta_1)$, $v = k_1(z + r\varsigma_1)$, $\lambda' = k_1(\eta_1 z - \varsigma_1 y)$, $\mu' = k_1(\varsigma_1 x - \xi_1 z)$, $v' = k_1(\xi_1 y - x\eta_1)$.

Por último, afirma que sea cual sea la alternativa que adoptemos (la primera, la segunda, o cualquier otra derivada de las soluciones generales propuestas), lo primero que debe hacerse es probar su compatibilidad con las observaciones astronómicas, cosa que no hace en este artículo. Sí lo hará posteriormente, en concreto en el curso sobre los límites de la ley de Newton al que ya nos hemos referido, donde muestra que esta ley predice un avance del perihelio de Mercurio de siete segundos de arco por siglo, lo cual no resulta suficiente para dar cuenta de esta anomalía; con respecto al resto de cálculos, se aleja muy poco de la ley newtoniana[60].

En cuanto a la cuestión del modo en que esta fuerza se propaga, Poincaré menciona brevemente una onda gravitatoria (*onde gravifique*)[61], pero no especifica la naturaleza del campo y el tratamiento de los cuerpos se hace

---

[57] Cf. Walter (2007), p. 206.

[58] Cf. Poincaré (1906a), p. 549.

[59] Cf. Poincaré (1906a), p. 549. Como podemos ver, Poincaré no escribe la componente para el tiempo, T_1.

[60] Cf. Poincaré (1953), p. 243.

[61] Cf. Poincaré (1906a), p. 548 y Poincaré (1953), pp. 243-245.

en términos de puntos-masa, tal y como ocurre en la mecánica celeste. Así, con respecto al problema de la atracción, según Katzir:

> «Él [Poincaré] no sugirió ningún mecanismo o campo para este propósito. Seguramente conocía los intentos fallidos previos de una teoría de campo de la gravitación, inspirada en el electromagnetismo de Maxwell. Ese no era su objetivo aquí: no intentaba basar la gravitación en nuevos fundamentos. La suya era una modificación de la teoría de Newton de la gravitación basada en la teoría clásica, más que una nueva teoría independiente»[62].

En consecuencia, la idea de introducir una onda para la propagación no supone una especulación con respecto a la naturaleza de la fuerza y el medio en que esta se transmite, sino simplemente una suerte de recurso conceptual para recordar que la gravitación tarda un cierto tiempo en propagarse. En este sentido, sería igual interpretar la teoría de Poincaré en términos de 'acción a distancia retardada'. En definitiva, la única manera de compatibilizar el principio de relatividad con la teoría de Lorentz exige la alteración de la ley de Newton en la forma propuesta. Pero no se trata, de hecho, de una nueva ley, sino de una modificación de tal manera que la fuerza ya no sea exclusivamente dependiente de las distancias y las masas, sino también de la velocidad.

Por consiguiente, cabe establecer algunas diferencias con respecto a la posición de Lorentz. Conforme a lo expuesto acerca de las teorías electromagnéticas de la gravitación, este autor defendía la así llamada 'visión electromagnética', de tal modo que su intención era mostrar la posibilidad de una reducción electromagnética de la gravitación, lo que implicaba que esta fuerza se propagase a la misma velocidad que la luz y que fuese el éter el responsable de las acciones gravitatorias, tal como lo era de las electromagnéticas. Como hemos visto, la alteración de Poincaré de la ley de Newton prueba matemáticamente el primero de estos requerimientos, a saber, la limitación de la velocidad de la gravedad. Ahora bien, en este punto tenemos que ocuparnos de dos cuestiones: la primera de ellas es si nuestro autor podría ser o no también un representante de la visión electromagnética de la naturaleza, lo cual ya ha sido propuesto por algunos intérpretes[63] y, la segunda es si, en tal caso, Poincaré atribuye la responsabilidad de las acciones gravitacionales entre cuerpos a estados del éter como había hecho Lorentz. Así, tomemos estas dos afirmaciones procedentes del artículo de 1906:

---

[62] Katzir (2005), p. 21.
[63] Cf. Miller (1973), p. 208.

«Si la propagación de la atracción se hace con la velocidad de la luz, esto no puede ser un encuentro fortuito, sino que debe ser porque es una función del éter; y entonces será preciso tratar de penetrar la naturaleza de esta función y ligarla a las otras funciones del fluido»[64].

«Pero hay fuerzas a las cuales no podemos atribuir un origen electromagnético como por ejemplo la gravitación»[65].

A partir de la primera aserción hecha en la introducción del artículo, podríamos pensar que, en efecto, trata de reducir la gravitación a estados del éter producidos a partir de las perturbaciones causadas por las partículas al generar un campo gravitatorio. Y, sin embargo, tanto la asunción respecto de la existencia de una presión interna cohesiva del electrón de origen mecánico, como la segunda de las aseveraciones citadas, muestran que aquellos que interpretan que Poincaré en 1906 estaba inclinado hacia la visión electromagnética del mundo y, por consiguiente, hacia una reducción de todas las fuerzas a la electromagnética, están, en nuestra opinión, equivocados. Si así fuera, ¿cuál era la necesidad de establecer al inicio del parágrafo sobre la gravitación la diferencia entre el campo gravitatorio y el electromagnético? E igualmente, ¿por qué habría planteado un vínculo entre la presión interna del electrón y la gravitación? En este punto, concordamos plenamente con la visión de Zahar:

«En "Sobre la dinámica del electrón" no hay ningún intento de derivar la gravitación del electromagnetismo. Poincaré hace uso solo del teorema de que todas las 4-fuerzas se transforman del mismo modo […] y de la asunción de que la gravitación puede ser representada por una 4-fuerza. Esto es por lo que no comparto la visión de Arthur Miller de que Poincaré no podría haber descubierto la relatividad porque estaba ligado a la imagen electromagnética del mundo»[66].

---

[64] Poincaré (1906a), p. 497.
[65] Poincaré (1906a), p. 538.
[66] Zahar (1989), p. 188. Esta idea refuta también la afirmación de Psillos de que Poincaré simpatizaba con el sistema energetista. Cf. Psillos (1996), p. 187. Dado que los argumentos de Psillos tienen poca relación con nuestra exposición, no vamos a ocuparnos de ellos. Katzir (2005), p. 17 comparte nuestra opinión y la de Zahar.

Por otro lado, queda por esclarecer la cuestión del éter. Con frecuencia hemos mostrado que Poincaré afirmaba que este medio no era más que una hipótesis cómoda, que si existía o no era una cuestión metafísica y no física[67], que era algo inventado para facilitar una descripción o para evitar una derogación de las leyes de la mecánica[68], etc. Ahora bien, la cuestión es si nuestro autor mantiene esta idea con respecto a su aplicación de la teoría de Lorentz en 1906, es decir, si continua siendo una 'hipótesis indiferente' o si cambia de estatuto a la luz de esta posición teórica sobre la electrodinámica. Desde nuestro punto de vista, hay razones suficientes para considerar que, al menos en esa fecha, no ha cambiado de concepción a este respecto, y continúa pensando que la postulación del éter como soporte de las ondas electromagnéticas e incluso gravitatorias es estrictamente convencional y esto por varias razones. En primer lugar, no especula en momento alguno sobre la naturaleza del medio físico que sustenta los diferentes campos. En segundo lugar y en concordancia con su idea de que entender la fuerza como una causa es hacer metafísica, si defendiese que el éter es el causante de estos movimientos, estaría teorizando sobre cuestiones que van más allá de la ciencia física. Y, por último, en la medida en que todos los resultados experimentales son negativos para poner en evidencia un sistema inercial privilegiado con respecto al que detectar el movimiento absoluto de la Tierra, todos estos sistemas de referencia, incluido el éter, son equivalentes[69], por lo que no hay razón alguna para concederle un estatuto especial, más allá de actuar simplemente *como si* existiese en aquellos momentos en que nos resulta conveniente. En definitiva, la admisión del éter como un sistema de referencia con existencia física real pondría en evidencia el carácter absoluto del principio de relatividad[70].

Continuando con las diferencias entre la posición de Lorentz y la de Poincaré, queremos reconsiderar el estatuto de los principios de la mecánica, principalmente de aquellos que se ven más afectados por la electrodinámica, siendo estos el de relatividad y el de acción y reacción. Con respecto al primero de ellos, ya hemos afirmado que Poincaré decide modificarlo de tal modo que pueda encajar con la nueva mecánica en la que la velocidad de la luz constituye un límite insuperable, lo cual requiere la sustitución de las transformaciones de Galileo por las de Lorentz. Igualmente, hemos expresado que este principio no pierde su estatuto de convención máximamente

---

[67] Cf. Poincaré (1902a), p. 216.
[68] Cf. Poincaré (1902a), pp. 180-181 y Poincaré (1905a), pp. 132, 136, 142.
[69] Cf. Walter (2014-preprint), p. 17.
[70] Esto se contrapone igualmente a la posición de Miller (1973), p. 246, donde afirma que el principio de relatividad no es una convención.

aplicable, por un lado, porque por el momento ningún experimento ha sido capaz de ponerlo en peligro (en especial el de Michelson) y, por el otro, porque en numerosas ocasiones afirma que «el principio de relatividad tiene un valor absoluto en la nueva mecánica»[71]. A este respecto, Lorentz no atribuye a este principio ningún estatuto específico, ni le concede el nivel de postulado, sino que es más bien el resultado de «ciertas compensaciones»[72]. De hecho, su teoría establece un marco de referencia privilegiado en el que el éter se encuentra en reposo, y su seguridad acerca de esta idea era tal, que antes del desenlace negativo de los experimentos de Michelson, tenía plena confianza en la demostración de dicho estado. Prueba de ello es que tuvo que postular la contracción de forma *ad hoc* para poder encajar esa consecuencia experimental.

En lo relativo al principio de acción y reacción, desde el primer momento su violación constituye una de las mayores críticas de Poincaré respecto de la teoría de Lorentz, como señalamos en el capítulo seis. Para este último, el éter no es afectado por las acciones mecánicas[73], por lo que no es posible una compensación perfecta e instantánea entre estas. De hecho, en una carta a Poincaré declara:

«En cuanto al principio de reacción, no me parece que deba ser visto como un principio fundamental de la física»[74].

Esta carta no solo pone de manifiesto la discrepancia de las dos posiciones respecto del estatuto de los principios de la mecánica, sino que además es una respuesta al artículo de Poincaré "La théorie de Lorentz et le principe de réaction", en la cual nuestro autor abordaba el problema e intentaba resolverlo considerando las acciones y reacciones por separado (por un lado el emisor y por el otro el receptor) y atribuyendo la compensación al 'momento' del éter. En efecto, desde sus primeros análisis sobre las diferentes teorías electromagnéticas de su tiempo, Poincaré ya había cuestionado la impotencia atribuida al éter para realizar acciones mecánicas[75]. Esta idea persistió en 1900, cuando para subsanar lo que él consideraba un error en la teoría de Lorentz, postuló la existencia de una energía real y una aparente, siendo esta la percibida por un observador en movimiento[76] y concluyó:

[71] Poincaré (1910), p. 54.
[72] Cf. McCormmach (1970), p. 479.
[73] Cf. Renn (2007a), p. 40.
[74] Carta de Lorentz a Poincaré de 20 de enero de 1901, citada en Miller (1997), p. 55.
[75] Cf. Poincaré (1895), p. 412.
[76] Cf. Poincaré (1900a), p. 487.

«Así, de acuerdo con la teoría de Lorentz, el principio de reacción no debe aplicarse a la sola materia [sino al conjunto de materia y éter]»[77].

En definitiva, en 1900 Poincaré se encontraba tan comprometido con los principios de la mecánica como universalmente válidos y aplicables, a saber, como convenciones, que estaba dispuesto a admitir el éter (aunque pueda continuar siendo una hipótesis indiferente), e incluso a atribuirle una magnitud física (momento) para salvaguardarlos. Sin embargo, en 1904 en la conferencia de St. Louis critica su propia posición, diciendo que «las suposiciones que será preciso hacer sobre los movimientos del éter no son demasiado satisfactorias»[78], pese a que termina por decir que la crisis que están sufriendo los principios aún no ha acabado y que «nada prueba todavía que no saldrán de la lucha victoriosos e intactos»[79]. Por último, en 1908, en sus sucesivas exposiciones sobre la dinámica del electrón, acaba de hecho por declarar que:

«Es preciso, por tanto, adoptar la teoría de Lorentz y, en consecuencia, *renunciar al principio de reacción*»[80].

Ahora bien, ¿supone esta decisión un cambio en la posición de Poincaré? O sea, ¿quiere esto decir que las convenciones han perdido su estatuto privilegiado de máximamente válidas? No, más bien, todo lo contrario. La renuncia al principio de acción y reacción es indicativa de la coherencia filosófica de nuestro autor. Los principios de la mecánica eran convenciones elevadas por el científico a un nivel más allá de la verificación experimental, en función de su valor pragmático. Y él no afirma en momento alguno que este principio haya sido refutado empíricamente; de hecho, no puede serlo pues siempre podremos salvarlo con la postulación del momento del éter. Su abandono representa el estatuto variable de las convenciones, que no están fijadas para siempre, que no son eternamente válidas. En definitiva, desde nuestra perspectiva, en 1908 Poincaré se ha dado cuenta de que el principio de reacción, hasta entonces salvado a toda costa, ya no resulta predictivo, es decir, la postulación del momento del éter para mantenerlo intacto ha hecho que pierda tanto su significación empírica como su valor

---

[77] Poincaré (1900a), p. 488.
[78] Poincaré (1904), p. 314.
[79] Poincaré (1904), p. 324.
[80] Poincaré (1908a), p. 194.

práctico. Como dijimos en el tercer capítulo, la experiencia lo ha condenado, pese a que no lo haya refutado de manera directa.

Para completar nuestra reconsideración de los principios, es preciso repensar el de gravitación. En el apartado anterior, declaramos su estatuto convencional con respecto a la mecánica clásica, pero aquí hemos visto que ya no era considerado invariable, sino que este principio clásico es susceptible de sufrir una cierta modificación de tal modo que pueda adaptarse a la nueva teoría. En este sentido, podemos declarar que la nueva ley de gravitación es tan solo eso, una ley susceptible de confirmación o refutación experimental formulada mediante un conjunto de ecuaciones que definen el comportamiento de la fuerza, de tal modo que expresen las relaciones entre los cuerpos en cuestión. Para su formulación, el principio newtoniano ha servido como una guía, dado que Poincaré parte de la inversa del cuadrado y de la proporcionalidad de las masas para realizar la modificación necesaria de tal modo que concuerde con la teoría de Lorentz. Pero también la electrodinámica ha supuesto un modelo, dado que la nueva ley debe transformarse del mismo modo que las acciones electromagnéticas, ha de mostrar que la fuerza se propaga a la misma velocidad que estas y no debe violar, consiguientemente, el principio de relatividad en su nueva forma. En definitiva, en la electrodinámica, el principio clásico de gravitación ha perdido su estatuto de convención máximamente válida para ser sustituido por una ley que aún tiene que probar su aplicabilidad antes de poder ser elevada al mismo nivel del que goza, por ejemplo, el principio de relatividad.

Por otro lado, volviendo a la cuestión de la propagación de la gravitación y de su velocidad, Poincaré afirma:

«Si admitimos el postulado de relatividad, encontraremos en la ley de gravitación y en las leyes electromagnéticas un número común que será la velocidad de la luz; y lo rencontraremos todavía en todas las fuerzas de cualquier origen, lo cual no podrá explicarse más que dos maneras:

O bien, no hay nada en el mundo que no sea de origen electromagnético.

O bien esta parte que será por así decir común a todos los fenómenos físicos no será más que una apariencia, algo que se deberá a nuestros métodos de medida. ¿Cómo hacemos nuestras medidas? Al transportar unos sobre otros, objetos vistos como sólidos invariables, responderemos primero, pero esto ya no es verdadero en la teoría actual, si admitimos la contracción lorentziana. En esta teoría, las longitudes iguales son, por definición, longitudes que la luz emplea el mismo tiempo en recorrer»[81].

A este respecto, hemos mostrado más arriba que en 1906 Poincaré no se inclina hacia una reducción electromagnética de la gravitación. Siendo así, nos queda examinar la segunda alternativa, a saber, que la constancia en la transmisión de la luz y de la gravitación sea el resultado de la forma en que realizamos las medidas. En efecto, al introducir la contracción, Lorentz había supuesto la identidad de dos longitudes cuando la luz tardaba el mismo tiempo en recorrerlas[82]. La necesidad de este nuevo método deriva de que ya no podemos convenir la rigidez de los cuerpos, puesto que todos se encuentran sometidos a la acción de las fuerzas moleculares. Por tanto, la condición de 'invariancia bajo transporte' no resulta aplicable, dado que los objetos se contraen en la dirección del movimiento. No obstante, a ojos de nuestro autor este nuevo método no deja de ser una estipulación; de hecho, se trata de una convención de medida del mismo tipo que las utilizadas en mecánica clásica para medir la masa, el tiempo o la distancia. Y de la decisión de adoptar este procedimiento de medida parece derivar la constancia encontrada en las velocidades de propagación. Dado que la velocidad se define a partir del espacio recorrido por unidad de tiempo, y el espacio es medido en unidades de longitud, la elección de nuestro método para determinar longitudes y tiempos puede influir en los resultados obtenidos en el cálculo de velocidades. En definitiva, la admisión del recorrido de la luz por unidad de tiempo como patrón de longitud aparentemente no es más que una hipótesis indiferente, una resolución aceptada para facilitar una descripción. Sin embargo, justo a continuación declara:

«Quizá bastará renunciar a esta definición para que la teoría de Lorentz sea también completamente transformada como lo fue el sistema de Ptolomeo por la intervención de Copérnico»[83].

Esta afirmación resulta un tanto sorprendente, pues si interpretamos que el proceso de medida en esta teoría, como en las otras, corresponde a la estipulación de una hipótesis indiferente, su modificación debería dejar invariante tanto el contenido como la forma matemática de la teoría, lo cual, en principio, no corresponde precisamente a lo que ocurre en la transición de la astronomía ptolemaica a la copernicana. Pero, ¿y si en lugar de ver

---

[81] Poincaré (1906a), pp. 497-498.
[82] Cf. Darrigol (2006), p. 20 y Walter (2007), p. 209.
[83] Poincaré (1906a), p. 498.

estas dos teorías como una modificación radical de concepción científica atendemos simplemente a las relaciones por ellas establecidas?

> «Supongamos un astrónomo anterior a Copérnico reflexionando sobre el sistema de Ptolomeo; observará que para todos los planetas, uno de los dos círculos, epiciclo o deferente, es recorrido en el mismo tiempo. Esto no puede ser por azar, hay entre todos estos planetas no sé qué vínculo misterioso.
> Pero Copérnico, cambiando simplemente los ejes de coordenadas vistos como fijos, hace desvanecer esta apariencia; cada planeta no describe ya más que un solo círculo y las duraciones de las revoluciones son independientes (hasta que Kepler restablece entre ellas el vínculo que habíamos creído destruido)[84]».

Este pasaje muestra que el trabajo (matemático) de los astrónomos se centra en establecer una relación entre los cuerpos y el tipo de movimientos que realizan. Es decir, despojando las teorías de aquellas asunciones que escapan al terreno de la física, tales como la idea de movimientos naturales o la naturaleza divina de los cuerpos celestes, Poincaré expone la transición del sistema ptolemaico al copernicano en términos de 'un cambio de ejes de coordenadas', de tal modo que las relaciones descubiertas en una teoría puedan ser expuestas de un modo más simple en la otra. La elección de los ejes de coordenadas es una cuestión de convención[85], o sea, decidimos cuál es el sistema de referencia con respecto al que describir los movimientos. Lo mismo podría ocurrir con la teoría de Lorentz. En definitiva, escoger el tiempo que emplea la luz en recorrer un objeto como patrón de medida determina el modo en que expresamos nuestras relaciones, al igual que elegir la geometría euclídea definía el movimiento rectilíneo como 'el más simple'. Los patrones de medida forman parte de nuestro lenguaje científico convencional en el que expresamos las relaciones descubiertas empíricamente. En consecuencia, podría ocurrir que la modificación de nuestros métodos de medida transformase la teoría de Lorentz en una más simple, en una en la cual las relaciones pudiesen expresarse mejor. De hecho, Poincaré había invocado la flexibilidad de dicha teoría como una de sus virtudes y anunciaba que en la medida en que revelaba relaciones verdaderas, su esencia se mantendría, pese a las dificultades argüidas en su contra, de tal modo que:

---

[84] Poincaré (1906a), p. 497.
[85] Cf. Poincaré (1913a), p. 45.

«Las buenas teorías dan razón de todas las objeciones; no son so-
cavadas por las que son engañosas, sino que triunfan incluso ante
las objeciones serias, pero triunfan transformándose.

Lejos de perjudicarlas, por tanto, las objeciones les sirven, puesto
que les permiten desarrollar toda la virtualidad latente que se encontraba en ellas. Pues bien, la teoría de Lorentz es una de ellas»[86].

Consecuentemente, Poincaré consideraba, hasta cierto punto, la
teoría de Lorentz como incompleta o, cuando menos, mejorable. Sin embargo, hacia 1908 podría parecer que hay un cambio en su comprensión de
la gravitación. En sus exposiciones sobre la dinámica del electrón desde esa
fecha, se muestra más favorable a una reducción electromagnética de dicha
fuerza. Así, afirma:

« […] podemos hacer dos hipótesis: podemos suponer que la gravitación no tiene ninguna relación con las atracciones electrostáticas,
que es debida a una causa enteramente diferente, y que simplemente
se superpone a ella; o bien podemos admitir que no hay proporcionalidad entre las atracciones y las cargas»[87].

Con respecto a la primera posibilidad, lo que significa es que la analogía existente entre la ley de Coulomb y la gravitación es simplemente eso,
una analogía, de forma que el hecho de que la atracción entre cargas de diferente signo sea inversamente proporcional al cuadrado de la distancia que las
separa tiene una semejanza matemática con la ley clásica de gravitación, pero
no va más allá de eso. En cambio, la segunda hipótesis, la cual es examinada
en detalle (no así la primera), estipularía la identidad entre el campo gravitatorio y el electromagnético (lo que había negado en 1906).

Para hacer entrar la gravitación en el ámbito de la electrostática, es
preciso suponer que el campo generado por lo que Poincaré denomina como 'electrones positivos'[88] sea diferente de aquel producido por los negativos, de tal modo que los primeros sean más sensibles al campo producido

---

[86] Poincaré (1900a), p. 464.

[87] Poincaré (1908b), p. 398.

[88] La predicción del positrón como partícula idéntica al electrón pero con carga de signo
contrario no fue hecha hasta 1928 por Paul Dirac y confirmada experimentalmente por Carl
Anderson en 1932. Cf. Dirac (1928), pp. 610 y ss. y Anderson (1933), pp. 491 y ss. Sin embargo, Poincaré refiere aquí a partículas que tienen diferente masa. Con toda probabilidad
está aludiendo a los protones. En ningún caso creemos que esto se pueda tomar como una
anticipación de la idea de antimateria.

por los segundos y viceversa[89]. Precisamente, la desigualdad entre los campos daría como resultado una fuerza excedente que sería interpretada como la gravitación, teniendo así la misma naturaleza que la fuerza eléctrica. Esta idea, aplicada a la electrodinámica, representa la hipótesis de Lorentz de atribuir la gravitación a una fuerza residual derivada del electromagnetismo[90]. Tal y como ocurría en electrostática, los electrones son más sensibles al campo creado por los de signo contrario (recordemos que Poincaré habla de electrones positivos y negativos), de tal modo que aunque se encuentren sometidos a las mismas leyes, estas tendrán un *coeficiente diferente*, produciendo una perturbación en el éter que justifica la fuerza de atracción gravitacional:

> «Tal es la hipótesis de Lorentz, que se reduce a la hipótesis de Franklin para las velocidades pequeñas; por tanto, da cuenta, para estas velocidades pequeñas de la ley de Newton. Además, como la gravitación se reduce a fuerzas de origen electrodinámico, la teoría general de Lorentz se aplicará y en consecuencia el principio de relatividad no será violado»[91].

Ahora bien, este aparente cambio de posición de nuestro autor no deriva de una adhesión repentina a la visión electromagnética de la naturaleza, sino que se deduce, de lo que él denomina como 'una nueva concepción de la materia' que se desprende de la nueva mecánica[92].

En efecto, la teoría de Lorentz implicaba una nueva concepción de la masa inercial, de tal modo que esta ya no resultaba invariante y, por tanto, no era una constante como ocurría en la mecánica clásica. Para Poincaré, la constancia de la masa se derivaba del principio de Lavoisier descubierto en 1772 y enunciado así:

> «Nada es creado, ni en las operaciones del arte [la ciencia química], ni en las de la naturaleza y en principio podemos suponer que, en toda operación, hay una cantidad igual de materia antes y después de la operación; que la cualidad y la cantidad de los principios es la misma, y que no hay más que cambios, modificaciones. Es sobre este principio que se ha fundado todo el arte de hacer experimentos en química: estamos obligados a suponer en todos ellos una verda-

---

[89] Cf. Poincaré (1908b), p. 398. Poincaré atribuye esta hipótesis a Franklin y señala que claramente complica la electrostática, pero cuenta con la ventaja de encajar la gravitación en este esquema.

[90] Cf. Lorentz (1900), p. 566.

[91] Poincaré (1908b), pp. 398-399.

[92] Cf. Poincaré (1910), p. 55.

dera igualdad o ecuación entre los principios de los cuerpos que examinamos y aquellos que extraemos por análisis»[93].

Este principio establece la equivalencia entre la masa de reactivos y productos en una reacción química, es decir, la masa permanece constante y lo único que sufre son modificaciones, pero ni aumenta ni disminuye. Este es, para Poincaré, el principio más vinculado a la mecánica, pues no podríamos modificarlo sin socavar completamente esta ciencia[94], dado que a partir de los experimentos de combustión del fósforo y el azufre de Lavoisier, se demostró experimentalmente la constancia de la masa, hecho que, generalizado, permite proporcionar un soporte empírico a la idea de la masa como un invariante expuesta en las leyes de Newton, de tal manera que apoya la definición de esta magnitud como un escalar. Sin embargo, a partir de la dinámica del electrón es otro de los principios cuyo estatuto de validez máxima peligra, pues de acuerdo con la teoría de Lorentz, la masa aumentaba con la velocidad, de tal modo que se hacía infinita a la velocidad de la luz[95].

En definitiva, el problema es el siguiente: estando la materia formada por electrones, estos, a su vez, forman los rayos catódicos[96] que tienen velocidades próximas a la de la luz. Podemos medir la velocidad y la masa de estas partículas al ser desviadas por un campo eléctrico o magnético. Ahora bien, los electrones en movimiento perturban el éter, de tal modo que es preciso contar con la inercia del éter, como medio transmisor de la energía electromagnética y con la de la propia partícula. De esta forma, al efectuar las mediciones lo que deberíamos detectar es una masa doble. Por un lado, se trataría de la masa mecánica ordinaria de cada electrón, que nuestro autor denomina 'masa real'[97] y, por el otro, de la masa electrodinámica (denominada 'masa aparente') que es equivalente a la inercia del éter. Los experimentos de Kaufmann de 1901 y 1903, diseñados para determinar la relación entre ambas, parecían demostrar que efectivamente la electromagnética aumentaba con la velocidad, en tanto que la masa real había resultado nula[98]. Esta idea encajaba con los cálculos de Abraham[99] y, lo que para este último era más importante, daba cuenta de la visión electromagnética de la natura-

---

[93] Lavoisier (1789), p. 101.
[94] Cf. Poincaré (1904), p. 315.
[95] Cf. Poincaré (1904), p. 316.
[96] Los rayos catódicos son corrientes de electrones que se observan en tubos de vacío. Los electrones fueron observados en estos rayos en 1897 por J. J. Thomson. Cf. Thomson (1897).
[97] Cf. Poincaré (1908b), p. 388.
[98] Cf. Poincaré (1908b), p. 388.
[99] Cf. Abraham (1902), p. 20.

leza, puesto que si no había masa mecánica, en último término la física clásica debería poder explicarse en términos electromagnéticos, dando por finalizada la concepción mecanicista y, por consiguiente, invalidando el principio de Lavoisier. En definitiva, la masa de un electrón dependería de lo que acontece en el éter, lo cual, por su parte, depende de la velocidad y dirección de movimiento del electrón[100].

En principio, los experimentos de Kaufmann parecían coincidir con los resultados de Lorentz, pero a causa de su singularidad fueron repetidos en 1904, y al año siguiente Kaufmann comunicó sus resultados afirmando que encajaban mejor con la teoría de Abraham que con la de Lorentz[101]. La relación entre masa electromagnética y real era la misma, dado que esta continuaba siendo nula. Sin embargo, Lorentz había postulado la deformación del electrón frente a la rigidez del de Abraham, y este hecho no parecía haber recibido confirmación experimental. Este resultado negativo hizo que Lorentz considerase que su teoría debía ser o bien modificada o bien descartada[102]. Por su parte Poincaré, aunque no negó que era un serio contratiempo, antes de pronunciarse de modo definitivo decidió esperar a la repetición de los experimentos de Kaufmann, realizada por Bucherer en 1908, quien en septiembre de ese año confirmó las predicciones de Lorentz[103]. Prueba de que nuestro autor no consideraba definitivo el resultado de Kaufmann, es el hecho de que en una exposición divulgativa respecto de las concepciones contemporáneas de la materia titulada "La fin de la matière", declaraba el carácter delicado de tales experimentos y pedía cautela en lo que de ellos pudiera derivarse, pues «una conclusión definitiva sería hoy prematura»[104]. Probablemente, la razón para dudar de un resultado que contradecía la teoría de Lorentz era puramente teórica: esta era la única que respetaba el principio de relatividad y no así la de Abraham, hecho que Poincaré había puesto de manifiesto en numerosas ocasiones[105]. Por consiguiente, la sospecha de nuestro autor se basaba en la confianza que había atribuido al nuevo principio de relatividad para la electrodinámica, revelando el carácter constitutivo y regulativo que tenía esta nueva convención, en cuanto que por un lado, era parte integrante de la teoría de Lorentz y, por el otro, guiaba al científico en su proceder.

---

[100] Cf. McCormmach (1970), p. 474.

[101] Cf. Miller (1997), p. 67 y Kaufmann (1905), pp. 949-959.

[102] Carta de Lorentz a Poincaré de 8 de marzo de 1906. Cf. Miller (1997), p. 68.

[103] Cf. Miller (1997), p. 69 y Bucherer (1908), pp. 755-762. En 1938 se probó que los resultados de Bucherer también era incorrectos, a causa de ciertas imprecisiones en los filtros para la detección de la velocidad. Cf. Zahn y Spees (1938), pp. 363-373.

[104] Poincaré (1906b), p. 202.

[105] Cf. Poincaré (1905c) y Poincaré (1906a).

En su artículo de 1908 sobre la dinámica del electrón, aún no tenía conocimiento del resultado de Bucherer[106]. No obstante, dado que no consideraba definitivos los experimentos de Kaufmann, contempló la posibilidad de que, en la medida en que estos habían sido realizados solo para los electrones negativos, sus consecuencias no se aplicaran a los positivos, y planteó dos hipótesis respecto de la naturaleza de la materia[107]. La primera de ellas implicaba que los electrones positivos tendrían una masa mecánica mayor que la electromagnética y los negativos solo estarían en posesión de esta última, de tal modo que no podrían ser considerados como 'verdadera materia'. Además, podría haber también partículas neutras cuya masa sería exclusivamente mecánica. Esta idea implicaba el mantenimiento de concepciones clásicas respecto de la materia y la posibilidad de conservar todos los principios de la mecánica cuando no hubiese necesidad de aplicarlos a grandes velocidades. La segunda opción suponía la no existencia de partículas neutras ni de masa mecánica alguna, de tal modo que la única inercia sería la del éter. En ese caso:

«Los electrones ya no serían nada por sí mismos; serían solamente agujeros en el éter en torno a los cuales se agita el éter; cuanto más pequeños sean estos agujeros más éter habrá y, en consecuencia, la inercia del éter será mayor»[108].

Esta era precisamente la concepción de Kaufmann, de la cual se desprendía la desaparición de los objetos materiales[109]. No obstante, la teoría de Lorentz parecía también abocar a esta segunda hipótesis, aunque resultaba igualmente compatible con la existencia de algún tipo de masa mecánica que ya no podría ser considerada como invariante, pues si la contracción de Lorentz se aplicaba invariablemente a todos los cuerpos, la masa mecánica también se vería afectada por ella[110].

Toda esta digresión respecto de la masa resulta relevante porque esta es una de las magnitudes fundamentales implicadas en la ley gravitación y Poincaré se cuestiona el estatuto de la ley Newton con base en la modificación del concepto de masa. Es decir, si la masa como coeficiente de inercia no puede ser una constante, entonces, la masa como cuerpo atrayente, ¿podrá ser constante? Y en 1908 la respuesta de Poincaré es la siguiente:

---

[106] El artículo se publica en mayo de ese año y Bucherer presenta sus resultados en septiembre.
[107] Cf. Poincaré (1908b), p. 389.
[108] Poincaré (1908b), p. 390.
[109] Cf. Boniolo (2000), p. 177.
[110] Cf. Poincaré (1908b), p. 395.

«Esta es una cuestión que no tenemos medio alguno de decidir»[111].

O sea, la teoría de Lorentz no solo no podía proporcionar una explicación conceptual de la identidad factual entre masa gravitatoria e inercial que se daba en la mecánica clásica, sino que ni siquiera era capaz de mostrarnos empíricamente que esta equivalencia continuaba siendo un hecho. En definitiva, ante esta cuestión, para Poincaré, lo único que podemos es hacer hipótesis, y tratar de que estas sean compatibles tanto con el principio de relatividad como con las restantes suposiciones derivadas de la teoría de Lorentz. Quizá esta es la razón de que al final de este artículo afirme la reducción de la gravitación a fuerzas de origen electrodinámico[112]: esta es la hipótesis que mejor encaja con la teoría de Lorentz. Ahora bien, ¿debe considerarse como definitiva? En principio, no pasa precisamente de eso, de una hipótesis. Puesto que en el primer capítulo analizamos los varios tipos de ellas, deberíamos considerar en cuál se encaja la aquí propuesta. Sin embargo, son dos asunciones lo que está en juego. La primera de ellas refiere a la naturaleza de la fuerza de gravitación. La segunda, a la de la masa.

Con respecto a la primera, pensamos que se trata de una hipótesis indiferente, en la medida en que es relativa a la naturaleza de la fuerza y, en consecuencia, consideramos que lo más adecuado es mantener la posición que defendimos más arriba, a saber, puesto que es una hipótesis metafísica, su estatuto para la ciencia física es convencional, y por consiguiente no debe ser considerada ni verdadera ni falsa. Además, en sus posteriores exposiciones sobre la nueva mecánica, Poincaré mantiene la presuposición de que siempre cabe hacer dos hipótesis, siendo la primera que la analogía entre electromagnetismo y gravitación es tan solo eso, una semejanza; y la segunda que la fuerza gravitatoria se reduce a la electromagnética, es decir, la contemplada por Lorentz[113]. Ambas son perfectamente compatibles con la teoría, pese a que en función del principio de unidad la segunda encajaría mejor con la concepción filosófica de Poincaré. No obstante, el hecho de que mantenga abierta la posibilidad de elección entre ellas es indicativo de dos cosas. Por un lado, en ningún momento está plenamente convencido de la visión electromagnética de la naturaleza, lo cual guarda completa coherencia con su filosofía, pues dicha visión es representativa de una posición metafísica muy particular y, como hemos mencionado en numerosas ocasiones, Poincaré evita siempre comprometerse con cualquier afirmación respecto de realidades últimas. Por el otro, la posibilidad de *elección* respecto de la natura-

---

[111] Cf. Poincaré (1908b), p. 398.
[112] Cf. Poincaré (1908b), p. 399.
[113] Cf. Poincaré (1909), p. 176.

leza de la fuerza es representativa tanto de su posición convencionalista como de la concepción pluralista de las teorías, dado que lo que en último
término pone de manifiesto es que hay una parte de las teorías que es susceptible de varias interpretaciones, lo cual enfatiza el papel del científico en
la investigación debiendo decantarse por una posición cuando los medios
empíricos resultan insuficientes.

La segunda hipótesis, a saber, la relativa a la masa, resulta algo más
complicada de resolver, pues aunque en 1908 Poincaré estima que es preci-
pitado extraer consecuencias definitivas de los resultados de Kaufmann, en
1909 y conociendo ya los de Bucherer, no plantea hipótesis alternativas respecto de la naturaleza de la materia, exponiendo a partir de ese momento
que el éter tiene inercia y que la masa mecánica es despreciable:

> «En esta nueva concepción, la masa constante de la materia ha desa-
> parecido. El éter solo y no la materia es inerte. Solo, el éter opone
> una resistencia al movimiento, de modo que podríamos decir: no
> hay materia, no hay más que agujeros en el éter»[114].

Pese a que aún podría plantearse esto como una hipótesis, Poincaré
ya no parece interesado en mostrar posibilidades alternativas, de tal modo
que, desde nuestro punto de vista, solo puede haber una razón para que
nuestro autor haya cambiado de posición y esta no es otra que el resultado
de Bucherer de 1908. En definitiva, la masa siempre es considerada como
una magnitud física, en el sentido de que carece de carácter metafísico a causa de su naturaleza 'material', de su vinculación a aquello que percibimos
como cuerpos físicos. La fuerza, por el contrario, nunca ha tenido para él un
carácter físico, siempre la ha comprendido en tanto que desviación del movimiento, y su propio estatuto tenía un carácter nominal incluso dentro de la
mecánica. Por tanto, las hipótesis relativas a la masa deben considerarse más
bien como generalizaciones empíricas. El hecho de que Poincaré haya modificado su posición con base en resultados experimentales concuerda bien
con la idea de que las concepciones científicas son siempre susceptibles de
cambiar a la luz de nuevos datos. En definitiva, son los resultados de las
experiencias lo que constituye la base de nuestra ciencia y si estos mudan,
aquella debe hacerlo igualmente. Sin embargo, esto podría implicar, hasta
cierto punto, una revisión de sus ideas respecto del éter, pues en este punto
parece que la materia se encuentra entrelazada con él, llevando a nuestro
autor a una posición muy cercana a la de William Thomson y sus remolinos
de éter. Si este fuera el caso, las objeciones que expuso al referir la posición

---

[114] Poincaré (1909), p. 174.

de Thomson, tendrían también que ser aquí aplicables. Pero nos parece que la afirmación de Poincaré respecto de que la materia ya no existe y todo lo que hay son esa suerte de 'agujeros' en el éter, no es más que un modo de exponer las consecuencias de la teoría de Lorentz. O sea, con esa declaración no pretende describir la 'verdadera' naturaleza de la materia, pues esto es también hacer metafísica y defender si la materia es continua, como sugiere la hipótesis del éter, o exclusivamente formada de electrones es también una hipótesis indiferente. Lo que, desde nuestro punto de vista, muestran los experimentos de Bucherer y Kaufmann para Poincaré es que la masa varía con el aumento de la velocidad, o sea, ya no es una constante. La experiencia ha puesto de manifiesto una relación nueva entre estas dos magnitudes, una que la mecánica newtoniana no había sido capaz de evidenciar. Esto es lo que constituye una nueva generalización empírica y no la eliminación de la materia en función del éter como entidad última.

En efecto, cuando en 1912 reflexiona sobre las nuevas concepciones de la materia, afirma que la ciencia oscila siempre entre una posición atomista y una continuista, e inversamente, sin poder sustraerse a esta dualidad representada en diferentes períodos de su historia[115]. Y precisamente pone como ejemplo de este conflicto entre ambas concepciones el estado de la ciencia en su momento, afirmando que si bien en último término parece que la materia está formada por electrones, y que estos aparentan ser 'verdaderos átomos de electricidad', ciertas teorías recientes muestran que el origen de la masa del electrón está en la inercia del éter, el cual concebimos como un medio continuo[116]. En resumen, las ideas de Poincaré sobre el éter no se han visto modificadas por la nueva mecánica, podríamos decir que aún lo considera simplemente como una hipótesis cómoda, de modo que podemos actuar *como si* existiese, pero en último término, su existencia es «asunto de los metafísicos»[117]. Lo cual no significa que estas hipótesis no sean importantes para la ciencia, sino que son indecidibles desde el punto de vista experimental, por lo que no hay modo de escapar al conflicto entre estas visiones opuestas. Ahora bien:

> «Si esta guerra no debe llevar a la victoria definitiva de uno de los combatientes, esto no quiere decir que sea estéril, pues a cada nuevo combate, el campo de batalla se desplaza; por tanto cada vez está

---

[115] Cf. Poincaré (1912), p. 187.
[116] Cf. Poincaré (1912), p. 190.
[117] Poincaré (1902a), p. 216.

más adelante, lo cual representa una conquista no para uno de los dos bandos beligerantes, sino para la humanidad»[118].

Por consiguiente, pese a la imposibilidad de comprobar las hipótesis metafísicas que se sitúan en la base de nuestras concepciones de la materia, ello no supone la necesidad de adoptar una posición escéptica que niegue la adquisición de conocimientos, sino que estos son, simplemente, limitados.

Estas ideas no pueden sino destacar la concepción de Poincaré respecto de las teorías científicas. En 1905 había afirmado que la sucesión de las mismas daba la impresión de una acumulación de «ruinas sobre ruinas»[119], pero bajo las apariencias de fracaso científico persistían las relaciones vestidas con diferentes disfraces. Estos 'disfraces' no son sino las hipótesis que ayudan a conformarlas. Cada teoría se compone de varios elementos: hipótesis (de distintos tipos), hechos, relaciones, leyes, principios. Entre estos, algunos de ellos mudan y otros se mantienen constantes, pasando de una teoría a otra. En el seno de la ciencia los ropajes con los que una teoría se presenta constituyen esos elementos variables, en general identificados con las hipótesis indiferentes (las más dispensables) y con el lenguaje en el que la teoría se expresa. Con respecto a la teoría de Lorentz, esta no era diferente de las otras, en efecto, presentaba relaciones, algunas nuevas, otras antiguas bajo una forma nueva. En la medida en que era una más entre las sucesivas teorías que han gobernado la ciencia, bien podía ocurrirle lo mismo que a las demás, en definitiva, su estatuto era y siempre permanecería transitorio. Esta temporalidad no suponía en modo alguno que resultase superflua pues aquello que había desvelado y que en ella no era prescindible, o sea, lo que no resultaba como un simple 'ropaje' sería preservado. Por eso Poincaré presentaba sus resultados como provisionales, presuponiendo que la teoría podría ser superada, pero:

«Si esto ocurre un día, no probará que el esfuerzo hecho por Lorentz haya sido inútil; dado que Ptolomeo, sea lo que sea que pensemos de él, no fue inútil para Copérnico»[120].

Algunas de las consecuencias de esta teoría socavaban las concepciones clásicas de la ciencia. Tal era el caso del principio de relatividad, que no había sido invalidado pero sí modificado, del de acción y reacción o el de conservación de la masa que resultaban derogados, o del de gravitación, que

---

[118] Poincaré (1912), p. 191.
[119] Poincaré (1905a), p. 165.
[120] Poincaré (1906a), p. 498.

perdía su estatuto para ser modificado y descender al nivel de ley. Además, nuestra concepción del espacio y el tiempo era también alterada. El tiempo ya no era un invariante, el espacio euclídeo tridimensional se encontraba transformado ahora era una variedad pseudo-euclídea de cuatro dimensiones, en la que la cuarta correspondía al tiempo, de modo que ya no podían tener estatutos separados[121].

Por otra parte, había algunas implicaciones de esta concepción que afectaban a la estabilidad de la mecánica celeste, la cual había constituido el paradigma de 'ciencia exacta' por excelencia. En efecto, al admitir la composición de la materia proporcionada por la teoría de Lorentz, según la cual estaba formada de electrones, que son partículas que radian energía electromagnética al moverse, los cuerpos celestes en sus aceleraciones también producirían una cierta radiación; consecuentemente, esto generaría una disipación de la energía causando una ralentización en los movimientos, de modo que a largo plazo los planetas acabarían cayendo sobre el Sol, aunque tardarían muchísimo tiempo[122]. En efecto, como apuntó Willem de Sitter, la modificación que Poincaré había hecho de la ley de Newton podía cambiar completamente la existencia de soluciones periódicas y la convergencia de las series[123], en definitiva, podía proporcionar una respuesta negativa a la cuestión de la estabilidad del sistema solar.

La disipación de la energía era más sensible cuanto más rápido era el movimiento del planeta. Dentro de nuestro sistema solar, la revolución de mayor velocidad es la de Mercurio, de tal modo que este sería el que tendría una mayor pérdida de energía y si esta era sensible, tal vez produciría efectos en su órbita. Al aplicar la teoría a los cálculos, Poincaré afirma que la nueva mecánica da cuenta, aunque no suficientemente, del avance del perihelio, de tal modo que:

> «Si este resultado no es decisivo a favor de la nueva mecánica, es aún menos desfavorable para su aceptación, puesto que el sentido en el cual corrige el desvío de la teoría clásica es el bueno»[124].

En efecto, la no predicción del avance completo del perihelio de Mercurio no podía ser tomada como un argumento empírico contra la nueva teoría, de hecho, en la época no era considerado como un test posible

---

[121] Cf. Poincaré (1913a), p. 53.
[122] Según él esta catástrofe ocurriría dentro de «millions de milliards de siècles». Cf. Poincaré (1909), p. 176.
[123] Cf. De Sitter (1911), p. 388.
[124] Poincaré (1909), p. 177.

para ninguna teoría gravitacional[125]. A este respecto, hemos visto que el propio Lorentz no se mostraba perturbado ante la imposibilidad de dar cuenta de esta observación[126]. La razón de esta tranquilidad se debía precisamente a que había otras opciones para explicarla. En 1910, Lorentz señaló precisamente que la hipótesis de la luz zodiacal propuesta por Seeliger nos dejaba sin posibilidad de decisión[127]. Y de Sitter, un año después, utilizó las dos leyes propuestas por Poincaré para el cálculo de anomalías astronómicas mostrando que ambas fórmulas eran válidas para todas las excentricidades[128], que no existían grandes discrepancias respecto de la teoría newtoniana para el movimiento lunar[129], y que el avance calculado para Mercurio era de 7"15, y el resto podía ser explicado por los elipsoides de materia de Seeliger[130].

En definitiva, la teoría de Lorentz estaba en el camino correcto, pese a lo cual no probaba en modo alguno la inutilidad de la mecánica clásica:

«Para concluir, será prematuro, creo yo, a pesar del gran valor de los argumentos y de los hechos erigidos contra ella, ver la mecánica clásica como definitivamente condenada. Sea como sea, además, permanecerá como la mecánica de las velocidades muy pequeñas en relación a la velocidad de la luz, la mecánica de nuestra vida práctica y de nuestra técnica terrestre»[131].

O sea, la mecánica clásica será siempre una primera aproximación, y en la medida en que la teoría de Lorentz, en el límite para las velocidades pequeñas rencuentra las leyes newtonianas, las relaciones descubiertas por estas se habrán preservado de algún modo en aquella.

En resumen, con el objetivo de mostrar su compatibilidad con la nueva electrodinámica, Poincaré se ve obligado a introducir una modificación en el principio de gravitación, provocando que su estatuto mude con el cambio de disciplina: en la nueva física, la gravitación ya no tendrá el nivel de principio, sino que será considerada una ley experimental y, como tal, solo aproximativa. Esto guarda relación con lo expuesto en el tercer capítulo respecto de la diferencia entre los principios de la mecánica y los principios de la física. En el paso de la mecánica clásica a la física de los principios, la

---

[125] Cf. Roseveare (1982), p. 162.
[126] Cf. Lorentz (1900), p. 572.
[127] Cf. Lorentz (1910), p. 1240.
[128] Cf. De Sitter (1911), p. 405.
[129] Cf. De Sitter (1911), p. 407.
[130] Cf. De Sitter (1911), pp. 408-409.
[131] Poincaré (1909), p. 177.

nueva disciplina acentuó su carácter inductivo frente a la antigua, si bien mantuvo en su base algunos principios generales que garantizaban parcialmente su estatuto convencional. Ahora, en la transición a la nueva mecánica, algunos de ellos han resultado condenados (el de acción y reacción) y ya no tienen uso más que como una primera aproximación; otros han perdido su estatuto para transformarse en leyes empíricas (el de gravitación); y, por último, aún hay otros que se han visto modificados, pero conservando el carácter de convenciones máximamente aplicables (el de relatividad). Este proceso muestra el proceder cada vez más inductivo de la ciencia física, lo cual no puede por menos que poner de manifiesto su provisionalidad, así como la limitación de su alcance en comparación con la mecánica, pues las leyes siempre tienen un campo de acción menor que el de los principios.

Además de la eliminación o modificación de algunos de los principios de la mecánica, las consecuencias de la aceptación de la teoría de Lorentz han supuesto la puesta en cuestión de magnitudes clásicas tales como la masa, e incluso de nuestros patrones habituales de longitud. Sin embargo, la quiebra de las nociones clásicas no torna inútil la concepción filosófica de Poincaré. Por el contrario, en la medida en que esta es elaborada a partir de la práctica científica, en ningún momento tiene la pretensión de ser definitiva, por lo que ostenta una flexibilidad que le permite adaptarse a los cambios en el seno de la ciencia, como muestra su capacidad de desprenderse de aquellos principios que ya no resultaban fructíferos.

Para terminar, en el próximo epígrafe, examinaremos la solución proporcionada en su curso de 1906-1907 y cómo se relaciona con el doble estatuto de la gravitación hasta aquí expuesto, a saber, un principio para la mecánica clásica y una ley para la nueva mecánica.

§ 3 Los límites de la ley de Newton

El propósito de esta última parte es, partiendo de la conclusión de Poincaré en su curso de astronomía matemática y mecánica celeste de 1906-1907, analizar las razones que le llevan a ella, teniendo en cuenta las soluciones particulares a las anomalías observacionales que expusimos en el capítulo anterior, y explorar la posible relación entre esta conclusión y el lugar de la gravitación en su esquema epistemológico tal y como lo hemos determinado para la mecánica y la electrodinámica. Este curso ocupa un lugar muy particular en la producción científica y filosófica de Poincaré, como trataremos de mostrar, pues es impartido con posterioridad a sus primeros artículos sobre la dinámica del electrón en los cuales, como ya se reveló, propone una modificación de la ley de Newton para hacerla invariante respecto de las transformaciones de Lorentz. Sin embargo, al mismo tiempo, es anterior a sus últimas consideraciones acerca de la nueva mecánica y, también, a los experimentos de Bucherer, los cuales, según hemos expuesto, le llevaron a alterar algunas de sus concepciones sobre la ciencia física. Por tanto, se sitúa en un momento en el que, si bien existen razones teóricas para cambiar el estatuto de la gravitación, los experimentos (como los de Kaufmann) aún no han suministrado el soporte necesario para una tal renovación.

Al inicio de su curso respecto de los límites de la ley de Newton, expresaba que el objetivo de la mecánica celeste era determinar si dicha ley daba cuenta de todos los fenómenos astronómicos[132]. Enseguida declaraba ciertas limitaciones de la misma, al no resultar aplicable para distancias muy pequeñas (moleculares), ni ser rigurosa para aquellas demasiado grandes. En definitiva, comenzaba restringiendo su alcance a un dominio muy particular, aquel que podemos denominar como 'distancias intermedias', siendo estas las correspondientes a las fronteras del sistema solar. Por consiguiente, frente a otros científicos de la época como Olbers o Seeliger que discuten la extensión de la ley newtoniana al universo en su conjunto, Poincaré la circunscribe al mismo terreno que lo hicieran Newton y Laplace, a saber, lo que ellos denominaron 'El Sistema del Mundo'. En consecuencia, una vez delimitado su marco de aplicación, plantea su objetivo del siguiente modo:

«Dada la precisión actual de las observaciones, ¿podemos poner en evidencia una derogación de la ley de Newton?»[133].

Y su respuesta final es:

«No tenemos ninguna razón seria para modificar la ley de Newton»[134].

Ahora bien, ¿cómo y por qué, en el recorrido de su análisis respecto de las discrepancias entre teoría y observación, llega a esta conclusión? Si existen divergencias observacionales de las que la teoría, en principio, no consigue dar cuenta, ¿por qué razón no son suficientes para alterarla? Por tanto, nuestro primer empeño será mostrar el modo en que nuestro autor llega a esta decisión.

En la medida en que lo que aquí está en juego son las anomalías astronómicas, el planteamiento será más empírico que en los apartados pre-

---

[132] Cf. Poincaré (1953), p. 122.
[133] Poincaré (1953), p. 122.
[134] Poincaré (1953), p. 265.

vios, puesto que el objetivo es incorporar algunos hechos de experiencia a la nueva teoría. Conforme a lo expuesto en el capítulo anterior, las principales irregularidades señaladas por Poincaré son el avance de 43 segundos de arco por siglo del perihelio de Mercurio, la aceleración secular del movimiento medio de la Luna y la aceleración secular del cometa de Encke. Junto a estas, existen otras relevantes como el avance del perihelio de Marte o el de los nodos de Venus, que también trata de resolver, si bien su estudio de las mismas no es tan pormenorizado.

Así, comenzaremos por recordar las tentativas de solución a cada uno de estos problemas. Primero, para el perihelio de Mercurio y el de Marte e, indirectamente, para los nodos de Venus:

«Es preciso, por tanto, retomar la hipótesis de un anillo que circula entre Mercurio y Venus y admitir que Marte es perturbado por otro anillo o por los pequeños planetas»[135].

Para el movimiento medio de la Luna:

«1° Será preciso también considerar las mareas solares, cuyo efecto es mucho menos importante que el de las mareas lunares.

2° Podríamos todavía considerar el hecho de que la Tierra es un imán y la Luna probablemente también; los dos son cuerpos conductores. Cuando los imanes se mueven en la proximidad de los conductores, dan lugar a corrientes de Foucault que juegan el papel de frenos; también habría así una ralentización de la rotación de la Tierra.

3° Supongamos los cuerpos celestes reducidos a puntos y que no existe ningún medio resistente; no habría pérdida de energía: el principio de Carnot no encontraría aplicación. Pero los cuerpos celestes no son puntos materiales, y las diferentes partes no pueden actuar unas sobre otras sin pérdida de energía. Igualmente, si los fenómenos físicos fueran independientes de la posición respectiva de los astros, no habría tampoco pérdida de energía»[136].

Para el cometa de Encke:

«La hipótesis de Charlier [respecto del doble núcleo del cometa] tendrá la ventaja de explicar el retraso presentado por el cometa de

---

[135] Poincaré (1953), p. 149.
[136] Poincaré (1953), pp. 168-169.

Brorsen. También podrá explicar cómo un cometa puede dar lugar a un conjunto de estrellas fugaces; todo esto, además, parece debido a la disociación de la materia cometaria y a su difusión en el espacio»[137].

En definitiva, ninguna de ellas implica una modificación de la ley clásica de gravitación, y además, todas encajan con el estado de la observación en el momento en que escribe. Como referimos en el capítulo anterior, la existencia de cierta cantidad de materia en forma de un elipsoide entre la órbita de Mercurio y Venus podía tener evidencia empírica atribuyendo a dicha materia la luminosidad de la luz zodiacal. Además, puesto que la órbita del elipsoide se 'enreda' con la de Mercurio, no provoca avances en los nodos de este planeta ni retrasos en los de Venus[138], que eran las principales objeciones que Newcomb había alegado contra un cinturón de materia intramercurial. Con respecto a la Luna, también mostramos que las investigaciones respecto de los efectos de las mareas, del magnetismo terrestre y de la cantidad de energía perdida por los astros en sus movimientos no eran concluyentes entre 1906 y 1907. Aún más difícil era comprobar la composición material de cuerpos tan irregulares como los cometas, pese a lo cual, la solución propuesta por Charlier y adoptada por Poincaré cuenta con la ventaja de dar razón de un fenómeno empírico como las estrellas fugaces. En resumen, nuestro autor decide incorporar a la teoría todos los fenómenos responsables de las discrepancias mediante hipótesis empíricas, o sea, generalizaciones de hechos empíricos que se basan en la evidencia disponible en su momento. Por otra parte, cuando en esta obra analiza la dinámica del electrón y la aplica a los cálculos astronómicos, afirma:

«El único efecto apreciable que dará esta teoría será un movimiento de 7" para el perihelio de Mercurio»[139].

Puesto que este resultado es insuficiente para dar cuenta completamente del avance del perihelio, resulta insatisfactorio, por lo que en modo alguno puede suponer un argumento en favor de la nueva teoría y, por tanto, tampoco proporciona un motivo para modificar la ley clásica. En definitiva, todas las soluciones apuntadas indican el camino seguido por Poincaré

---

[137] Poincaré (1953), p. 178.
[138] En 1958 una nueva teoría respecto de Venus que sucedió a la de Newcomb puso de manifiesto que no existía ningún avance anómalo en sus nodos y que la creencia de que esto acontecía se debía a errores sistemáticos en las tablas más antiguas en que estaban anotadas las observaciones. Cf. Roseveare (1982), p. 93.
[139] Poincaré (1953), p. 245.

hacia su conclusión de no cambiar dicha ley, pues entre 1906 y 1907 ninguna teoría es más satisfactoria que la newtoniana, en el sentido de dar razón de un modo más preciso de las observaciones. Además, ninguna otra alternativa suministra una explicación más satisfactoria de los problemas teóricos de la teoría newtoniana, en especial del modo en que se transmite la fuerza, dado que otra de las conclusiones a las que llega nuestro autor tras haber examinado tanto las teorías mecanicistas como las electromagnéticas es que:

«No tenemos, en el momento actual, ninguna explicación satisfactoria de la atracción»[140].

Ahora bien, si en esta fecha el estado de la cuestión es que nada justifica el cambio, ¿por qué razón habría propuesto una nueva ley el año anterior?[141] En el segundo epígrafe expusimos que la compatibilidad con la nueva electrodinámica constituía el motivo de modificación de la ley newtoniana, así como su cambio de estatuto de principio a ley. Sin embargo, dijimos también que al final del artículo en el cual refería dicha alteración, Poincaré afirmaba que la nueva ley debía aplicarse a las observaciones astronómicas para probar su funcionalidad. Esto es precisamente lo que hace en este curso y, puesto que no resulta más predictiva que la ley de Newton, considera que no vale la pena substituirla por otra.

No obstante, el estado de la electrodinámica preocupaba seriamente a Poincaré a causa de la amenaza que esta suponía para los principios de la mecánica clásica, tal y como expone en la conferencia de St. Louis de 1904 y como hemos mostrado tanto en el capítulo seis como en el apartado anterior. Igualmente, se planteó que una de las razones para apoyar la teoría de Lorentz frente a otras teorías electromagnéticas alternativas era el hecho de que esta era la única compatible con el principio de relatividad, pese a que este tuviera en electrodinámica una forma nueva. La importancia teórica de los principios habría suministrado un motivo adicional para conservar la teoría de Lorentz. No obstante, la mecánica clásica era, obviamente, compatible con todos ellos, lo cual podía representar una cierta ventaja respecto de la nueva mecánica. Además, en la medida en que al inicio de su exposición, Poincaré limitaba el campo de acción de la ley de Newton a distancias intermedias (ni demasiado grandes, ni demasiado pequeñas), estimaba que dicha ley continuaba siendo la adecuada para tales magnitudes. Asimismo,

---

[140] Poincaré (1953), p. 265.
[141] Pese a que el artículo "Sur la dynamique de l'électron", donde Poincaré propone las dos leyes a las que nos referimos en el epígrafe anterior, sólo fue publicado en enero de 1906, fue enviado y aceptado para publicación en junio de 1905.

nos parece que hay razones empíricas para que no adoptara ninguna de las leyes de gravitación co-variantes Lorentz en este curso. Por un lado, más arriba se dijo que los 7" de avance del perihelio mercurial computados por estas eran insuficientes para dar cuenta de la más grave de las anomalías astronómicas. Por el otro lado, como se mencionó al comienzo del epígrafe, Poincaré pretendía analizar si era posible invalidar la ley de Newton, dado el *estado actual* de las observaciones. Esta consideración resultaba relevante porque entre 1906 y 1907 el estado de la experimentación respecto de la electrodinámica contradecía los resultados propuestos en la teoría de Lorentz. Como sabemos, no es hasta 1908, con la repetición de las experiencias de Kaufmann por parte de Bucherer, cuando dicha teoría recibe una confirmación. Además, al analizar la nueva mecánica en su curso, refiere una vez más al resultado negativo de Kaufmann[142], lo que significa que, en el momento en que escribe, no había, en efecto, ninguna observación que implicase una ventaja en favor de la teoría de Lorentz, dado que las experiencias, por el momento, corrían en su contra.

Dadas estas circunstancias, estimamos que el argumento de Poincaré para llegar a su conclusión puede ser reconstruido del modo siguiente: primero, analiza las principales discrepancias entre teoría y observación; después, examina todas las soluciones conocidas por él hasta 1906, sean estas newtonianas o extra-newtonianas (incluyendo la de Lorentz y la suya propia) y, por su parte, aporta para cada anomalía una explicación dentro del esquema newtoniano; por último, concluye que no hay razón para cambiar la ley.

De este modo, nos quedan dos cuestiones por resolver. La primera, consiste en dirimir el estatuto de la gravitación en este curso, en cuanto a si se trata de una ley o de un principio, en línea con el trabajo realizado. La segunda, tiene que ver con la razón por la cual Poincaré decide conservar la ley original, lo que pone de manifiesto su persistente confianza en la mecánica clásica, para lo cual nos basamos en nuestro estudio previo de la época, mediante el que hemos mostrado que las propuestas extra-newtonianas eran frecuentes, ya sean simplemente pequeñas modificaciones como la introducción del coeficiente de Hall, o el uso de analogías y leyes dependientes de la velocidad como en las teorías electromagnéticas.

Para resolver la primera cuestión, es importante tener en cuenta que cuando Poincaré realiza la pregunta inicial que motiva su curso, a saber, si es posible poner en evidencia una derogación de la ley de Newton, añade:

---

[142] Cf. Poincaré (1953), p. 233.

«La respuesta a esta cuestión no puede ser más que provisional, puesto que las observaciones crecen continuamente en precisión»[143].

Por tanto, sea cual sea la conclusión, no será una solución definitiva porque a la luz de nuevas experiencias esta podrá no resultar válida. Esto es indicativo tanto de la posibilidad de comprobación empírica como del carácter aproximativo de nuestra solución y, por tanto, de la propia ley de Newton. En definitiva, esto significa que entre 1906 y 1907 Poincaré ya no consideraba que la gravitación pudiese situarse fuera del alcance de la experiencia, de modo que había perdido su estatuto de principio y era simplemente una ley experimental susceptible tanto de confirmación como de refutación. Ahora bien, desde nuestro punto de vista, la decisión de modificar dicho estatuto no se basaba en el hecho de que las anomalías astronómicas amenazasen la validez de la ley de Newton, sino probablemente a que Poincaré no consideraba concluyente el resultado de los experimentos de Kaufmann. En efecto, tal como aconteció, una repetición de los mismos podría dar lugar a una corroboración de la teoría de Lorentz, en cuyo caso, debería modificarse la ley de Newton. Esta conjetura se fundamentaba en que posteriormente, a saber, en 1909 y 1910 se mostró decidido a trasformar dicha ley afirmando que el sentido en que la nueva mecánica la corrige es el correcto[144]. Este cambio de posición, como dijimos en el epígrafe anterior, solo podía deberse a los experimentos de Bucherer de 1908.

Por consiguiente, es la experiencia la que guía a nuestro científico en su proceder. Tal y como su filosofía había anunciado, las convenciones pueden resultar condenadas a la luz de nuevos datos empíricos y esto es precisamente lo que ocurre con la ley de gravitación, puesto que cambia su estatuto. El proceso por el que esto acontece, en orden cronológico, puede ser descrito como sigue: en 1905 declara que la gravitación es un principio[145]; de hecho, lo utiliza como ejemplo para mostrar el procedimiento por el que una ley pasa a ser un principio. Después, entre 1905 y 1906, en los primeros artículos sobre la dinámica del electrón, investiga las consecuencias de la teoría de Lorentz para la gravitación, estudiando dos posibles maneras de modificar la ley clásica. Entre 1906 y 1907 considera si dicha ley puede o no ser derogada en el estado actual de las observaciones. Esta consideración es una declaración explícita de que ya ha cambiado de situación en el seno de su esquema epistemológico, pese a lo cual, no encuentra razones por el momento para alterarla desde el punto de vista físico y matemático. En 1908

[143] Poincaré (1953), p. 122.
[144] Cf. Poincaré (1909), p. 177 y (1910), pp. 57-58.
[145] Poincaré (1905a), p. 166.

obtiene conocimiento de los resultados de Bucherer y a partir de ahí ya sí estima que hay que alterar la ley y que el modo en que lo hace la nueva mecánica es el correcto, pese a que no sea concluyente. Consecuentemente, hay un momento en la historia de la ciencia en que la gravitación es un principio; utilizando la expresión del propio Poincaré, podemos decir que se encuentra 'cristalizado'. En efecto, es el principio responsable de haber conducido a la mecánica celeste a convertirse en el modelo de ciencia por excelencia. Sin embargo, con el avance de la experiencia, con el desarrollo de nuevas ramas de la ciencia, pierde su estatuto privilegiado y solo podemos declararla una ley empírica.

En su práctica científica y en su filosofía, Poincaré encontró las razones para modificar el estatuto del principio de gravitación universal desde su posición convencional a una ley empírica, y el punto de inflexión tiene lugar en su curso de astronomía matemática y mecánica celeste de 1906-1907. La posibilidad de derogarla, el hecho de que las anomalías y la existencia de la teoría electromagnética la pongan en cuestión, revela el carácter de ciencia variable que tienen la mecánica y la física frente al de ciencia deductiva invariante que ostentaba la geometría. Está claro que Poincaré nunca estimó necesario discutir una convención geométrica a la luz de nuevos resultados empíricos[146]. La intervención de hipótesis, de generalizaciones empíricas, pero sobre todo de observaciones, en definitiva, de hechos de experiencia demarcan de modo característico el estatuto de la ciencia natural respecto del de la ciencia del espacio. En consecuencia, la evolución del pensamiento respecto de la gravitación es representativa de la diferencia entre convencionalismo geométrico y convencionalismo físico del que hemos partido en la presente obra.

---

[146] Debo a Scott Walter la claridad de esta formulación.

Consideraciones finales

Este libro ha explorado las relaciones entre la epistemología convencionalista de Poincaré aplicada a la ciencia natural y su posición respecto del problema de la gravitación, mostrando así la conexión existente entre su práctica científica y su particular enfoque filosófico. En concreto, se ha puesto de manifiesto la existencia de un tipo específico de convencionalismo físico-mecánico, que difiere del que este autor defiende respecto de la geometría. Así, la demarcación entre convencionalismo geométrico y físico es una cuestión que ha atravesado el análisis epistemológico de su filosofía de la ciencia, el cual se ha llevado a cabo partiendo de los constituyentes fundamentales de las teorías científicas, a saber, las hipótesis, las leyes y los principios. El núcleo expositivo de dicho análisis –como no podía ser de otro modo– se ha situado en la noción de convención, la cual da cuenta del papel jugado por las decisiones del científico en los sucesivos estadios de formación de la ciencia.

No obstante, el uso de convenciones no puede equipararse con las actitudes nominalistas, tan comunes en la época, que identificaban el conocimiento científico con una libre construcción orientada exclusivamente a la acción práctica. Por el contrario, la convención en la filosofía poincareana es un concepto polisémico, cuya pluralidad de significados responde a diferentes tipos de decisiones tomadas por el científico, siendo todas ellas guiadas por criterios tanto teóricos como empíricos que las separan de la arbitrariedad. En definitiva, el convencionalismo de Poincaré aplicado a la ciencia natural supone una concepción original en la que se evidencia que en el doble juego entre lo dado empíricamente y lo convenido por el investigador hay lugar para un contenido epistémico genuino.

Precisamente, esta interacción entre convención y experiencia se ha hecho patente al explicitar la relación entre el convencionalismo aplicado a la ciencia natural y la noción de fuerza de gravitación, y más específicamente de la ley de la inversa del cuadrado, en los años previos a la formulación de la teoría general de la relatividad. Además de profundizar en este poco estudiado capítulo de la historia de la ciencia, el tema ha permitido presentar el tipo específico de convención propio de los principios mecánicos, ninguno de los cuales puede tener el estatuto irrevocable del que gozan los axiomas de la geometría. Muy al contrario, según se ha visto, un principio bien establecido hasta el punto de ser hurtado a la comprobación experimental por la libre –pero no arbitraria– decisión del investigador, puede transformarse en una ley empírica revisable y susceptible de verificación experimental, perdiendo en consecuencia su carácter convencional, cuando los datos disponibles así lo aconsejen. Es evidente, por tanto, que estamos ante un concepto flexible, como es el de convención, cuyo uso no es unívoco, rígido y definitivo, sino capaz de permitir una modificación de estatuto como la sufrida por la noción de gravitación[1].

En definitiva, la aplicación del convencionalismo a dicha noción ha permitido testar lo específico de la concepción de Poincaré para la ciencia natural. Frente a aquellas exposiciones centradas en el convencionalismo geométrico y en las nociones de espacio y tiempo, a cuyos requerimientos subordinan los restantes conceptos físicos, la presente investigación ha reivindicado la autonomía de su teoría convencionalista de la ciencia natural. Por otro lado, ello supone que, en cuanto *científico filósofo*, su convencionalismo no es solo una orientación filosófica que define un enfoque respecto de cuestiones generales en filosofía y metodología de la ciencia, sino también una perspectiva sobre problemas concretos de la mecánica y la física. Consecuentemente, *de hecho* hay en el conjunto de su obra una teoría de la ciencia y no un mero surtido de reflexiones inconexas respecto de su trabajo científico. Las aparentes contradicciones en sus textos obedecen más a la disparidad de las cuestiones de las que se ocupa, así como a su propia idea de la ciencia como actividad cambiante, que a la falta de coherencia de su pensamiento. En efecto, tal y como se ha expuesto, estamos ante un punto de vista flexible, en el que la situación de los conceptos en el seno de una teoría es siempre relativa y puede cambiar con base en nuevas experiencias. Pero, sin duda, esta flexibilidad forma parte de las virtualidades epistémicas de una concepción convencionalista del conocimiento científico.

Por consiguiente, sin caer en un verificacionismo ingenuo o en un nominalismo instrumentalista, la teoría de la ciencia de Poincaré ha permitido reconocer la convención como una nueva categoría epistémica que no se corresponde ni con afirmaciones estrictamente empíricas, ni tampoco *a priori*, y que abre lo que puede calificarse como una 'epistemología de la tercera vía'[2], en la que juegan un papel fundamental las decisiones tomadas por el científico. Ello no supone, sin embargo, la exclusión de toda posibilidad de calificar algunas proposiciones científicas como verdaderas, si bien de modo siempre provisional. Según se ha visto, dichas proposiciones corresponden a

---

[1] Sobre la rigidez de las convenciones, cf. Friedman (1999), pp. 74 y ss. Por el contrario, la interpretación de Folina (2014) coincide con la nuestra al describir las convenciones como «responsive to change» (*receptivas al cambio*).

[2] Cf. de Paz (2014), p. 47 y Pulte (2000), p. 52.

las leyes físicas, en cuya formulación intervienen ciertas convenciones, en particular las hipótesis naturales.

Ahora bien, desde la mencionada provisionalidad, consecuencia de encontrarse sometidas a constante revisión, el científico necesita asumir algunas de ellas como rigurosamente ciertas con el objetivo de poder avanzar en la constitución de su teoría. Es entonces cuando se produce el paso de algunas proposiciones, verificadas en un gran número de casos y consideradas hasta ahora como leyes, al nivel de principios, lo que implica la introducción de un nuevo tipo de convención situada en el nivel más alto de la teoría. Así, aquellas leyes que alcanzan ese estatuto, ya no resultan falsables por la experiencia, no porque hayan sido completamente corroboradas (lo cual es imposible debido a las limitaciones del uso de la inducción), sino por decisión expresa del científico, quien, dado su alto grado de confirmación, las sitúa fuera del alcance de toda contrastación empírica, lo que les priva de la posibilidad de ser consideradas verdaderas o falsas. Dichos principios pasan a tener una función heurística en cuanto guía en la constitución de sucesivos estadios de una teoría. Así, por ejemplo, las tres leyes newtonianas del movimiento en tanto que principios máximamente válidos, proporcionan una base sobre la cual formular un nuevo principio que dé cuenta de las interacciones entre cuerpos, el cual no es otro que el de la gravitación universal.

Según se ha defendido a lo largo de esta obra, estimamos que la matizada y polisémica concepción convencionalista de la ciencia de Poincaré puede asimilarse a lo que en la actualidad se denomina 'realismo estructural', entendido en un sentido meramente epistémico alejado de todo tipo de realismo metafísico. En efecto, su posición con respecto a la naturaleza de la realidad bien puede situarse en el marco de un cierto 'agnosticismo', en virtud del cual se declara la incapacidad del investigador de acceder a niveles fundamentales de lo real[3]. La ciencia proporciona así un conocimiento meramente estructural o relacional compatible con la presencia de convenciones en su seno, si bien no todos los elementos son dependientes de la libre decisión de aquel. En consecuencia, el convencionalismo de Poincaré no excluye la presencia de valores epistémicos en la ciencia, y de ahí su especial interés, que puede expresarse del siguiente modo:

> «Se trata, en física, de una intervención selectiva de las convenciones bajo control y no de un convencionalismo generalizado»[4].

---

[3] Cf. Ivanova (2013), p. 17.
[4] Otero (1997), p. 147.

Resumiendo, el científico hace uso de convenciones, lo cual es equivalente a decir que algunos enunciados de la ciencia tienen una naturaleza discrecional, pero ello no supone afirmar la convencionalidad de todo el conjunto de la teoría, así como de sus resultados. Es en razón de la entrada en juego de proposiciones no susceptibles de ser verdaderas ni falsas por lo que Poincaré no puede ser considerado como un 'realista de teorías', dado que la verdad no puede predicarse de todas las aserciones de la teoría, sino solo de algunas, a saber, de las leyes. Tampoco es un 'realista de entidades' *sensu stricto*, puesto que, en su opinión, cualquier aserción respecto de los constituyentes últimos de la materia es una cuestión que escapa al terreno de la ciencia y que pertenece con pleno derecho a la metafísica. Es por eso que en lo relativo a este asunto todo lo que el científico puede hacer son 'hipótesis indiferentes', si bien estas pueden modificar su estatuto a la luz de nuevos datos experimentales.

De esta forma, el sutil convencionalismo de Poincaré se distingue de posiciones contemporáneas defendidas por otros autores en su modo específico de no comprometerse dogmáticamente con determinadas interpretaciones teóricas, sin abrazar por ello puntos de vista antirrealistas respecto del conocimiento científico. Por otro lado, sus planteamientos son representativos de una época en la que están muy presentes tesis neokantianas como las referidas al acceso restringido al mundo fenoménico o, sobre todo en el ámbito francés, al papel activo que el científico juega en la constitución de las teorías científicas, por oposición al de mero recolector de datos propio de las concepciones positivistas.

Consiguientemente, en la filosofía de Poincaré lo 'convenido' y lo 'dado' se combinan de manera equilibrada, permitiendo defender la presencia de valores epistémicos en el seno de la ciencia, pero sin dejar de reconocer el papel del investigador a la hora de imponer ciertos marcos a la naturaleza que ni han sido extraídos de la experiencia, ni tienen tampoco un valor universal y necesario. Se trata de libres elecciones del científico, aunque, eso sí, guiadas por consideraciones experimentales. En palabras de Poincaré:

> «En resumen, es nuestro espíritu el que proporciona una categoría a la naturaleza. Pero esta categoría no es una cama de Procusto en la cual forzamos violentamente a la naturaleza, mutilándola según lo exigen nuestras necesidades. Ofrecemos a la naturaleza una elección de camas entre las cuales nosotros escogemos la que se ajusta mejor a su tamaño»[5].

---

[5] Poincaré (1898b), p. 31.

Esta particular forma de convencionalismo representa así una alternativa no solo a cualquier realismo ingenuo, sino también al relativismo. En ese sentido estimamos que abre fecundas perspectivas para abordar asimismo el debate contemporáneo relativo al valor cognoscitivo de la ciencia natural, dado que se trata de una concepción sutil, según la cual, si bien el árbitro último del conocimiento es la experiencia, los datos que esta proporciona no son pasivamente recibidos, sino que de cara a su organización y, en definitiva, a la formación de un cuerpo de conocimiento, el investigador ha de tomar ciertas libres decisiones que constituyen el acto de convención.

Referencias bibliográficas

Obras de Henri Poincaré

(1887) "Sur les hypothèses fondamentales de la géométrie", *Bulletin de la Société Mathématique de France*, 15, pp. 203-216.

(1891) "Les géométries non euclidiennes", *Revue générale des sciences pures et appliquées*, 2, pp. 769-774.

(1895) "A propos de la Théorie de M. Larmor", *L'Eclairage électrique*, 3, pp. 5-13, pp. 289-295 ; 5, pp. 5-14, 385-392 ; reimpreso en Poincaré, H. (1916, 1956), *Œuvres*, vol. IX, Paris, Gauthier-Villars, pp. 369-426.

(1897) "Les idées de Hertz sur la mécanique", *Revue générale des sciences pures et appliquées*, 8, pp. 734-743; reimpreso en Poincaré, H. (1916-1956), *Œuvres*, vol. VII, Paris, Gauthier-Villars, pp. 231-250.

(1898a) "La mesure du temps", *Revue de Métaphysique et de Morale*, 6, pp. 1-13.

(1898b) "On the Foundations of Geometry", *The Monist*, IX, pp. 1-43.

(1900a) "La Théorie de Lorentz et le Principe de Réaction", Recueil de Travaux offerts par les auteurs à H. A. Lorentz, professeur de Physique à l'Université de Leiden à l'occasion du 25° anniversaire de son Doctorat, le 11décembre 1900. *Archives néerlandaises des Sciences exactes et naturelles*, 2ᵉ série, t. 5, p. 252-278 ; reimpreso en: Poincaré, H. (1916-1956) *Œuvres*, vol. 9, pp. 464-488.

(1900b), "Les relations entre la physique expérimentale et la physique mathématique", *Revue Scientifique (Revue Rose)*, pp. 705-717.

(1901a) "Sur les principes de la mécanique", *Actes du Congrès International de Philosophie*, tome III, pp. 457-494.

(1901b) *Electricité et optique. La lumière et les théories électrodynamiques. Leçons professées à la Sorbonne en 1888, 1890 et 1899*, Paris, Carré et Naud.

(1902a) *La Science et l'Hypothèse*, Paris, Flammarion. (Reed. 1968).

(1902b) *Figures d'équilibre d'une masse fluide*, Leon Dreyfus (ed.), Paris, Carré & Naud.

(1902c) "Sur la stabilité de l'équilibre des figures piriformes affectées par une masse fluide en rotation", *Philosophical Transactions of the Royal Society*, A, 198, pp. 333-373.

(1904) "L'état actuel et l'avenir de la physique mathématique", *Bulletin des Sciences Mathématiques*, 28, 2e série (réorganisé 39-1), pp. 302-324.

(1905a) *La Valeur de la Science*, Paris, Flammarion. (Reed. 1970).

(1905b) "The principles of mathematical physics", *Congress of Arts and Science, Universal Exposition, St. Louis 1904*, vol. I, pp. 604-622.

(1905c) "Sur la dynamique de l'électron", *Comptes rendus de l'Acadèmie des Sciences*, vol. 40, pp. 1504-1515; reimpreso en Poincaré, H. (1916-1956) *Œuvres*, Paris, Gauthier-Villars, vol. IX, pp. 488-493.

(1906a) "Sur la dynamique de l'électron", *Rendiconti del Circolo matematico di Palermo*, vol. 21, pp. 129-176; reimpreso en Poincaré, H. (1916-1956) *Œuvres*, Paris, Gauthier-Villars, vol. IX, pp. 494-550.

(1906b) "La fin de la matière", *The Athenaeum*, pp. 201-202.

(1908a) *Science et Méthode*, Paris, Flammarion, 1908. Reed. *Philosophia Scientiae*, Cahier Spécial 3, 1998-1999.

(1908b) "La dynamique de l'électron", *Revue générale de Sciences pures et appliquées*, 19, p. 386-402.

(1909) "La mécanique nouvelle", *Revue des cours scientifiques de la France et de l'Étranger (Revue Rose)*, 12, pp. 170–177.

(1910) "La Mécanique nouvelle", en *Sechs Vorträge über ausgewählte Gegenstände aus der reinen Mathematik und mathematischen Physik*, B. G. Teubner, Leipzig, Berlin, pp. 51-58.

(1912) "Les conceptions nouvelles de la matière", *Foi et vie*, 15, pp. 185-191.

(1913a) *Dernières Pensées*, Paris, Flammarion. Reed. 1920.

(1913b) "La dynamique de l'électron", *Supplément aux Annales des Postes, Télégraphes et Téléphones*, A. Dumas, Éditeur, Paris, pp. 5-64.

(1916-1956) *Œuvres*, 11 vol., Paris, Gauthier-Villars.

(1953) "Les limites de la loi de Newton", *Bulletin astronomique*, 17, pp. 121-178, 181-269.

(2002) *L'opportunisme scientifique*, Rougier, L. (comp.), Rollet, L. (ed.), Birkhäuser, Basel.

Otras obras citadas

Abraham, M. (1902) "Dynamik des Elektrons", *Göttinger Nachrichten*, pp. 20-41.

Abraham, M. (1904) "Die Grundhypothesen der Elektronentheorie", *Physikalische Zeitschrift*, 5, pp. 576-579.

Ainsworth, P. (2012) "The third path to structural realism", *The Journal of the International Society for the History of Philosophy of Science*, 2 (2), pp. 307-320.

Anderson, C. D. (1933) "The Positive electron", *Physical Review*, 43, pp. 491-494.

Andrade, J. (1898) *Leçons de mécanique physique*, Paris, Société d'éditions scientifiques.

Aronson, S. (1964) "The Gravitational Theory of Georges-Louis Le Sage", *The Natural Philosopher*, 3, pp. 51-74.

Atten, M. (1996) "Poincaré et la tradition de la physique mathématique française", en Greffe, J. L., Heinzmann, G. y Lorenz, K. (eds.), *Henri Poincaré: Science et philosophie*, Paris/Berlin, Blanchard/Akademie Verlag, pp. 35-44.

Babinet, J. (1846) "Mémoire sur les nuages ignés du soleil considérés comme des masses planétaires", *Comptes Rendus de l'Académie des Sciences de Paris*, 22, pp. 281-286.

Baç, M. (2000) "Structure versus process: Mach, Hertz, and the normative aspect of science", *Journal for General Philosophy of Science*, 31, pp. 39-56.

Banks, E. C. (2004) "The philosophical roots of Ernst Mach's economy of thought", *Synthese*, 139, pp. 23-53.

Ben-Menahem, Y. (2006) *Conventionalism*, Cambridge, Cambridge University Press.

Bevilacqua, F. (1993) "Helmholtz's Ueber die Erhaltung der Kraft. The emergence of a theoretical physicist", en Cahan, D. (ed.), *Hermann von Helmholtz and the Foundations of Nineteenth-Century Science*, Berkeley, University of California Press, pp. 291-333.

Boniolo, G. (2000) "What does it mean to observe physical reality?", en Agazzi, E. y Pauri, M. (eds.) *The reality of the Unobservable: Observability, Unobservability and their impact on the issue of Scientific Realism*, Boston Studies in the Philosophy of Science, Springer, pp. 177-190.

Borel, A. (1999) "Henri Poincaré and special relativity", *Enseignement Mathématique*, 45, pp. 281-300.

Brading, C. y Crull, E. (2010-preprint) "Epistemic structural realism and Poincaré's philosophy of science".

Brenner, A. (2003) *Les origines françaises de la philosophie des sciences*, Paris, PUF.

Brown, E. W. (1909), "Darwin's scientific papers", *Bulletin of the American Mathematical Society*, 16 (2), pp. 73-78.

Brown, E. W. (1910), "On the effects of certain magnetic and gravitational forces on the motion of the moon", *American Journal of Science*, 29, pp. 529-539.

Brunetière, F. (1895) "Après une visite au Vatican", *Revue des deux mondes*, 127, pp. 97-118.

Bucherer, (1908) "Messungen an Becquerelstrahlen. Die experimentelle Bestätigung der Lorentz-Einsteinschen Theorie", *Physikalische Zeitschrift*, 9, pp. 755-762.

Buys-Ballot, C. (1846) "Über den Einfluss der Rotation der Sonne auf die Temperatur unserer Atmosphäre", *Annalen der Physik und Chemie*, 68, pp. 205-213.

Cabrera, B. (1923) *Principio de relatividad*, Barcelona, Alta Fulla. Reed. 1986.

Cahan, D. (ed.) (1993) *Hermann von Helmholtz and the Foundations of Nineteenth-Century Science*, Berkeley, University of California Press.

Campbell, D. T. (1974) "Evolutionary Epistemology", en: Schilpp, P. A. (ed.), *The Philosophy of Karl Popper*, Vol. I, Illinois, La Salle, pp. 413-459.

Čapek, M. (1961) *The Philosophical Impact of Contemporary Physics*, New York, Van Nostrand Reinhold. Trad. esp. por E. Gallardo Ruiz, *El impacto filosófico de la física contemporánea*, Madrid, Tecnos, 1965.

Chakravartty, A. (2007) *A Metaphysics for Scientific Realism: Knowing the Unobservable*, Cambridge, Cambridge University Press.

Christiansen, F. V. (2006) "Heinrich Hertz's Neo-Kantian Philosophy of Science and its development by Harald Høffding", *Journal for General Philosophy of Science*, 37, pp. 1-20.

Coelho, R. (2007a) "A Filosofia da Ciência de Hertz", *Revista portuguesa de filosofia*, 63, pp. 239-274.

Coelho, R. (2007b) "The Law of Inertia: How Understanding its History can Improve Physics Teaching", *Science & Education*, 16, pp. 955-974.

Coelho, R. (2010) "On the Concept of Force: How Understanding its History can Improve Physics Teaching", *Science & Education*, 19, pp. 91-113.

Coelho, R. (2012) "Sobre os *Princípios de mecânica* de Hertz: problemas, solução e interpretações", en Videira, A. A. P. y Coelho, R. *Física, Mecânica e Filosofia. O legado de Hertz*, Rio de Janeiro, ed. Uerj, pp. 17-46.

Cohen, R. S. (1968) "Ernst Mach: Physics, Perception and the Philosophy of Science", *Synthese*, 18, pp. 132-170.

Cohen, R. S. y Elkana, Y. (1977) "Introduction", in Helmholtz, H., *Epistemological writings*, Reidel, Dordrecht/Boston, pp. IX-XXVIII.

D'Agostino, S. (2004) "The *Bild* Conception of Physical Theory: Helmholtz, Hertz, and Schrödinger", *Physics in Perspective*, 6(4), pp. 372-389.

Darrigol, O. (1995) "Henri Poincaré's criticism of *fin de siècle* electrodynamics", *Studies in History and Philosophy of Science B: Studies in History and Philosophy of Modern Physics*, 26 (1), pp.1-44.

Darrigol, O. (2000) *Electrodynamics from Ampère to Einstein* Oxford, Oxford University Press.

Darrigol, O. (2006) "The Genesis of the Theory of Relativity", en Damour, T. et al. (eds.), *Einstein, 1905-2005*, Progress in Mathematical Physics, 47, Basel, Birkhäuser, pp. 1-32.

Darwin, G. (1907) *Scientific Papers. Vol. 1: Oceanic tides and lunar disturbance of gravity*, Cambridge, Cambridge University Press.

Darwin, G. (1908) *Scientific Papers. Vol. 2: Tidal friction and cosmogony*, Cambridge, Cambridge University Press.

Demopoulus, W. (2000) "On the origin and status of our conception of number", *Notre Dame Journal of Formal Logic*, 41, 210–226.

de Paz, M. (2014) "The Third Way Epistemology: A Re-characterization of Poincaré's Conventionalism", en de Paz, M. y DiSalle, R. (eds.), *Poincaré, philosopher of science. Problems and Perspectives*, Western Ontario Series in the Philosophy of Science, 79, Springer, pp. 47-65.

Descartes, R. (1647) *Les principes de la philosophie*, (ed. fr. de *Principia Philosophiae*, 1644). Reed. C. Adam y P. Tannery, *Oeuvres de Descartes*, vol. VIII, Paris Léopold Cerf, 1905.

de Sitter, W. (1911) "On the bearing of the principle of relativity on gravitational astronomy", *Monthly Notices of the Royal Astronomical Society*, LXXI, pp. 388-415.

de Sitter, W. (1913) "The secular variations of the elements of the four inner planets", *Observatory*, 36, pp. 296-303.

de Sitter, W. (1916) "On Einstein's theory of gravitation and its astronomical consequences", *Monthly Notices of the Royal astronomical Society*, 76, pp. 699-728.

Dion, S. M. (2013), "Pierre Duhem and the inconsistency between instrumentalism and natural classification", *Studies in History and Philosophy of Science*, 44, pp. 12-19.

Dirac, P. A. M. (1928) "The Quantum Theory of the Electron", *Proceedings of the Royal Society of London*. Series A, containing papers of a mathematical and Physical Character, 17 (770), pp. 610-624.

DiSalle, R. (1990) "Conventionalism and the origins of the Inertial Frame Concept", *PSA, Proceedings of the Biennial Meeting of the Philosophy of Science Association*, Vol. 2: Symposia and Invited Papers, Chicago, The University of Chicago Press, pp. 139-147.

DiSalle, R. (2002) "Reconsidering Kant, Friedman, Logical Positivism, and the Exact Sciences", *Philosophy of Science*, 69, pp. 191-211.

DiSalle, R. (2006) *Understanding Space-Time. The Philosophical Developments of Physics from Newton to Einstein*, Cambridge, Cambridge University Press.

DiSalle, R. (2009) "Space and Time: Inertial Frames", *The Stanford Encyclopedia of Philosophy* (Winter 2009 Edition), Edward N. Zalta (ed.), URL = <http://plato.stanford.edu/archives/win2009/entries/spacetime-iframes/>.

Dugas, R. (1950) *Histoire de la mécanique*, Neuchâtel, Éditions du Griffon. (Reed. 1996, Paris, Éditions Jacques Gabay).

Duhem, P. (1893) "Physique et métaphysique", *Revue des Questions Scientifiques*, 34, pp. 55–83.

Duhem, P. (1906) *La Théorie Physique. Son objet - sa structure*, Paris, Vrin. Reed. 1989.

During, E. (2001) *La Science et l'Hypothèse: Poincaré*, Paris, Ellipse.

Eisenstaedt, J. (2003) *The Curious History of Relativity: How Einstein's Theory was lost and found again*, Princeton, Princeton University Press.

Euler, L. (1750) "Découverte d'un nouveau principe de mécanique", *Mémoires de l'Académie des Sciences de Berlin*, 6, pp. 419-447.

Folina, J. (1992) *Poincaré and the Philosophy of Mathematics*, Hong Kong, Scots Philosophical Club, London, McMillan.

Folina, J. (2014) "Poincaré and the invention of convention", en de Paz, M. y DiSalle, R. (eds.), *Poincaré, philosopher of science. Problems and Perspectives*, Western Ontario Series in the Philosophy of Science, 79, Springer, pp. 25-45.

Friedman, M. (1999) *Reconsidering Logical Positivism*, Cambrige, Cambrige University Press.

Friedman, M. (2001) *Dynamics of Reason: The 1999 Kant Lectures at Stanford University*, Chicago, University of Chicago Press.

Friedman, M. y Nordmann, A. (eds.) (2006) *The Kantian Legacy in Nineteenth-Century*, Cambridge MA, MIT Press.

Frigg, R. y Votsis I. (2011) "Everything you always wanted to know about structural realism but were afraid to ask", *European Journal for Philosophy of Science*, 1 (2), pp. 227-276.

Galison, P. (2003) *Einstein's Clocks, Poincaré's Maps: The empires of time*, New York, Norton. Trad. esp. *Relojes de Einstein, mapas de Poincaré: los imperios del tiempo*, Barcelona, Crítica, 2004.

Giedymin, J. (1976a) "Radical Conventionalism, its background and evolution; Poincaré, Le Roy, Ajdukiewicz", en Ajdukiewicz, K. (ed.) *Scientific World-Perspective and other Essays*, Dordrecht, D. Reidel. Reimpreso en: Giedymin, J. (1982) *Science and convention: Essays on Henri Poincaré's Philosophy of Science and the Conventionalist Tradition*, Oxford, Pergamon Press, pp. 109-148.

Giedymin, J. (1976b) "Instrumentalism and its Critique: A Reappraisal", en Cohen, R. S., Feyerabend, P. D. y Wartofsky, M. W. (eds.) *Essays in Memory of Imre Lakatos*, Dordrecht, Reidel, pp. 179-207. Reimpreso en: Giedymin, J. (1982) *Science and convention: Essays on Henri Poincaré's Philosophy of Science and the Conventionalist Tradition*, Oxford, Pergamon Press, pp. 90-108.

Giedymin, J. (1977) "On the origin and significance of Poincaré's conventionalism", *Studies in History and Philosophy of Science*, 8 (4), pp. 271-301.

Giedymin, J. (1980) "Hamilton's Method in Geometrical optics and Ramsey's View of Theories", en Mellor, D. H. (ed.) *Prospects for Pragmatism: Essays in Memory of F. P. Ramsey*, Cambridge, Cambridge University Press, pp. 229-254.

Giedymin, J. (1982) *Science and convention: Essays on Henri Poincaré's Philosophy of Science and the Conventionalist Tradition*, Oxford, Pergamon Press.

Giedymin, J. (1991) "Geometrical and physical conventionalism of Henri Poincaré in epistemological formulation", *Studies in History and Philosophy of Science*, 22 (1), 1991, pp. 1-22.

Giedymin, J. (1992) "Conventionalism, the pluralist conception of theories and the nature of interpretation", *Studies in History and Philosophy of Science*, 23 (3), pp. 423-443.

Gingras, Y. (2001) "What did mathematics do to physics?", *History of Science*, xxxix, pp. 383-416.

Gori, P. (2011) "Nietzsche, Mach y la Metafísica del Yo", *Estudios Nietzsche*, 11, pp. 99-112.

Gori, P. (2012) "Nietzsche as Phenomenalist?", *Nietzsches Wissenschaftsphilosophie: Hintergründe, Wirkungen und Aktualität*, Heit, H., Abel, G. y Brusotti, M. (eds.) Berlin, De Gruyter, pp. 345-356.

Gray, J. J. (2006) "Poincaré – between Physics and Philosophy", en Friedman, M. y Nordmann, A. , (eds.), *The Kantian Legacy in Nineteenth Century Science*, Cambridge, Mass., MIT Press, pp. 295-313.

Gray, J. J. (2013) *Henri Poincaré. A Scientific Biography*, Princeton, Princeton University Press.

Grünbaum, A. (1963a) *Philosophical Problems of Space and Time*, New York, Alfred A. Knopf. Reed. 1973, Reidel, Dordrecht.

Grünbaum, A. (1963b) "Carnap's views on the foundations of geometry", en Shilpp, P. (ed.) *The Philosophy of R. Carnap*, pp. 599-684.

Grünbaum, A. (1968) *Geometry and Chronometry in Philosophical perspective*, Minneapolis, University of Minnesota Press.

Grünbaum, A. (1978) "Poincaré's thesis that any and all stellar parallax findings are compatible with the euclideanism of the pertinent astronomical 3-space", *Studies in History and Philosophy of Science*, 9 (4), pp. 313-318.

Hall, A. (1894) "A suggestion on the theory of *Mercury*", *Astronomical Journal*, 14, pp. 49-51.

Haller, R. (1998-1999) "Conventionalism and its Impact on Logical Empiricism", *Philosophia Scientiae*, 3(2), pp. 95-108.

Hamilton, W. R. (1833) "On a general method of expressing the paths of light and of the planets, by the coefficients of a characteristic function", en *The Mathematical Papers of Sir William Rowan Hamilton*, Cambridge, Cambridge University Press, vol. 1, pp. 311-332.

Hamilton, W. R. (1834) "On the application to dynamics of a general mathematical method previously applied to optics", en *The Mathematical Papers of Sir William Rowan Hamilton*, Cambridge, Cambridge University Press, vol. 2, pp. 212-216.

Heidelberger, M. (1993) "Force, law, and experiment. The evolution of Helmholtz's philosophy of science", en Cahan, D. (ed.), *Hermann von Helmholtz and the Foundations of Nineteenth-Century Science*, Berkeley, University of California Press, pp. 461-497.

Heidelberger, M. (1998) "From Helmholtz's Philosophy of Science to Hertz's Picture-Theory", en Baird, D., Hughes, R. I. G. y Nordmann, A. (eds.), *Heinrich Hertz: Classical Physicist, Modern Philosopher*, Boston Studies in the Philosophy of Science, 198, Dordrecht, Kluwer Academic Publishers. pp. 9–24

Heinzmann, G. (2001a) "L'occasionalisme de Poincaré: l'élément unificateur de sa philosophie des sciences", CEPERC, Aix-en-Provence, pp. 1-15.

Heinzmann, G. (2001b) "The foundations of geometry and the concept of motion: Helmholtz and Poincaré", *Science in Context*, 14, pp. 457-470.

Heinzmann, G. (2009) "Hypotheses and Conventions: on the Philosophical and scientific motivations of Poincaré's pragmatic occasionalism", in Heidelberger, M. and Schiemann, G. (eds.), *The Significance of the Hypothetical in the natural sciences*, Berlin, Walter de Gruyter, pp. 169-192.

Heinzmann, G. (2010-preprint) "Conventions in geometry and pragmatic reconstruction in Poincaré: a problematic reception in logical empiricism".

Helmholtz, H. (1847) *Über die Erhaltung der Kraft. Eine physikalische Abhandlung*, Berlin, G. Reimer. Trad. ingl. "On the Conservation of Force," translation by John Tyndall, *Scientific Memoirs*, London, 1853.

Helmholtz, H. (1862) "Ueber das Verhaltniss der Naturwissenschaften zur Gesammtheit der Wissenschaften". Trad. ingl. "On the relation of Natural Science to Science in General", en Helmholtz, H. (1995) *Science and Culture. Popular and philosophical Essays*, Cahan, D. (ed.), Chicago, University of Chicago Press, pp. 76-95.

Helmholtz, H. (1862-1863) "Ueber die Erhaltung der Kraft". Trad. ingl. "On the Conservation of Force", en Helmholtz, H. (1995) *Science and Culture. Popular and philosophical Essays*, Cahan, D. (ed.), Chicago, University of Chicago Press, pp. 96-126.

Helmholtz, H. (1867) *Handbuch der Physiologischen Optik*, vol. 2, Leipzig, Leopold Voss.

Helmholtz, H. (1869) "Über das Ziel und die Fortschritte der Naturwissenschaft" Trad. ingl. "On the Aim and Progress of Physical Science", en Helmholtz, H. (1995) *Science and Culture. Popular and philosophical Essays*, Cahan, D. (ed.), Chicago, University of Chicago Press, pp. 204-225.

Helmholtz, H. (1870) "Über die Bewegungsgleichungen der Elektrizität für ruhende leitende Körper", *Borchardt's Journal für reine und angewandte Mathematik*, 72, pp. 57-129.

Helmholtz, H. (1878) "Die Tatsachen in der Wahrnehmung", Trad. ingl. "The Facts in Perception", en Helmholtz, H. (1995) *Science and Culture. Popular and philosophical Essays*, Cahan, D. (ed.), Chicago, University of Chicago Press, pp. 342-380.

Helmholtz, H. (1903) *Vorträge und Reden*, 2 vols., Braunschweig, F. Vieweg u. Sohn.

Hertz, H. (1892) *Untersuchungen über die Ausbreitung der elektrischen Kraft*, Leipzig, Barth.

Hertz, H. R. (1894) *Die Prinzipien der Mechanik in neuen Zusammenhange dargestellt*, Barth, Leipzig. Trad. ingl. *The Principles of Mechanics Presented in a New Form*, New York, Cosimo, 2007.

Hesse, M. B. (1961) *Forces and Fields: The Concept of Action at a Distance in the History of Physics*, New York, Dover Publications.

Hiebert, E. N. (1970) "Mach's Philosophical Use of History", en Stuewer, R. (ed.), *Historical & Philosophical Perspectives on Science*, Minnesota Studies in the Philosophy of Science, 5, Minneapolis, University of Minnesota Press, pp. 184-213.

Holton, G. (1952) *Introduction to Concepts and Theories in Physical Sciences*, Cambridge, Mass., Addison-Wesley Press. Trad. esp. por J. Aguilar Peris, *Introducción a los conceptos y teorías de las ciencias físicas*, Barcelona, Reverté, 1976.

Hüttemann, A. (2009) "Pluralism and the Hypothetical in Heinrich Hertz's Philosophy of Science", en Heidelberger, M. y Schiemann, G. (eds.), *The significance of the Hypothetical in the Natural Sciences*, Berlin, De Gruyter, pp. 145-168.

Hyder, D. (2002) *The Mechanics of Meaning: Propositional Content and the Logical Space of Wittgenstein's Tractatus*. Berlin, de Gruyter.

Hyder, D. (2003) "Kantian Metaphysics and Hertzian Mechanics", en Stadler, F. (ed.), *Vienna Circle Institute Yearbook 2002*, Dordrect, Kluwer, pp. 35-46.

Ivanova, M. (2013) "Did Perrin's Experiments Convert Poincaré to Scientific Realism?", *HOPOS: The Journal of the International Society for the History of Philosophy of Science*, 3 (1), pp. 1-19.

Jacobi, C. G. (1996) *Vorlesungen über analytishe Mechanik. Berlin 1847/48*; ed. H. Pulte, Braunschweig, Wiesbaden, F. Vieweg & Sohn.

Jalón, M. (2008), "Presentación a *El valor de la ciencia*", en Poincaré, H. *El valor de la ciencia*, pp. 11-58, Oviedo, KRK.

James, W. (1907) *Pragmatism: a new name for old ways of thinking*, New York, Longmans, Green&Co.

James, W. (1909) *The meaning of truth. A sequel to 'Pragmatism'*, New York, Longmans, Green&Co.

Jammer, M. (1957) *Concepts of Force*, Harvard University Press, Cambridge, Mass. Reed. 1999.

Jammer, M. (1961) *Concepts of Mass*, Harvard University Press, Cambridge, Mass.

Jeffery, D. (2003) Official website, visiting Professor of Astronomy, Department of Physics and Astronomy, University of Nevada Las Vegas, URL:
http://www.physics.unlv.edu/~jeffery/astro/moon/diagram/moon_orbit_002.png

Jeffreys, H. (1919) "On the crucial test of Einstein's theory of gravitation", *Monthly notices of the Royal astronomical Society*, 77, pp. 112-118.

Kant, I. (1781/1789) *Kritik der reinen Vernunft*, Riga, Johann Friedrich Hartknoch. Trad. esp. por P. Ribas, *Crítica de la razón pura*, Madrid, Alfaguara, 1998.

Katzir, S. (2005) "Poincaré's relativistic Theory of Gravitation", en Kox, A. J. y Eisenstaedt, J. (eds.) *The Universe of General Relativity* (Einstein Studies, vol. 11), Boston/Basel/Berlin, Birkhäuser, pp. 15-38.

Kauffman, W. (1901) "Die magnetische und elektrische Ablenkbarkeit der Beguerelstrahlen un die scheinbare Masse der Elektronen", *Göttinger Nachrichten*, 12, pp. 143-168.

Kauffman, W. (1903) "Die elektromagnetische Masse des Elektrons", *Physikalische Zeitschrift*, 4 (1b), pp. 54-56.

Kauffman, W. (1905) "Über die Konstitution des Elektrons", *Sitzungsberichte der Königlich Preussischen Akademie der Wissenschaften zu Berlin*, 45, pp. 949-956.

Kirchhoff, G. (1876) *Vorlesungen über Mathematische Physik*, Lepzig, Teubner, (Reed. 1897).

Klein, M. J. (1973) "Mechanical Explanation at the End of the Nineteenth Century", *Centaurus*, 17 (1), pp. 58-82.

Ladyman, J. (1998). "What is structural realism?" *Studies in History and Philosophy of Science*, 29, pp. 409-424.

Lakatos, I. (1978) *Mathematics, Science and Epistemology (Philosophical Papers, Vol.2)*, Eds. J. Worrall y G. Currie, Cambridge, Cambridge University Press.

Lambert, J. (2003) "Quand les forces étaient indésirables : Ernst Mach et la Mécanique de Heinrich Hertz", *Philosophia Scientiae*, 7 (2), pp. 37-57.

Laplace, P. S. (1796) *Exposition du Système du Monde*, Paris, Imprimerie du Cercle social. Trad. esp. por J. L. Arántegui Tamayo, *Exposición del Sistema del Mundo*, Ordóñez, J. y Rioja, A. (eds.), Barcelona, Crítica, 2006.

Laplace, P. S. (1805) *Mécanique céleste*, Paris, Courcier.

Larmor (1937) *Origins of Clerk Maxwell's Electric Ideas as Described in Familiar Letters to William Thomson*, Cambridge, Cambridge University Press.

Laudan, L, (1981) "A confutation of convergent realism", *Philosophy of Science*, 48, pp. 19-49.

Lavoisier, A. (1789) *Traité élémentaire de chimie*, Paris, Cuchet.

Lenin, V. I. (1908) *Материализм и эмпириокритицизм*, Zveno Publishing House, Moscú. Trad. esp. por J. Martínez, *Materialismo y empirio-criticismo*, Fundamentos, Madrid, 1974.

Le Roy, E. (1899) "Science et Philosophie", *Revue de Métaphysique et de Morale*, 2, pp. 375-425, 503-562 y 708-731.

Le Roy, E. (1900a) "Science et Philosophie", *Revue de Métaphysique et de Morale*, pp. 37-72.

Le Roy, E. (1900b) "La science positive et les philosophies de la liberté", *Congrès International de Philosophie*, T. 1, pp. 313-341.

Le Roy, E. (1901) "Un positivisme nouveau", *Revue de Métaphysique et de Morale*, pp. 138-153.

Le Sage, G. L. (1784) *Lucrèce Newtonien*, Berlin, Imprimé chez Georges Jacques Decker, Imprimeur du Roi.

Le Sage, G. L. (1818) *Traité de Physique Mécanique*, Ginebra, J. J. Paschould.

Lescarbault, E. (1860) "Passage d'une planète sur le disque du soleil observé a Orgères (Eure-et-Loir). Lettre à M. Le Verrier", *Comptes Rendus de l'Académie des Sciences de Paris*, 50, pp. 40-45.

Le Verrier, U. (1849) "Nouvelles recherches sur les mouvements des planètes", *Comptes Rendus de l'Académie des Sciences de Paris*, 29, pp. 1-3.

Le Verrier, U. (1859) "Théorie du mouvement de Mercure", *Annales de l'Observatoire impérial de Paris (Mémoires)*, 5, pp. 1-195.

Le Verrier, U. (1876) "Examen des observations qu'on à présentées, à diverses époques, comme pouvant appartenir aux passages d'une planète intra-mercurielle devant le disque du soleil", *Comptes Rendus de l'Académie des Sciences de Paris*, 83, pp. 583-589, 621-624, 647-650, 719-723.

Liebmann, O. (1865) *Kant und die Epigonen*, Berlin, Verlag von Reuther & Reichard.

Llosá, R. y Sellés, M. A. (eds) (1987) *Sobre los orígenes de la teoría de la relatividad*, Madrid, Editorial de la Universidad Complutense.

Lorentz, H. A. (1892a) "La théorie électromagnétique de Maxwell et son application aux corps mouvants", *Archives Néerlandaises*, 25, 363.

Lorentz, H. A. (1892b) "The relative Motion of the Earth and the Ether", *Verslag Koninklijke Akademie van Wetenschappen te Amsterdam*, 1, 28.

Lorentz, H. A. (1895) *Versuch einer Theorie der elektrischen und optischen Erscheinungen in bewegten Körpern*, Brill, Leiden; reimpresa en *Collected Papers*, The Hague, Martinus Nijhoff 1934-1935, Vol. 5, 1-137.

Lorentz, H. A. (1900) "Considerations on gravitation" *Proceedings of the Section of Sciences, Koninklijke Akademie van Wetenschappen te Amsterdam*, 2, pp. 559-574.

Lorentz, H. A. (1904) "Electromagnetic phenomena in a system moving with any velocity less than that of Light", *Proceedings Koninklijke Akadademie van Weteschappen te Amsterdam*, 6, pp. 809-831; reimpreso en Lorentz, *Collected Papers*, The Hague, Martinus Nijhoff, 1934-1935, Vol. 5, pp. 139-155.

Lorentz, H. A. (1910) "Alte und neue Fragen der Physik", *Physikalische Zeitschrift*, 11, pp. 1234-1257.

Lunteren, F. H. Van (1988) "Gravitation and Nineteenth Century Physical Worldviews", en Scheurer, P. B. y Debrock, G. (eds.) *Newton's scientific and philosophical legacy*, International Archives of the History of Ideas, Dordrecht, Kluwer, pp. 160-173.

Lützen, J. (2005) *Mechanistic Images in Geometric Form. Heinrich Hertz's Principles of Mechanics*, Oxford, Oxford University Press.

Lützen, J. (2006) "Images and conventions: Kantianism, empiricism and conventionalism in Hertz's and Poincaré's philosophies of space and mechanics", en Friedman, M. y Nordmann, A. (eds.), *The Kantian Legacy in Nineteenth Century Science*, Cambridge Mass., MIT Press, pp. 315-330.

Ly, I. (2008) *Mathématique et physique dans l'œuvre philosophique de Poincaré*, Thèse, Paris, PUF.

Mach, E. (1872) *Die Gesichte und die Wurzel des Satzes von der Erhaltung der Arbeit*, Praga. Trad. ingl. por P. E. B. Jourdain, *History and Root of the Principle of the Conservation of Energy*, Chicago y Londres, The Open Court Publishing Co, 1911.

Mach, E. (1883) *Die Mechanik in ihrer Entwickelung historisch-kritisch Dargestellt*, Leipzig, Brockhaus. Trad. esp., por J. Babini, *Desarrollo histórico-crítico de la mecánica*, Buenos Aires, Espasa-Calpe Argentina, 1949.

Mach, E. (1886) *Analyse der Empfindungen*, Verlag von G. Fischer, Siebente Auflage, Jena. Trad. esp., por E. Ovejero y Maury, *Análisis de las sensaciones*, Barcelona, Alta Fulla, 1987.

Mach, E. (1905) *Erkenntnis und Irrtum. Skizzen zur Psychologie der Forschung*, J. A. Barth, Leipzig. Trad. ingl. por T. J. McCormack y P. Foulkes, *Knowledge and Error*, Dordrecht-Reidel publishing company, Dordrecth/Boston, 1976.

Mandelbaum, M. (1971) *History, Man, and Reason: A study in Nineteenth Century Thought*, Baltimore-London, John Hopkins Press.

Marcos, A. (1988) *Pierre Duhem. La filosofía de la ciencia en sus orígenes*. PPU, Barcelona.

Maxwell, G. (1962) "The Ontological Status of Theoretical Entities", en Feigl, H. and Maxwell, G. (eds.), *Scientific explanation, Space and Time*, Minnesota Studies in the Philosophy of Science, 3, Minneapolis, University of Minnesota Press, pp. 3-14.

Maxwell, G. (1968) "Scientific Methodology and the Causal Theory of Perception", en Lakatos, I y Musgrave, A. (eds.) *Problems in the Philosophy of Science*, Amsterdam, North-Holland Publishing Company, pp. 148-177.

Maxwell, G. (1970a) "Structural realism and the meaning of theoretical terms", en Winokur, S. y Radner, M. (eds.), *Analyses of Theories and Methods of Physics and Psychology*, Minnesota Studies in the Philosophy of Science, 4, Minneapolis, University of Minnesota Press, pp. 181-192.

Maxwell, G. (1970b) "Theories, Perception and Structural Realism", en Colodny, R. (ed.), *Nature and Function of Scientific Theories*, Pittsburgh, University of Pittsburgh Press, pp. 3-34.

Maxwell, J. C. (1865) "A dynamical theory of the electromagnetic field", *Philosophical Transactions of the Royal Society of London*, 155, pp. 459-512.

Maxwell, J. C. (1873) *Treatise on Electricity and Magnetism*, 2 vols. Oxford, Oxford University Press.

Maxwell, J. C. (1875) "Atom", en *Encyclopaedia Britannica* (9th Ed.), vol. 3, pp. 36-49.

McCormmach, R. (1970) "H. A. Lorentz and the Electromagnetic view of Nature", *Isis*, 61, pp. 459-497.

McMullin, E. (1990) "Comment: Duhem's middle way", *Synthese*, 83 (3), pp. 421-430.

Merleau-Ponty, J. (1965) *Cosmologie du XXᵉ siècle*, Paris, Gallimard.

Michelson, A. A. y Morley, E. W. (1887) "On the Relative Motion of the Earth and the Luminiferous Ether", *American Journal of Science*, 3ª serie, vol. 34, pp. 333-341.

Mill, J. S. (1843) *A System of Logic Ratiocinative and Inductive: Being a Connected View of the Principles of Evidence and the Methods of Scientific Investigation*, Londres, Routledge & Kegan Paul, cop. (Reed. 1974).

Miller, A. I. (1973) "A Study of Henri Poincaré's Sur la Dynamique de l'électron", *Archive for History of Exact Sciences*, 10, pp. 207-328.

Miller, A. I. (1984) *Imagery in scientific thought: Creating 20th century physics*, Boston, Birkhauser. Reed. 1986, MIT Press.

Miller, A. I. (1997) "A Glimpse into the Poincaré Archives", *Philosophia Scientiae*, 2 (3), pp. 51-72.

Needham, P. (1991) "Duhem and Cartwright on the truth of laws", *Synthese*, 89 (1), pp. 89-109.

Needham, P. (1998) "Duhem's physicalism", *Studies in History and Philosophy of Science*, 29 (1), pp. 33-62.

Needham, P. (2011) "Duhem's moderate realism", en Brenner et al. "New perspectives on Pierre Duhem's *The aim and structure of physical theory*", *Metascience*, 20, pp. 1-25.

Neumann, C. (1870), *Ueber die Principien der Galilei-Newton'schen Theorie*, Leipzig, Teubner.

Newcomb, S. (1882) "Discussion and results of observations on transits of Mercury from 1677 to 1881", *Astronomical Papers prepared for the use of the American Ephemeris and nautical Almanac*, 1, pp. 367-487.

Newcomb, S. (1895) *The elements of the four inner planets and the fundamental constants of astronomy, Supplement to the American Ephemeris and nautical Almanac*, Washington, Government Printing Office.

Newcomb, S. (1912) *Researches in the motion of the moon, Astronomical Papers prepared for the use of the American Ephemeris and nautical Almanac*, 9.

Newton, I. (1687) *Philosophiae naturalis Principia Mathematica*, Londres, Jussu Societatis Regiae ac Typis Josephi Streater. Trad. ingl., por A. Motte, *The mathematical principles of Natural Philosophy*, London, B. Motte, Middel-Temple Gate, 1729. Reed. 2001, Ann Arbor, Michigan, University of Michigan, Digital Library Production Service.

Norton, J. D. (1999) "The Cosmological Woes of Newtonian Gravitation Theory", en Goenner, H., Renn, J., Ritter, J. y Sauer, T. (eds.) *The Expanding Worlds of General Relativity (Einstein Studies vol. 7)*, Boston, Basel, Berlin, Birkhäuser, pp. 271-322.

Otero, M. H. (1997) "Deux types de conventionnalisme et la croissance du savoir scientifique: la polémique Poincaré versus Le Roy", *Philosophia Scientiae*, 2 (4), pp. 139-149.

Pannekoek, A. (1961) *A history of astronomy*, London, Dover. Reed. 1989.

Passmore, J. (1957) *A hundred years of philosophy*, Duckworth, Cloth. Trad. esp. por A. Alonso, *Cien años de filosofía*, Alianza editorial, 1981.

Paty, M. (1986) "Mach et Duhem, l'épistémologie des savants-philosophes", en Bloch, O. (ed.) *Épistémologie et matérialisme*, Paris, pp. 177-218.

Paty, M. (1996a) "Thinking Mathematically, thinking Physically. About Poincaré's and Einstein's respective ways to a relativistic theory of gravitation", *British Society for the History of Mathematics. Newsletter*, 31, pp. 38-39.

Paty, M. (1996b) "Poincaré et le principe de relativité", en Greffe, J. L., Heinzmann, G. y Lorenz, K. (eds.), *Henri Poincaré: Science et philosophie*, Paris/Berlin, Blanchard/Akademie Verlag, pp. 101-143.

Paty, M. (1997) "Poincaré l'électron et la gravitation", *Lycée Henri Poincaré*, pp. 20-21.

Paty, M. (1998-1999) "La Place des Principes dans la Physique Mathématique au Sens de Poincaré", en Sebestik, J. y Soulez, A. (eds.), *Actes du Colloque France-Autriche, Paris, mai 1995, Interférences et transformations dans la philosophie française et autrichienne (Mach, Poincaré, Duhem, Boltzmann)*, *Philosophia Scientiae*, Nancy, ed. Kimé, Paris, 3 (2), pp. 61-74.

Paty, M. (2010) "Les conceptions sur la physique au tournant des XIXᵉ et XXᵉ siècles", en Ghesquier, D., Gohau, G., Guedj, M. y Paty., M. (eds.), *Énergie, science et philosophie au tournant du XIXᵉ-XXᵉ siècle*, vol. 1 : *L'émergence de l'énergie dans les sciences de la nature*, Paris, Hermann, pp. 195-233.

Peck, J. W. (1902) "The Corpuscular Theories of Gravitation", *Proceedings of the Royal Philosophical Society of Glasgow*, 34, pp. 17-44.

Peláez Cedrés, A. J. (2008) *Lo a priori constitutivo: historia y prospectiva*, Barcelona, Anthropos.

Planck, M. (1906) "Die Kaufmannschen Messungen der Ablenkbarkeit der B-Strahlen in ihrer Bedeutung für die Dynamik der Elektronen", *Physikalische Zitschrift*, 7 (21), pp. 753-761.

Poisson, S. D. (1829) "Mémoire sur l'équilibre et le mouvement des corps élastiques", *Mémoires de l'Académie des sciences de l'Institut de France*, pp. 357-569.

Popper, K. R. (1959) *The Logic of Scientific Discovery*, London & New York, Hutchinson & Co.

Popper, K. R. (1963) *Conjectures and Refutations: The Growth of Scientific Knowledge*, London & New York, Routledge.

Preston, S. T. (1877) "On some dynamical conditions applicable to Le Sage's Theory of gravitation", *Philosophical Magazine (Series 5)*, 4, pp. 206-213 y 364-375.

Príncipe, J. (2010) "L'analogie et le pluralisme méthodologique chez James Clerk Maxwell", *Kairos. Journal of Philosophy & Science*, 1, pp. 55-73.

Príncipe, J. (2012) "Sources et nature de la philosophie de la physique d'Henri Poincaré", *Philosophia Scientiae*, 16 (2), pp. 197-222.

Psillos, S. (1995) "Is structuralism the best of both worlds?", en *Dialéctica*, 49 (1), pp. 15-46.

Psillos, S. (1996) "Poincaré's conception of Mechanical Explanation", en Greffe, J. L., Heinzmann, G., Lorenz, K. (1996), *Henri Poincaré: science et philosophie*, Berlin, Akademie-Verlag; Paris, Blanchard, pp. 177-191.

Pulte, H. (1994) "C. G. J. Jacobis Vermächtnis einer 'konventionalen' analytischen Mechanik: Vorgeschichte, Nachschriften und Inhalt seiner letzten Mechanik-Vorlesung", *Annals of Science*, 51 (5), pp. 487-517.

Pulte, H. (1997) "After 150 Years: News from Jacobi about Lagrange's Analytical Mechanics", *The Mathematical Intelligencer*, 19 (3), pp. 48-54.

Pulte, H. (1998) "Jacobi's criticism of Lagrange: the changing role of mathematics in the foundations of classical mechanics, *Historia Mathematica*, 25 (2), pp. 154-184.

Pulte, H. (2000) "Beyond the Edge of Certainty: Reflections on the Rise of Physical Conventionalism", *Philosophia Scientiae*, 4 (1), pp. 47-68.

Pulte, H. (2006) "Kant, Fries, and the Expanding Universe of Science", en Friedman, M. y Nordmann, A. (eds.) (2006) *The Kantian Legacy in Nineteenth-Century Science*, Cambridge MA, MIT Press, pp. 101-121.

Pulte, H. (2009) "From Axioms to Conventions and Hypotheses: The Foundations of Mechanics and the Roots of Carl Neumann's 'Principles of the Galilean-Newtonian Theory'", en Heidelberger, M. and Schiemann, G. (eds.) *The Significance of the Hypothetical in the Natural Sciences*, Berlin, de Gruyter, pp. 77-98.

Pulte, H. (2012) "Rational mechanics in the Eighteenth Century. On Structural Developments of a Mathematical Science", *Berichte zur Wissenschaftsgeschichte*, 35, pp. 183-199.

Putnam, H. (1975) *Mathematics, Matter and Method. Philosophical Papers*, Vol. 1, Cambridge, Cambridge University Press.

Reech, F. (1852) *Cours de mécanique d'après la nature généralement flexible et élastique des corps*, Paris, Carilian-Goeury et von Dalmont, Librairies des corps des ponts et chaussées et des mines.

Reichenbach, H. (1928) *Philosophie der Raum-Zeit-Lehre*, Berlin, Walter de Gruyter.

Renn, J. (2007a) "Classical Physics in Disarray: The Emergence of the Riddle of Gravitation", en Renn, J. (ed.) *The Genesis of General Relativity*, vol. 1: *Einstein's Zurich Notebook: Introduction and Source*, Boston Studies in the Philosophy of Science, Dordrecht, Springer, pp. 21-80.

Renn, J. (2007b) "The Third Way to General Relativity: Einstein and Mach in Context", en Renn, J. (ed.) *The Genesis of General Relativity*, vol. 3: *Gravi-*

tation in the Twilight of Classical Physics. Between Mechanics, Field Theory, and Astronomy, Boston Studies in the Philosophy of Science, Dordrecht, Springer, pp. 21-75.

Renn, J. y Schemmel, M. (2007) "Gravitation in the Twilight of Classical Physics: An Introduction", en Renn, J. (ed.) *The Genesis of General Relativity*, vol. 3: *Gravitation in the Twilight of Classical Physics. Between Mechanics, Field Theory, and Astronomy*, Boston Studies in the Philosophy of Science, Dordrecht, Springer, pp. 1-18.

Rivadulla, A. (2010a) "Two Dogmas of Structural Realism. A confirmation of a Philosohical Death Foretold", *Critica. Revista Hispanoamericana de Filosofía*, 42 (124), pp. 3-29.

Rivadulla, A. (2010b) "El desgarro del realismo. Realismo estructural vs. realismo científico típico", en D. Fernández Duque et al. (eds.) *Estudios de Lógica, Lenguaje y Epistemología*, Fénix editora, Sevilla, pp. 357-376.

Rollet, L. (1993) *Le conventionnalisme de Henri Poincaré: empirisme ou apriorisme ? Une étude des thèses de Jerzy Giedymin et Adolf Grünbaum*, Mémoire de Maîtrise de Philosophie, Université de Nancy 2.

Rollet, L. (1995) "The Grünbaum-Giedymin Controversy concerning the Philosophical Interpretation of Poincaré's Geometrical Conventionalism", en Zamiara, K. (ed), *The Problems concerning the Philosophy of Science and Science Itself*, Poznan, Wydawnictwo Fundacji Humanoria, pp. 255-274.

Rollet, L. (2002) "Preface: Henri Poincaré's Last Philosophical Book", en Poincaré, H., Rougier, L. (comp.), Rollet, L. (ed.) *Scientific Opportunism / L'Opportunisme scientifique, An Anthology*, Publications des Archives Henri-Poincaré, Nancy, Birkhäuser,pp. ix-xxvi.

Rougier, L. (1920) *La philosophie géométrique de Henri Poincaré*, Paris, Alcan.

Roseveare, N. T. (1982) *Mercury's perihelion from Le Verrier to Einstein*, Oxford, Clarendon Press.

Rowland, H. A. (1876) "On the magnetic effect of electric convection", *Philosophical magazine*, 5 (II), pp. 233-237.

Saint-Blancat, D. (1907) "Action d'une masse intramercurielle sur la longitude de la Lune", *Annales de la faculté des sciences de Toulouse 2e série*, 9, pp. 1-103.

Saint-Venant, B. (1851) *Principes de mécanique fondés sur la cinématique*, Paris, Bachelier.

Sánchez Ron, J. M. (1983) *El origen y desarrollo de la relatividad*, Madrid, Alianza (2ª ed. 1985).

Scarre, G. (1989) *Logic and Reality in the Philosophy of John Stuart Mill*, Dordrecht, Kluwer Academic Publishers.

Schmid, A. F. (2001) *Henri Poincaré, les sciences et la philosophie*, Paris, L'Harmattan.

Schnädelbach, H. (1983) *Philosophie in Deutschland 1831-1933*, Frankfurt am Main, Suhrkamp Taschenbuch Wissenschaft. Trad. esp. por P. Linares, *Filosofía en Alemania, 1831-1933*, Madrid, Cátedra, 1991.

Schramm, A. (1998-1999) "Metaphysics, Carnap's Remedy and Mach's Science", *Philosophia Scientiae*, 3 (2), 109-120.

Seeliger, H. von (1895) "Ueber das Newton'sche Gravitationsgesetz", *Astronomiche Nachrichten*, 137, pp. 129-136.

Seeliger, H. von (1896) "Ueber das Newton'sche Gravitationsgesetz", *Sitzungsberichte der Mathematisch-Naturwissenschaften Klasse der Bayerischen Akademie der Wissenschaften zu München*, 26, pp. 373-400.

Seeliger, H. von (1906) "Das Zodiakallicht und die empirischen Glieder in der Bewegung der inner Planeten", *Sitzungsberichte der Mathematisch-Naturwisseschaften Klasse der Bayerischen Akademie der Wissenschaften zu München*, 36, pp. 595-622.

Seeliger, H. von (1909) "Ueber die Anwendung der Naturgesetze auf das Universum", *Scientia. Rivista di scienza*, 6, pp. 225-289. Trad. fr. "Sur l'application des lois de la nature a l'univers", supplement, pp. 89-107.

Singh, J. (1961) *Great Ideas and Theories of Modern Cosmology*, New York, Dover Trad. esp. por A. Escohotado, *Teorías de la cosmología moderna*, Madrid Alianza.

Stallo, J. B. (1882) *The concepts and theories of modern physics*, New York, D. Appleton and Company.

Stoney, G. J. (1894) "Of the «Electron», or Atom of Electricity", *Philosophical Magazine*, 5 (38), pp. 418-420.

Stump, D. (1989) "Henri Poincaré's philosophy of Science", *Studies History and Philosophy of Science*, 20, pp. 335-63.

Tait, P. G. (1876) *Lectures on Physical Science*, London, Mcmillan.

Taylor W. B. (1877) "Kinetic theories of gravitation", *Annual report of the Boards of Regents of the Smithsonian Institution for the year 1876*, Washington, Government Printing Office, pp. 205-282.

Thomson, J. J. (1897) "Cathode rays", *Philosophical Magazine*, 4, pp. 293-316.

Thomson, W. (1867) "On Vortex Atoms", *Proceedings of the Royal Society of Edinburgh*, VI, pp. 94-105.

Thomson, W. (1872) "On the ultramundane corpuscles of Le Sage", *Proceedings of the Royal Society of Edinburgh*, VII, pp. 577-589. Reed. *Mathematical and physical papers*, vol. 5, Cambridge, Cambridge University Press, 1911, pp. 64-76.

Thomson, W. (1884) *Baltimore lectures on wave theory and molecular dynamics*, stenographic report of twenty lectures delivered in Johns Hopkins University. Reed. En Kargo, R. y Achinstein, P. *Kelvin's Baltimore Lectures and Modern Theoretical Physics*, Cambridge, MIT Press, 1987.

Tisserand, F. (1872) "Sur le mouvement des planètes autour du soleil, d'après la loi électrodynamique de Weber", *Comptes Rendus de l'Académie des Sciences de Paris*, 75, pp. 760-763.

Tisserand, F. (1882) "Notice sur les planètes intra-mercurielles", *Annuaire du Bureau des Longitudes pour l'an 1882*, pp. 729-772.

Toscano, M. (2008) *Un Pensiero Complesso. Riflessioni storiche ed epistemologiche sulla scoperta del caos nell'opera di Jules Henri Poincaré*, Università degli Studi di Bergamo, Tesi di Dottorato.

Uebel, T. E. (1998-1999) "Fact, Hypothesis and Convention in Poincaré and Duhem", *Philosophia Scientiae*, 3 (2), pp. 75-94.

Videira, A. A. P. (2004) "Filosofia da Natureza e Física", en Chediak, K. y Videira, A. A. P. (eds.) *Temas de filosofia da natureza*, Rio de Janeiro, ed. Uerj, pp. 14- 23.

Videira, A. A. P. (2012) "Helmholtz e Hertz: duas trajectórias e um mesmo destino da física alemã no século XIX", en Videira, A. A. P. y Coelho, R. *Física, Mecânica e Filosofia. O legado de Hertz*, Rio de Janeiro, ed. Uerj, pp. 7-15.

Votsis, I. (2004) *The epistemological status of scientific theories: an investigation of the structural realist account*, London School of Economics and Political Science, PhD Thesis.

Walter, S. (2007) Breaking in the 4-vectors: The Four-Dimensional Movement in Gravitation, 1905-1910, en Renn, J. (ed.) *The Genesis of General Relativity*, vol. 3, *Gravitation in the Twilight of Classical Physics: Between Mechanics, Field Theory and Astronomy*, Boston Studies in the Philosophy of Science, Dordrecht, Springer, pp. 193-252.

Walter, S. (2009) "Hypothesis and Convention in Poincaré's Defense of Galilei Spacetime", en Heidelberger, M. y Schiemann, G. (eds.) *The Significance of the Hypothetical in the natural sciences*, Berlin, Walter de Gruyter, pp. 193-219.

Walter, S. (2010) "L'hypothèse naturelle, ou quatre jours dans la vie de Gerhard Heinzmann", in Bour, P. E.; Rebuschi, M.; Rollet, L.; (eds.) *Construction. Festschrift for Gerhard Heinzmann*, London, College Publications, pp. 129-135.

Walter, S. (2014-preprint) "Poincaré on clocks in motion", to appear in *Studies in History and Philosophy of Modern Physics*, doi:10.1016/j.shpsb.2014.01.003.

Whipple, F. (1940) "Photographic Meteor Studies III. The Taurid Shower, *Proceedings of the American Philosophical Society*, 83, pp. 711-745.

Whittaker, E. T. (1910) *A history of the theories of aether and electricity: from the age of Descartes to the close of nineteenth century*, London and New York, Longmans, green & Co., (Reed. *A history of the theories of aether and electricity*, vol. 1: *The classical theories*, London and New York, Nelson, 1951).

Worrall, J. (1982) "Scientific Realism and scientific Change", *Philosophical Quarterly*, 32 (128), pp. 201-231.

Worrall, J. (1989) "Structural realism: The best of both worlds?" *Dialectica*, 43: 99–124. Reed. en D. Papineau, (ed.), *The Philosophy of Science*, pp. 139–165. Oxford, Oxford University Press.

Worrall, J. (2007) "Miracles and Models: Why Reports of the Death of Structural Realism may be exaggerated", *Journal of the Royal Institute of Philosophy*, 61, pp. 125-154.

Zahar, E. G. (1989) *Einstein's Revolution: A Study in Heuristic*, La Salle, CA Opencourt.

Zahar, E. G. (2001) *Poincaré's Philosophy. From Conventionalism to Phenomenology*, Chicago, Open Court, 2001.

Zahn, C. T. y Spees, A. A. (1938) "A critical analysis of the classical experiments on the variation of electron mass", *Physical Review*, 53, pp. 363-373.

Zenneck, J. (1903) "Gravitation", *Encyklopädie der mathematischen Wissenschaften*, vol. 5, Leipzig, pp. 25-67.

www.ingramcontent.com/pod-product-compliance
Lightning Source LLC
Chambersburg PA
CBHW060120200326
41518CB00008B/881